W0255488

Springer Tracts in Natural Philosophy

Volume 25

Erich Bohl

Monotonie: Lösbarkeit und Numerik bei Operatorgleichungen

Mit 9 Abbildungen

Springer-Verlag Berlin Heidelberg New York 1974

Dr. rer. nat. Erich Bohl

o. Professor an der Westfälischen Wilhelms-Universität in Münster

AMS Subject Classifications (1970)

45 G 99, 46 A 40, 47–02, 47 B 55, 47 G 05, 47 H 05, 47 H 10, 47 H 15, 54 F 05, 65–02, 65 F 10, 65 F 15, 65 H 10, 65 J 05, 65 L 10, 65 L 15, 65 N 20, 65 R 05

ISBN-13: 978-3-642-65623-1 e-ISBN-13: 978-3-642-65622-4

DOI: 10.1007/978-3-642-65622-4

Meinen Eltern

Inhaltsverzeichnis

Einleitung

E.1 Bei der Untersuchung allgemeiner Operatorgleichungen spielen Lipschitz- und Wachstumsbeschränkungen eine zentrale Rolle. Im Falle von Gleichungen in reellen Funktionenräumen können Lipschitzkonstante oder Wachstumsbeschränkung durchweg als monotone Operatoren interpretiert werden. Dieser Sachverhalt legt es nahe, das Prinzip der Monotonie in den Mittelpunkt der Behandlung von Operatorgleichungen zu rücken. Hierdurch ist der Ausgangspunkt des vorliegenden Buches gekennzeichnet. Die Begriffe Lipschitz- und Wachstumsbeschränkung beschreiben zugleich den Charakter der nichtlinearen Aufgaben, welche betrachtet werden sollen.

E.2 Monotone Operatoren setzen die Struktur einer Halbordnung auf ihren Definitions- und Wertebereichen voraus. Die Kapitel I und II geben eine Einführung in die Theorie der halbgeordneten Vektorräume, welche hauptsächlich das Zusammenspiel von Ordnungsstruktur und Normtopologie diskutiert. Dieser Stoff ist üblicherweise in den Lehrbüchern als Teil einer allgemeinen Theorie halbgeordneter topologischer Vektorräume zu finden. Es wäre schön, wenn hier eine brauchbare Darstellung für solche Leser gelungen sein sollte, welche sich nur für den im Text behandelten Ausschnitt interessieren.

Im Mittelpunkt der Kapitel III, IV und V steht die iterative Behandlung von Operatorgleichungen. Damit sind Existenzfragen und praktische Berechnung gemeinsam angesprochen. Der Weg über ein Iterationsverfahren fordert von dem monotonen linearen Operator, welcher die Lipschitzkonstante oder den linearen Teil der Wachstumsbeschränkung ausmacht, daß sein Spektralradius im Intervall $[0, 1)$ liegt. Im Lipschitzbeschränkten Fall ist dies Ausdruck der Kontraktion. Wir studieren daher im dritten Kapitel zunächst den Spektralradius monotoner linearer Operatoren. Darauf aufbauend gehen wir anschließend zu nichtlinearen Aufgaben über und nutzen die lineare Theorie im Kapitel IV vermöge einer Lipschitzbedingung (wir sprechen von *P-Beschränktheit*) und im Kapitel V auf dem Wege über q-homogene Majoranten aus.

Die beiden letzten Kapitel behandeln eine Auswahl charakteristischer Anwendungen der soweit vorgetragenen Methoden. Zunächst geht es um den numerisch so wichtigen endlichdimensionalen Fall, auf welchen Diskretisierungsverfahren allgemeiner Art zur praktischen Bewältigung kontinuierlicher Aufgaben führen. Das letzte Kapitel schließlich nimmt die kontinuierlichen Probleme direkt in Angriff. Beide Abschnitte gehen ausführlich auf konkrete Situationen der Anwendungen mit numerischen Beispielen ein. Diesen zweiten Teil des Buches kann man grundsätzlich vom ersten Teil unabhängig lesen, sobald man die Sätze der Kapitel I bis V einfach hinnimmt. Die Kapitel VI und VII führen den Inhalt der ersten Kapitel anhand zweier spezieller Situationen im Funktionenraum noch einmal vor und vertiefen ihn durch Aussagen, welche die jeweils besonderen Gegebenheiten dieser Räume ermöglichen.

Das vorangestellte Kapitel 0 dient der Einführung in die Terminologie und beschreibt im Grunde die Voraussetzungen, welche vom Leser erwartet werden. Dabei handelt es sich hauptsächlich um Grundkenntnisse der Funktionalanalysis und der Topologie des metrischen Raumes. Hinzu kommt natürlich der Stoff, welcher üblicherweise in den Anfängervorlesungen unserer Universitäten vermittelt wird.

E.3 Die Kapitel I bis V sollen nicht allein die Beweise für die Anwendungen in den Kapiteln VI und VII ermöglichen, sie möchten vielmehr darüberhinaus ein tieferes Verständnis für die Zusammenhänge vermitteln. Wir gehen daher bewußt von hinreichend allgemeinen, jedoch nicht unnötig abstrakten Gegebenheiten aus. Als Beispiel für das genannte Anliegen sei etwa die Theorie zur Iteration erwähnt, welche das Kapitel IV aus dem Monotonieprinzip heraus entwickelt, gegen das klassische Kontraktionsprinzip abgrenzt und im Zusammenhang mit einigen Ergebnissen, welche auf dem Schauderprinzip beruhen, diskutiert.

Die im Text aufgenommenen Anwendungen können nur einen Ausschnitt aus einer Reihe von Möglichkeiten vermitteln. Ebenso erhebt das Literaturverzeichnis keinen Anspruch auf Vollständigkeit. In beiden Fällen unterliegt die Auswahl sehr subjektiven Kriterien oder auch einfach dem Zufall.

E.4 Dieses Buch hält sich eng an meine eigene Forschung der letzten Jahre. Über den Stoff habe ich Vorlesungen und Seminare an der Universität Hamburg, an der Westfälischen Wilhelms-Universität Münster sowie an der University of Calgary in Canada abgehalten.

Das Buch verdankt seine Entstehung einer Anregung meines Lehrers Herrn Prof. Dr. Dr. h. c. Dr. e. h. Lothar Collatz. Auf diesem Wege möchte ich ihm für seine stete Förderung während meiner Jahre in Hamburg danken. Der erste Entwurf geht auf meinen Aufenthalt an der University of Calgary in Canada im akademischen Jahr 1970/71 zurück, welcher teilweise durch den National Research Council of Canada unterstützt wurde. Der University of Calgary und dem National Research Council of Canada bin ich zu besonderem Dank verpflichtet.

Weiter danke ich meinen Mitarbeitern Dipl. Math. Wolf-Jürgen Beyn, Dipl. Math. Jens Lorenz und Dipl. Math. Wolfgang Mackens für die kritische Durchsicht der Korrekturen mit vielen wertvollen Bemerkungen sowie Frau Sieglinde Sommerfeld für die sorgfältige Herstellung der maschinengeschriebenen Form des Manuskripts. Die Herren Beyn und Lorenz unterstützten mich darüberhinaus bei den Rechnungen im Zusammenhang mit den Beispielen und bei der Durchsicht des Manuskripts.

Besonders dankbar bin ich Herrn Prof. Dr. Werner Krabs, welcher sich die Mühe gemacht hat, die Fahnenkorrektur kritisch durchzulesen. Nicht zuletzt gilt mein Dank dem Springer-Verlag für seine Bereitschaft zur Drucklegung des Manuskripts sowie für die gute Zusammenarbeit in allen Phasen der Herstellung des Buches.

Zu allen denen, die zu diesem Buch beigetragen haben, gehört auch meine Frau Uta Bohl. Ohne das große Verständnis, welches sie meiner Arbeit stets entgegenbringt, hätte es nicht entstehen können.

E.5 Hinweise. Am Ende einer Anzahl der nun folgenden Paragraphen findet sich ein Abschnitt mit *Hinweisen*, in welchem Zusammenhänge des Textes mit der Literatur aus inhaltlicher und historischer Sicht beleuchtet werden.

Hier sollen nur einige Bemerkungen angefügt werden, welche die Organisation des Buches betreffen. Jeder Paragraph ist in Unterabschnitte i. j aufgeteilt. Wir verweisen auf den Unterabschnitt i. j im Kapitel k in der Form (k, i. j). Die Verweise auf Formeln, welche in jedem Kapitel neu durchnummeriert werden, geschehen in der Form (k, i), womit die Formel (i) im Kapitel k gemeint ist. Bei Verweisen innerhalb ein und desselben Kapitels unterdrücken wir den Kapitelhinweis k und zitieren Unterabschnitte in der Form (i. j) und Formeln in der Form (i). Das Zeichen □ zeigt das Ende eines jeden Beweises an. Bei Literaturzitaten erscheint hinter dem Namen des Verfassers in eckigen Klammern das Erscheinungsjahr der entsprechenden Veröffentlichung.

Münster, im Sommer 1973 Erich Bohl

Kapitel 0
Voraussetzungen und Bezeichnungen

Diese ersten sechs Paragraphen stellen kurz die wichtigsten Begriffsbildungen und einige damit verbundene Folgerungen zusammen, deren Verständnis in den weiteren Kapiteln vorausgesetzt wird. Es ist nicht die Absicht, die Resultate zu entwickeln, vielmehr geht es nur um die Klärung der Terminologie und in manchen Fällen um die Einführung der im Text verwandten Symbolik. Für ausführliche Darstellungen sei auf die Bücher von E. T. Copson [1968], J. Dieudonné [1960], J. L. Kelley [1955], H. H. Schaefer [1966] u. a. verwiesen.

1. Mengen, Relationen, Funktionen

1.1 Sei X eine Menge und seien $Y_i \subset X$ $(i = 1, 2)$ Teilmengen von X. Wie üblich bezeichnen $Y_1 \cup Y_2$ und $Y_1 \cap Y_2$ die *Vereinigung* bzw. den *Durchschnitt* von Y_1 und Y_2. Die Menge $\{t \in Y_1 : t \notin Y_2\}$, die sog. *mengentheoretische Differenz* von Y_1 und Y_2, erhält das Symbol $Y_1 - Y_2$. Anstelle von $X - Y_2$ schreiben wir auch $\tilde{Y}_2$ (*Komplement von* Y_2). $\mathbb{R}$ steht durchweg für die reellen Zahlen und $\mathbb{N}$ für jede der beiden Mengen $\{0, 1, 2, \ldots\}$ oder $\{1, 2, \ldots\}$. Aus dem Zusammenhang ist immer klar zu ersehen, welche der beiden Möglichkeiten gemeint ist. $\emptyset$ bezeichnet die leere Menge.

Für ein System $\mathfrak{M}$ von Teilmengen von X sind Vereinigung und Durchschnitt durch

$$\bigcup \mathfrak{M} = \{t \in X: \quad t \in M \quad \text{für ein} \quad M \in \mathfrak{M}\} \quad \text{bzw.}$$
$$\bigcap \mathfrak{M} = \{t \in X: \quad t \in M \quad \text{für alle} \quad M \in \mathfrak{M}\}$$

definiert. $\mathfrak{M}$ heißt *durchschnittsabgeschlossen*, wenn der Durchschnitt eines jeden Teilsystems von $\mathfrak{M}$ eine Menge des Mengensystems $\mathfrak{M}$ ist. Durchschnittsabgeschlossene Mengensysteme heißen auch *Hüllensysteme*. Ein Hüllensystem $\mathfrak{M}$ legt eine sog. *Hüllenoperation* H fest, welche jedem $Y \subset X$ seine *Hülle* $H(Y)$ gemäß

$$H(Y) = \bigcap \{M \in \mathfrak{M}: \quad Y \subset M\}$$

zuordnet. $H(Y)$ gehört offenbar zu $\mathfrak{M}$ und ist zugleich die „kleinste“

Menge von $\mathfrak{M}$, welche Y umfaßt. Ferner stimmt Y genau dann mit seiner Hülle $H(Y)$ überein, wenn $Y \in \mathfrak{M}$ ist. Schließlich ist H

extensiv, d. h. $Y \subset H(Y) \quad (Y \subset X)$;
idempotent, d. h. $H(H(Y)) = H(Y) \quad (Y \subset X)$;
monoton, d. h. $Y_1 \subset Y_2 \Rightarrow H(Y_1) \subset H(Y_2) \quad (Y_i \subset X, i = 1, 2)$.

1.2 Seien X und Y zwei Mengen. Die Menge $\{(x, y) : x \in X, y \in Y\}$ heißt *Cartesisches Produkt* von X und Y und erhält das Symbol $X \times Y$. Es ist offenbar leer, wenn X oder Y leer ist. Für $X \times X$ schreiben wir auch X^2. Jede Teilmenge R von X^2 heißt *binäre Relation*. Anstelle von $(x, y) \in R$ gebrauchen wir in diesem Zusammenhang die Schreibweise xRy und sprechen von „*der Relation R auf X*". Mit den Ordnungsrelationen beschäftigt sich unser erstes Kapitel.

1.3 Seien X und Y zwei Mengen. Die Wörter *Funktion*, *Operator*, *Abbildung*, *Transformation* von X nach Y meinen denselben bekannten Sachverhalt. Ist T eine Funktion von X nach Y und $x \in X$, so ist $T(x)$ oder Tx ihr Wert an der Stelle x in Y $(T : x \to Tx)$. Anstelle von T ist bisweilen das Symbol $T(\cdot)$ nützlich. Für $M \subset X$ definieren wir $T(M) = \{y \in Y : y = Tx$ für ein $x \in M\}$, und für $N \subset Y$ setzen wir $T^{-1}(N) = \{x \in X : Tx \in N\}$. T heißt *eineindeutig* oder *umkehrbar eindeutig* wenn $Tx = Ty$ stets auch $x = y$ nach sich zieht. In diesem Fall ist die sog. *Inverse* T^{-1} auf $T(X)$ erklärt, welche jedem $y \in T(X)$ jenes Element $T^{-1}y \in X$ zuweist, welches $T(T^{-1}y) = y$ leistet. T heißt daher auch *invertierbar*.

Es seien X, Y und Z Mengen, T eine Funktion von X nach Y und S eine solche von Y nach Z. Die Vorschrift $x \to S(Tx)$ für $x \in X$ ist eine Funktion von X nach Z und heißt *Produkt* oder *Hintereinanderausführung* von S und T mit dem Symbol $S \circ T$ oder kürzer ST.

Wir sprechen genau dann von einer „*Funktion T auf X*", wenn T jedem $x \in X$ einen Wert $Tx \in X$ zuweist, wenn T also auf ganz X definiert und $T(X) \subset X$ ist. Die einfachste Funktion auf X ist der *Einheitsoperator* I, welcher durch $Ix = x$ für alle $x \in X$ erklärt ist. Mit S und T ist auch ST eine Funktion auf X.

Durch Induktion definieren wir für jeden Operator T auf X die Abbildung T^n auf X $(n \in \mathbb{N})$, dabei ist $T^0 = I$ zu setzen.

Sei Ω eine Menge und $\{Y_t : t \in \Omega\}$ eine Familie von Mengen Y_t. Ihre Vereinigung wird auch in der Form $\bigcup Y_t$ oder ausführlicher $\bigcup \{Y_t : t \in \Omega\}$ geschrieben. Unter ihrem *Produkt* $\times\, Y_t$ oder $\times\, \{Y_t : t \in \Omega\}$ verstehen wir die Menge aller Funktionen x von Ω nach $\bigcup Y_t$ mit $x_t = x(t) \in Y_t$ für alle $t \in \Omega$. Im Falle $Y_t = Y$ für alle $t \in \Omega$ schreiben wir auch Y^Ω anstelle von $\times\, Y_t$. So ist Y^Ω die Menge aller Funktionen von Ω nach Y. Für $Y = \mathbb{R}$ und $\Omega = \{1, \ldots, N\}$ mit $N \in \mathbb{N}$, $N \neq 0$ ist $Y^\Omega = \mathbb{R}^N$ die Menge aller N-dimensionalen reellen Vektoren.

2. Metrische Räume

2.1 Sei X eine (nichtleere) Menge. Eine Funktion d von $X \times X$ nach $\mathbb{R}$ heißt *Metrik für X (oder auf X)*, falls d folgende Eigenschaften besitzt:

M1) $d(x, y) = 0 \Leftrightarrow x = y$;

M2) $d(x, y) = d(y, x)$;

M3) $d(x, y) \leqq d(x, z) + d(z, y)$;

wobei x, y und z Elemente aus X sind. Das Paar (X, d) heißt *metrischer Raum*. In manchen Situationen unterscheiden wir nicht zwischen X und (X, d). So sprechen wir z. B. von „$x \in (X, d)$" oder von dem „Operator auf (X, d)" usw.. Verabredungen dieser Art sollen immer dann gelten, wenn auf einer Menge zusätzlich eine Struktur gegeben ist.

2.2 Eine Teilmenge M von (X, d) heißt *offen*, wenn es zu jedem $x \in M$ ein positives $r \in \mathbb{R}$ gibt, so daß die sog. *offene Kugel* $\{y \in X : d(x, y) < r\}$ mit dem „*Mittelpunkt*" x und dem „*Radius*" $r > 0$ ganz zu M gehört. Das System $\mathfrak{T}$ aller offenen Teilmengen von X heißt (die durch d erzeugte metrische) *Topologie auf X*. Wir sprechen auch von dem *topologischen Raum* $(X, \mathfrak{T})$. Einen metrischen Raum denken wir uns durchweg mit der eben definierten Topologie versehen.

2.3 Eine Teilmenge M von (X, d) heißt *abgeschlossen*, falls das Komplement $\tilde{M} = X - M$ offen ist. Das System $\mathfrak{A}$ aller abgeschlossenen Mengen von (X, d) ist ein Hüllensystem, der zugehörige Hüllenoperator (vgl. (1.1)) ordnet jedem $M \subset X$ die sog. *abgeschlossene Hülle* $\overline{M}$ zu. Nach (1.1) ist $\overline{M}$ abgeschlossen.

Sei $M \subset X$, dann ist $X - \overline{(X - M)}$ offen und zugleich die „größte" offene Menge, welche in M enthalten ist. Man nennt sie das *Innere* von M und wählt das Symbol $\mathring{M}$.

Die Elemente von $\overline{M}$ bzw. $\mathring{M}$ heißen *Adhärenzpunkte* bzw. *innere Punkte* von M.

$U \subset X$ heißt *Umgebung* von $x \in X$, falls $x \in \mathring{U}$.

2.4 Die Elemente von $X^{\mathbb{N}}$ heißen *Folgen* in X und werden mit $\{x_n : n \in \mathbb{N}\}$, $\{x_n\}$ oder einfach mit x_n bezeichnet. Im Falle ihrer Konvergenz gegen ein $x \in X$ schreiben wir

$$x = \lim_{n \to \infty} x_n \quad \text{oder auch} \quad x = \lim x_n.$$

Die Elemente von $\mathring{M}$ und $\overline{M}$, sowie allgemeiner die Systeme $\mathfrak{T}$ und $\mathfrak{A}$

können durch den Konvergenzbegriff beschrieben werden. Es ist

$$\mathring{M} = \{x \in M: \quad \lim x_n = x, x_n \in X \Rightarrow \text{es gibt ein } N \in \mathbb{N} \text{ mit } x_n \in M \quad \text{für} \quad n \geqq N\};$$

$$\overline{M} = \{x \in X: \quad \text{es gibt eine Folge } x_n \in M \quad \text{mit} \quad \lim x_n = x\}.$$

Die konvergenten Folgen sind spezielle *Cauchy-Folgen.* Stimmt die Menge der konvergenten Folgen mit jener der Cauchy-Folgen überein, so heißt der metrische Raum *vollständig.*

2.5 Eine Teilmenge M eines metrischen Raumes (X, d) heißt *kompakt,* falls jede Folge x_n aus M eine konvergente Teilfolge besitzt, deren Grenzwert zu M gehört.

Jede kompakte Menge M ist *beschränkt,* d. h. es existiert eine reelle Zahl $\lambda \geqq 0$ mit $d(x, y) \leqq \lambda$ für alle $x, y \in M$.

Die abgeschlossene Hülle $\overline{M}$ von M aus (X, d) ist genau dann kompakt, wenn jede Folge x_n aus M eine konvergente Teilfolge besitzt.

Der Begriff der Beschränktheit für Mengen liefert einen solchen für Folgen. Man spricht von einer *beschränkten Folge* x_n, wenn die Menge ihrer Elemente $\{x_0, x_1, \ldots\}$ beschränkt ist.

2.6 Zwei Metriken d_1 und d_2 auf X heißen *äquivalent,* wenn d_1 und d_2 dasselbe System offener Mengen in X definieren. Gibt es zwei positive Zahlen λ_1 und λ_2 mit

$$\lambda_1 d_1(x, y) \leqq d_2(x, y) \leqq \lambda_2 d_1(x, y) \quad \text{für alle} \quad x, y \in X,$$

so sind d_1 und d_2 äquivalent.

3. Operatoren auf metrischen Räumen

3.1 (X_1, d_1) und (X_2, d_2) seien metrische Räume. Ein Operator T von X_1 nach X_2 heißt *stetig an der Stelle* $x \in X_1$, falls

$$\lim x_n = x \Rightarrow \lim Tx_n = Tx$$

gilt für jede Folge x_n aus X_1. T heißt *stetig,* falls T an jeder Stelle $x \in X_1$ stetig ist.

Sei (X_3, d_3) ein weiterer metrischer Raum und seien T und S Operatoren von X_1 nach X_2 bzw. X_2 nach X_3. Mit T und S ist dann auch ST stetig.

3.2 Ein Operator T von (X_1, d_1) nach (X_2, d_2) heißt *Lipschitz-beschränkt* (oder *l-beschränkt*), falls es eine reelle Zahl $\lambda \geqq 0$ gibt mit

$$d_2(Tx, Ty) \leqq \lambda d_1(x, y) \quad \text{für alle} \quad x, y \in X_1.$$

Jedes λ dieser Art nennt man *Lipschitzkonstante* von T. Mit λ ist auch jedes $\mu \geqq \lambda$ Lipschitzkonstante von T. Ein l-beschränkter Operator ist stetig.

Schließlich spricht man von einem *kontrahierenden Operator*, wenn er l-beschränkt ist und eine Lipschitzkonstante $\lambda < 1$ besitzt.

3.3 Eine weitere Klasse stetiger Operatoren von (X_1, d_1) nach (X_2, d_2) liefern die vollstetigen Operatoren. Dabei heißt eine stetige Abbildung T von X_1 nach X_2 *vollstetig*, falls die abgeschlossene Hülle $\overline{T(M)}$ der Bildmenge $T(M)$ jeder beschränkten Menge M aus (X_1, d_1) kompakt ist. Damit gleichbedeutend ist die Forderung, daß die Bildfolge Tx_n jeder beschränkten Folge x_n aus (X_1, d_1) eine konvergente Teilfolge besitzen soll.

Seien T und S stetige Operatoren von (X_1, d_1) nach (X_2, d_2) bzw. von (X_2, d_2) nach (X_3, d_3). *Unter jeder der beiden folgenden Bedingungen ist ST vollstetig:*

(i) *S ist vollstetig und T bildet beschränkte Mengen von (X_1, d_1) in Mengen dieser Art von (X_2, d_2) ab (man nennt T dann auch einen beschränkten Operator);*

(ii) *T ist vollstetig.*

4. Vektorräume

4.1 Sei X ein reeller Vektorraum. Mit θ bezeichnen wir das Nullelement von X. Y und Z seien Teilmengen von X und $\lambda \in \mathbb{R}$. Dann ist

$$Y + Z = \{x \in X: \quad x = y + z \quad \text{für ein} \quad y \in Y \quad \text{und ein} \quad z \in Z\}$$

$$\lambda Y = \{x \in X: \quad x = \lambda y \quad \text{für ein} \quad y \in Y\}.$$

Es sei auf den Unterschied zwischen $Y - Z$ (vgl. (1.1)) und $Y + (-Z)$ hingewiesen. Anstelle von $\{x\} + Y$ ist auch die Schreibweise $x + Y$ üblich.

4.2 $Y \subset X$ heißt
konvex, falls mit $x, y \in Y$ auch $\lambda x + (1 - \lambda) y \in Y$ liegt für $0 < \lambda < 1$;
kreisförmig, falls $\lambda Y \subset Y$ für $|\lambda| \leqq 1$;
radial, falls es zu jedem $x \in X$ ein $\lambda_0 \in \mathbb{R}$ gibt mit $x \in \lambda Y$ für $|\lambda| \geqq |\lambda_0|$.

Mit Y und Z sind auch $Y + Z$, $Y \cap Z$ und $-Y$ konvexe bzw. kreisförmige Teilmengen von X.

4.3 $Y \subset X$ sei radial. Die Abbildung

$$q_Y: x \to \inf\{\lambda > 0: \quad x \in \lambda Y\}$$

von X nach $\mathbb{R}$ heißt *Minkowskifunktional von Y*. Sei $Y \subset Z$, dann ist auch Z radial und

$$q_Z(x) \leqq q_Y(x) \quad \text{für alle} \quad x \in X.$$

Y sei eine konvexe, kreisförmige und radiale Teilmenge von X. Dann gelten für $x, y \in X$ und $\lambda \in \mathbb{R}$

N1') $q_Y(x) \geqq 0, \qquad q_Y(\theta) = 0;$

N2) $q_Y(\lambda x) = |\lambda|\, q_Y(x);$

N3) $q_Y(x + y) \leqq q_Y(x) + q_Y(y);$

4) $\{x \in X: \ q_Y(x) < 1\} \subset Y \subset \{x \in X: \ q_Y(x) \leqq 1\}.$

Das Minkowskifunktional einer konvexen, kreisförmigen und radialen Teilmenge von X heißt *Halbnorm*. Ein *Funktional* (d. i. eine Abbildung von X nach $\mathbb{R}$) ist genau dann eine Halbnorm, wenn N2) und N3) gelten.

5. Normierte Räume

5.1 Sei X ein reeller Vektorraum. Eine Abbildung $\| \ \|$ von X nach $\mathbb{R}$ heißt *Norm für X (oder auf X)*, falls $\| \ \|$ folgende Eigenschaften besitzt:

N1) $\|x\| = 0 \Leftrightarrow x = \theta;$

N2) $\|\lambda x\| = |\lambda|\, \|x\|;$

N3) $\|x + y\| \leqq \|x\| + \|y\|;$

mit $x, y \in X$ und $\lambda \in \mathbb{R}$. Das Paar $(X, \| \ \|)$ heißt *normierter Raum*. Das Funktional $d(x, y) = \|x - y\|$ ist eine Metrik für X. Daher trägt jeder normierte Raum eine natürliche Topologie, welche durch diese Metrik gegeben wird. Sie wird *Normtopologie* genannt. Wir denken uns einen normierten Raum durchweg mit der Normtopologie versehen. Die Ausführungen über metrische Räume gelten hier entsprechend. Die Umgebungen von θ, die sog. *Nullumgebungen*, bestimmen die Normtopologie eindeutig.

$Y \subset X$ ist genau dann beschränkt, wenn es ein $\lambda \geqq 0$ gibt mit $\|x\| \leqq \lambda$ für alle $x \in Y$.

Ein vollständiger, normierter Raum heißt *Banachraum*.

5.2 Satz von Baire. *Sei $(X, \| \ \|)$ ein Banachraum und $\mathfrak{M}$ ein abzählbares System abgeschlossener Mengen von X mit $\bigcup \mathfrak{M} = X$. Dann gibt es ein $M \in \mathfrak{M}$ mit $\mathring{M} \neq \emptyset$.*

5.3 Die Menge $\kappa = \{x \in X: \|x\| \leqq 1\}$ heißt *Einheitskugel* in $(X, \| \ \|)$. Sie ist offenbar konvex, kreisförmig und radial, und man findet $q_\kappa(x) = \|x\|$ für alle $x \in X$.

5.4 Zwei Normen $\| \|_1$, $\| \|_2$ für X heißen *äquivalent*, wenn die zugehörigen Metriken $d_1(x, y) = \|x - y\|_1$, $d_2(x, y) = \|x - y\|_2$ äquivalent sind. Dies gilt genau dann, wenn es zwei Zahlen $\lambda_1 > 0$, $\lambda_2 > 0$ gibt mit

$$\lambda_1 \|x\|_1 \leqq \|x\|_2 \leqq \lambda_2 \|x\|_1 \quad \text{für alle} \quad x \in X.$$

6. Operatoren auf normierten Räumen

6.1 Sei $(X, \| \|)$ ein normierter Raum. T und S seien Operatoren auf X, λ sei eine reelle Zahl. Dann sind durch

$$x \to Tx + Sx; \qquad x \to \lambda Tx$$

die Operatoren $T + S$ bzw. λT auf X definiert. Beide sind stetig bzw. vollstetig, wenn dies für T und S gilt.

6.2 Ein Operator A auf X heißt *linear*, falls $A(\lambda x + \mu y) = \lambda Ax + \mu Ay$ gilt für alle $x, y \in X$ und alle $\lambda, \mu \in \mathbb{R}$. In diesem Fall ist A genau dann l-beschränkt, wenn A *beschränkt* ist, wenn es also eine Zahl $\alpha \in \mathbb{R}$ gibt, so daß $\|Ax\| \leqq \alpha \|x\|$ für alle $x \in X$ besteht. Das Minimum aller Zahlen α dieser Art heißt *Operatornorm* von A und wird mit $\|A\|$ bezeichnet. $\|A\|$ ist zugleich die kleinste Lipschitzkonstante von A, und man erhält

$$\|A\| = \sup\{\|Ax\| \, \|x\|^{-1} : \; x \in X - \{\theta\}\}.$$

Die Menge aller beschränkten, linearen Operatoren auf X erhält das Symbol $L[X]$. Der *Nulloperator* (er ordnet jedem $x \in X$ das Element θ zu) und I sind die einfachsten Elemente von $L[X]$. Ein linearer Operator auf X gehört genau dann zu $L[X]$, wenn er stetig ist.

6.3 Bei der Definition von Summe und Produkt mit reellen Zahlen aus (6.1) bildet $L[X]$ einen reellen Vektorraum. Die Operatornorm aus (6.2) definiert eine Norm für $L[X]$. Mit $(X, \| \|)$ ist auch $(L[X], \| \|)$ ein Banachraum. Schließlich gehört das Produkt ST zweier Operatoren aus $L[X]$ wieder zu $L[X]$.

6.4 Satz. *Sei $(X, \| \|)$ ein Banachraum. Dann ist die Menge der vollstetigen Operatoren aus $L[X]$ abgeschlossen in $(L[X], \| \|)$.*

6.5 Für $A \in L[X]$ heißt die Zahl

$$\sigma(A) = \inf\{\|A^n\|^{1/n} : \; n \in \mathbb{N}\}$$

Spektralradius von A. Es ist

$$\sigma(A) = \lim \|A^n\|^{1/n}.$$

Um dies einzusehen, wählen wir $\varepsilon > 0$ und können ein $m \in \mathbb{N}$ mit

$$\|A^m\|^{1/m} < \sigma(A) + \varepsilon$$

finden. Jedes $n \in \mathbb{N}$ läßt eine Darstellung der Form $n = k_n m + r_n$ mit $k_n \in \mathbb{N}$ und $r_n \in [0, m-1] \cap \mathbb{N}$ zu, so daß wir mit

$$M = \operatorname{Max}\{\|A^n\|: \quad n = 0, \ldots, m-1\}$$

die Abschätzung

$$\sigma(A) \leqq \|A^n\|^{1/n} \leqq M^{1/n}(\sigma(A) + \varepsilon)^{(n-r_n)/n}$$

für jedes $n \in \mathbb{N}$ erhalten und damit

$$|\sigma(A) - \|A^n\|^{1/n}| < 2\varepsilon$$

für hinreichend große n folgern dürfen. □

Nun können wir weiter zeigen, daß $\sigma(A)$ sich nicht ändert, wenn man $\|\ \|$ durch eine äquivalente Norm $\|\ \|_0$ ersetzt. Existieren nämlich positive Zahlen λ, μ mit

$$\lambda\|x\| \leqq \|x\|_0 \leqq \mu\|x\| \quad \text{für alle} \quad x \in X,$$

so wird

$$\lambda\|A^n x\| \leqq \|A^n x\|_0 \leqq \|A^n\|_0 \|x\|_0 \leqq \|A^n\|_0 \mu\|x\| \quad \text{für alle} \quad x \in X,$$

also

$$\|A^n\|^{1/n} \leqq (\mu\lambda^{-1})^{1/n} \|A^n\|_0^{1/n}.$$

Der Grenzübergang $n \to \infty$ zeigt die Behauptung, wenn man überdies die Symmetrie der Situation in den Normen $\|\ \|$ und $\|\ \|_0$ ausnutzt. □

Weiter sieht man

$$\sigma(A) < 1 \Rightarrow \lim A^n x = \theta \quad \text{für alle } x \in X.$$

Sei nämlich $\sigma(A) < 1 - \varepsilon$ $(\varepsilon > 0)$, so ist $\|A^n\| \leqq (\sigma(A) + \varepsilon)^n$ für $n \geqq N(\varepsilon)$, also auch

$$\|A^n x\| \leqq \|A^n\| \, \|x\| \leqq (\sigma(A) + \varepsilon)^n \|x\| \quad \text{für} \quad n \geqq N(\varepsilon).$$

Wegen $0 \leqq \sigma(A) + \varepsilon < 1$ ist die Behauptung bewiesen. □

6.6 Der Name Spektralradius für die in (6.5) eingeführte Zahl bekommt erst seinen Sinn, wenn man komplexe Räume betrachtet. Sei daher $(X, \|\ \|)$ ein komplexer Banachraum. Alle Definitionen und Sätze der Abschnitte (6.1) bis (6.5) bleiben bestehen, es ist nur darauf zu achten, daß überall dort, wo von reellen Skalaren die Rede ist, nun auch komplexe Zahlen zugelassen werden. Das gilt insbesondere für die Definition der Elemente von $L[X]$.

Sei $A \in L[X]$. Die Menge aller $\lambda \in \mathbb{C}$ (= *komplexe Zahlen*) derart, daß $(\lambda I - A)^{-1}$ existiert und zu $L[X]$ gehört, heißt *Resolventenmenge* von A. Alle übrigen komplexen Zahlen definieren das *Spektrum* von A. Bei diesem Hintergrund liefert der in (6.5) eingeführte Spektralradius $\sigma(A)$ gerade das Supremum aller Werte $|\lambda|$, wenn λ das Spektrum von A durchläuft.

Ist A überdies vollstetig, so sind alle von 0 verschiedenen Zahlen des Spektrums *Eigenwerte* von A, d. h. komplexe Zahlen λ, zu denen die Gleichung

$$(\lambda I - A)x = \theta$$

nichttriviale Lösungen besitzt. Im Falle von $\sigma(A) > 0$ gilt daher nunmehr

$$\sigma(A) = \sup\{|\lambda| : \lambda \text{ ist Eigenwert von } A\}.$$

Da jeder Punkt des Spektrums des Operators $\alpha I + A$ ($\alpha \in \mathbb{R}, \alpha \geqq 0$) sich in der Form $\alpha + \lambda$ mit einem Element λ des Spektrums von A darstellen läßt, finden wir schließlich folgenden Sachverhalt:

Sei $(X, \|\ \|)$ ein komplexer Banachraum und $A \in L[X]$. Gehört $\sigma(A)$ zum Spektrum von A, so gilt

$$\sigma(\alpha I + A) = \alpha + \sigma(A) \quad \text{für alle reellen} \quad \alpha \geqq 0.$$

Ist $(X, \|\ \|)$ ein reeller normierter Raum, so kann man formal die Menge $\hat{X}$ aller Elemente der Form $x + iy$ (genauer aller Paare (x, y)) mit $x, y \in X$ betrachten und diese bei geeigneter Definition von Addition und Multiplikation mit komplexen Zahlen zu einem komplexen Vektorraum machen. Definiert man darüberhinaus

$$\|x + iy\|_0 = \operatorname{Max}\{\|x \cos t + y \sin t\| : \ t \in [0, 2\pi]\},$$

so ist $(\hat{X}, \|\ \|_0)$ ein normierter Raum über $\mathbb{C}$. Offenbar gilt $X \subset \hat{X}$ sowie $\|x\| = \|x\|_0$ für alle $x \in X$. $(\hat{X}, \|\ \|_0)$ heißt *komplexe Erweiterung* von $(X, \|\ \|)$.

Ist $A \in L[X]$, so gehört die durch

$$\hat{A}(x + iy) = Ax + iAy$$

definierte komplexe Erweiterung $\hat{A}$ von A zu $L[\hat{X}]$, und es ist $\|\hat{A}\|_0 = \|A\|$. Insbesondere erhält man daraus $\sigma(\hat{A}) = \sigma(A)$, denn $(\hat{A})^n = \hat{A^n}$ $(n \in \mathbb{N})$. Ist $(\hat{X}, \|\ \|_0)$ vollständig und $\hat{A}$ vollstetig, so ist der (reelle) Spektralradius $\sigma(A)$ gleich dem Supremum der Beträge aller Eigenwerte von $\hat{A}$ (dabei muß man $\sup \emptyset = 0$ setzen!).

6.7 Hinweise. Zu (6.5) vgl. man L. V. Kantorowitsch und G. P. Akilow [1964] (dort Kap. V, § 2 sowie Kap. XIII, § 4). Zu (6.6) s. etwa A. E. Taylor [1967] (dort 5.2). Für die komplexe Erweiterung vgl. man L. V. Kantorowitsch und G. P. Akilow [1964] (dort Kap. XIII, § 2).

Kapitel I
Ordnungsstrukturen

Dieses Kapitel enthält die Grundlagen zu unserem Themenkreis. Wir beginnen in § 1 mit dem Begriff der Halbordnung auf einer Menge, nehmen in § 2 die Struktur eines Vektorraumes hinzu und diskutieren den Zusammenhang zwischen Halbordnung und Linearität. Der § 4 zeigt im einfachsten Fall, wie man durch eine Halbordnung in einem reellen Vektorraum eine Normtopologie, die sog. Ordnungstopologie, festlegen kann. Dazu bereitet der § 3 die Definition der benötigten Norm vor. Eine Diskussion des Abstandsbegriffs in § 5 beschließt das Kapitel.

Für den größten Teil der Ausführungen sei auf die Bücher von G. Jameson [1970], M. A. Krasnoselskij [1964b], A. L. Peressini [1967] und H. H. Schaefer [1966] hingewiesen.

1. Halbgeordnete Mengen

1.1 Jede reflexive, antisymmetrische und transitive binäre Relation $\leqq$ auf einer Menge X heißt *Halbordnung für X*. Dabei nennen wir eine binäre Relation $\leqq$ auf X

reflexiv, falls $x \leqq x$,

antisymmetrisch, falls $x \leqq y, y \leqq x \Rightarrow x = y$,

transitiv, falls $x \leqq y, y \leqq z \Rightarrow x \leqq z \qquad (x, y, z \in X)$.

Für $x \leqq y$ schreiben wir auch gleichbedeutend $y \geqq x$. Ein Paar $(X, \leqq)$ mit einer nichtleeren Menge X und einer Halbordnung $\leqq$ auf X heißt *halbgeordnete Menge*.

1.2 Sei $(X, \leqq)$ eine halbgeordnete Menge. Für zwei Elemente $x, y \in X$ heißt die Menge $[x, y] = \{z \in X : x \leqq z \leqq y\}$ ein (durch x und y erzeugtes) *Intervall*. Offenbar ist $[x, y]$ genau im Falle $x \leqq y$ nicht leer. Die Intervalle gehören zu dem System $\mathfrak{G}$ der ($\leqq$-) gesättigten Teilmengen von X; dabei heißt $G \subset X$ *gesättigt*, falls aus $x, y \in G$ stets $[x, y] \subset G$ folgt. Da der Durchschnitt gesättigter Mengen wieder eine gesättigte Menge ist, definiert das System $\mathfrak{G}$ auf den Teilmengen M

von X die Hüllenoperation (vgl. (0, 1. 1)) $[M] = \bigcap \{G \in \mathfrak{G} : M \subset G\}$, also eine extensive ($M \subset [M]$), monotone ($M_1 \subset M_2 \Rightarrow [M_1] \subset [M_2]$) und idempotente ($[[M]] = [M]$) Abbildung der Potenzmenge von X in sich. $[M]$ ist die kleinste gesättigte Menge, welche M enthält und wird ($\leqq$-) *gesättigte Hülle* von M genannt. Konstruktionsgemäß gehört M genau dann zu $\mathfrak{G}$, wenn $[M] = M$ ausfällt. Ferner bestätigt man leicht $[M] = \bigcup \{[x, y] : x, y \in M\}$, also insbesondere $[\{x, y\}] = [x, y]$, falls $x, y \in X$ und $x \leqq y$, jedoch $[\{x, y\}] = \{x, y\}$, falls keine der beiden Beziehungen $x \leqq y$ oder $y \leqq x$ für $x, y \in X$ besteht.

1.3 Beispiele. a) Sei $(X, \leqq)$ eine halbgeordnete Menge und $Y \subset X$. Dann induziert $\leqq$ offenbar eine Halbordnung auf Y, wir sprechen von der halbgeordneten Menge $(Y, \leqq)$.

b) Zu jedem Element t einer nichtleeren Menge Ω sei eine halbgeordnete Menge $(Y_t, \leqq_t)$ gegeben. Die auf der Produktmenge $\times \{Y_t : t \in \Omega\}$ gemäß

$$x \leqq y \Leftrightarrow x_t \leqq_t y_t \quad \text{für alle} \quad t \in \Omega$$

definierte binäre Relation $\leqq$ ist eine Halbordnung für $\times \{Y_t : t \in \Omega\}$.

Die in a) bzw. b) konstruierte Relation nennen wir hinfort die *kanonische Halbordnung* für die Teilmenge Y bzw. die Produktmenge $\times \{Y_t : t \in \Omega\}$. Auf diese Weise wird eine Fülle von Beispielen halbgeordneter Funktionenräume erzeugt:

c) X und Ω seien nichtleere Mengen, und $\leqq$ sei eine Halbordnung für X. Dann bezeichnen wir mit $<$ die kanonische Halbordnung, welche nach b) auf X^Ω gegeben ist, wenn wir jedem $t \in \Omega$ die halbgeordnete Menge $(X, \leqq)$ zuordnen und erhalten die halbgeordnete Funktionenmenge $(X^\Omega, <)$. Nach dieser Sprechweise ist $x < y$ $(x, y \in X^\Omega)$ gleichbedeutend mit $x(t) \leqq y(t)$ für alle $t \in \Omega$.

Ein in unserem Zusammenhang besonders wichtiger Sonderfall liegt für $X = \mathbb{R}$ = Menge der reellen Zahlen vor, wenn man unter $\leqq$ die natürliche Halbordnung der reellen Zahlen versteht. $(\mathbb{R}^\Omega, <)$ ist die halbgeordnete Menge aller reellen Funktionen in Ω. Mit a) konstruiert man die halbgeordnete Menge $(B(\Omega), <)$ bzw. $(S(\Omega), <)$ der beschränkten bzw. stetigen, reellen Funktionen in Ω (im zweiten Fall wird Ω etwa metrisch vorausgesetzt!). Wegen $\mathbb{R}^n = \mathbb{R}^\Omega$ für $\Omega = \{1, 2, \ldots, n\}$ $(n \in \mathbb{N})$ haben wir gleichzeitig die kanonische Halbordnung „$(t_1, \ldots, t_n) < (s_1, \ldots, s_n) \Leftrightarrow t_i \leqq s_i$ $(i = 1, 2, \ldots, n)$" auf dem $\mathbb{R}^n$ eingeführt. Gehen wir einen Schritt weiter, so konstruiert man mit $(\mathbb{R}^n, <)$ und einer nichtleeren Menge Ω den halbgeordneten Funktionenraum $((\mathbb{R}^n)^\Omega, <)$.

d) Sei (Y, d) ein metrischer Raum und $\leqq$ die natürliche Halbordnung der reellen Zahlen $\mathbb{R}$. Für $Y \times \mathbb{R}$ wird gemäß

$$(x, s) \leqq_d (y, t) \Leftrightarrow d(x, y) \leqq t - s \qquad ((x, s), (y, t) \in Y \times \mathbb{R})$$

eine Halbordnung $\leqq_d$ festgelegt. Im Falle $Y = \mathbb{R}$, $d(s,t) = |s-t|$ $(s, t \in \mathbb{R})$ liefert $\leqq_d$ für den $\mathbb{R}^2$ die Halbordnung

$$(s_1, s_2) \leqq_d (t_1, t_2) \Leftrightarrow s_2 + s_1 \leqq t_2 + t_1, \quad s_2 - s_1 \leqq t_2 - t_1.$$

e) Sei $(X, \prec)$ eine halbgeordnete Menge und L eine eineindeutige Abbildung von X in sich. Dann ist die durch

$$x \leqq y \Leftrightarrow Lx \prec Ly$$

erklärte Relation $\leqq$ eine Halbordnung auf X, wie man durch Nachprüfen der Axiome leicht bestätigt.

2. Halbgeordnete Vektorräume

2.1 Eine halbgeordnete Menge $(X, \leqq)$ heißt *halbgeordneter Vektorraum*, wenn X ein reeller Vektorraum ist und wenn für irgendwelche Elemente $x_i, y_i \in X$ $(i = 1, 2)$ die Axiome

01) aus $x_i \leqq y_i$ $(i = 1, 2)$ folgt $x_1 + x_2 \leqq y_1 + y_2$;

02) aus $x_1 \leqq x_2, \alpha \in \mathbb{R}, \alpha > 0$ folgt $\alpha x_1 \leqq \alpha x_2$;

gelten.

Für $x, y \in X$ und reelles, negatives α zeigt man leicht die Implikation: $x \leqq y \Rightarrow \alpha y \leqq \alpha x$.

2.2 In einem halbgeordneten Vektorraum $(X, \leqq)$ besitzt die Teilmenge $K = \{x \in X : \theta \leqq x\}$ die Eigenschaften:

K1) $x, y \in K \Rightarrow x + y \in K$ oder $K + K \subset K$;

K2) $x \in K, \alpha \in \mathbb{R}, \alpha > 0 \Rightarrow \alpha x \in K$ oder $\alpha K \subset K$ für reelles $\alpha > 0$;

K3) $\pm x \in K \Leftrightarrow x = \theta$ oder $K \cap (-K) = \{\theta\}$;

dabei ergeben sich K*i*) aus 0*i*) $(i = 1, 2)$ und K3) aus 01) sowie der Reflexivität und Antisymmetrie von $\leqq$. Eine Teilmenge K eines reellen Vektorraumes X mit den Eigenschaften K*i*) $(i = 1, 2, 3)$ heißt *Kegel*.

Wir haben oben eine Vorschrift angegeben, welche jeder Halbordnung für einen reellen Vektorraum X, die die Axiome 01) und 02) erfüllt, eindeutig einen Kegel, den sog. *positiven Kegel von* $\leqq$, zuordnet. Um die Eineindeutigkeit dieser Vorschrift einzusehen, geben wir deren Umkehrabbildung an: ein Kegel $K \subset X$ erzeugt nämlich die durch „$x \leqq y \Leftrightarrow y - x \in K$" gegebene Halbordnung, welche 01) und 02) befriedigt (0*i*) ergibt sich aus K*i*) $(i = 1, 2)$, Reflexivität und Antisymmetrie folgert man leicht aus K3) und Transivität aus K1)).

Für einen halbgeordneten Vektorraum $(X, \leqq)$ benutzen wir daher auch die Symbole (X, K) oder $(X, \leqq, K)$, wobei K dann stets den positiven Kegel von $\leqq$ bezeichnet. Im Text werden wir hinfort nebeneinander beide Schreibweisen $x \leqq y$ und $y - x \in K$ verwenden, je nachdem, welche von beiden anschaulicher oder kürzer ist.

2.3 Sei $(X, \leqq, K)$ ein halbgeordneter Vektorraum. Für $x, y \in X$ ist $x \leqq y$ definitionsgemäß mit $y \in x + K$ oder $x \in y + (-K)$ gleichbedeutend, so daß wir die Darstellung $[x, y] = (x + K) \cap (y + (-K))$ für Intervalle erhalten. Allgemeiner liefert dies für die gesättigte Hülle $[M]$ einer Teilmenge M von X die Formel $[M] = \bigcup\{[x, y] : x, y \in M\} = \bigcup\{(x + K) \cap (y + (-K)) : x, y \in M\} = (M + K) \cap (M + (-K))$, welche zeigt, daß $[M]$ konvex bzw. kreisförmig für ein konvexes bzw. kreisförmiges M ausfällt (vgl. (0, 4.2)). Wegen $M \subset [M]$ ist die gesättigte Hülle einer radialen Menge wieder radial. Ferner sind alle Intervalle konvex und die speziellen Intervalle der Form $[-e, e]$ $(e \in K)$ konvex und kreisförmig.

2.4 Sei $(X, \leqq, K)$ ein halbgeordneter Vektorraum und Y ein linearer Teilraum von X, dann ist $(Y, \leqq, K \cap Y)$ ein halbgeordneter Vektorraum, und $K \cap Y$ ist Kegel der kanonischen Halbordnung für Y. Sei $(Y_t, \leqq_t, K_t)$ eine Familie halbgeordneter Vektorräume, wobei t eine nichtleere Menge Ω durchläuft. Dann ist $(\times Y_t, \leqq, \times K_t)$ ein halbgeordneter Vektorraum, und $\times\{K_t : t \in \Omega\}$ ist der Kegel der kanonischen Halbordnung für $\times\{Y_t : t \in \Omega\}$. Daher sind alle unter c) in (1.3) genannten Beispiele halbgeordneter Mengen zugleich halbgeordnete Vektorräume. Die zu den jeweiligen kanonischen Halbordnungen gehörenden Kegel nennen wir *kanonische Kegel*.

Im Falle eines halbgeordneten Vektorraumes $(X, \leqq, K)$ und einer nichtleeren Menge Ω ist K^Ω der Kegel der kanonischen Halbordnung für X^Ω, wir sprechen von dem halbgeordneten Funktionenraum $(X^\Omega, <, K^\Omega)$.

Die natürliche Halbordnung $\leqq$ der reellen Zahlen $\mathbb{R}$ wird durch den Kegel $\mathbb{R}_+$ der nichtnegativen reellen Zahlen gegeben. Ist Ω eine nichtleere Menge und $Y(\Omega)$ eine lineare Teilmenge von $\mathbb{R}^\Omega$. so setzen wir $Y_+(\Omega) = \mathbb{R}^\Omega_+ \cap Y(\Omega)$ z. B.: $(\mathbb{R}^n, <, \mathbb{R}^n_+)$, $(B(\Omega), <, B_+(\Omega))$, $(S(\Omega), <, S_+(\Omega))$ (falls Ω etwa metrisch ist!). Zu dieser Beispielgruppe soll überdies der reelle Vektorraum $L^p(\Omega)$ $(p \in \mathbb{R}, 1 \leqq p)$ aller Klassen $\dot{x}$ reeller Funktionen x gehören, welche auf einer meßbaren Teilmenge Ω des $\mathbb{R}^n$ $(n \in \mathbb{N})$ meßbar sind und für welche $|x|^p$ über Ω integrierbar ist. Die Teilmenge $L^p_+(\Omega)$ aller Klassen von $L^p(\Omega)$, welche ein auf ganz Ω nichtnegatives Element enthalten, bildet offenbar einen Kegel. Die durch ihn in $L^p(\Omega)$ festgelegte Halbordnung sei wieder mit $<$ bezeichnet, so daß wir den halbgeordneten Vektorraum $(L^p(\Omega), <, L^p_+(\Omega))$ erhalten.

Sei L eine lineare, eineindeutige Abbildung eines halbgeordneten

Vektorraumes $(X, \prec, K)$ in sich. Dann erfüllt die durch das Beispiel e) in (1.3) gegebene Halbordnung $\leqq$ die Axiome 01) und 02). Der zugehörige Kegel ist offenbar $L^{-1}(K)$.

2.5 Sei $(X, \leqq, K)$ ein halbgeordneter Vektorraum. Zu jedem $e \in K$ konstruieren wir den linearen Teilraum $X_e = \bigcup \{n[-e, e] : n \in \mathbb{N}\}$ von X, versehen diesen mit dem kanonischen Kegel $K_e = K \cap X_e$ und gewinnen den halbgeordneten Vektorraum $(X_e, \leqq, K_e)$. Ist Y ein linearer Teilraum von X halbgeordnet durch den kanonischen Kegel $K \cap Y$, so erhalten wir offenbar $Y_e = Y \cap X_e$ für jedes $e \in K \cap Y$. Man sieht leicht $X_\theta = \{\theta\}$, $X_{(\alpha e)} = X_e$ für $\alpha \in \mathbb{R}$, $\alpha > 0$ und die Darstellungen $X_e = \{x \in X : \pm x \leqq \rho e$ bzw. $\pm x + \rho e \in K$ für ein $\rho \in \mathbb{R}\}$ ein. Für $e, e' \in K$ sind daher $e' \in K_e$ und $X_{e'} \subset X_e$ äquivalente Bedingungen. Das wiederum liefert die Beziehung:

2.6 *Für $e \in K$ und $e' \in K_e$ wird $(X_e)_{e'} = X_{e'}$.*
Denn $(X_e)_{e'} = \bigcup \{n[-e', e'] \cap X_e : n \in \mathbb{N}\} = \bigcup \{n[-e', e'] : n \in \mathbb{N}\} \cap X_e = X_{e'} \cap X_e = X_{e'}$. □

2.7 Ein Element $e \in K$ heißt *Ordnungseinheit* des Kegels K, falls $X_e = X$ ist. Mit oK bezeichnen wir die Menge aller Ordnungseinheiten von K. Offenbar erfüllt oK die Axiome K1) (es gilt sogar $K + oK \subset oK$) und K2), das Axiom K3) aber nur im Falle $X = \{\theta\}$. Im allgemeinen wird oK jedoch leer sein. Allerdings zeigt (2.6), daß $e \in oK_e$, also $oK_e \neq \emptyset$ für alle $e \in K$ gilt. Genauer erhalten wir

2.8 $oK_e = \{e' \in K : \quad X_e = X_{e'}\}$ *für alle* $e \in K$.

Denn $e' \in oK_e \Leftrightarrow e' \in K_e, (X_e)_{e'} = X_e \Leftrightarrow e' \in K, X_{e'} = X_e$ mit (2.6). □

2.9 Sei Ω eine nichtleere Menge und $Y(\Omega)$ eine lineare Teilmenge von $\mathbb{R}^\Omega$. Jedes Element e des Kegel $Y_+(\Omega)$ (s. (2.4)) in $Y(\Omega)$ definiert dann eine Teilmenge $\Omega(e) = \{t \in \Omega : e(t) = 0\}$ von Ω. Offenbar gilt $x \in (Y(\Omega))_e$ genau dann, wenn es ein reelles ρ gibt mit $\pm x(t) \leqq \rho e(t)$ für alle $t \in \Omega$. Dies ist aber gleichbedeutend mit $x(t) = 0$ für $t \in \Omega(e)$ und $e(t)^{-1} |x(t)| \leqq \rho$ für $t \in \Omega - \Omega(e)$. Damit haben wir die Darstellung

$$(Y(\Omega))_e = \left\{ x \in Y(\Omega) : x_{\Omega(e)} = \theta_e, \quad \frac{|x|}{e} \in B(\Omega - \Omega(e)) \right\}$$

$$\text{für} \quad e \in Y_+(\Omega)$$

bewiesen, wobei $x_{\Omega(e)}$ die Einschränkung der Funktion x auf die Teilmenge $\Omega(e)$ von Ω und θ_e das Nullelement in $\mathbb{R}^{\Omega(e)}$ bezeichnen.

Im Falle $e = \delta$ mit $\delta(t) = 1$ für alle $t \in \Omega$ erhalten wir $(\mathbb{R}^\Omega)_\delta = B(\Omega)$, denn $\Omega(\delta) = \emptyset$.

Nach (2.7) besitzt der Kegel $(Y_+(\Omega))_{e_1}$ für jedes $e_1 \in Y_+(\Omega)$ Ordnungseinheiten. Wegen (2.8) zusammen mit (2.5) gilt $e_2 \in o(Y_+(\Omega))_{e_1}$ genau dann, wenn $e_i \in (Y_+(\Omega))_{e_j}$ $(i, j = 1, 2)$ besteht, d. h. $0 \leqq e_j(t) \leqq \rho_{ij} e_i(t)$ für $t \in \Omega$ sowie ein reelles $\rho_{ij}(i, j = 1, 2)$. Damit ergibt sich folgende Darstellung

$$(2)\quad o(Y_+(\Omega))_e = \{z \in Y(\Omega):\ me(t) \leqq z(t) \leqq Me(t) \quad \text{für} \quad t \in \Omega \quad \text{und}$$
$$\text{positive, reelle Zahlen} \quad m = m(z), \quad M = M(z)\},$$
$$\text{falls} \quad e \in Y_+(\Omega).$$

Im Falle $e = \delta$ liefert dies

$$(3)\quad \begin{aligned} oB_+(\Omega) = o(\mathbb{R}^\Omega_+)_\delta = \{z \in B(\Omega):\ 0 < m \leqq z(t) \quad &\text{für} \quad t \in \Omega \\ \text{und reelles} \quad m = m(z)\}&. \end{aligned}$$

Nach (2.8) sind die so beschriebenen Funktionen z gleichzeitig alle jene Elemente aus dem Kegel $\mathbb{R}^\Omega_+$, welche die Gleichung $(\mathbb{R}^\Omega)_z = B(\Omega)$ erfüllen.

2.10 In (2.7) haben wir schon bemerkt, daß die Menge der Ordnungseinheiten eines halbgeordneten Vektorraumes im allgemeinen leer ist. Hier sollen dazu zwei Beispiele angefügt werden:

a) *Sei Ω eine nichtleere Menge. Der Kegel $\mathbb{R}^\Omega_+$ des halbgeordneten Vektorraumes $(\mathbb{R}^\Omega, <)$ besitzt genau dann Ordnungseinheiten, wenn Ω eine endliche Menge ist.*

Beweis. Im Falle einer endlichen Menge Ω ist $\mathbb{R}^\Omega = B(\Omega)$, und die Ordnungseinheiten sind durch die Formel (3) gegeben. Sei Ω nicht endlich, es existiere also eine Folge t_n $(n \in \mathbb{N})$ paarweise verschiedener Elemente aus Ω. Dann ist

$$x(t) = \begin{cases} n & \text{falls} \quad t = t_n \quad (n \in \mathbb{N}) \\ 0 & \text{sonst} \end{cases}$$

ein Element von $\mathbb{R}^\Omega$. Sei $e \in \mathbb{R}^\Omega_+$ und $x \in (\mathbb{R}^\Omega)_e$. Nach (1) gilt $t_n \notin \Omega(e)$ für $n \in \mathbb{N}$, oder $e(t_n) > 0$ und $e(t_n)^{-1} |e(t_n)\, x(t_n)| = n$ für $n \in \mathbb{N}$. Wegen (1) finden wir daher $xe \in \mathbb{R}^\Omega - (\mathbb{R}^\Omega)_e$, oder $(\mathbb{R}^\Omega)_e \neq \mathbb{R}^\Omega$ für jedes $e \in \mathbb{R}^\Omega_+$. □

b) Die Teilmenge M aller nichtfallenden Elemente von $S_+[0, 1]$ definiert einen Kegel in $S[0, 1]$ mit $M + (-M) \neq S[0, 1]$, denn $M + (-M)$ besteht bekanntlich aus allen stetigen Funktionen von beschränkter Variation. Daher muß $oM = \emptyset$ sein, denn *für jeden halbgeordneten Vektorraum (X, K) mit Ordnungseinheiten besteht die Darstellung $X = K + (-K)$.* Sei nämlich $x \in X$ und $e \in oK$, so existiert ein reelles $\rho > 0$ mit $\pm x + \rho e \in K$ oder $x = (x + \rho e) - \rho e \in K + (-K)$.

3. Zwei Funktionale

3.1 Sei $(X, \leqq, K)$ ein halbgeordneter Vektorraum und $e \in oK$. Für jedes $x \in X$ gibt es dann eine reelle Zahl $\rho > 0$ mit $\pm x + \rho e \in K$ oder $\rho^{-1} x \in [-e, e]$. Daher ist $[-e, e]$ radial, so daß das Minkowskifunktional

$$(4) \quad \|x\|_e = \inf\{\rho > 0: \quad \rho^{-1} x \in [-e, e]\}$$
$$= \inf\{\rho > 0: \quad \pm x \leqq \rho e \quad \text{bzw.} \quad \rho e \pm x \in K\}$$

des Intervalls $[-e, e]$ existiert (beachte, daß $[-e, e]$ kreisförmig ist, vgl. (0, 4.2), (0, 4.3), (2.3)). Für jedes reelle ρ mit $\|x\|_e < \rho$ läßt sich nach der Definition von $\|x\|_e$ ein $\rho' \in [\|x\|_e, \rho]$ bestimmen mit $\pm x \leqq \rho' e$, und wegen $\rho' e \leqq \rho e$ beweist dies die Implikation

$$(5) \qquad \rho \in \mathbb{R}, \qquad \|x\|_e < \rho \Rightarrow \pm x \leqq \rho e.$$

3.2 Es sei nun $X \neq \{\theta\}$ und $e \in oK$ (also $e \neq \theta$ nach (2.5)). Zu jedem $x \in X$ können wir wegen (3.1) reelle Zahlen ρ_1, ρ_2 mit $(-1)^i x - \rho_i e \in K$ $(i = 1, 2)$ finden. Das Axiom K1) in (2.2) liefert $-(\rho_1 + \rho_2) e \in K$, und das Axiom K3) verbietet $(\rho_1 + \rho_2) e \in K$, falls $\rho_1 + \rho_2 \neq 0$, weil $e \neq \theta$. Daher kann nur $\rho_1 + \rho_2 \leqq 0$ sein, und die Menge $\{\rho \in \mathbb{R} : x - \rho e \in K\}$ ist nicht leer sowie durch $-\rho_1$ nach oben beschränkt. Das rechtfertigt die Definition des Funktionals

$$(4') \quad \begin{aligned} |x|_e &= \sup\{\rho \in \mathbb{R}: \quad x - \rho e \in K \quad \text{bzw.} \quad \rho e \leqq x\} && \text{falls} \quad X \neq \{\theta\} \\ |\theta|_\theta &= 0 && \text{falls} \quad X = \{\theta\} \end{aligned}$$

für alle $x \in X$ und jede Ordnungseinheit e des Kegels K. Gleichzeitig haben wir die Ungleichung $|x|_e + |-x|_e \leqq 0$ für $x \in X$, $e \in oK$ bestätigt. Schließlich zeigt man analog zu (5) die Implikation

$$(5') \qquad \rho \in \mathbb{R}, \qquad \rho < |x|_e \Rightarrow \rho e \leqq x.$$

Sei nun $|x|_e \leqq |-x|_e$, so gilt $(|x|_e - n^{-1}) < |\pm x|_e$ für $n \in \mathbb{N}$, nach (5') also auch $(|x|_e - n^{-1}) e \leqq \pm x$ für $n \in \mathbb{N}$. Das aber zeigt

$$|x|_e - n^{-1} \leqq \sup\{\rho \in \mathbb{R}: \quad \rho e \leqq \pm x\} \leqq |x|_e \; (n \in \mathbb{N})$$

oder auch

$$-|x|_e = -\sup\{\rho \in \mathbb{R}: \quad \rho e \leqq \pm x\} = \inf\{-\rho \in \mathbb{R}: \quad \pm x \leqq (-\rho) e\}$$
$$= \inf\{\rho > 0: \quad \rho^{-1} x \in [-e, e]\} = \|x\|_e.$$

Da das Intervall $[-e, e]$ kreisförmig ist, gilt $\|-x\|_e = \|x\|_e$. Zusammen erhalten wir die Darstellung

(6) $$\|x\|_e = -\operatorname{Min}(|x|_e, |-x|_e)$$

für $x \in X$ und $e \in oK$, welche im Falle $X = \{\theta\}$ trivial ist. Für $x \in K$ und $-x - \rho e \in K$ $(\rho \in \mathbb{R})$ erhält man $x - \rho e \in K$ oder $|-x|_e \leqq |x|_e$, also mit (6) auch

$$\|x\|_e = -|-x|_e \quad \text{falls} \quad x \in K.$$

3.3 *Für $x, y \in X$, $e \in oK$ und $\alpha \in \mathbb{R}$ gelten:*

a1) $\|x\|_e \geqq 0$, $\|\theta\|_e = 0$ $\qquad$ $|x|_e > 0 \Rightarrow x \geqq \theta \Rightarrow |x|_e \geqq 0$, $|\theta|_e = 0$;

a2) $\|x + y\|_e \leqq \|x\|_e + \|y\|_e$ $\qquad$ $|x|_e + |y|_e \leqq |x + y|_e$;

a3) $\|\alpha x\|_e = |\alpha|\, \|x\|_e$ $\qquad$ $|\alpha x|_e = \alpha |x|_e$ für $\alpha \geqq 0$;

b) $\qquad$ $|x|_e \leqq \|x\|_e$;

c1) $\alpha \|x\|_{(\alpha e)} = \|x\|_e$ für $\alpha > 0$ $\qquad$ $\alpha |x|_{(\alpha e)} = |x|_e$ für $\alpha > 0$;

c2) $\theta \leqq x \leqq y \Rightarrow \|x\|_e \leqq \|y\|_e$ $\qquad$ $x \leqq y \Rightarrow |x|_e \leqq |y|_e$.

Beweis. Im Falle $X = \{\theta\}$ ist (3.3) trivial, wir dürfen daher $X \neq \{\theta\}$ d. h. nach (2.7) auch $e \neq \theta$ annehmen.

a) Das Intervall $[-e, e]$ ist eine radiale, konvexe und kreisförmige Menge (s. (2.3) und (3.1)), ihr Minkowskifunktional besitzt daher die Eigenschaften a*i*) ($i = 1, 2, 3$) nach (0, 4.3). Diese Bedingungen gehen wir nun für das Funktional (4′) durch:

a1) $|x|_e > 0$ impliziert $x \geqq 0e = \theta$ nach (5′) und $0e = \theta \leqq x$ liefert $0 \leqq |x|_e$ nach (4′). Schließlich sind $\rho e \leqq \theta$ und $\rho \leqq 0$ für $e \neq \theta$ äquivalente Aussagen, so daß $|\theta|_e = 0$ folgt.

a2) Das Axiom 01) in (2.1) zeigt: $\rho_1 e \leqq x$, $\rho_2 e \leqq y \Rightarrow (\rho_1 + \rho_2) e \leqq x + y$, also $\rho_1 + \rho_2 \leqq |x + y|_e$ mit (4′). Damit ist a2) bewiesen.

a3) Wegen $|\theta|_e = 0$ können wir $\alpha > 0$ annehmen, dann aber sind $\rho e \leqq x$ und $\alpha \rho e \leqq \alpha x$ gleichwertige Bedingungen. Daraus folgt die Behauptung.

b) In (3.2) wurde schon die Ungleichung $|x|_e + |-x|_e \leqq 0$ bewiesen, so daß wir mit (6) einfach $-\|x\|_e = \operatorname{Min}(|x|_e, |-x|_e) \leqq -|x|_e$ nachrechnen.

c1) ergibt sich aus der Äquivalenz von $\rho e \leqq x$ und $\rho(\alpha e) \leqq \alpha x$ zusammen mit (6).

c2) Sei $x \leqq y$, dann folgt aus $\rho e \leqq x$ auch $\rho e \leqq y$, d. h. $\rho \leqq |y|_e$. Analog schließt man im Falle $\theta \leqq x \leqq y$, daß $\pm y \leqq \rho e$ schon $\pm x \leqq x \leqq y \leqq \rho e$, d. h. $\|x\|_e \leqq \rho$ nach sich zieht. Die Behauptung liest man nun in (4) und (4′) ab. □

3.4 Durch (4) und (4′) sind jeder Ordnungseinheit e eines Kegels K die auf ganz X definierten Funktionale $\| \|_e$, $| |_e$ zugeordnet. Diese Vorschrift können wir leicht auf die Elemente e von $K - oK$ ausdehnen, durch die Bemerkung nämlich, daß ja e Ordnungseinheit im Kegel K_e (s. 2.7) ist. Damit entsprechen jedem $e \in K$ zwei auf X_e definierte Funktionale $\| \|_e$, $| |_e$, welche die Darstellungen (4), (4′) und die Eigenschaften (5), (5′) sowie a*i*) ($i = 1, 2, 3$), b) und c*i*) ($i = 1, 2$) besitzen, wenn man nur beachtet, daß der Definitionsbereich auf X_e zu beschränken ist. Streng genommen wäre in (4) und (4′) der Kegel K durch $K_e = K \cap X_e$ zu ersetzen. Die Korrektur erübrigt sich jedoch, wenn man bedenkt, daß ohnehin nur Argumente $x \in X_e$ betrachtet werden und $\rho e \pm x \in X_e$ bzw. $x - \rho e \in X_e$ daher selbstverständlich sind (denn X_e ist ein Vektorraum und $e \in X_e$ nach (2.5)).

3.5 *Seien* $e_1, e_2 \in K$ *mit* $X_{e_1} \subset X_{e_2}$ (*d. h.* $e_1 \in K_{e_2}$ *nach* (2.5)), *dann gilt*

$$\|x\|_{e_2} \leqq \|e_1\|_{e_2} \|x\|_{e_1} \quad \textit{für} \quad x \in X_{e_1}.$$

Aus (5) ergibt sich nämlich $\pm x \leqq (\|x\|_{e_1} + n^{-1}) e_1 \leqq (\|x\|_{e_1} + n^{-1}) \cdot (\|e_1\|_{e_2} + n^{-1}) e_2$, also $\|x\|_{e_2} \leqq (\|x\|_{e_1} + n^{-1})(\|e_1\|_{e_2} + n^{-1})$ für alle $n \in \mathbb{N}$. □

3.6 Beispiel. Sei Ω eine nichtleere Menge, $Y(\Omega)$ eine lineare Teilmenge von $\mathbb{R}^\Omega$ und $e \in Y_+(\Omega)$. *Dann gilt*

$$\|x\|_e = \sup\{e(t)^{-1}|x(t)|: \quad t \in \Omega - \Omega(e)\},$$
$$|x|_e = \inf\{e(t)^{-1}x(t): \quad t \in \Omega - \Omega(e)\}$$

für alle $x \in (Y(\Omega))_e$, *dabei ist das Supremum bzw. Infimum der leeren Menge gleich Null zu setzen* (zu allen Bezeichnungen siehe (2.4) und (2.9)).

Wegen (1) ist nämlich $x(t) = 0$ für $t \in \Omega(e)$, also

$$\begin{aligned} \|x\|_e &= \inf\{\rho \in \mathbb{R}: \quad |x(t)| \leqq \rho e(t) \quad \text{für} \quad t \in \Omega\} \\ &= \inf\{\rho \in \mathbb{R}: \quad e(t)^{-1}|x(t)| \leqq \rho \quad \text{für} \quad t \in \Omega - \Omega(e)\} \\ |x|_e &= \sup\{\rho \in \mathbb{R}: \quad \rho e(t) \leqq x(t) \quad \text{für} \quad t \in \Omega\} \\ &= \sup\{\rho \in \mathbb{R}: \quad \rho \leqq e(t)^{-1}x(t) \quad \text{für} \quad t \in \Omega - \Omega(e)\}. \end{aligned}$$

Das aber ist unsere Behauptung. □

Im Falle $\Omega = \{1, \ldots, m\}$ ($m \in \mathbb{N}$), $Y(\Omega) = \mathbb{R}^m$ und $e = (e_1, \ldots, e_m) \in \mathbb{R}^m_+$ ergibt sich z. B.

$$\|t\|_e = \operatorname{Max}\{e_i^{-1}|t_i|: \quad i \in \Omega - \Omega(e)\},$$
$$|t|_e = \operatorname{Min}\{e_i^{-1}t_i: \quad i \in \Omega - \Omega(e)\}$$

für $t = (t_1, \ldots, t_m) \in (\mathbb{R}^m)_e$.

4. Ordnungstopologie

4.1 Sei $(X, \leqq, K)$ ein halbgeordneter Vektorraum. Die Halbordnung $\leqq$ (der Kegel K) heißt *archimedisch*, wenn aus $x \in X$, $e \geqq \theta$ $(e \in K)$, $nx \leqq e$ $(e - nx \in K)$ für alle natürlichen Zahlen n, stets $x \leqq \theta$ $(-x \in K)$ folgt. In diesem Fall sprechen wir von dem *archimedischen Vektorraum* $(X, \leqq, K)$.

Offenbar ist der kanonische Kegel $K \cap Y$ einer linearen Teilmenge Y eines archimedischen Vektorraumes wieder archimedisch. Dasselbe gilt für den kanonischen Kegel $\times K_\alpha$ des Produktraumes $\times Y_\alpha$ einer Familie archimedischer Vektorräume. Daher sind alle in (2.4) genannten Funktionenräume Beispiele archimedischer Vektorräume. Der Kegel $K = \{(t_1, t_2) \in \mathbb{R}^2 : t_1 > 0\} \cup \{\theta\}$ im $\mathbb{R}^2$ ist nicht archimedisch, denn es ist zwar $(1, 1) - n(0, -1) = (1, 1 + n) \in K$ für $n \in \mathbb{N}$, jedoch gilt $-(0, -1) = (0, 1) \notin K$.

4.2 *Sei $(X, \leqq, K)$ ein archimedischer Vektorraum, sei $e \in oK$, $e \neq \theta$, $x \in X$ und $\rho \in \mathbb{R}$. Dann sind $\pm x \leqq \rho e$ $(\rho e \leqq x)$ und $\|x\|_e \leqq \rho$ $(\rho \leqq |x|_e)$ äquivalente Bedingungen.*

Dazu brauchen wir wegen (4), (4′), (5), (5′) nur noch $\pm x \leqq \|x\|_e e$ bzw. $|x|_e e \leqq x$ einzusehen. Nun gilt aber $e - n(|x|_e e - x) = n\{x - (|x|_e - n^{-1}) e\} \in K$ für alle $n \in \mathbb{N}$ nach (5′) und daher wegen der Archimedizität: $x - |x|_e e \in K$ oder $|x|_e e \leqq x$. Mit (6) rechnet man schließlich $-\|x\|_e e = \operatorname{Min}(|x|_e, |-x|_e) e \leqq |\pm x|_e e \leqq \pm x$ leicht nach. □

Als Verschärfung der obigen Aussage können wir

$$x - |x|_e e \in K \cap \widetilde{oK} \quad \text{für} \quad x \in X, \qquad e \in oK$$

behaupten. Denn $x - |x|_e e \in oK$ würde die Existenz einer positiven, reellen Zahl ρ mit $x - (|x|_e + \rho^{-1}) e = \rho^{-1}(-e + \rho(x - |x|_e e)) \in K$ also $|x|_e + \rho^{-1} \leqq |x|_e$ nach sich ziehen, ein Widerspruch. Wegen $\|x\|_e = -|-x|_e$ für $x \in K$ (vgl. (3.2)) erhalten wir speziell

$$-x + \|x\|_e e \in K \cap \widetilde{oK} \quad \text{für} \quad x \in K, \qquad e \in oK.$$

4.3 Sei $(X, \leqq, K)$ ein archimedischer Vektorraum. Wegen (3.3), a) und (4.2) ist $\| \ \|_e$ für jedes $e \in oK$ eine Norm auf X (vgl. (0, 5.4)), nach (3.5) *sind je zwei Normen $\| \ \|_{e_1}, \| \ \|_{e_2}$ $(e_1, e_2 \in oK)$ äquivalent.* Die im Falle $oK \neq \emptyset$ auf X durch irgendeine Norm $\| \ \|_e$ $(e \in oK)$ festgelegte Topologie $\mathfrak{T}_0$ heißt *Ordnungstopologie für X.*

4.4 *Wir betrachten einen archimedischen Raum $(X, \leqq, K)$ mit Ordnungseinheiten. Dann ist $\overline{K} = K$ und $\mathring{K} = oK$ in $(X, \mathfrak{T}_0)$.*

Beweis. Im Falle $\theta \in oK$, d. h. $X = K = \{\theta\}$, ist die Behauptung trivial. Wir können daher $\theta \notin oK$ annehmen.

Sei nun $x \in \bar{K}$, also $x = \lim x_k$ mit $x_k \in K$ für $k \in \mathbb{N}$. Zu $e \in oK$ und $n \in \mathbb{N}$ existiert dann ein $k = k(n)$ mit $\|x - x_k\|_e < n^{-1}$, d. h. $-nx \leqq -n(x - x_k) \leqq n\|x - x_k\|_e e \leqq e$. Wegen der Archimedizität von $\leqq$ ergibt sich $-x \leqq \theta$ oder $x \in K$. Das zeigt die Abgeschlossenheit von K bezüglich $\mathfrak{T}_0$.

Offenbar ist $\mathring{K}$ eine Teilmenge von oK (vgl. auch (II, 8)), so daß nur noch $oK \subset \mathring{K}$ zu zeigen bleibt. Sei $e \in oK$ und x_n eine Folge, welche in $\mathfrak{T}_0$ gegen e konvergiert. Dann existiert ein $N \in \mathbb{N}$ mit $\|x_n - e\|_e \leqq 1$, falls $n \geqq N$, also $-e \leqq x_n - e$ oder $x_n \in K$ für $n \geqq N$. Das zeigt $e \in \mathring{K}$. □

Dieses Ergebnis besagt speziell, daß die unter (3) angegebene Menge genau die bezüglich der Ordnungstopologie inneren Punkte des Kegels $B_+(\Omega)$ angibt.

4.5 Hinweise. Ordnungsstrukturen geben auf vielfache Weise Anlaß zur Definition eines Grenzwertbegriffs (vgl. G. Birkhoff [1961]). Die Einführung der Ordnungstopologie gehört wohl zu den interessantesten Möglichkeiten. Die dabei wichtige Konstruktion der Norm $\| \ \|_e$ kommt schon bei M. G. Krein-S. G. Krein [1943] sowie bei F. F. Bonsall [1954] vor (vgl. auch Krasnoselskij [1964b] und die dort angegebene weitere Literatur). Der hier beschrittene Weg ist auf Räume mit Ordnungseinheiten beschränkt. Bei der Erweiterung auf allgemeinere Vektorräume mit einer Ordnungsstruktur kann man die Tatsache ausnutzen, daß die Unterräume X_e schon auf natürliche Weise eine Ordnungstopologie über die Norm $\| \ \|_e$ tragen. Davon ausgehend läßt sich nun auf dem ganzen Raum eine induktive Topologie definieren. Diese wird in der Tat Ordnungstopologie genannt. Sie ist im allgemeinen nicht mehr durch eine Norm gegeben, bleibt aber eine lokal konvexe Topologie. In diesem Zusammenhang verweisen wir auf die Arbeiten von I. Namioka [1957] und H. H. Schaefer [1958], vgl. aber auch H. H. Schaefer [1966] und A. L. Peressini [1967].

Zum Begriff der Archimedizität nennen wir die Autoren F. F. Bonsall [1955], H. H. Schaefer [1966] sowie A. L. Peressini [1967].

5. Abstände

5.1 Unter einem *Abstand* ρ auf einer nichtleeren Menge Y verstehen wir eine Funktion ρ, welche $Y \times Y$ in einen halbgeordneten Vektorraum $(X, \leqq, K)$ abbildet und für je drei Elemente $x, y, z \in Y$ die folgenden *Abstandsaxiome* erfüllt:

A1) $\rho(x, y) = \theta$ (= Nullelement in X) $\Leftrightarrow x = y$;

A2) $\rho(x, y) \leqq \rho(x, z) + \rho(z, y)$.

$(X, \leqq, K)$ nennen wir auch *Abstandsmenge* des Abstandes ρ auf Y, z. B. verdient damit zugleich jeder lineare Teilraum $(Z, Z \cap K)$ von (X, K), welcher die Bildmenge $\rho(Y \times Y)$ enthält, den Namen Abstandsmenge von ρ. In jeder konkreten Situation werden wir immer eine Abstandsmenge ausdrücklich spezifizieren.

Der Abstand ρ heißt *symmetrisch*, falls $\rho(x, y) = \rho(y, x)$ für $x, y \in Y$ gilt.

Aus den beiden Eigenschaften A1) und A2) leitet man leicht die für je vier Elemente $x, y, z, v \in Y$ gültigen Ungleichungen

(7) $$-\rho(x, y) \leqq \rho(y, x)$$

(7′) $$-\rho(y, z) - \rho(z, x) \leqq \rho(x, y) \leqq \rho(x, z) + \rho(z, y)$$

(7″) $$-\rho(x, z) - \rho(y, v) \leqq \rho(z, y) - \rho(x, v) \leqq \rho(z, x) + \rho(v, y)$$

her. Dabei ergibt sich (7) aus A2), wenn man $x = y$ setzt und A1) verwendet, und (7′) ist dann eine unmittelbare Folge von A2) und (7). Schließlich liefert A2) die Ungleichungen $\rho(z, y) - \rho(x, v) = (\rho(z, y) - \rho(x, y)) + (\rho(x, y) - \rho(x, v)) \leqq \rho(z, x) + \rho(v, y)$ und damit die Relation (7″).

5.2 Beispiele. a) Jede Metrik d auf einer nicht leeren Menge Y definiert einen Abstand auf Y, welcher $Y \times Y$ in die reellen Zahlen $(\mathbb{R}, \leqq, \mathbb{R}_+)$ abbildet.

b) Sei $(X, \leqq, K)$ ein halbgeordneter Raum und Y eine nicht leere Teilmenge von X. Dann legt die Funktion i_Y, welche dem Paar $(x, y) \in Y \times Y$ das Element $i_Y(x, y) = x - y \in X$ zuordnet, einen Abstand auf Y fest, der $Y \times Y$ in $(X, \leqq, K)$ transformiert.

c) Existiert zu einem Element x des halbgeordneten Raumes $(X, \leqq, K)$ ein Element $y \in X$ mit

B1) $\pm x \leqq y$;

B2) $z \in X, \pm x \leqq z \Rightarrow y \leqq z$;

so ist y durch diese Eigenschaften eindeutig bestimmt; y heißt dann *absoluter Betrag* von x und wird auch mit $|x|$ oder $\sup(x, -x)$ bezeichnet. *Existiert zu jedem $x \in X$ der absolute Betrag $|x|$, so gelten für je vier Elemente $x, y \in X$, $e \in K$ und $\alpha \in \mathbb{R}$ die Regeln*

(i) $\theta \leqq |x|$, $\theta = x \Leftrightarrow \theta = |x|$ $|x| = x \Leftrightarrow \theta \leqq x$;

(ii) $|x + y| \leqq |x| + |y|$ (*also auch* $||x| - |y|| \leqq |x - y|$);

(iii) $|\alpha x| = |\alpha|\,|x|$;

(iv) $x, y \in X_e \Leftrightarrow |x|, |y| \in X_e$; *sowie* $\| |x| \|_e = \|x\|_e$,
$\| |x| - |y| \|_e \leqq \|x - y\|_e$ *falls* $x, y \in X_e$.

Ist dann Y eine nicht leere Teilmenge von X, so definiert die Funktion a_Y, *welche dem Paar* $(x, y) \in Y \times Y$ *das Element* $a_Y(x, y) = |x - y|$ *zuordnet, einen Abstand auf Y, der* $Y \times Y$ *in* $(X, \leqq, K)$ *abbildet.*

Beweis. Da die letzte Behauptung direkt aus (i) und (ii) folgt, genügt es, die genannten Regeln zu bestätigen:

Zu (i): Wegen B1) ist $\pm x \leqq |x|$, durch Addition folgt $\theta \leqq |x|$. Ferner ist $|x| = \theta$ ($|x| = x$) gleichbedeutend mit $\pm x \leqq \theta$ ($\pm x \leqq x$) oder $x = \theta$ ($\theta \leqq x$).

Zu (ii): $\pm x \leqq |x|$ und $\pm y \leqq |y|$ implizieren $\pm(x + y) \leqq |x| + |y|$, B2) zeigt daher $|x + y| \leqq |x| + |y|$. Insbesondere ist dann $|x| \leqq |x - y| + |y|$ und durch Vertauschen von x und y auch $\pm(|x| - |y|) \leqq |x - y|$ (dabei haben wir schon (iii) ausgenutzt!). B2) zeigt wie eben die zweite Ungleichung von (ii).

Zu (iii): Wegen $\pm x \leqq |x|$ ist $\pm \alpha x = \pm \operatorname{sign}(\alpha) |\alpha| x \leqq |\alpha| |x|$. Sei nun $\pm \alpha x \leqq z$, so haben wir $\pm x \leqq |\alpha|^{-1} z$ oder $|x| \leqq |\alpha|^{-1} z$, zusammen also $|\alpha x| = |\alpha| |x|$ für $\alpha \neq 0$. Der Fall $\alpha = 0$ wird schon von (i) erfaßt.

Zu (iv): Sei $\pm x \leqq \rho e$, so ist wegen B2) auch $\pm |x| \leqq |x| \leqq \rho e$, also $|x| \in X_e$ und $\| |x| \|_e \leqq \rho$ oder $\| |x| \|_e \leqq \|x\|_e$. Ebenso folgt aus $\pm |x| \leqq \rho e$ stets $\pm x \leqq |x| \leqq \rho e$, d. h. $\|x\|_e \leqq \rho$ oder $\|x\|_e \leqq \| |x| \|_e$. Die nun noch zu beweisende letzte Ungleichung ergibt sich mit Hilfe von (ii), (i) und (3.3), c2). □

Als Spezialfall betrachten wir den halbgeordneten Funktionenraum $(\mathbb{R}^\Omega, <, \mathbb{R}^\Omega_+)$ (vgl. (2.4)). Zu $x \in \mathbb{R}^\Omega$ ist offenbar die Funktion $|x|$, welche jedem $t \in \Omega$ die reelle Zahl $|x(t)|$ zuordnet, der (bezüglich $\mathbb{R}^\Omega_+$) absolute Betrag von x. Daher ist für jede nichtleere Teilmenge $Y \subset \mathbb{R}^\Omega$ die Abbildung, welche jedem Paar $(x, y) \in Y \times Y$ die Funktion

$$\rho(x, y)(t) = |x(t) - y(t)| \qquad (t \in \Omega) \tag{8}$$

zuordnet, ein Abstand auf Y. Ein Sonderfall wird durch $\Omega = \{1, \dots, m\}$ ($m \in \mathbb{N}$) geliefert, wenn man $Y = \mathbb{R}^m$ wählt. Der Abstand (8) nimmt für die Vektoren $s = (s_1, \dots, s_m)$, $t = (t_1, \dots, t_m)$ die Form

$$\rho(s, t) = (|s_1 - t_1|, \dots, |s_m - t_m|) = |s - t| \tag{9}$$

an.

Diese Situation können wir nun auf ganz andere Weise wieder abstrakter fassen. Es sei Ω eine nichtleere Menge und Y_t ($t \in \Omega$) eine Familie nichtleerer Mengen mit Abständen ρ_t für Y_t und zugehörigen Abstandsmengen (Z_t, K_t) ($t \in \Omega$). Dann ist offenbar auf $\times\, Y_t$ ein Abstand ρ durch

$$(\rho(x, y))_t = \rho_t(x_t, y_t) \qquad (t \in \Omega)$$

gegeben, für welchen $(\times Z_t, \times K_t)$ Abstandsmenge ist. Fällt einer der Abstände ρ_t unsymmetrisch aus, so gilt dies ebenfalls für ρ. Als Beispiele dienen etwa

$$\rho(x,y) = (|x_1 - y_1| + y_2 - x_2, x_2 - y_2 + |x_3 - y_3|)$$
$$\rho(x,y) = (x_1 - y_1, \operatorname{Max}\{|x_2 - y_2|, |x_3 - y_3|\})$$

auf $\mathbb{R}^3 = \mathbb{R} \times \mathbb{R}^2$ mit der Abstandsmenge $(\mathbb{R}^2, <, \mathbb{R}^2_+)$. Weitere Varianten fallen nun nicht mehr schwer. In den folgenden Beispielen geben wir nur noch Hinweise auf einige einfache Konstruktionen in verschiedenen (nicht notwendig endlichdimensionalen) Funktionenräumen. Abwandlungen nach dem soeben angedeuteten Muster für symmetrische sowie unsymmetrische Abstände bieten keine Schwierigkeit und seien dem Leser überlassen.

d) Seien Ω_i $(i = 1, \ldots, m)$ endlich viele, nichtleere Mengen, deren Vereinigung die Menge Ω ausmache (etwa Ω_i = reelles Intervall $[t_{i-1}, t_i]$, $t_{i-1} \leqq t_i$ $(i = 1, \ldots, m)$ und $\Omega = [t_0, t_m]$), und sei Y eine Teilmenge von $B(\Omega)$. Jeder Funktion $x \in Y$ kann man dann die reellen Zahlen

$$r_i(x) = \sup\{|x(t)|: \ t \in \Omega_i\} \qquad (i = 1, \ldots, m)$$

zuordnen, und die Funktion $\rho(x,y) = (r_1(x-y), \ldots, r_m(x-y))$ legt auf Y einen Abstand fest, welcher $Y \times Y$ in $(\mathbb{R}^m, <, \mathbb{R}^m_+)$ abbildet.

e) Sei $S^{m-1}[0,1]$ $(m \geqq 1)$ die Menge aller $(m-1)$-mal differenzierbaren, reellen Funktionen auf $[0,1]$, deren $(m-1)$-te Ableitung noch stetig ist. Dann setze man

$$q_{i+1}(x) = \sup\{|x^{(i)}(t)|: \ t \in [0,1]\} \quad \text{für} \quad x \in S^{m-1}[0,1],$$
$$i = 0, \ldots, m-1.$$

Die Funktion $\rho(x,y) = (q_1(x-y), \ldots, q_m(x-y))$ ist ein Abstand auf $S^{m-1}[0,1]$ mit Werten in $(\mathbb{R}^m, <, \mathbb{R}^m_+)$.

f) Sei $\mathfrak{P}^m$ die Menge aller reellen Polynome vom Grade $\leqq m-1$ und seien t_i $(i = 1, \ldots, m)$ paarweise verschiedene reelle Zahlen. Dann ist

$$\rho(x,y) = (x(t_1) - y(t_1), \ldots, x(t_m) - y(t_m))$$

ein Abstand auf $\mathfrak{P}^m$ mit Werten in $(\mathbb{R}^m, <, \mathbb{R}^m_+)$.

5.3 Die in (1.3), d) betrachtete Konstruktion einer Halbordnung durch eine Metrik kann man leicht auf Abstände verallgemeinern. Dazu betrachten wir einen Abstand ρ auf einer nicht leeren Menge Y mit Werten in einem halbgeordneten Vektorraum $(X, \leqq, K)$ und bezeichnen mit α_i die i-te Koordinate eines Elements $\alpha \in Y \times X$ $(i = 1, 2)$, so daß $\alpha_1 \in Y$ und $\alpha_2 \in X$ liegt. Wie in (1.3) definieren wir eine Relation $\leqq_\rho$ zwischen Elementen $\alpha, \beta \in Y \times X$ gemäß

$$\text{(10)} \qquad \alpha \leqq_\rho \beta \iff \rho(\beta_1, \alpha_1) \leqq \beta_2 - \alpha_2, \quad \rho(\alpha_1, \beta_1) \leqq \beta_2 - \alpha_2.$$

5.4 *$(Y \times X, \leqq_\rho)$ ist eine halbgeordnete Menge.*

Beweis. Zunächst ist $\leqq_\rho$ wegen $\rho(\alpha_1, \alpha_1) = \theta \leqq \alpha_2 - \alpha_2$ reflexiv. Ferner liefert (7), daß $\alpha \leqq_\rho \beta$ stets $\theta \leqq \rho(\beta_1, \alpha_1) + \rho(\alpha_1, \beta_1) \leqq 2(\beta_2 - \alpha_2)$ oder $\alpha_2 \leqq \beta_2$ impliziert. Daher liefert $\alpha \leqq_\rho \beta$, $\beta \leqq_\rho \alpha$ sicher $\alpha_2 = \beta_2$, womit wir dann $\rho(\beta_1, \alpha_1) \leqq \beta_2 - \alpha_2 = \theta$, $-\rho(\beta_1, \alpha_1) \leqq \rho(\alpha_1, \beta_1) \leqq \beta_2 - \alpha_2 = \theta$ oder $\rho(\beta_1, \alpha_1) = \theta$ erhalten. A1) zeigt nun $\alpha_1 = \beta_1$ und vollendet den Beweis der Antisymmetrie von $\leqq_\rho$. Benutzt man schließlich (10) sowie A2) und nimmt man $\alpha \leqq_\rho \beta$, $\beta \leqq_\rho \gamma$ an, so findet man

$$\left.\begin{array}{l}\rho(\alpha_1, \gamma_1) \leqq \rho(\alpha_1, \beta_1) + \rho(\beta_1, \gamma_1) \\ \rho(\gamma_1, \alpha_1) \leqq \rho(\beta_1, \alpha_1) + \rho(\gamma_1, \beta_1)\end{array}\right\} \leqq (\beta_2 - \alpha_2) + (\gamma_2 - \beta_2) = \gamma_2 - \alpha_2$$

oder $\alpha \leqq_\rho \gamma$. □

5.5 Abschließend kommen wir noch einmal auf das in (5.2) genannte Beispiel b) zurück. In diesem Fall ist Y eine nicht leere Teilmenge eines halbgeordneten Vektorraumes $(X, \leqq, K)$ und i_Y der Abstand auf Y. Die durch (10) eingeführte Halbordnung $\leqq_i$ (wir unterdrücken den Index Y!) besagt nunmehr

(11) $$\alpha \leqq_i \beta \Leftrightarrow \alpha_2 \pm \alpha_1 \leqq \beta_2 \pm \beta_1 .$$

Sei L die lineare Transformation von $X \times X$ auf sich, welche $\alpha \in X \times X$ das Element $L\alpha = (\alpha_1 - \alpha_2, \alpha_1 + \alpha_2) \in X \times X$ zuordnet und deren In-

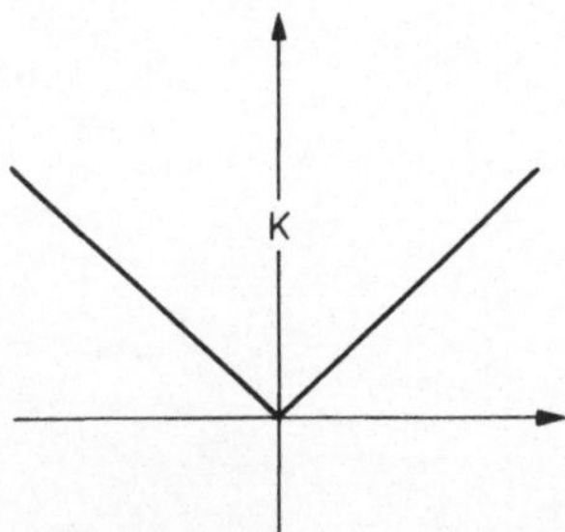

Abb. 1. Kegel K zur Halbordnung (11) im Falle $Y = X = \mathbb{R}$

verse durch $L^{-1}\alpha = 2^{-1}(\alpha_2 + \alpha_1, \alpha_2 - \alpha_1)$ gegeben ist. (11) liefert nun

(12) $$\alpha \leqq_i \beta \Leftrightarrow (L^{-1}\alpha)_j \leqq (L^{-1}\beta)_j \, (j = 1, 2)$$
$$\Leftrightarrow (-1)^j (L\alpha)_j \leqq (-1)^j (L\beta)_j \, (j = 1, 2)$$

für $\alpha, \beta \in Y \times X$, dabei bezeichnet $(L\alpha)_j$ die j-te Komponente von $L\alpha$. So kann man $\leqq_i$ auf kanonische Halbordnungen in der Produktmenge $Y \times X$ zurückführen, je nach dem ob in Y die durch den Kegel K oder $-K$ induzierte Halbordnung betrachtet wird.

5.6 Hinweise. Abstände spielen in der Topologie bei der Untersuchung uniformer Strukturen eine Rolle. In diesem Zusammenhang weisen wir auf die Arbeiten von J. P. Lasalle [1941], E. K. Kalisch [1946], A. Appert [1947] sowie L. W. Cohen-C. Goffman [1950] hin.

Bei der Behandlung numerischer Probleme treten Abstände wohl zum ersten Mal in den Arbeiten von L. V. Kantorowitsch [1937, 1939] auf. Später wird dieses Konzept von verschiedenen Autoren weiterentwickelt, wir nennen etwa J. Schröder [1956c], A. N. Baluev [1958], L. Collatz [1964], J. Ortega-W. Rheinboldt [1967a] sowie J. Vandergraft [1967].

In allen diesen Artikeln wird der Abstand durchweg symmetrisch, zum Teil sogar in Form einer verallgemeinerten Norm (vgl. Baluev, Lasalle, Vandergraft) angenommen. Bei Ortega und Rheinboldt ist der $\mathbb{R}^n$ als Abstandsmenge von besonderer Bedeutung. Die im Text vorgeschlagene, im allgemeinen unsymmetrische Form des Abstandes hat den Vorteil, daß metrische Räume und halbgeordnete Vektorräume gemeinsam behandelt werden können. Dies wird im späteren Zusammenhang noch mehrfach deutlich werden. Die hier vorgelegte Darstellung folgt den Artikeln [1970b, 1974] des Verfassers.

Kapitel II
Ordnungsstrukturen und Normen

Es gibt heute eine abgeschlossene Theorie der halbgeordneten topologischen Vektorräume. Dazu sei wieder auf die Bücher von H. H. Schaefer [1966], A. L. Peressini [1967] und G. Jameson [1970] verwiesen. Bei unserer Zielsetzung jedoch scheint es auszureichen, Halbordnungen auf normierten Räumen zu studieren. Dieser Teil der allgemeinen Theorie soll nun soweit dargestellt werden, als es für das Verständnis des weiteren Inhalts notwendig ist.

Die wohl fruchtbarste Begriffsbildung, welche das Zusammenspiel zwischen Topologie und Ordnungsstruktur beleuchtet, ergibt sich aus der Definition der Normalität. Nach einer Vorbereitung in § 1 führen wir die normalen Kegel (Halbordnungen) in § 2 ein und behandeln ihre wichtigsten Eigenschaften. Im weiteren Verlauf gehen wir dann der Frage nach, ob eine vorgelegte Norm in einem halbgeordneten Vektorraum die Ordnungstopologie definiert. Dies geschieht anhand der Begriffspaare normaler Kegel — abgeschlossener Kegel in § 3 sowie normaler Kegel — Kegel mit innerem Punkt in § 4. In § 5 werden dann Normalität und Abgeschlossenheit eines Kegels Anlaß zur Definition des halbgeordneten normierten Raumes, welcher in § 6 schließlich zusammen mit dem Abstandsbegriff zum Abstandsraum führt.

1. Das Minkowskifunktional der gesättigten Hülle der Einheitskugel

1.1 Sei $(X, \leqq, K)$ ein halbgeordneter Raum, $\| \;\|$ eine Norm auf X und $\kappa = \{x \in X : \|x\| \leqq 1\}$ die Einheitskugel in X. Im allgemeinen wird κ keine gesättigte Menge (vgl. (I, 1.2)) sein. Versieht man etwa den $\mathbb{R}^2$ mit der kanonischen Halbordnung (s. (I, 1.3) Beispiel c)) und der durch $\|(t_1, t_2)\|_1 = |t_1| + |t_2|$ für $(t_1, t_2) \in \mathbb{R}^2$ gegebenen Norm, so gehört das Element $(1, -1)$ offenbar nicht zur Einheitskugel wohl aber zu ihrer gesättigten Hülle, denn $(0, -1) < (1, -1) < (1, 0)$ mit $\|(0, -1)\|_1 = \|(1, 0)\|_1 = 1$ (übrigens gilt hier $[\kappa] = \kappa \cup \{(t_1, t_2) \in \mathbb{R}^2 : t_1 t_2 \leqq 0, |t_1| \leqq 1, |t_2| \leqq 1\}$ vgl. Abb. 2). Die gesättigte Hülle $[\kappa]$ von κ ist aber radial, konvex und kreisförmig, da κ selbst diese Eigenschaft besitzt (vgl. (I, 2.3)). Daher

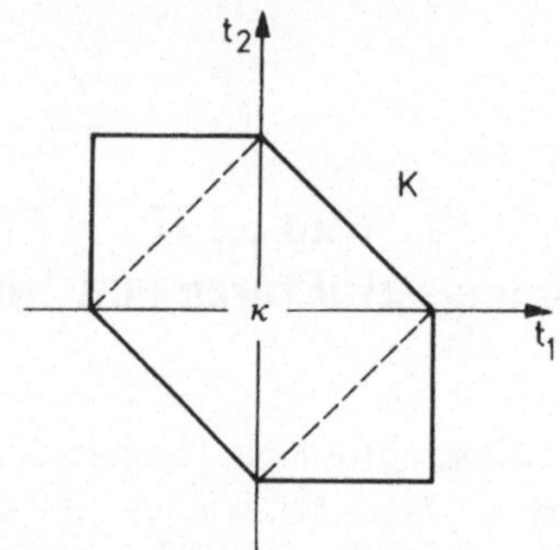

Abb. 2. $[\kappa]$ in $(\mathbb{R}^2, \| \|_1)$ wenn $K = \mathbb{R}^2_+$

liefert das Minkowskifunktional

(1) $$p_\kappa(x) = \inf\{\lambda > 0: \quad x \in \lambda[\kappa]\} \qquad (x \in X)$$

von $[\kappa]$ eine Halbnorm auf X (vgl. (0, 4.3)). Wegen $\kappa \subset [\kappa]$ gilt noch (vgl. (0, 5.3))

(2) $$p_\kappa(x) \leqq \|x\| \quad \text{für alle} \quad x \in X.$$

Ferner kann man die Implikation

(3) $$\theta \leqq x \leqq y \Rightarrow p_\kappa(x) \leqq p_\kappa(y) \quad \text{für} \quad x, y \in X$$

beweisen. Denn aus $\lambda^{-1}y \in [\kappa]$ für ein $\lambda > 0$ folgt wegen $\theta \leqq \lambda^{-1}x \leqq \lambda^{-1}y$ auch $\lambda^{-1}x \in [\kappa]$, weil $[\kappa]$ gesättigt ist und θ enthält. Die Definition (1) zeigt nun die Gültigkeit von (3).

1.2 *p_κ ist genau dann eine Norm auf X, wenn die in $(X, \| \|)$ abgeschlossene Hülle $\bar{K}$ des Kegels wieder ein Kegel ist.*

Beweis. Sei zunächst $\bar{K}$ ein Kegel und $p_\kappa(x) = 0$ für ein $x \in X$. Wegen (1) existieren dann zu jedem $n \in \mathbb{N}$ Elemente $e_n, \bar{e}_n \in \kappa$ mit $nx \in [e_n, \bar{e}_n]$ oder $n^{-1}\bar{e}_n - x \in K$, $x - n^{-1}e_n \in K$. Damit aber haben wir $\pm x \in \bar{K}$, also $x = \theta$ nachgewiesen. Umgekehrt sei p_κ nun eine Norm auf X. Da $\bar{K}$ ohnedies die Axiome K1) und K2) erfüllt, ist nur noch zu zeigen, daß $\bar{K}$ auch K3) befriedigt. Sei dazu $\pm x \in \bar{K}$, d. h. $(-1)^{i+1} x = \lim x_{in}$ und $\theta \leqq x_{in}$ $(n \in \mathbb{N})$ für $i = 0, 1$. Wegen $\theta \leqq x_{1n} \leqq x_{0n} + x_{1n}$ erhalten wir zusammen mit (2) und (3) die Ungleichungen

$$0 \leqq p_\kappa(x) \leqq p_\kappa(x - x_{1n}) + p_\kappa(x_{1n}) \leqq p_\kappa(x - x_{1n}) + p_\kappa(x_{0n} + x_{1n})$$
$$\leqq \|x - x_{1n}\| + \|x_{0n} + x_{1n}\|$$

für alle $n \in \mathbb{N}$. Das aber zeigt $p_\kappa(x) = 0$ und daher auch $x = \theta$. □

Im allgemeinen wird das Axiom K3) für die abgeschlossene Hülle eines Kegels verletzt sein. Dazu beachte man etwa den schon in (I, 4.1) erwähnten Kegel $\{(t_1, t_2) \in \mathbb{R}^2 : t_1 > 0\} \cup \{\theta\}$ im $\mathbb{R}^2$.

1.3 *Sei $(X, \| \|)$ ein normierter Raum und $K \subset X$ ein Kegel. Es sei p_κ eine Norm auf X. Dann besitzt K in $(X, \| \|)$ und in (X, p_κ) dieselbe abgeschlossene Hülle.*

Beweis. Zunächst kommen die Adhärenzpunkte von K in $(X, \| \|)$ wegen (2) unter denen in (X, p_κ) vor. Wir wollen auch die Umkehrung zeigen: Sei dazu x_n eine Folge aus K mit $\lim p_\kappa(x_n - x) = 0$ für ein $x \in X$. Zu jedem $k \in \mathbb{N}$ gibt es dann ein $n_k \in \mathbb{N}$ mit $p_\kappa(x_{n_k} - x) < k^{-1}$ oder $k(x_{n_k} - x) \in [\kappa]$. Daher existieren Elemente $z_k \in \kappa$ mit $k^{-1} z_k - x_{n_k} + x \in K$ also auch $k^{-1} z_k + x \in K$ (wegen $x_{n_k} \in K$!) für alle $k \in \mathbb{N}$. Da $k^{-1} z_k$ in $(X, \| \|)$ eine Nullfolge ist, tritt x als Grenzwert der Folge $k^{-1} z_k + x \in K$ auf. □

2. Normale Kegel

2.1 Es sei $\| \|$ eine Norm auf einem halbgeordneten Raum $(X, \leqq, K)$, und p_κ bezeichne wie in (1.2) das Minkowskifunktional der gesättigten Hülle der Einheitskugel κ von X. Der Kegel K bzw. die Halbordnung $\leqq$ heißt *normal*, wenn es eine reelle Zahl $\alpha > 0$ gibt mit

$$\|x\| \leqq \alpha p_\kappa(x) \quad \text{für alle} \quad x \in X. \tag{4}$$

Dann impliziert $p_\kappa(x) = 0$ sofort $x = \theta$, daher ist p_κ eine Norm auf X, welche wegen (2) und (4) mit der Norm $\| \|$ äquivalent ist. Mit (1.2) ergibt sich weiter, daß $\bar{K}$ die Kegelaxiome erfüllt.

2.2 Satz. *Der Kegel K (die Halbordnung $\leqq$) ist genau dann normal, wenn eine der folgenden gleichwertigen Bedingungen gilt:*

a) *es gibt eine zu $\| \|$ äquivalente Norm $\| \|_0$ auf X, so daß aus $x, y \in X$, $\theta \leqq x \leqq y$ stets $\|x\|_0 \leqq \|y\|_0$ folgt;*

b) *es existiert eine reelle Zahl $\tau_1 > 0$, so daß aus $x, y \in X$, $\theta \leqq x \leqq y$ stets $\|x\| \leqq \tau_1 \|y\|$ folgt;*

c) *es existiert eine reelle Zahl $\tau_2 > 0$, so daß für alle $x, y \in K$ die Ungleichung* $\operatorname{Max}(\|x\|, \|y\|) \leqq \tau_2 \|x + y\|$ *gilt;*

d) *es existiert eine reelle Zahl $\tau_3 > 0$, so daß für alle $x, y \in K$ mit $\|x\| = \|y\| = 1$ die Ungleichung $\tau_3 \leqq \|x + y\|$ gilt;*

e) *es existiert eine reelle Zahl $\tau_4 > 0$, so daß für jedes $e \in K$ und alle $x \in X_e$ die Ungleichung $\|x\| \leqq \tau_4 \|e\| \, \|x\|_e$ gilt;*

f) *für je zwei Folgen x_n und y_n in X mit $\theta \leqq x_n \leqq y_n$ $(n \in \mathbb{N})$ und* $\lim y_n = \theta$ *gilt* $\lim x_n = \theta$;

g) *für je drei Folgen x_n, y_n und z_n in X mit $z_n \leqq x_n \leqq y_n$ $(n \in \mathbb{N})$ und* $\lim z_n = \lim y_n$ *gilt* $\lim y_n = \lim x_n$;

h) *zu jeder Nullumgebung U gibt es eine Nullumgebung V mit $[V] \subset U$;*

i) *die bezüglich $\| \|$ abgeschlossene Hülle $\bar{K}$ des Kegels K ist ein normaler Kegel in $(X, \| \|)$.*

Beweis. Im Falle der Normalität von K sind $\| \|$ und p_κ äquivalente Normen auf X, und mit (3) ergibt sich die Bedingung a).

a) $\Rightarrow$ b): Wegen der Äquivalenz von $\| \|$ und $\| \|_0$ gibt es positive Zahlen $m, M \in \mathbb{R}$ mit $m\|x\| \leqq \|x\|_0 \leqq M\|x\|$ für alle $x \in X$. Nun folgt b), wenn man $\tau_1 = m^{-1}M$ wählt.

b) $\Rightarrow$ c): $x, y \in K$ impliziert $\theta \leqq x \leqq x + y$ und $\theta \leqq y \leqq x + y$, also mit b) auch $\operatorname{Max}(\|x\|, \|y\|) \leqq \tau_1 \|x + y\|$.

c) $\Rightarrow$ d): ist offensichtlich richtig.

d) $\Rightarrow$ e) (vgl. auch M. A. Krasnoselskij [1964b]): Wäre e) falsch, so existierte zu jedem $n \in \mathbb{N}$ ein $e_n \in K$ und ein $x_n \in X_{e_n}$ mit $\|x_n\| > n\|e_n\| \, \|x_n\|_{e_n}$ (insbesondere sind x_n und e_n ungleich θ). Nach (I, 5) ergibt sich $\pm\|x_n\|^{-1} x_n \leqq (n\|e_n\|)^{-1} e_n$, so daß die Elemente $y_n = (n\|e_n\|)^{-1} e_n + \|x_n\|^{-1} x_n$ und $z_n = (n\|e_n\|)^{-1} e_n - \|x_n\|^{-1} x_n$ zu $K - \{\theta\}$ gehören. Für das Element $v_n = \|y_n\|^{-1} y_n + \|z_n\|^{-1} z_n$ liefert d) dann die Ungleichung: $\tau_3 \leqq \|v_n\|$ für $n \in \mathbb{N}$. Wir gelangen zu einem Widerspruch, wenn wir nun zeigen, daß v_n eine Nullfolge in $(X, \| \|)$ ist: dazu bestätigt man leicht die Beziehungen

$$v_n = 2(n\|e_n\| \, \|y_n\|)^{-1} e_n + (\|y_n\| \, \|z_n\|)^{-1} (\|y_n\| - \|z_n\|) z_n$$

$$1 - n^{-1} \leqq \|y_n\|, \|z_n\| \leqq 1 + n^{-1}; \qquad |\|y_n\| - \|z_n\|| \leqq 2n^{-1}$$

für alle $n \in \mathbb{N}$ und findet damit $\|v_n\| \leqq 4(n-1)^{-1}$ für $n \geqq 2$.

e) $\Rightarrow$ f): Aus $\theta \leqq x_n \leqq y_n$ ergibt sich zunächst $\|x_n\|_{y_n} \leqq 1$ und mit e) weiter $\|x_n\| \leqq \tau_4 \|x_n\|_{y_n} \|y_n\| \leqq \tau_4 \|y_n\|$, so daß f) bewiesen ist.

f) $\Rightarrow$ g): Die Voraussetzungen von g) liefern $\theta \leqq x_n - z_n \leqq y_n - z_n$ ($n \in \mathbb{N}$) sowie $\lim (y_n - z_n) = \theta$, so daß man g) unter Verwendung von f) unmittelbar einsieht.

Wir vollenden den Beweis für die Bedingungen a) bis g), indem wir zunächst aus g) die Normalität folgern: Dazu nehmen wir an, daß K nicht normal sei. Dann gibt es zu jedem $n \in \mathbb{N}$ ein $x_n \in X$ mit $np_\kappa(x_n) < \|x_n\|$, insbesondere also $\|x_n\| \neq 0$ und $p_\kappa(n\|x_n\|^{-1} x_n) < 1$. Das aber bedeutet $n\|x_n\|^{-1} x_n \in [\kappa]$ oder $n^{-1} y_n \leqq \|x_n\|^{-1} x_n \leqq n^{-1} z_n$ für gewisse $y_n, z_n \in \kappa$ ($n \in \mathbb{N}$). Wegen g) muß daher $\|x_n\|^{-1} x_n$ eine Nullfolge sein, ein Widerspruch.

h) $\Rightarrow$ f): Seien x_n und y_n zwei Folgen in X mit $\theta \leqq x_n \leqq y_n$ ($n \in \mathbb{N}$) und $\lim y_n = \theta$. Zur Nullumgebung U wähle man nach h) eine Nullumgebung V mit $[V] \subset U$. Dann gibt es ein $N \in \mathbb{N}$, so daß $y_n \in V$, also $x_n \in [\theta, y_n] \subset [V] \subset U$ für $n \geqq N$ gilt. Daher ist x_n eine Nullfolge.

b) $\Rightarrow$ h): Sei U eine Nullumgebung. Dann gibt es eine reelle Zahl $r > 0$ mit $\{x \in X : \|x\| < r\} \subset U$. Sei $\alpha > 0$ so gewählt, daß $(2\tau_1 + 1)\alpha < r$ ist. Damit betrachten wir die Nullumgebung $V = \{x \in X : \|x\| < \alpha\}$ und können $[V] \subset U$ zeigen: Für $x \in [V]$ gibt es nämlich Elemente $z_1, z_2 \in V$

mit $z_1 \leqq x \leqq z_2$ oder $\theta \leqq x - z_1 \leqq z_2 - z_1$, so daß wir $\|x\| \leqq \|x - z_1\| + \|z_1\| \leqq \tau_1 \|z_2 - z_1\| + \|z_1\| \leqq (2\tau_1 + 1)\alpha < r$ finden.

Offenbar besteht c) genau dann für K, wenn c) für $\bar{K}$ gilt. Daher ist i) mit der Normalität äquivalent (vgl. auch (1.2)). Das vollendet den Beweis. □

2.3 Es ist nun leicht einzusehen, daß aus jedem normierten Raum $(X, \| \|)$ mit einem Kegel K, dessen abgeschlossene Hülle $\bar{K}$ wieder ein Kegel ist, ein normierter Raum mit einem abgeschlossenen, normalen Kegel konstruiert werden kann. Man wähle einfach das Minkowskifunktional $\bar{p}_\kappa$ der ($\bar{K}$ –) gesättigten Hülle der Einheitskugel κ von $(X, \| \|)$. Dann ist $\bar{K}$ ein abgeschlossener (s. (1.3)), normaler (s. (3) und (2.2)) Kegel in dem normierten Raum $(X, \bar{p}_\kappa)$. Speziell ist jeder abgeschlossene Kegel K in $(X, \| \|)$ ein normaler, abgeschlossener Kegel in (X, p_κ). Ebenso können wir von einem normalen Kegel K ausgehen und einen abgeschlossenen, normalen Kegel konstruieren: wähle einfach $\bar{K}$ und verwende (2.2), i). Normierte Räume mit einem abgeschlossenen, normalen Kegel werden im folgenden eine besonders wichtige Rolle spielen. Wir kommen darauf in § 4 zurück.

2.4 *Für jeden normierten Raum $(X, \| \|)$ mit einer normalen Halbordnung $\leqq$ gelten:*

a) Intervalle sind beschränkte Mengen;

b) eine Folge x_n in X mit $x_n \leqq x_{n+1}$ bzw. $x_{n+1} \leqq x_n$ für alle $n \in \mathbb{N}$ ist genau dann konvergent, wenn es eine konvergente Teilfolge x_{k_n} von x_n gibt.

Beweis. a) folgt unmittelbar aus (2.2), b). Um b) einzusehen, nehmen wir o. B. d. A. $x_n \leqq x_{n+1}$ $(n \in \mathbb{N})$ und $\lim x_{k_n} = x$ an. Für jedes $n \in \mathbb{N}$ mit $k_1 \leqq n$ sei $\alpha_n = \operatorname{Min}\{k_i : x_n \leqq x_{k_i}\}$ sowie $\beta_n = \operatorname{Max}\{k_i : x_{k_i} \leqq x_n\}$. Dann sind x_{α_n} und x_{β_n} Teilfolgen von x_{k_n}, für welche offenbar $x - x_{\alpha_n} \leqq x - x_n \leqq x - x_{\beta_n}$ $(n \geqq k_1)$ gelten. Nun zeigt (2.2), g) die Behauptung. □

2.5 Beispiele. a) Sei K ein normaler Kegel in einem normierten Raum $(X, \| \|)$, und sei Y ein linearer Teilraum von X. Wegen (2.2), b) ist dann der kanonische Kegel $K \cap Y$ normal in $(Y, \| \|)$. Daher ist weiter jeder der Kegel K_e normal in $(X_e, \| \|)$ $(e \in K)$.

b) Ist (X, K) ein archimedischer Vektorraum und $e \in K$, so zeigt (I, 3.3), c2) zusammen mit (2.2), b), daß K_e ein normaler Kegel in $(X_e, \| \|_e)$ ist. Speziell sind die in (I, 2.9) genannten Kegel $(Y_+(\Omega))_e$ in $((Y(\Omega))_e, \| \|_e)$ normal, die Norm $\| \|_e$ ist in diesem Sonderfall in (I, 3.6) angegeben. Schließlich zeigt (2.2), b) noch die Normalität des Kegels $L^p_+(\Omega)$, wenn man den Raum $L^p(\Omega)$ mit der durch

$$\|x\| = \left\{ \int_\Omega |x(t)|^p \, dt \right\}^{1/p} \qquad (1 \leqq p)$$

gegebenen Norm versieht.

c) Im Falle eines normalen Kegels in einem normierten Raum kann die in (2.2), b) auftretende Konstante τ_1 im allgemeinen nicht gleich 1 gewählt werden. Dazu betrachten wir im $\mathbb{R}^2$ den kanonischen Kegel $\mathbb{R}^2_+$ und die durch

$$\|(t_1, t_2)\| = \mathrm{Max}\,(|2t_1 - t_2|, |2t_2 - t_1|) \qquad ((t_1, t_2) \in \mathbb{R}^2)$$

gegebene Norm. Dann ist $\mathbb{R}^2_+$ sicher normal in $(\mathbb{R}^2, \|\ \|)$, denn $\|(t_1, t_2)\|_\delta = \mathrm{Max}\,(|t_1|, |t_2|)$ ist eine zu $\|\ \|$ äquivalente Norm, welche die in (2.2), a) ausgesprochene Bedingung erfüllt. Dennoch fällt die Konstante $\tau_1 > 1$ aus, weil z. B. $(0, 0) < (1, 0) < (1, 1)$ aber $\|(1, 0)\| = 2 = 2\|(1, 1)\|$ ist (s. Abb. 3). Übrigens ist $\tau_1 = 2$ die in diesem Fall kleinste zulässige Konstan-

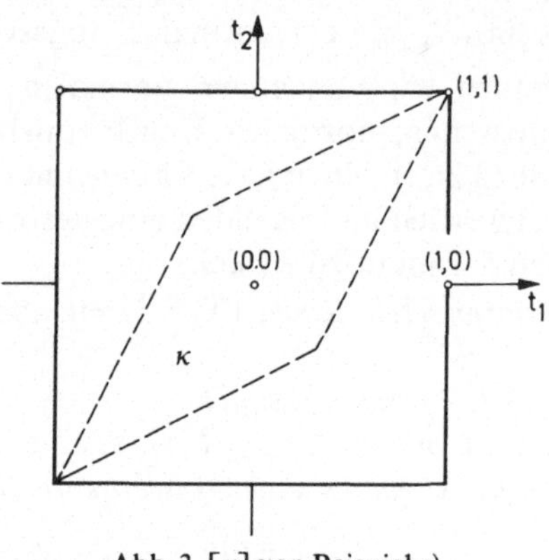

Abb. 3. $[\kappa]$ von Beispiel c)

te τ_1, weil aus $(0, 0) < (s_1, s_2) < (t_1, t_2)$ stets $\|(s_1, s_2)\| \leqq 2\|(s_1, s_2)\|_\delta \leqq 2\|(t_1, t_2)\|_\delta \leqq 2\|(t_1, t_2)\|$ folgt. Dazu braucht man nur die Ungleichung $\|(v_1, v_2)\|_\delta \leqq \|(v_1, v_2)\| \leqq 2\|(v_1, v_2)\|_\delta$ für alle $(v_1, v_2) > (0, 0)$ zu bestätigen.

d) Als Beispiel eines nicht normalen Kegels wählen wir in $(\mathbb{R}^2, \|\ \|_\delta)$ den schon in (1.2) betrachteten Kegel $K = \{(t_1, t_2) \in \mathbb{R}^2 : t_1 > 0\} \cup \{\theta\}$. Wir haben oben bemerkt, daß die abgeschlossene Hülle $\bar{K}$ kein Kegel mehr ist. Daher definiert p_κ nach (1.2) keine Norm auf $\mathbb{R}^2$, und K kann somit nicht normal in $(\mathbb{R}^2, \|\ \|_\delta)$ sein. In diesem Fall lassen sich $[\kappa]$ und p_κ angeben, nämlich (s. Abb. 4)

$$[\kappa] = \kappa \cup \{(t_1, t_2) \in \mathbb{R}^2 : \ |t_1| < 1\}, \qquad p_\kappa(t_1, t_2) = |t_1|.$$

Um ein anderes Beispiel dieser Art zu nennen, wählen wir den linearen Teilraum $S^1[0, 1]$ der auf $[0, 1]$ einmal stetig differenzierbaren Funktionen von $\mathbb{R}^{[0,1]}$. Wir versehen $S^1[0, 1]$ mit der durch

$$\|x\| = \mathrm{Max}\,\{|x(t)| : \ t \in [0, 1]\} + \mathrm{Max}\,\{|x'(t)| : \ t \in [0, 1]\}$$

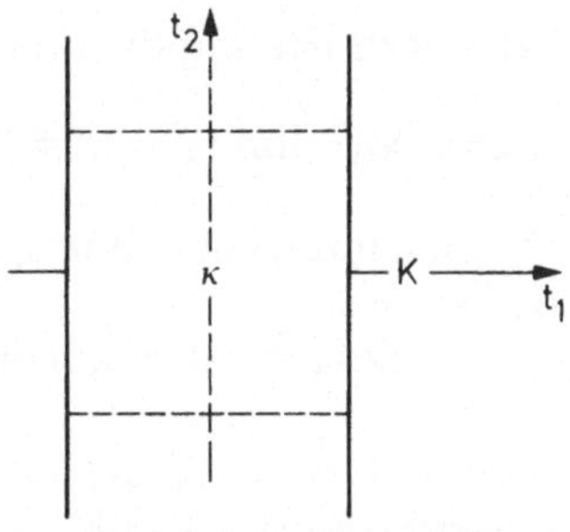

Abb. 4. $[\kappa]$ von Beispiel d)

gegebenen Norm und wollen zeigen, daß der kanonische Kegel $S_+^1[0,1]$ nicht normal ist in $(S^1[0,1], \|\ \|)$: Dazu betrachten wir die Folge $x_n(t) = t^n$ von Elementen aus $S^1[0,1]$, für die offenbar $\theta < x_n < x_0$ $(n \in \mathbb{N})$ gilt. Nun rechnet man leicht $\|x_n\| = 1 + n$ $(n \in \mathbb{N})$ nach. Daher ist (2.2), b) verletzt.

Setzen wir $\|x\|_\delta = \mathrm{Max}\{|x(t)| : t \in [0,1]\}$ und bezeichnen wir mit κ bzw. κ_δ die Einheitskugel in $(S^1[0,1], \|\ \|)$ bzw. in $(S^1[0,1], \|\ \|_\delta)$, so gilt $[\kappa] = \kappa_\delta$ also $p_\kappa = \|\ \|_\delta$, und unser Ergebnis besagt, daß die beiden Normen $\|\ \|$ und $\|\ \|_\delta$ auf $S^1[0,1]$ nicht äquivalent sind.

2.6 Hinweise. Der Begriff des normalen Kegels in einem normierten Raum wurde wohl zuerst von M. G. Krein [1940] benutzt. Krein wählte die Eigenschaft c) von (2.2) als Definition. Das Kriterium (2.2), b) geht nach M. A. Krasnoselskij auf I. A. Bakhtin [1958a] zurück, während die Eigenschaft (2.2), d) M. A. Krasnoselskij [1964b] als Definition für die Normalität dient. Von diesem Autor stammt dann auch das Kriterium (2.2), e) (vgl. M. A. Krasnoselskij [1960, 1964b]).

Normale Kegel in halbgeordneten topologischen Vektorräumen wurden von I. Namioka [1957], F. F. Bonsall [1957], J. Kist [1958] sowie H. H. Schaefer [1958] definiert und untersucht. In diesem Zusammenhang ist die Definition durch unser Kriterium (2.2), h) üblich (vgl. H. H. Schaefer [1966], A. L. Peressini [1967]). Für (2.2), a) und f) weisen wir auf A. L. Peressini [1967] hin. Die in (2.1) vorgenommene Konstruktion, welche zur Definition der Normalität führt, wird in der Arbeit [1957] von I. Namioka im allgemeinen Fall eines halbgeordneten topologischen Vektorraumes analog durchgeführt.

3. Abgeschlossene Kegel

3.1 Sei $(X, \leq, K)$ ein halbgeordneter Vektorraum und $\|\ \|$ eine Norm auf X. Offenbar ist die Abgeschlossenheit von K mit Hilfe der Halbordnung $\leqq$ durch das Bestehen der Implikation

$$(5) \qquad \theta \leqq x_n (n \in \mathbb{N}), \quad \lim x_n = x \Rightarrow \theta \leqq x$$

für jede Folge x_n aus X gekennzeichnet. Wir sprechen dann auch von einer *abgeschlossenen Halbordnung*.

Wir notieren ferner drei einfache aber nützliche Folgerungen:

3.2 *Sei K ($\leqq$) ein abgeschlossener Kegel (eine abgeschlossene Halbordnung) in einem normierten Raum $(X, \| \ \|)$. Dann ist $(X, \leqq, K)$ ein archimedischer Raum, alle Intervalle $[x, y]$ $(x, y \in X)$ sind abgeschlossene Mengen, und für eine Folge x_n in X mit dem Grenzwert x besteht die Implikation*

$$(6) \qquad \begin{aligned} &x_n \leqq x_{n+1} \quad \text{bzw.} \quad x_{n+1} \leqq x_n \quad \text{für} \quad n \in \mathbb{N} \Rightarrow \\ &x_n \leqq x \quad \text{bzw.} \quad x \leqq x_n \quad \text{für} \quad n \in \mathbb{N}. \end{aligned}$$

Beweis. Sei zunächst $y - nx \in K$ für $n \in \mathbb{N}$ und zwei Elemente $x, y \in X$. Dann folgt $n^{-1}y - x \in K$ für alle $n \in \mathbb{N}$ und $-x \in K$, wie es die Archimedizität verlangt. Die Abgeschlossenheit aller Intervalle ergibt sich unmittelbar aus (5). Schließlich gilt (6) wegen $\theta \leqq x_{n+m} - x_n$ bzw. $\theta \leqq x_n - x_{n+m} (n, m \leqq \mathbb{N})$ und (5), wenn m gegen ∞ strebt. □

3.3 Sei e eine Ordnungseinheit eines abgeschlossenen Kegels K in einem normierten Raum $(X, \| \ \|)$. Da $(X, \leqq, K)$ nach (3.2) archimedisch ist, definiert das Funktional $\| \ \|_e$ eine Norm für X, welche die Ordnungstopologie auf X festlegt (vgl. (I, 4.3)). Wir wollen nun das Verhältnis der beiden Normen $\| \ \|$ und $\| \ \|_e$ zueinander untersuchen. Nachdem wir aus (2.2), e) schon wissen, daß die Normalität von K eine hinreichende Bedingung für die Existenz einer reellen Zahl m_1 mit

$$(7) \qquad m_1 > 0, \qquad \|x\| \leqq m_1 \|x\|_e \quad \text{für alle} \quad x \in X$$

ist, suchen wir nun nach einer Bedingung, welche die Existenz einer reellen Zahl m_2 mit

$$(7') \qquad m_2 > 0, \qquad \|x\|_e \leqq m_2 \|x\| \quad \text{für alle} \quad x \in X$$

impliziert.

3.4 In einem ersten Schritt wollen wir einsehen, *daß* (7') *genau dann besteht, wenn $[-e, e]$ eine Nullumgebung ist.*

Beweis. Offenbar ist $[-e, e]$ genau dann Nullumgebung in $(X, \| \ \|)$, wenn es eine reelle Zahl $\lambda > 0$ gibt mit $\{x \in X : \|x\| \leqq \lambda\} \subset [-e, e] = \{x \in X : \|x\|_e \leqq 1\}$, und dies wiederum besagt dasselbe wie (7'). □

3.5 Als nächstes zeigen wir, *daß* $[-e, e]$ *genau dann Nullumgebung in* $(X, \| \|)$ *ist, wenn das Innere* $\overset{\circ}{\widehat{[-e,e]}}$ *von* $[-e, e]$ *nicht leer ist.*

Beweis. Sei $\bar{x} \in \overset{\circ}{\widehat{[-e,e]}}$, dann ist $-\bar{x} \in \overset{\circ}{\widehat{[-e,e]}}$ und für jede Nullfolge x_n in $(X, \| \|)$ gilt $x_n \pm \bar{x} \in [-e, e]$ also auch $x_n = 2^{-1}\big((x_n + \bar{x}) + (x_n - \bar{x})\big) \in [-e, e]$ für hinreichend große n. Das zeigt $\theta \in \overset{\circ}{\widehat{[-e,e]}}$. Die Umkehrung unserer Behauptung ist trivial. □

Wir kommen nun zu dem angekündigten, hinreichenden Kriterium:

3.6 *Für jede Ordnungseinheit e eines abgeschlossenen Kegels K in einem Banachraum* $(X, \| \|)$ *gibt es eine reelle Zahl* $m_2 > 0$ *mit* $\|x\|_e \leqq m_2 \|x\|$ *für alle* $x \in X$.

Beweis. Der Raum X besitzt eine Darstellung in der Form $X = \bigcup \{n[-e, e] : n \in \mathbb{N}\}$. Wegen der Vollständigkeit von $(X, \| \|)$ und der Abgeschlossenheit der Intervalle $n[-e, e]$ $(n \in \mathbb{N})$ (vgl. (3.2)) existiert nach dem Satz (0, 5.2) von Baire ein $k \in \mathbb{N}$ mit $k \geqq 1$ und $\overset{\circ}{\widehat{(k[-e,e])}} \neq \emptyset$, und die Behauptung folgt nun aus (3.5) und (3.4). □

3.7 Satz. *Sei* $(X, \| \|)$ *ein Banachraum und* $K \subset X$ *ein abgeschlossener Kegel. Für jede Ordnungseinheit e von K sind die Normen* $\| \|$ *und* $\| \|_e$ *genau dann äquivalent, wenn K ein normaler Kegel in* $(X, \| \|)$ *ist.*

Beweis. Sei K normal, dann zeigen (3.3) und (3.6) die Behauptung. Seien umgekehrt $\| \|$ und $\| \|_e$ äquivalente Normen, so kann man mit Hilfe von (I, 3.3), c2) sofort die Bedingung a) in (2.2) (und damit die Normalität von K) verifizieren. □

3.8 Hinweise. Zum Satz (3.7) siehe H. H. Schaefer [1966].

4. Kegel mit nichtleerem Inneren

4.1 Sei $(X, \| \|)$ ein normierter Raum und K ein archimedischer Kegel in X mit inneren Punkten. Diese Situation liegt nach (I, 4.4) z. B. immer dann vor, wenn man von einem archimedischen Vektorraum $(X^*, \leqq, K^*)$ ausgehend für irgend ein $e \in K^*$ den Kegel K_e^* in dem normierten Raum $(X_e^*, \| \|_e)$ betrachtet.

Sei nun $x \in X$ und $e \in \mathring{K}$, so gilt $\lim (e \pm n^{-1}x) = e \in \mathring{K}$. Daher gibt es ein $\alpha \in \mathbb{R}$ mit $\pm x + \alpha e \in K$. Das liefert die einfache Inklusion

$$\mathring{K} \subset oK. \tag{8}$$

Sei jetzt allgemeiner x_n eine Nullfolge in X und $e \in \mathring{K}$. Wie eben erhalten wir $\lim (e \pm x_n) = e \in \mathring{K}$, also $e \pm x_n \in K$ oder $x_n \in [-e, e]$ für hinreichend große n. Daher ist das Intervall $[-e, e]$ eine Nullumgebung, und nach (3.4) gibt es eine positive, reelle Zahl $m = m(e)$ mit

(9) $$\|x\|_e \leqq m\|x\| \quad \text{für alle} \quad x \in X, e \in \mathring{K}.$$

Verfahren wir nun wie im Beweis von (3.7), so erhalten wir unter Verwendung von (I, 3.3), c2) den

4.2 Satz. *Sei K ein archimedischer Kegel in einem normierten Raum $(X, \|\ \|)$ mit einem inneren Punkt e. Dann ist e zugleich Ordnungseinheit von K, und die Normen $\|\ \|_e$ und $\|\ \|$ sind genau dann äquivalent, wenn K normal ist. Speziell folgt im Falle eines normalen Kegels K mit inneren Punkten die Gleichung $\mathring{K} = oK$.*

Dabei ergibt sich die letzte Behauptung aus (I, 4.4), wenn man bedenkt, daß K bezüglich beider Normen $\|\ \|$ und $\|\ \|_e$ dieselbe Menge innerer Punkte besitzt. □

4.3 Dieser Satz besagt z. B., daß jeder normierte Raum $(X, \|\ \|)$, in welchem ein normaler, archimedischer Kegel mit inneren Punkten ausgezeichnet ist, die Ordnungstopologie $\mathfrak{T}_0$ trägt, also als topologischer Raum in der Form $(X_e, \|\ \|_e)$ für irgendeinen inneren Punkt e des Kegels dargestellt werden kann.

Ferner liefert (4.2), *daß für einen normalen, archimedischen Kegel K eines normierten Raumes $(X, \|\ \|)$ nur die beiden Fälle*

$$\mathring{K} = \emptyset \quad \textit{jedoch} \quad oK \neq \emptyset \quad \textit{und} \quad \mathring{K} = oK$$

denkbar sind. Die Inklusion (8) ist dann gewissermaßen trivial. Daß die erste der beiden Möglichkeiten durchaus vorkommt, soll nun an einem Beispiel belegt werden:

Wir versehen den Vektorraum $S[0, 1]$ mit der durch

(10) $$\|x\| = \left\{ \int_0^1 |x(t)|^2 \, dt \right\}^{1/2} \qquad (x \in S[0, 1])$$

definierten Norm und betrachten den kanonischen Kegel $S_+[0, 1]$ (vgl. (I, 2.4)). Dieser besitzt sicher Ordnungseinheiten, z. B. das Element $\delta(t) = 1$ für $t \in [0, 1]$ (vgl. (I, 2.9) Formel (3)), welches die Norm

(11) $$\|x\|_\delta = \operatorname{Max}\{|x(t)| : \ t \in [0, 1]\} \qquad (x \in S[0, 1])$$

festlegt (vgl. (I, 3.6)).

$S_+[0, 1]$ ist ein normaler, archimedischer Kegel in $(S[0, 1], \|\ \|)$ (man bestätigt etwa leicht (2.2), b) mit $\tau_1 = 1$). Hätte $S_+[0, 1]$ überdies innere Punkte bezüglich $\| \|$, so müßten die Normen (10) und (11) nach (4.2) äquivalent sein, was bekanntlich nicht zutrifft.

Fragt man nach dem „Unterschied“ der normierten Räume $(S[0,1], \| \|_\delta)$ und $(S[0,1], \| \|)$, so stellt man fest, daß nur der erstere vollständig ist. Wir werden im nächsten Paragraphen sehen, daß diese Eigenschaft für den beschriebenen Sachverhalt verantwortlich ist (vgl. (5.3)).

4.4 Hinweise. Zum Satz (4.2) vgl. man A. Kolmogoroff [1934], siehe dazu auch H. H. Schaefer [1966] (dort in § 2 von Kapitel II) sowie A. L. Peressini [1967] (dort Proposition (1.10) von § 1 aus Kapitel II).

5. h. n. Räume

5.1 Ein normierter Raum $(X, \| \|)$, in welchem ein abgeschlossener, normaler Kegel K (eine abgeschlossene, normale Halbordnung $\leqq$) ausgezeichnet ist, soll *halbgeordneter, normierter Raum* oder kurz *h. n. Raum* genannt werden. Wir verwenden in diesem Fall die leicht verständlichen Schreibweisen $(X, K, \| \|)$ oder $(X, \leqq, \| \|)$ nebeneinander.

Ein h. n. Raum $(X, \leqq, \| \|)$ heißt *halbgeordneter Banachraum* oder kurz *h. B. Raum*, falls $(X, \| \|)$ ein Banachraum ist.

5.2 Eine mögliche Konstruktion von h. n. Räumen folgt den Ausführungen in (2.3):

Sei K ein Kegel in einem normierten Raum $(X, \| \|)$, dessen abgeschlossene Hülle $\bar{K}$ wieder den Kegelaxiomen K1), K2) und K3) genügt. Dann ist $(X, \bar{K}, \bar{p}_\kappa)$ ein h. n. Raum. War K bereits ein abgeschlossener Kegel, so liefert die Konstruktion den h. n. Raum (X, K, p_κ). War andererseits K schon ein normaler Kegel, so erhalten wir den h. n. Raum $(X, \bar{K}, \| \|)$.

Aus einem archimedischen Raum $(X, \leqq, K)$ gewinnen wir die h. n. Räume $(X_e, K_e, \| \|_e)$, wenn e den Kegel K durchläuft (s. dazu (I, 4.4) und (2.5), b)). So sind die in (I, 2.9) genannten Funktionenräume $((Y(\Omega))_e, (Y_+(\Omega))_e, \| \|_e)$ h. n. Räume. Unter ihnen sind z. B. $(B(\Omega), B_+(\Omega), \| \|_\delta)$ (also auch $(\mathbb{R}^n, \mathbb{R}^n_+, \| \|_\delta)$) h. B. Räume.

Die in (4.2) im Falle eines normalen, archimedischen Kegels mit inneren Punkten gefundene Kennzeichnung der Ordnungseinheiten überträgt sich auf h. B. Räume. Wir beweisen den zu (4.2) analogen

5.3 Satz. *In jedem h. B. Raum* $(X, K, \| \|)$ *ist* $\mathring{K} = oK$. *Im Falle* $oK \neq \emptyset$ *sind* $\| \|$ *und* $\| \|_e$ *äquivalente Normen für jedes* $e \in oK$.

Beweis. Sei zunächst $oK \neq \emptyset$ und $e \in oK$, dann sind nach (3.7) die

Normen $\| \ \|$ und $\| \ \|_e$ äquivalent, K besitzt also bezüglich beider Normen dieselben inneren Punkte, und (I, 4.4) zeigt $\mathring{K} = oK$. Im Falle $oK = \emptyset$ folgt unsere Behauptung unmittelbar aus (8). □

5.4 *Genau alle h. n. Räume, deren Kegel einen inneren Punkt besitzt, tragen nach* (4.2) *die Ordnungstopologie,* sind also von der in (5.2) genannten Form $(X, K, \| \ \|_e)$ mit einem archimedischen Kegel K und einem $e \in oK$. Hierzu gehören wegen (5.3) sämtliche h. B. Räume mit Ordnungseinheiten.

In (4.3) wurde an einem Beispiel gezeigt, daß es h. n. Räume gibt, deren Kegel keine inneren Punkte wohl aber Ordnungseinheiten enthalten, deren Normen aber nicht die Ordnungstopologie festlegen.

Schließlich gibt es ebenfalls h. n. Räume (sogar h. B. Räume) ohne innere Punkte und ohne Ordnungseinheiten im Kegel; für diese ist eine Ordnungstopologie in unserem Zusammenhang nicht definiert (s. jedoch (I, 4.5)). Als Beispiel nennen wir den h. B. Raum $(L^2[0,1], L^2_+[0,1], \| \ \|)$, wobei die Norm $\| \ \|$ durch (10) gegeben ist. Nach (5.3) ist nämlich $oL^2_+[0,1] = \overset{\circ}{\overline{L^2_+[0,1]}}$, und für $\dot{e} \in oL^2_+[0,1]$ müßten $\| \ \|_{\dot{e}}$ und $\| \ \|$ äquivalente Normen sein. Letzteres läßt sich etwa so zum Widerspruch führen: Zur Klasse $\dot{e}$ gehört eine Funktion $e \in \mathbb{R}^{[0,1]}_+$, und zu jedem $n \in \mathbb{N}$ existiert ein $t_n \in [0,1]$ mit

$$\int_0^{t_n} e(s)^2 \, ds = \|\dot{e}\|^2 n^{-2}.$$

Die Funktionen

$$e_n(t) = \begin{cases} e(t) & \text{für} \quad t \in [0, t_n] \\ 0 & \text{für} \quad t \in (t_n, 1] \end{cases} \qquad (n \in \mathbb{N})$$

liefern Elemente $\dot{e}_n \in L^2[0,1]$ mit

$$\|\dot{e}_n\|_{\dot{e}} = \inf\{\lambda > 0 : \quad -\lambda e(t) \leqq e_n(t) \leqq \lambda e(t) \quad \text{für fast alle} \quad t \in [0,1]\} = 1,$$

jedoch $\|\dot{e}_n\| = \|\dot{e}\| \, n^{-1}$ für alle $n \in \mathbb{N}$, so daß die Normen $\| \ \|_{\dot{e}}$ und $\| \ \|$ nicht äquivalent sein können.

6. Abstandsräume

6.1 Sei ρ ein Abstand auf einer nichtleeren Menge Y, welcher $Y \times Y$ in einen normierten Raum $(X, \| \ \|)$ mit einem normalen Kegel K abbilde. Wie immer bezeichne $\leqq$ die mit K verbundene normale Halbordnung für X. Schließlich erinnern wir an das Symbol p_K für das

Minkowskifunktional der gesättigten Hülle $[\kappa]$ der Einheitskugel $\kappa = \{x \in X : \|x\| \leqq 1\}$ von X. Dann ist das durch

$$d_\rho(x, y) = \operatorname{Max}\left(p_\kappa(\rho(x, y)), p_\kappa(\rho(y, x))\right) \tag{12}$$

gegebene Funktional d_ρ für alle Paare $(x, y) \in Y \times Y$ definiert. Darüberhinaus gilt

6.2 *(Y, d_ρ) ist ein metrischer Raum.*

Beweis. Man sieht der Definition (12) von d_ρ unmittelbar an, daß die Metrikaxiome M1) und M2) erfüllt sind (vgl. (0, 2.1)), denn p_κ liefert wegen der Normalität von K eine mit $\| \ \|$ äquivalente Norm. Außerdem muß das Abstandsaxiom A1) (vgl. (I, 5.1)) herangezogen werden. Zum Beweis der Dreiecksungleichung wählen wir $x, y, z \in Y$ und setzen $a_n = (d_\rho(x, z) + d_\rho(z, y) + n^{-1})^{-1}$ sowie $v_n = a_n(\rho(y, z) + \rho(z, x))$ und $w_n = a_n(\rho(z, y) + \rho(x, z))$ für $n \in \mathbb{N}$. Dann ist

$$\begin{matrix} p_\kappa(v_n) \\ p_\kappa(w_n) \end{matrix} \leqq \begin{matrix} a_n(p_\kappa(\rho(y, z)) + p_\kappa(\rho(z, x))) \\ a_n(p_\kappa(\rho(z, y)) + p_\kappa(\rho(x, z))) \end{matrix} \leqq a_n(d_\rho(z, y) + d_\rho(x, z)) < 1$$

für $n \in \mathbb{N}$, so daß wir $\pm v_n, \pm w_n \in [\kappa]$ für $n \in \mathbb{N}$ finden (vgl. (0, 4.3)). Die Ungleichung (7′) in (I, 5.1) liefert weiterhin

$$-v_n \leqq a_n \rho(x, y) \leqq w_n$$

$$-w_n \leqq a_n \rho(y, x) \leqq v_n$$

oder $a_n \rho(x, y), a_n \rho(y, x) \in [\kappa]$ für $n \in \mathbb{N}$. Daraus aber folgt sofort $p_\kappa(a_n \rho(x, y)) \leqq 1, p_\kappa(a_n \rho(y, x)) \leqq 1$ (vgl. (0, 4.3)) oder

$$d_\rho(x, y) \leqq a_n^{-1} = d_\rho(x, z) + d_\rho(z, y) + n^{-1} \quad \text{für} \quad n \in \mathbb{N},$$

was unseren Beweis zuende bringt. □

6.3 *Eine Folge x_n in Y konvergiert bezüglich d_ρ genau dann gegen $x \in Y$, wenn $\rho(x_n, x)$ und $\rho(x, x_n)$ Nullfolgen in $(X, \| \ \|)$ sind.*

Das folgt unmittelbar aus (12) und der Äquivalenz der Normen $\| \ \|$ und p_κ (also der Normalität von K!).

6.4 Für je vier Elemente $x, y, z, v \in Y$ gilt die Formel (7″) aus (I, 5.1), also

$$\theta \leqq (\rho(x, y) - \rho(z, v)) + (\rho(z, x) + \rho(y, v)) \leqq \rho(x, z) + \rho(z, x) + \rho(v, y) + \rho(y, v).$$

Wenden wir nun (3) aus (1.1) und die Dreiecksungleichung für p_κ an, so folgt

$$p_\kappa(\rho(x,y) - \rho(z,v)) \leqq p_\kappa(\rho(x,z)) + p_\kappa(\rho(v,y)) + 2p_\kappa(\rho(z,x)) + 2p_\kappa(\rho(y,v)) \leqq 3(d_\rho(x,z) + d_\rho(y,v)).$$

Unter Berücksichtigung von (4) aus (2.1) haben wir damit die Existenz einer reellen Zahl k_1 bewiesen, so daß die Ungleichung

(13) $\|\rho(x,y) - \rho(z,v)\| \leqq k_1(d_\rho(x,z) + d_\rho(y,v))$ für $x, y, z, v \in Y$

besteht. *Insbesondere bilden daher die für jedes $y \in Y$ definierten Funktionen*

(14) $$x \to \rho(x,y), \qquad x \to \rho(y,x)$$

den metrischen Raum (Y, d_ρ) stetig in den normierten Raum $(X, \| \ \|)$ ab.

6.5 Seien $x, y \in Y$ und $e_1, e_2 \in X$ mit $\rho(x,y) \leqq e_1$ sowie $\rho(y,x) \leqq e_2$. Dies ist wegen $-\rho(x,y) \leqq \rho(y,x)$ (s. (I, 5.1)) gleichbedeutend mit $\rho(x,y) \in [-e_2, e_1]$, $\rho(y,x) \in [-e_1, e_2]$, so daß sich die Ungleichung

$$d_\rho(x,y) \leqq \operatorname{Max}(p_\kappa(e_1), p_\kappa(e_2))$$

ergibt. Sei nämlich $\lambda = \operatorname{Max}(p_\kappa(e_1), p_\kappa(e_2))$, so ist $p_\kappa(\pm(\lambda + n^{-1})^{-1} e_i) < 1$, also $\pm(\lambda + n^{-1})^{-1} e_i \in [\kappa]$ für $i = 1, 2$ und $n \in \mathbb{N}$ (vgl. (0, 4.3)). Daraus folgt

$$(\lambda + n^{-1})^{-1} \rho(x,y) \in (\lambda + n^{-1})^{-1} [-e_2, e_1] \subset [\kappa]$$

sowie

$$(\lambda + n^{-1})^{-1} \rho(y,x) \in (\lambda + n^{-1})^{-1} [-e_1, e_2] \subset [\kappa] \qquad (n \in \mathbb{N})$$

oder

$$d_\rho(x,y) = \operatorname{Max}(p_\kappa(\rho(x,y)), p_\kappa(\rho(y,x))) \leqq \lambda + n^{-1} \qquad (n \in \mathbb{N}).$$

Der Sonderfall $e_1 = e_2$ liefert für je drei Elemente $x, y \in Y$ und $z \in X$ die Implikation (vgl. (2))

(15) $$\rho(x,y) \leqq z, \rho(y,x) \leqq z \Rightarrow d_\rho(x,y) \leqq \|z\|.$$

Beachten wir die durch ρ auf der Produktmenge $Y \times X$ induzierte Halbordnung $\leqq_\rho$ (vgl. (I, 5.3)), so kann man (15) auch in der Form

(15′) $$\alpha \leqq_\rho \beta \Rightarrow d_\rho(\alpha_1, \beta_1) \leqq \|\alpha_2 - \beta_2\|$$

für $\alpha = (\alpha_1, \alpha_2), \beta = (\beta_1, \beta_2) \in Y \times X$ schreiben.

6.6 Eine nichtleere Menge Y heißt *Abstandsraum*, wenn Y einen Abstand ρ trägt, dessen Abstandsmenge ein h. n. Raum $(X, \leqq, \| \ \|)$ ist. Die dann nach (12) auf Y erklärte Metrik wird (bei gegebener Halbordnung) durch die Norm $\| \ \|$ eindeutig bestimmt und soll *kanonische Metrik für Y* heißen. Den Abstandsraum Y denken wir uns stets mit der durch die kanonische Metrik gegebenen Topologie versehen. Ersetzt man $\| \ \|$ durch eine äquivalente Norm $\| \ \|_o$, so wird sich i. a. die kanonische Metrik auf Y ändern, die Topologie bleibt natürlich nach (6.3) dieselbe.

6.7 Die Verhältnisse werden besonders übersichtlich, wenn auf der Abstandsmenge $(X, K, \| \ \|)$ eines Abstandsraumes Y mit dem Abstand ρ die Ordnungstopologie vorliegt: *das ist nach* (5.4) *genau dann der Fall, wenn K innere Punkte besitzt.* Die Abstandsmenge kann somit in der Form $(X, K, \| \ \|_e)$ für ein $e \in \mathring{K}$ angenommen werden. Die zu $\| \ \|_e$ gehörige kanonische Metrik auf Y sei mit d_e bezeichnet. Die Einheitskugel in $(X, \| \ \|_e)$ ist durch das Intervall $[-e, e]$ gegeben und daher gesättigt, so daß d_e die einfache Darstellung

(16) $$d_e(x, y) = \operatorname{Max}\left(\|\rho(x, y)\|_e, \|\rho(y, x)\|_e\right)$$

zuläßt. Damit gelten die Implikationen (15) und (15′) in der speziellen Form

(17) $$\rho(x, y) \leqq z, \rho(y, x) \leqq z \Rightarrow d_e(x, y) \leqq \|z\|_e$$

(17′) $$\alpha \leqq_\rho \beta \qquad \Rightarrow d_e(\alpha_1, \beta_1) \leqq \|\alpha_2 - \beta_2\|_e$$

für $\alpha, \beta \in Y \times X, e \in \mathring{K}$. Hier fügen wir gleich die Ungleichung

(18) $$\rho(x, y) \leqq d_e(x, y)\, e$$

für $x, y \in Y$ und $e \in \mathring{K}$ hinzu. Dabei folgt (18) aus (16) zusammen mit $\rho(x, y) \leqq \|\rho(x, y)\|_e\, e$, wenn man die Archimedizität von K benutzt.

Es wird im folgenden zweckmäßig sein, die Definition der Metrik d_e nach dem Vorbild von (I, 3.4) auch auf Elemente $e \in K - oK$ auszudehnen. Das geschieht mit Hilfe der Formel (16), wenn wir d_e für $e \in K$ lediglich als Funktional auf der Teilmenge

$$\{(x, y) \in Y \times Y\colon \quad \rho(x, y), \rho(y, x) \in X_e\}$$

von $Y \times Y$ betrachten. Zum Beispiel ist damit d_θ für alle Paare aus der Menge $\{(y, y)\colon y \in Y\}$, der sog. *Diagonale* in $Y \times Y$, erklärt und liefert dort für alle Paare den Wert Null.

Für die so gegebenen Funktionale d_e $(e \in K)$ gelten (17), (17′) und (18) in der angegebenen Form, wenn wir nur $z \in X_e$ bzw. $\alpha_2 - \beta_2 \in X_e$ bzw. $\rho(x, y), \rho(y, x) \in X_e$ für (17) bzw. (17′) bzw. (18) ausdrücklich voraussetzen.

6.8 Beispiele. Die in (I, 5.2) zusammengestellten Beispiele für einen Abstand geben naturgemäß Anlaß zu Beispielen für Abstandsräume.

Die dort unter a) und b) genannten Fälle zeigen, daß alle metrischen Räume und alle h. n. Räume sowie ihre nichtleeren Teilmengen zur Klasse der Abstandsräume zählen:

Ist (Y, d) ein metrischer Raum, so liefert d einen Abstand auf Y mit der Abstandsmenge $(\mathbb{R}, \leqq, |\,|)$; d selber ist die kanonische Metrik auf Y.

Betrachten wir eine nichtleere Teilmenge Y eines h. n. Raumes $(X, \leqq, \|\,\|)$, dann wird $i_Y(x, y) = x - y$ ein Abstand auf Y mit der Abstandsmenge $(X, \leqq, \|\,\|)$. Die kanonische Metrik wird durch $p_K(x - y)$ für $(x, y) \in Y \times Y$ gegeben. So sind alle Teilräume X_e eines archimedischen Vektorraumes $(X, \leqq, K)$ (vgl. (I,4.1)) Abstandsräume, denn $(X_e, \leqq, \|\,\|_e)$ bilden h. n. Räume (s. auch (6.9)). Liegt, wie im Beispiel c) von (I, 5.2), ein absoluter Betrag $|\,|$ auf einer Teilmenge Y von X_e vor, so könnte man an den Abstand $a_Y(x, y) = |x - y|$ denken, der natürlich Y wiederum in einen Abstandsraum verwandelt. Topologisch ergibt sich daraus gegenüber dem Abstand i_Y für Y keine neue Situation, da die kanonischen Metriken, wie (I, 5.2), c), (iv) zeigt, gleich sind.

In den unter d), e) und f) genannten Fällen von (I, 5.2) dient jedesmal $(\mathbb{R}^m, <, \mathbb{R}^m_+)$ als Abstandsmenge, deren einzige Normtopologie gleichzeitig ihre Ordnungstopologie ist. Daher liegt hier der unter (6.7) diskutierte Fall vor. Auf die Angabe der kanonischen Metriken wollen wir hier verzichten. Das sei dem Leser überlassen.

6.9 Hinweise. Nimmt man allgemeiner als in (6.1) auf einer nichtleeren Menge Y einen Abstand ρ an, welcher $Y \times Y$ in einen topologischen Vektorraum $(X, \mathfrak{T})$ mit einer normalen Halbordnung $\leqq$ (vgl. (2.6)) abbildet, so kann man leicht zeigen, daß das System der Mengen

$$B(F) = \{(x, y) \in Y \times Y: \quad \rho(x, y), \rho(y, x) \in F\}$$

eine Basis $\mathfrak{B}_\rho$ einer Uniformisierung $\mathfrak{U}_\rho$ für Y definiert, falls F den Umgebungsfilter der Null von X durchläuft. Dabei benutzt man die Normalität der Halbordnung, wenn man beweisen will, daß es zu jedem Element $B(F)$ aus $\mathfrak{B}_\rho$ ein Element $B(G)$ aus $\mathfrak{B}_\rho$ mit $B(G) \circ B(G) \subset B(F)$ gibt (vgl. zum Begriff der Uniformisierung J. L. Kelley [1955]). Sind wir in der in diesem Paragraphen betrachteten Situation, in welcher die Topologie $\mathfrak{T}$ durch eine Norm gegeben ist, so ist die eben definierte Uniformisierung metrisch, und wird durch jene Metrik erzeugt, welche wir in (12) eingeführt haben. In der Theorie der uniformen Räume kommt die oben beschriebene Möglichkeit, eine Uniformisierung über einen Abstand zu definieren, schon bei G. K. Kalisch [1946] für einen symmetrischen Abstand vor.

J. Schröder [1956c] betrachtet einen symmetrischen Abstand auf einer Menge Y, nimmt auf der Abstandsmenge $(X, \leqq)$ einen ad hoc definierten Grenzwertbegriff an und überführt diesen mit Hilfe des Abstandes ρ in einen Grenzwertbegriff auf Y. Für die Verwendung dieser Konstruktion bei der Behandlung numerischer Probleme vgl. auch L. Collatz [1964] und W. C. Rheinboldt [1968]. Darauf kommen wir ohnehin im späteren Zusammenhang noch zurück (vgl. (IV, 3.7)).

Kapitel III
Monotone, lineare Operatoren

Die nun zu entwickelnden Gedanken setzen im allgemeinen das Konzept eines h. n. Raumes $(X, K, \| \,\|)$, dessen Kegel K innere Punkte besitzt, voraus (an einigen Stellen könnte man allerdings auf die Normalität von K noch verzichten (vgl. (2.11))). Aus (II, 5.4) wissen wir jedoch, daß solche Räume die Ordnungstopologie tragen und o. B. d. A. in der Form $(X, K, \| \,\|_e)$ mit einem archimedischen Kegel K und einem $e \in oK = \mathring{K}$ angenommen werden können. In allen Paragraphen dieses Kapitels wählen wir daher die Vorgabe des Raumes in der zuletzt beschriebenen Weise.

Nachdem wir in § 1 einige einfache Tatsachen über monotone, lineare Operatoren zusammengestellt haben, steht im Mittelpunkt der Betrachtungen der Satz (2.7). Seine Aussage findet für drei verschiedene Ursprünge einen gemeinsamen abstrakten Rahmen. Es sind dies

a) *der Satz von Perron-Frobenius* [*1907, 1912*] über die Existenz eines nichtnegativen Eigenwertes mit einem Eigenvektor im $\mathbb{R}^m_+$ bei einer reellen $(m \times m)$-Matrix mit nichtnegativen Elementen;

b) *das Iterationsverfahren*, welches *R. v. Mises und H. Pollaczek-Geiringer* [1929] zur Berechnung dieses Eigenvektors angegeben haben und

c) *der Quotientensatz von L. Collatz* [1942*a*], welcher obere und untere Schranken für diesen Eigenwert konstruiert.

Hiervon ausgehend wurden in der Folgezeit weitgehende Verallgemeinerungen bei monotonen, linearen Operatoren gefunden. Im Anschluß an a) bewiesen Stein und Rosenberg [1948] Vergleichsaussagen über Spektralradien bei Matrizen. Auch diese Ergebnisse gaben später Anlaß zu Verallgemeinerungen bei monotonen, linearen Operatoren. Alles dies diskutieren wir in den Paragraphen 3 und 4 so allgemein, wie es der oben abgesteckte abstrakte Rahmen zuläßt. Auf Anwendungen kommen wir an späterer Stelle in den Kapiteln VI und VII zurück.

1. Spektralradius und Operatornorm

1.1 Sei $(X, \leqq, K)$ ein archimedischer Vektorraum (I, 4.1) mit Ordnungseinheiten, es sei $X \neq \{\theta\}$. Nach (I, 2.5) ist dann $\theta \notin oK$. Jedes

$e \in oK$ definiert die Norm $\| \ \|_e$ auf X, die Normen $\| \ \|_{e_1}$, $\| \ \|_{e_2}$ für $e_1, e_2 \in oK$ sind äquivalent und induzieren daher ein und dieselbe Topologie, die Ordnungstopologie $\mathfrak{T}_0$, auf X (I, 4.3). Aus (I, 4.2) ist ferner

(1) $\qquad \pm x \leqq \lambda e \Leftrightarrow \|x\|_e \leqq \lambda \quad \text{für} \quad \lambda \in \mathbb{R}, \quad e \in oK \quad \text{und} \quad x \in X$

bekannt. Schließlich erinnern wir an die Implikation

(2) $\qquad x, y \in X, \theta \leqq x \leqq y \Rightarrow \|x\|_e \leqq \|y\|_e \quad \text{für alle} \quad e \in oK$

in (I, 3.3), welche insbesondere besagt, daß K bezüglich $\| \ \|_e$ normal ist.

1.2 Ein linearer Operator P auf X heißt *monoton* (genauer: *K-monoton*, $\leqq$*-monoton*), falls die Inklusion $P(K) \subset K$ besteht, wenn also P zugleich ein Operator auf K ist. Dies ist offenbar mit der Implikation $x, y \in X, x \leqq y \Rightarrow Px \leqq Py$ gleichbedeutend. Mit $L_+[X]$ bezeichnen wir hinfort die Menge aller linearen, monotonen Operatoren auf X. Dazu gehört z. B. der Einheitsoperator I. Weiter stellt man fest, daß $L_+[X]$ ein Kegel im Vektorraum aller linearen Operatoren auf X ist. Da man leicht übersieht, daß die Kegelaxiome K1) und K2) erfüllt sind, wenden wir uns gleich dem Beweis von K3) zu: Sei also $\pm P \in L_+[X]$, und sei $x \in K$, dann folgt $\pm Px \in K$ oder $Px = \theta$. Nach (I, 2.10), Beispiel b) gilt aber $X = K + (-K)$, und das zeigt die Behauptung. □

Für $(\mathbb{R}^m, <, \mathbb{R}^m_+)$ $(m \in \mathbb{N})$ werden die linearen, monotonen Operatoren genau durch die reellen $(m \times m)$-Matrizen mit nichtnegativen Elementen dargestellt. Analog definieren die Funktionen $P \in S_+([0,1] \times [0,1])$ lineare, monotone Integraloperatoren

$$P: x \to \int_0^1 P(t,s)\, x(s)\, ds$$

auf $(S[0,1], <, S_+[0,1])$ (zu den Bezeichnungen vergleiche man (I, 2.4)). Weitere Beispiele findet der Leser in den Kapiteln VI und VII.

1.3 Seien $P, Q \in L_+[X]$ und $e \in oK$. Zu $x \in X$ gibt es dann reelle Zahlen λ_1, λ_2 mit $\pm x \leqq \lambda_1 e$ und $(P+Q)e \leqq \lambda_2 e$. Monotonie und Linearität von P und Q zeigen $\pm Px \leqq \lambda_1 Pe$, $\pm Qx \leqq \lambda_1 Qe$, also auch $\pm(P-Q)x \leqq \lambda_1(P+Q)e \leqq \lambda_1\lambda_2 e$, weil $\lambda_1 \geqq 0$ ausfällt. Das aber besagt $\|(P-Q)x\|_e \leqq \lambda_1\lambda_2$ für alle betrachteten Zahlen λ_1, λ_2, so daß wir

(3) $\qquad \|(P-Q)x\|_e \leqq \|(P+Q)e\|_e \|x\|_e \quad \text{für alle} \quad x \in X$

erhalten. Da der Fall $Q =$ Nulloperator mit den genannten Voraussetzungen über Q verträglich ist, ergibt sich zunächst

1.4 *Sei $P \in L_+[X]$ und $e \in oK$. Dann ist P ein beschränkter (also stetiger) Operator auf $(X, \| \ \|_e)$ mit der Operatornorm $\|P\|_e = \|Pe\|_e$* (vgl. (0, 6.2)).

Denn (3) liefert $\|Px\|_e \leqq \|Pe\|_e \|x\|_e$ für alle $x \in X$. Wegen $\|e\|_e = 1$ ergibt sich $\|Pe\|_e = \|Pe\|_e \|e\|_e$ und daher die Behauptung. □

1.5 *Seien* $P_1, P_2 \in L_+[X]$ *und* $e \in oK$, *so gelten:*

(i) $\|(P_1 - P_2)^n\|_e \leqq \|(P_1 + P_2)^n\|_e \, (n \in \mathbb{N})$

(ii) $\|P_1 + P_2\|_e \leqq 1 \Rightarrow \|((I - P_1)^{-1} P_2)^n\|_e \leqq \|(P_1 + P_2)^n\|_e \;(n \in \mathbb{N})$, *falls* $(I - P_1)^{-1}$ *existiert und zu* $L_+[X]$ *gehört.*

Beweis. Zu (i): Für $n \in \mathbb{N}$ betrachten wir die Operatoren

$$2R_n = (P_1 + P_2)^n + (P_1 - P_2)^n, \qquad 2S_n = (P_1 + P_2)^n - (P_1 - P_2)^n,$$

so daß $(P_1 + (-1)^i P_2)^n = R_n + (-1)^i S_n$ $(i = 0, 1)$ wird. Eine einfache Rechnung ergibt die Rekursionsformeln

$$R_{n+1} = R_n P_1 + S_n P_2, \quad S_{n+1} = S_n P_1 + R_n P_2 \text{ mit } R_1 = P_1, \quad S_1 = P_2.$$

Daher gilt $R_n, S_n \in L_+[X]$, und (3) liefert

$$\begin{aligned}\|(P_1 - P_2)^n x\|_e = \|(R_n - S_n)x\|_e \leqq \|R_n + S_n\|_e \|x\|_e \\ = \|(P_1 + P_2)^n\|_e \|x\|_e\end{aligned}$$

für $n \in \mathbb{N}$ und alle $x \in X$. Damit ist (i) bewiesen.

Zu (ii): Sei $n \in \mathbb{N}$. Wegen $\|P_1 + P_2\|_e \leqq 1$ wird $(P_1 + P_2)e \leqq e$ oder $(P_1 + P_2)^{n+1} e \leqq (P_1 + P_2)^n e$. Daraus aber folgt $P_1(P_1 + P_2)^{n+1} e + P_2(P_1 + P_2)^n e \leqq (P_1 + P_2)^{n+1} e$ oder $(I - P_1)^{-1} P_2 (P_1 + P_2)^n e \leqq (P_1 + P_2)^{n+1} e$. Durch Induktion nach n zeigt man nun $\theta \leqq ((I - P_1)^{-1} P_2)^n e \leqq (P_1 + P_2)^n e$ für $n \in \mathbb{N}$. Die Implikation (2) zusammen mit (1.4) ergibt die Behauptung. □

1.6 Für einen linearen, beschränkten Operator Q auf X wird der *Spektralradius* $\sigma(Q)$ durch die Formel (vgl. (0, 6.5))

$$\sigma(Q) = \lim_{n \to \infty} \|Q^n\|_e^{1/n} = \inf\{\|Q^n\|_e^{1/n} : \; n \in \mathbb{N}\} \tag{4}$$

unabhängig von $e \in oK$ definiert. (1.5), (i) zeigt sofort

$$\sigma(P_1 - P_2) \leqq \sigma(P_1 + P_2) \quad \text{für} \quad P_1, P_2 \in L_+[X].$$

1.7 *Für jedes* $P \in L_+[X]$ *und jedes* $e \in oK$ *sind folgende Bedingungen äquivalent:*

(i) $\|P\|_e < 1$; (ii) $(I - P)e \geqq \theta$, $e \in X_{(I-P)e}$; (iii) $(I - P)e \in oK$.

Beweis. (i) ⇒ (ii) besteht, weil es wegen $\|P\|_e < 1$ eine reelle Zahl λ gibt mit $0 \leqq \lambda < 1$ und $Pe \leqq \lambda e$, also $\theta \leqq (1 - \lambda)e \leqq (I - P)e$. (ii) ⇒ (iii) folgt mit (I, 2.5) wegen $\theta \leqq e \leqq \lambda(I - P)e$ (für ein reelles $\lambda \geqq 0$) und $\theta \leqq (I - P)e \leqq e$, also $X = X_e = X_{(I-P)e}$. Zur Implikation (iii) ⇒

(i) schließlich notieren wir die Ungleichungen $\theta \leqq e \leqq \lambda(I - P)e$ also $\theta \leqq Pe \leqq (1 - \lambda^{-1})e$ für ein reelles $\lambda > 0$ und verweisen auf (2) und (1.4). □

1.8 Für $P \in L_+[X]$ betrachten wir nun eine Iteration

(5) $$e_0 \in oK, \quad e_{n+1} = Pe_n + e_0 \qquad (n \in \mathbb{N}).$$

Durch Induktion beweist man leicht die Gleichungen

(6) $$e_n = \sum_{i=0}^{n} P^i e_0, \qquad (I - P)e_n = (I - P^{n+1})e_0 \qquad (n \in \mathbb{N}),$$

insbesondere ist daher $e_n \in oK$ für $n \in \mathbb{N}$. Bei beliebigem, aber festem $n \in \mathbb{N}$ verwenden wir nun (1.7) für $P^{n+1} \in L_+[X]$ und beachten (6). Das liefert die Äquivalenzen

(7) $$\|P^{n+1}\|_{e_0} < 1 \Leftrightarrow (I - P)e_n \geqq \theta, e_0 \in X_{(I-P)e_n} \Leftrightarrow (I - P)e_n \in oK.$$

Wegen $e_n \in oK$ ergibt (1.7) nunmehr für $P \in L_+[X]$ und e_n die Aussage

(8) $$(I - P)e_n \in oK \Leftrightarrow \|P\|_{e_n} < 1 \, (n \in \mathbb{N}).$$

Nach (4) haben wir $\sigma(P) < 1 \Leftrightarrow \|P^{N+1}\|_{e_0} < 1$ für ein $N \in \mathbb{N}$. So ergeben (7) und (8) den

1.9 Satz. *Für jedes $P \in L_+[X]$ und jedes $e_0 \in oK$ besteht die Folge (5) aus lauter Ordnungseinheiten e_n. $\sigma(P) < 1$ gilt genau dann, wenn es ein $n \in \mathbb{N}$ mit $\|P\|_{e_n} < 1$ gibt, und jedes solche n ist durch die Eigenschaften $(I - P)e_n \geqq \theta, e_0 \in X_{(I-P)e_n}$ gekennzeichnet.*

1.10 Folgerung. *Seien $P_1, P_2 \in L_+[X]$, es existiere $(I - P_1)^{-1}$ auf ganz X, und es gelte $(I - P_1)^{-1} \in L_+[X]$, dann besteht die Implikation*

$$\sigma(P_1 + P_2) < 1 \Rightarrow \sigma\big((I - P_1)^{-1} P_2\big) \leqq \sigma(P_1 + P_2).$$

Nach (1.9) existiert nämlich ein $e \in oK$ mit $\|P_1 + P_2\|_e < 1$, woraus wir wegen (1.5) auch $\|((I - P_1)^{-1} P_2)^n\|_e \leqq \|(P_1 + P_2)^n\|_e$ für $n \in \mathbb{N}$ schließen dürfen. Formel (4) zeigt die Behauptung. □

1.11 Sei $P \in L_+[X]$. Nach (1.9) ist $\sigma(P) < 1$ gleichbedeutend mit $\|P\|_e < 1$ für ein $e \in oK$. Wir setzen $oK_P = \{e \in oK : \|P\|_e < 1\}$ und beweisen folgende Implikationen:

$$(I - P)^{-1} \in L_+[X] \Rightarrow (I - P)(oK_P) = oK \Rightarrow oK_P \neq \emptyset \Leftrightarrow \sigma(P) < 1,$$

dabei sind die Aussagen, welche die beiden letzten Pfeile ausdrücken, trivial. Sei nun $(I-P)^{-1} \in L_+[X]$. Nach (1.7) ist $oK_P = \{e \in oK : (I-P)e \in oK\}$,

d. h. $(I - P)(oK_P) \subset oK$. Um auch $oK \subset (I - P)(oK_P)$ einzusehen, wählen wir $e \in oK$ und setzen $z = (I - P)^{-1} e$. Dann gilt $z = e + Pz \in oK + K \subset oK$ und $(I - P) z = e \in oK$, so daß aus der obigen Darstellung von oK_P sofort $z \in oK_P$ und daher auch $e \in (I - P)(oK_P)$ folgt.

1.12 Sei $(X, \leqq, K)$ ein halbgeordneter Vektorraum und $P \in L_+[X]$. Für jedes $e \in oK \cup \{\theta\}$ gilt trivialerweise $P \in L_+[X_e]$, d. h. P ist ein linearer, monotoner Operator auf $(X_e, \leqq, K_e)$. In Sonderfällen (vgl. etwa (VI, 2.1)) kann P zu $L_+[X_e]$ gehören für ein $e \in K$, welches weder gleich θ noch eine Ordnungseinheit ist. Dies gilt genau dann, wenn die Bildmenge $P(X_e)$ zu X_e gehört. In jedem Falle können wir $P(X_e) \subset X_{Pe}$ behaupten, denn $\pm x \leqq \lambda e$ für ein reelles λ zieht die Ungleichung $\pm Px \leqq \lambda Pe$ nach sich. *Daraus gewinnt man die Aussage:* $Pe \in X_e \Leftrightarrow P(X_e) \subset X_e$, weil $Pe \in X_e$ sofort $P(X_e) \subset X_{Pe} \subset X_e$ impliziert.

1.13 Hinweise. Alle Beweise in diesem Paragraphen sind absichtlich so geführt, daß sie ohne die Archimedizität des Kegels auskommen. Benötigt wird lediglich das Funktional $\|P\|_e$, welches man ad hoc durch die Gleichung $\|P\|_e = \|Pe\|_e$ definieren kann. Man muß dann allerdings auf die Deutung als Operatornorm bezüglich einer Norm auf X verzichten. Wir haben einen archimedischen Vektorraum vorausgesetzt, weil wir eben diese Deutung herausstellen wollen. Für Verallgemeinerungen des Funktionals $\|P\|_e$ in der eben angedeuteten Weise vergleiche man (2.5).

Eine einfache Konsequenz des Satzes (1.9) ist das

Korollar. *Für jedes* $P \in L_+[X]$ *und jedes reelle* $\varepsilon > 0$ *gibt es eine Ordnungseinheit* e *mit* $\|P\|_e \leqq \sigma(P) + \varepsilon$.

Dazu brauchen wir nur den Satz (1.9) auf den Operator $(\sigma(P) + \varepsilon)^{-1} P$ anzuwenden. Man beachte, daß die Ordnungseinheit e ausgehend von irgendeiner Ordnungseinheit nach Satz (1.9) konstruiert werden kann. Der Zusammenhang des Korollars mit dem folgenden Lemma, welches man etwa bei M. A. Krasnoselskij [1964b] findet, ist offenkundig.

Lemma. *Sei* $(X, \| \ \|)$ *ein Banachraum und* P *ein linearer, beschränkter Operator auf* X. *Dann gibt es zu jedem* $\varepsilon > 0$ *eine Norm* $\| \ \|_0$, *welche mit* $\| \ \|$ *äquivalent ist und* P *eine Operatornorm* $\|P\|_0$ *kleiner oder gleich* $\sigma(P) + \varepsilon$ *zuweist.*

Die Folgerung (1.10) ist ein erster Schritt auf dem Wege zu weiteren Vergleichssätzen über Spektralradien, auf welche wir in § 4 ausführlich eingehen werden. Auch die Ausführungen in (1.8) und (1.11) nehmen wir im späteren Zusammenhang wieder auf (vgl. (IV, 7.5)). Sie werden zur Grundlage einer konstruktiven Fehlerabschätzung bei nichtlinearen Problemen.

2. Homogene, monotone Operatoren

2.1 $(X, \leqq, K)$ sei wieder ein archimedischer Vektorraum mit Ordnungseinheiten, es sei $X \neq \{\theta\}$. Wir betrachten einen Operator T auf einer Teilmenge Y von X, also eine Funktion, welche Y in sich abbildet. Besonders interessieren uns die Fälle, in denen $Y = X$ und T linear oder $Y = K$ und T in der Form

$$(9)\quad T\colon\ x \to Px + \|x\|_e z \quad (x \in K), \quad P \in L_+[X] \quad \text{und} \quad e, z \in oK$$

angenommen werden. Um die wichtigsten Eigenschaften herauszuheben, geben wir folgende Definitionen: T heißt

monoton (genauer: *K-monoton oder* $\leqq$*-monoton*) *auf* Y, falls $x, y \in Y$ und $y - x \in K$ $(x \leqq y)$ stets $Ty - Tx \in K$ $(Tx \leqq Ty)$ impliziert (dies stimmt mit der in (1.2) eingeführten Redeweise bei linearen Operatoren überein);

homogen auf Y, falls $\lambda Y \subset Y$ für jedes reelle $\lambda \geqq 0$ und wenn $T(\lambda x) = \lambda Tx$ gilt für alle $x \in Y$ und jedes reelle $\lambda \geqq 0$.

Ein durch (9) beschriebener Operator ist homogen und monoton auf K (man beachte dazu (2)). Er besitzt noch eine weitere Eigenschaft, welche in unserem Zusammenhang Bedeutung hat: seien nämlich $x, y \in K$ mit $y - x \in K$, und sei $\|x\|_e \neq \|y\|_e$, dann folgt aus (2) sofort $\|x\|_e < \|y\|_e$ also $Ty - Tx = (Py - Px) + (\|y\|_e - \|x\|_e) z \in K + oK \subset oK$. Wir formulieren dies nun ein wenig allgemeiner und nennen einen Operator T auf Y

streng-monoton (genauer: *K-streng-monoton oder* $\leqq$*-streng-monoton*) *auf* Y, falls T vom Nulloperator verschieden sowie monoton auf Y ist, und wenn es ein $e \in oK$ gibt, so daß folgende Implikation besteht

$$(10)\quad x, y \in Y, \quad y - x \in K \cap \widetilde{oK}, \|x\|_e \neq \|y\|_e \Rightarrow T^n y - T^n x \in oK$$
$$\text{für ein} \quad n = n(x, y) \in \mathbb{N}.$$

Im Falle $K \cap \widetilde{oK} = \{\theta\}$, d. h. $K = oK \cup \{\theta\}$ hat (10) keine einschränkende Wirkung, so daß die Menge der streng-monotonen Operatoren mit der Menge der vom Nulloperator verschiedenen, monotonen Operatoren übereinstimmt. Jedoch wollen wir nun einsehen, *daß* $K = oK \cup \{\theta\}$ *in einem archimedischen Raum* $(X, \leqq, K)$ *mit Ordnungseinheiten genau dann gilt, wenn es ein* $e \in oK$ *mit* $X = \{\lambda e : \lambda \in \mathbb{R}\}$ *gibt.* Bei dieser Darstellung von X wird offenbar $K = \{\lambda e : \lambda \geqq 0\} = oK \cup \{\theta\}$ wegen $e \in oK$. Sei nun umgekehrt $K = oK \cup \{\theta\}$ angenommen mit $oK \neq \emptyset$, etwa $e \in oK$. Für jedes $x \in X$ liefert (I, 4.2) die Beziehung

$$x - |x|_e\, e \in K \cap \widetilde{oK} = \{\theta\},$$

also $x = |x|_e\, e$, weil wir einen archimedischen Raum vorausgesetzt haben.

Ist $K \subset Y$ und ist X nicht von der Form $\{\lambda e : \lambda \in \mathbb{R}\}$ für ein $e \in oK$, so braucht man bei der Definition der strengen Monotonie den Nulloperator nicht ausdrücklich zu erwähnen, weil dieser dann schon durch die Forderung (10) ausgeschlossen wird.

2.2 *Sei T ein homogener, monotoner Operator auf $Y \neq \emptyset$. Dann ist $\theta \in Y$, $T\theta = \theta$ und $T(Y \cap K) \subset K$. Ferner gilt $T(Y \cap oK) \subset oK$, wenn es ein $x \in Y$ mit $Tx \in oK$ gibt.*

Beweis. Mit $x \in Y$ ist auch $\theta = 0x \in Y$ und $T\theta = T(0x) = 0Tx = \theta$. Daher folgt aus $x - \theta = x \in Y \cap K$ auch $Tx = Tx - T\theta \in K$. Sei nun $x \in Y$ mit $Tx \in oK$, und sei $y \in Y \cap oK$. Dann gilt $y - \lambda x \in K$ für ein reelles $\lambda > 0$, also $Ty = \big(Ty - T(\lambda x)\big) + \lambda Tx \in K + oK \subset oK$ nach (I, 2.7). □

2.3 *Für jeden homogenen, streng-monotonen Operator T auf einer nichtleeren Teilmenge Y von X besteht die Implikation*

(11) $x \in Y \cap (K - oK), x \neq \theta \Rightarrow T^n x \in oK$ *für ein* $n = n(x) \geqq 1$.

Im Falle $Y \cap \big((K - oK) - \{\theta\}\big) \neq \emptyset$ hat man überdies $T(Y \cap oK) \subset oK$.

Beweis. (11) zusammen mit (2.2) liefert $T(Y \cap oK) \subset oK$. Es reicht also aus, (11) einzusehen: Da aber $x \in Y \cap (K - oK)$, $x \neq \theta$ auch $\|x\|_e \neq \|\theta\|_e$ für jedes $e \in oK$ nach sich zieht, gibt es ein $n = n(x, \theta) \in \mathbb{N}$ mit $T^n x = T^n x - T^n \theta \in oK$. Wegen $x \notin oK$ muß $n \geqq 1$ sein. □

2.4 *$P \in L_+[X]$ ($P \neq$ Nulloperator) ist genau dann streng-monoton (auf X), wenn* (11) *besteht, d. h. wenn es zu jedem $x \in K - oK$, $x \neq \theta$ ein $n = n(x) \geqq 1$ mit $P^n x \in oK$ gibt.* Dann gilt nämlich (10) wegen der Linearität für jedes $e \in oK$. Die Umkehrung haben wir durch (2.3) schon erledigt.

Man überzeugt sich leicht davon, daß in $(\mathbb{R}^m, <, \mathbb{R}^m_+)$ alle Matrizen mit positiven Elementen streng-monotone Operatoren festlegen. Im Kapitel VI werden wir sehen, daß damit nicht alle Operatoren dieser Art erfaßt worden sind. Ebenso ist der Integraloperator aus (1.2) streng-monoton, wenn der Kern $P(t, s) > 0$ auf $[0, 1] \times [0, 1]$ ausfällt.

2.5 Sei T ein Operator, welcher eine nichtleere Teilmenge Y von X in X abbilde, und sei $e \in oK \cap Y$. Nun definieren wir die reellen Zahlen $|T|_e$ und $\mathbf{|} T \mathbf{|}_e$ durch

(12) $$|T|_e = |Te|_e, \qquad -\mathbf{|} T \mathbf{|}_e = |-T|_e = |-Te|_e$$

und erhalten

(13) $$|T|_e \leqq \mathbf{|} T \mathbf{|}_e; \qquad \theta \leqq Te \Rightarrow 0 \leqq |T|_e, \mathbf{|} T \mathbf{|}_e = \|Te\|_e$$

aus (I, 3.2) sowie (I, 3.3). Daraus folgt speziell (vgl. (1.4))

$$\mathbf{|}P\mathbf{|}_e = \|P\|_e \quad \text{für} \quad P \in L_+[X].$$

Daher unterscheiden wir im folgenden nicht mehr zwischen $\mathbf{|}P\mathbf{|}_e$ und $\|P\|_e$, wenn P zu $L_+[X]$ gehört. Ist T homogen auf Y, so zeigt (I, 3.3) ferner

$$(13') \qquad |T|_{(\lambda e)} = |T|_e, \qquad \mathbf{|}T\mathbf{|}_{(\lambda e)} = \mathbf{|}T\mathbf{|}_e \quad \text{falls} \quad \lambda > 0.$$

Zwei Operatoren S und T auf Y heißen *vertauschbar*, wenn $STx = TSx$ für alle $x \in Y$ gilt. Z. B. sind die Potenzen T^n $(n \in \mathbb{N})$ untereinander vertauschbar. Dasselbe gilt im Falle $T \in L_+[X]$ für „Polynome" $\sum_{j=0}^{n} \lambda_j T^j$ mit reellen Koeffizienten λ_j $(j = 0, \ldots, n)$.

2.6 *Es seien S und T miteinander vertauschbare Operatoren auf Y, S sei monoton. Wir nehmen $Y = X$ sowie S und T linear oder $Y = K$ sowie S und T homogen an. Zu $e_0 \in oK$ betrachten wir die Folge $e_{n+1} = Se_n$ und setzen $e_n \in oK$ für $n \in \mathbb{N}$ voraus. Dann gelten*

$$|T|_{e_{n-1}} \leqq |T|_{e_n} \leqq \mathbf{|}T\mathbf{|}_{e_n} \leqq \mathbf{|}T\mathbf{|}_{e_{n-1}} \quad \textit{für} \quad n \geqq 1$$

sowie $0 \leqq |T|_{e_n}$ $(n \in \mathbb{N})$, falls $Te_n \in K$ liegt.

Beweis. Die letzte Behauptung folgt sofort aus (13), daher brauchen wir nur noch die Ungleichungen zu zeigen. Dazu reicht es aus, den Fall $n = 1$ einzusehen, alles andere ergibt sich durch Induktion verbunden mit (13). So bleibt der Beweis der beiden Ungleichungen $|T|_{e_0} \leqq |T|_{e_1}$, $\mathbf{|}T\mathbf{|}_{e_1} \leqq \mathbf{|}T\mathbf{|}_{e_0}$ übrig:

Seien zunächst $Y = X$ sowie S und T linear: dann ist auch S mit $-T$ vertauschbar, und wegen (12) sind wir fertig, wenn wir $|T|_{e_0} \leqq |T|_{e_1}$ eingesehen haben. Dazu nehmen wir $\lambda e_0 \leqq Te_0$ für ein reelles λ an und folgern $\lambda e_1 = \lambda Se_0 \leqq STe_0 = TSe_0 = Te_1$ oder $\lambda \leqq |T|_{e_1}$ für alle betrachteten Zahlen λ, d. h. $|T|_{e_0} \leqq |T|_{e_1}$.

Wir wenden uns nun dem Fall homogener Operatoren S und T auf K zu: Dann ist wegen $e_0 \in K$ auch $Te_0 \in K$ und daher $0 \leqq |T|_{e_0} \leqq \mathbf{|}T\mathbf{|}_{e_0}$, so daß es nichtnegative Zahlen λ_1, λ_2 mit $\lambda_1 e_0 \leqq Te_0 \leqq \lambda_2 e_0$ gibt. Monotonie und Vertauschbarkeit von S mit T und $\lambda_i I$ $(i = 1, 2)$ liefern $\lambda_1 e_1 \leqq Te_1 \leqq \lambda_2 e_1$ oder: $\lambda_1 \leqq |T|_{e_1}$ bzw. $\mathbf{|}T\mathbf{|}_{e_1} = -|-Te_1|_{e_1} \leqq \lambda_2$ für alle betrachteten Zahlen $\lambda_1, \lambda_2 \geqq 0$, d. h. $|T|_{e_0} \leqq |T|_{e_1}$, $\mathbf{|}T\mathbf{|}_{e_1} \leqq \mathbf{|}T\mathbf{|}_{e_0}$. □

2.7 Satz. *$(X, \leqq, K)$ sei ein archimedischer Vektorraum mit Ordnungseinheiten, etwa $\bar{e} \in oK$, es sei $X \neq \{\theta\}$. S und T seien homogene (bzw. lineare), bezüglich $\| \|_{\bar{e}}$ stetige sowie miteinander vertauschbare Operatoren auf K (bzw. X). S sei überdies streng-monoton und eine Potenz S^r $(r \geqq 1)$ sei vollstetig. Wir betrachten eine Folge $e_0 \in oK$, $e_{n+1} = Se_n$ und behaupten*

a) $e_n \in oK$, $\|e_n\|_{\bar{e}} > 0$ ($n \in \mathbb{N}$) *und eine Teilfolge* z_{k_i} *von* $z_n = \|e_n\|_{\bar{e}}^{-1} e_n$ *konvergiert gegen ein Element* $z \in K - \{\theta\}$ *mit* $\|z\|_{\bar{e}} = 1$;

b) $\lim |T|_{e_n} = \lim \| T \|_{e_n} = \lambda$, $|T|_{e_{n-1}} \leqq |T|_{e_n} \leqq \lambda \leqq \| T \|_{e_n} \leqq \| T \|_{e_{n-1}}$ *für* $n \geqq 1$, $Tz = \lambda z$ *und* $z \in oK$;

c) *für* $S \in L_+[X]$ *konvergiert die ganze Folge* z_n *gegen* z; *für* $T \in L_+[X]$ *ist* $0 \leqq \sigma(T) = \lambda$ *sowie*

$$\operatorname{Max}\{|T|_e: \ e \in oK\} = \sigma(T) = \operatorname{Min}\{\|T\|_e: \ e \in oK\}.$$

2.8 *Beweis von* a): Zunächst gilt $S(oK) \subset oK$: im Falle $(K - oK) - \{\theta\} \neq \emptyset$ folgt dies aus (2.3) und für $(K - oK) - \{\theta\} = \emptyset$ (d. h. $K = oK \cup \{\theta\}$) aus (2.2), weil S nicht der Nulloperator ist und K invariant läßt. Damit haben wir $e_n \in oK$, also $e_n \neq \theta$ (denn $X \neq \{\theta\}$) oder $\|e_n\|_{\bar{e}} > 0$ ($n \in \mathbb{N}$) bewiesen. Speziell wird $e_0 \leqq \|e_0\|_{e_r} e_r$, also $e_{n-r} \leqq \|e_0\|_{e_r} e_n$ und $\|e_{n-r}\|_{\bar{e}} \leqq \|e_0\|_{e_r} \|e_n\|_{\bar{e}}$ für alle $n \geqq r$. Somit ist die Folge $\|e_n\|_{\bar{e}}^{-1} e_{n-r}$ beschränkt, und wegen der Vollstetigkeit von S^r existiert mithin eine konvergente Teilfolge $z_{k_i} = S^r(\|e_{k_i}\|_{\bar{e}}^{-1} e_{k_i - r})$ der im Satz definierten Folge z_n.

2.9 *Beweis von* b): Wegen (2.6) konvergieren die beiden Folgen $|T|_{e_n}$, $\| T \|_{e_n}$, etwa $\lim |T|_{e_n} = \lambda$, $\lim \| T \|_{e_n} = \mu$ mit

$$(14) \qquad |T|_{e_{n-1}} \leqq |T|_{e_n} \leqq \lambda \leqq \mu \leqq \| T \|_{e_n} \leqq \| T \|_{e_{n-1}} \quad \text{für} \quad n \geqq 1.$$

Setzen wir $\lambda_n = \|e_n\|_{\bar{e}}^{-1} > 0$, so liefert (13′) sofort

$$|T|_{e_n} = |T|_{(\lambda_m e_n)}, \qquad \| T \|_{e_n} = \| T \|_{(\lambda_m e_n)} \quad \text{für} \quad n \geqq 0, \quad m \geqq 0.$$

Zusammen mit $S^m z_n = \lambda_n e_{n+m}$ erhalten wir daher für die konvergente Teilfolge z_{k_i} aus (2.8) mit Hilfe von (I, 4.2) die Beziehungen

$$\left.\begin{aligned} TS^m z_{k_i} - |T|_{e_{k_i+m}} S^m z_{k_i} &\in K \cap \widetilde{oK} \\ -TS^m z_{k_i} + \| T \|_{e_{k_i+m}} S^m z_{k_i} &\in K \cap \widetilde{oK} \end{aligned}\right\} \quad (i \geqq 0, \quad m \geqq 0).$$

Für $z = \lim z_{k_i}$ ergeben sich daraus

$$(15) \quad TS^m z - \lambda S^m z \in K \cap \widetilde{oK}, \quad -TS^m z + \mu S^m z \in K \cap \widetilde{oK} \quad (m \geqq 0),$$

wenn man die Stetigkeit von S und T sowie die Abgeschlossenheit von $K \cap \widetilde{oK}$ ausnutzt. Speziell finden wir

$$(16) \qquad Tz - \lambda z \in K \cap \widetilde{oK}, \qquad -Tz + \mu z \in K \cap \widetilde{oK}.$$

Wir verfolgen zunächst den Fall homogener Operatoren S und T auf K. Nach (2.6) hat man dann $0 \leqq |T|_{e_0} \leqq \lambda \leqq \mu$, so daß λz und μz zu K gehören und S mit λI und μI vertauschbar ist. Da wir S strengmonoton annehmen, gibt es ein $e \in oK$, so daß die Implikation (10) besteht. Wegen (16) existiert daher im Falle $\|Tz\|_e \neq \|\lambda z\|_e$ bzw. $\|Tz\|_e \neq$

$\|\mu z\|_e$ eine Zahl n bzw. k aus $\mathbb{N}$ mit

$$(17) \qquad TS^n z - \lambda S^n z \in oK \quad \text{bzw.} \quad -TS^k z + \mu S^k z \in oK,$$

ein Widerspruch zu (15). Es muß mithin $\|Tz\|_e = \|\lambda z\|_e = \lambda \|z\|_e$ sowie $\|Tz\|_e = \|\mu z\|_e = \mu \|z\|_e$ sein. Konstruktionsgemäß gilt $\|z\|_{\bar{e}} = 1$ oder $z \neq \theta$, so daß wir $\lambda = \|Tz\|_e \|z\|_e^{-1} = \mu$ und wegen (16) dann auch $Tz = \lambda z$ schließen dürfen.

Im Falle linearer Operatoren S und T auf X verwenden wir (2.4) und erhalten wegen (16) aus $Tz \neq \lambda z$ bzw. $Tz \neq \mu z$ die Existenz einer Zahl n bzw. k in $\mathbb{N}$ mit (17). Da dies wiederum mit (15) unverträglich ist, muß $Tz = \lambda z$ sowie $Tz = \mu z$ und speziell $\mu = \lambda$ wegen $z \neq \theta$ sein.

Da die Voraussetzungen auch $S = T$ zulassen, existiert eine reelle Zahl v mit $Sz = vz$ und $0 \leqq |S|_{e_0} \leqq v$. Nun ist S streng-monoton und $z \neq \theta$. Nach (2.3) gibt es daher ein $n \in \mathbb{N}$ mit $v^n z = S^n z \in oK$, also $v > 0$ und $z \in oK$.

2.10 *Beweis von* c): Sei $S \in L_+[X]$: Wegen $0 \leqq \|z - \gamma e_n\|_z$ für $\gamma \in \mathbb{R}$ existiert das $\inf\{\|z - \gamma e_n\|_z : \gamma \in \mathbb{R}\}$, welches aufgrund der Stetigkeit der reellen Funktion $\gamma \to \|z - \gamma e_n\|_z$ sogar für ein $\gamma_n \in \mathbb{R}$ mit $|\gamma_n| \leqq 2\|e_n\|_z^{-1}$ angenommen wird (man beachte $\|z - \gamma e_n\|_z > 1$ für $|\gamma| > 2\|e_n\|_z^{-1}$ sowie $\|z - 0e_n\|_z = 1$!). Für die Folge $r_n = \|z - \gamma_n e_n\|_z$ gilt somit

$$(18) \qquad 0 \leqq r_n \leqq \|z - \gamma e_n\|_z \quad \text{falls} \quad \gamma \in \mathbb{R}, \qquad n \in \mathbb{N}$$

und daher auch $r_{n+1} \leqq \|z - \gamma_n v^{-1} e_{n+1}\|_z = v^{-1} \|S(z - \gamma_n e_n)\|_z \leqq v^{-1} \|S\|_z \|z - \gamma_n e_n\|_z = r_n$ für $n \in \mathbb{N}$. Als monoton fallende und nach unten beschränkte Folge ist r_n konvergent. Da wir $0 \leqq r_{k_i} \leqq \|z - \|e_{k_i}\|_{\bar{e}}^{-1} e_{k_i}\|_z \to 0$ aus (18) und (2.8) erhalten, findet man endlich $r_n \to 0$ oder $\gamma_n e_n \to z$. Nun ist $z \in oK$ und daher auch $\gamma_n e_n \in oK$, d. h. $\gamma_n > 0$ für hinreichend große $n \in \mathbb{N}$. Damit haben wir $\|e_n\|_{\bar{e}}^{-1} e_n = \|\gamma_n e_n\|_{\bar{e}}^{-1} (\gamma_n e_n) \to \|z\|_{\bar{e}}^{-1} z = z$ bewiesen.

Sei $T \in L_+[X]$: Dann zeigen (2.6) und (2.9) sofort $0 \leqq |T|_e \leqq \lambda \leqq \|T\|_e$ für jedes $e \in oK$ sowie $|T|_z = \lambda = \|T\|_z$ und

$$\sigma(T) = \inf\{\|T^n\|_z^{1/n} : \ n \in \mathbb{N}\} = \inf\{\|\lambda^n z\|_z^{1/n} : \ n \in \mathbb{N}\} = \lambda \geqq 0.$$

Damit ist Satz (2.7) vollständig bewiesen. □

2.11 Hinweise. Ausgangspunkt des in diesem Paragraphen eingeleiteten Gedankenkreises ist der

Satz. *Sei P eine nichtzerfallende $(m \times m)$-Matrix (vgl. (VI, 2.1)) mit nichtnegativen Elementen. Dann ist der Spektralradius positiver Eigenwert von P mit einem Eigenvektor, welcher lauter positive Komponenten besitzt.*

Dieser Satz wurde zuerst von O. Perron [1907] für Matrizen mit lauter positiven Elementen bewiesen. G. Frobenius [1912] gelang dann die Verallgemeinerung auf nichtzerfallende Matrizen mit nichtnegativen Elementen. Andere Beweise dieses Satzes gehen auf Wielandt [1950], Gantmakher [1959], Debreu und Herstein [1953] u. a. zurück. Eine detaillierte Darstellung findet sich bei R. Varga [1962].

In Kapitel VI diskutieren wir den Zusammenhang, welcher zwischen nichtzerfallenden Matrizen mit nichtnegativen Elementen und streng-monotonen, linearen Operatoren besteht. Dadurch wird dann die Brücke zum Satz (2.7) im linearen Fall geschlagen. Auf der Grundlage des obigen Satzes gewinnt man sofort entsprechende Ergebnisse für zerfallende Matrizen mit nichtnegativen Elementen (vgl. etwa R. Varga [1962]). Bei monotonen, linearen Operatoren in abstrakten Räumen scheint jedoch der streng-monotone Fall nicht unmittelbar gleichartige Aussagen für den monotonen Fall zu liefern. Schwächen wir aber die Forderung der Linearität ab und betrachten streng-monotone, homogene Operatoren, so bietet eine Übertragung der in unserem Zusammenhang interessanten Sätze auf lineare, monotone (nicht notwendig streng-monotone) Operatoren keine Schwierigkeit (s. § 3). Aus diesem Grunde sind im Satz (2.7) monotone, homogene Operatoren berücksichtigt worden.

Eine erste Weiterführung der Gedanken von Perron und Frobenius findet sich in der Arbeit von R. Jentzsch [1912], welcher für einen linearen Integraloperator

$$x(t) \to \int_a^b K(t,s)\,x(s)\,ds$$

mit $K \in S_+([a,b] \times [a,b])$ und $K(t,s) \not\equiv 0$ auf $[a,b] \times [a,b]$ entsprechende Aussagen bewies.

Die strukturelle Auffassung solcher Fragestellungen wird dadurch eingeleitet, daß

a) reelle Matrizen mit nichtnegativen Elementen bzw. lineare Integraloperatoren mit nichtnegativem Kern einen Kegel ($\mathbb{R}^m_+$ bzw. $S_+[a,b]$) nichtnegativer Funktionen in sich abbilden und

b) Alexandroff und Hopf [1935] ein sehr eleganter Beweis der Resultate von Perron und Frobenius mit Hilfe des Brouwerschen Fixpunktsatzes gelingt.

Damit ist eine Formulierung und eine Beweisidee zur Behandlung einer abstrakteren Situation vorgegeben, welche von M. A. Rutman [1940] aufgegriffen wurde. Er beweist unter anderem folgenden

Satz. *Sei $(X, \|\ \|)$ ein reeller Banachraum und K ein abgeschlossener Kegel von X mit inneren Punkten. Es existiere ein reelles, lineares und*

stetiges Funktional, welches allen von θ verschiedenen Kegelelementen positive reelle Werte zuordnet. Sei P ein linearer, monotoner und vollstetiger Operator auf X, für den ein Element $x_0 \in K - \{\theta\}$ mit $Px_0 - cx_0 \in K$ mit einer reellen Zahl $c > 0$ vorhanden sei. Dann gibt es zu P einen positiven Eigenwert $\lambda_0 > 0$ mit einem zugehörigen Eigenelement $z \in K$ und der Abschätzung $c \leqq \lambda_0$.

Dieser Satz läßt sich sehr einfach auf (2.7) zurückführen, falls K normal ist. Nach (II, 3.7) trägt X dann die Ordnungstopologie $\mathfrak{T}_0$ und Satz (3.2) des folgenden Paragraphen, welcher als Sonderfall von (2.7) gewonnen wird, zeigt die Behauptung. Denn aus $cx_0 \leqq Px_0$ folgt sofort $c^n x_0 \leqq P^n x_0$ und daher auch $c \leqq \|P^n\|_e^{1/n}$ für $n \in \mathbb{N}$ und jedes $e \in \mathring{K}$ wegen $x_0 \neq \theta$. Das liefert dann unmittelbar $0 < c \leqq \sigma(P)$.

Eine ausführliche Darstellung der Verhältnisse in Banachräumen findet sich in der Arbeit M. G. Krein und M. A. Rutman [1948] sowie in jüngerer Zeit in dem Buch von M. A. Krasnoselskij [1964b]. In beiden Fällen sind die Voraussetzungen an den Kegel weiter abgeschwächt. Während sich die Beweise von Rutman und Krasnoselskij auf den Schauderschen Fixpunktsatz (vgl. J. Schauder [1930]) stützen, werden in der Arbeit von Krein und Rutman davon abweichende Beweismethoden herangezogen. Wir verweisen noch auf die Arbeiten von F. F. Bonsall [1955, 1960], S. Karlin [1959], I. Sawashima [1964], auf den Anhang des Buches von H. H. Schaefer [1966] sowie auf L. Elsner [1970]. Für eine Übertragung der Ergebnisse vom Perron-Frobenius-Krein-Rutman-Typus auf lineare, monotone Operatoren in einem lokalkonvexen Raum nennen wir H. H. Schaefer [1955b, 1959, 1960b, 1963, 1964a].

Der Satz von Jentzsch für Integraloperatoren wird in der Arbeit [1957] von G. Birkhoff auf der Grundlage einer projektiven Metrik mit Hilfe des Kontraktionsprinzips bewiesen. Eine damit verwandte Methode benutzt E. Hopf [1963], welcher sich auf eine später nach ihm benannte Ungleichung über die sog. Oszillation monotoner Integraloperatoren stützt. Diese Ungleichung liefert als weitere Anwendung eine Abschätzung der vom Spektralradius verschiedenen Eigenwerte solcher Integraloperatoren (vgl. hierzu auch W. Wetterling [1971]). Ein Beweis der Hopfschen Ungleichung für lineare Operatoren in halbgeordneten Räumen findet sich im Anschluss an A. M. Ostrowski [1964] bei F. L. Bauer [1965].

Von den anderen Aspekten der Aussagen des Satzes (2.7) sei hier nur noch auf die Vertauschbarkeitsvoraussetzung eingegangen. Über die Einschließungsaussage und die iterative Berechenbarkeit sprechen wir in (3.5). Es sei nun angenommen, daß wir für einen streng-monotonen Operator P die Existenz einer Ordnungseinheit e mit $Pe = \sigma(P)e$ und $\sigma(P) > 0$ bewiesen haben. Sei dann Q ein linearer, monotoner, mit P vertauschbarer Operator, so liefert folgende einfache Überlegung die

Existenz einer reellen Zahl λ mit $Qe = \lambda e$: es gilt nämlich $PQe = \sigma(P)\,Qe$, und weil ein streng-monotoner Operator bis auf Normierung nur ein Eigenelement im Kegel besitzen kann (s. (3.3)), steht unsere Behauptung schon da.

Die im Text genannte allgemeine Form des Satzes (2.7) zusammen mit dem angegebenen Beweis geht auf die Arbeiten E. Bohl [1966, 1970a] zurück.

3. Spektralradius und Eigenwert

3.1 Wir kommen nun zu einigen Folgerungen des Satzes (2.7) für lineare Operatoren und setzen durchweg einen archimedischen Vektorraum $(X, \leqq, K)$ mit Ordnungseinheiten sowie $X \neq \{\theta\}$ voraus.

Seien $e, \bar{z} \in oK$ und $P \in L_+[X]$ mit einer vollstetigen Potenz P^r $(r \geqq 1)$. Der durch $Sx = Px + \|x\|_e \bar{z}$ für $x \in K$ gegebene Operator ist stetig, homogen und streng-monoton auf K (vgl. (2.1)). Durch Induktion beweist man ferner

$$\text{(19)} \qquad \begin{aligned} S^{n+1}x &= P^{n+1}x + \sum_{i=0}^{n} \|S^{n-i}x\|_e P^i \bar{z}, \\ \|S^{n+1}x\|_e &\leqq (\|P\|_e + \|\bar{z}\|_e)^{n+1} \|x\|_e \end{aligned}$$

für $x \in K$ und $n \in \mathbb{N}$. Daraus liest man sofort die Vollstetigkeit des Operators S^r ab. Nach Satz (2.7) gibt es eine reelle Zahl $\lambda > 0$ und eine Ordnungseinheit z mit $Sz = \lambda z$, $\|z\|_e = 1$ und $|S|_{\bar{z}} \leqq \lambda \leqq \|S\|_{\bar{z}}$ oder

$$\text{(20)} \qquad \begin{aligned} &P^{n+1}z + \sum_{i=0}^{n} \lambda^{n-i} P^i \bar{z} = \lambda^{n+1} z \quad (n \in \mathbb{N}), \qquad \|z\|_e = 1, \\ &|P|_{\bar{z}} \leqq \lambda - \|\bar{z}\|_e \leqq \|P\|_{\bar{z}}, \qquad \sigma(P) \leqq \lambda. \end{aligned}$$

Dabei ergibt sich die Gleichung, wenn man $x = z$ in (19) wählt und $Sz = \lambda z$ beachtet. Die ersten beiden Ungleichungen von (20) findet man unter Verwendung von (I, 3.3), (2.5) und $|\bar{z}|_{\bar{z}} = \|\bar{z}\|_{\bar{z}} = 1$ durch folgende Rechnung: $|P|_{\bar{z}} + \|\bar{z}\|_e \leqq |P\bar{z} + \|\bar{z}\|_e \bar{z}|_{\bar{z}} = |S|_{\bar{z}} \leqq \lambda \leqq \|S\|_{\bar{z}} = \|P\bar{z} + \|\bar{z}\|_e \bar{z}\|_{\bar{z}} \leqq \|P\|_{\bar{z}} + \|\bar{z}\|_e$. Um schließlich $\sigma(P) \leqq \lambda$ einzusehen, bemerken wir zunächst die Ungleichung $Pz = \lambda z - \bar{z} \leqq \lambda z$. Wegen $z \in oK$ dürfen wir $\sigma(P) \leqq \|P\|_z \leqq \lambda$ folgern.

Damit ist der Beweis des nachstehenden Satzes vorbereitet:

3.2 Satz. *Sei $P \in L_+[X]$ und P^r vollstetig für ein $r \geqq 1$. Dann gilt*

$$\text{(21)} \qquad |P|_e \leqq \sigma(P) \leqq \|P\|_e \quad \textit{für} \quad e \in oK;$$

für jedes $e_0 \in oK$ mit $Pe_0 \in oK$ besteht auch die Folge $e_{n+1} = Pe_n$ nach

(2.2) *aus lauter Ordnungseinheiten, und es gilt*

(22) $$|P|_{e_{n-1}} \leqq |P|_{e_n} \leqq \sigma(P) \leqq \|P\|_{e_n} \leqq \|P\|_{e_{n-1}} \quad \textit{für} \quad n \geqq 1;$$

aus $P\hat{z} = \mu\hat{z}$, $\hat{z} \in oK$, $\mu \in \mathbb{R}$ *folgt* $\mu = \sigma(P)$;
und im Falle $\sigma(P) > 0$ *existiert ein Element* $z \in K$, $z \neq \theta$ *mit* $Pz = \sigma(P)\,z$.

Beweis. Sei $\bar{e} \in oK$. Dann gibt es zu jedem $n \in \mathbb{N}$ eine Ordnungseinheit z_n und eine positive Zahl λ_n mit

(23) $$\begin{aligned} &P^{m+1}z_n + n^{-1}\sum_{i=0}^{m} \lambda_n^{m-i}P^i\bar{e} = \lambda_n^{m+1}z_n, \quad \|z_n\|_{\bar{e}} = 1, \\ &|P|_{\bar{e}} \leqq \lambda_n - n^{-1} \leqq \|P\|_{\bar{e}}, \qquad \sigma(P) \leqq \lambda_n \end{aligned} \qquad (n, m \in \mathbb{N}).$$

Dazu werde in (3.1) einfach $\bar{z} = n^{-1}\bar{e}$ ($n \in \mathbb{N}$) gesetzt und (20) verwendet. Speziell können wir λ_n konvergent annehmen (eventuell nach Auswahl einer Teilfolge), etwa $\lim \lambda_n = \lambda$ mit $|P|_{\bar{e}} \leqq \lambda \leqq \|P\|_{\bar{e}}$ und $\sigma(P) \leqq \lambda$.

Sei nun $\lambda > 0$: Wegen $\lambda_n^r z_n = P^r z_n + n^{-1}\sum_{i=0}^{r-1} \lambda_n^{r-1-i}P^i\bar{e}$ dürfen wir dann auch z_n konvergent voraussetzen (eventuell nach weiterer Auswahl einer Teilfolge), denn $\|z_n\|_{\bar{e}} = 1$ und P^r ist vollstetig bezüglich $\|\ \|_{\bar{e}}$. Für $\lim z_n = z$ gilt dann $\|z\|_{\bar{e}} = 1$ (also $z \neq \theta$), $z \in K$, sowie $Pz = \lambda z$ wegen (23). Damit aber können wir zugleich $\lambda^m = \|\lambda^m z\|_{\bar{e}} = \|P^m z\|_{\bar{e}} \leqq \|P^m\|_{\bar{e}}$ ($m \in \mathbb{N}$) oder $\lambda \leqq \inf\{\|P^m\|_{\bar{e}}^{1/m} : m \in \mathbb{N}\} = \sigma(P) \leqq \lambda$, also $\lambda = \sigma(P)$ behaupten.

Im Falle $\lambda = 0$ erhalten wir wegen der schon nachgewiesenen Ungleichung $\sigma(P) \leqq \lambda$ auch $\sigma(P) = 0$, so daß stets $\lambda = \sigma(P)$ wird. Daher gilt (21), und (22) folgt nun unmittelbar aus (2.6).

Sei schließlich $P\hat{z} = \mu\hat{z}$, $\mu \in \mathbb{R}$ und $\hat{z} \in oK$. Wegen $\mu\hat{z} = P\hat{z} \in P(oK) \subset K$ ist $\mu \geqq 0$, also $\sigma(P) = \inf\{\|P^n\|_{\hat{z}}^{1/n} : n \in \mathbb{N}\} = \mu$. □

3.3 Satz. $P \in L_+[X]$ *sei streng-monoton und* P^r *vollstetig für ein* $r \geqq 1$. *Dann gibt es (bis auf Normierung) genau ein Eigenelement* $z \in K$ *von* P. *Dieses ist Ordnungseinheit, der zugehörige Eigenwert ist positiv und stimmt mit dem Spektralradius* $\sigma(P)$ *überein. Ferner gelten für jede Folge* $e_0 \in oK$, $e_{n+1} = Pe_n$ ($n \in \mathbb{N}$) *und für jedes* $e \in oK$ *die Beziehungen*

$$\lim \|e_n\|_e^{-1}\, e_n = \|z\|_e^{-1}\, z, \qquad \lim |P|_{e_n} = \lim \|P\|_{e_n} = \sigma(P),$$

(22′) $$|P|_{e_{n-1}} \leqq |P|_{e_n} \leqq \sigma(P) \leqq \|P\|_{e_n} \leqq \|P\|_{e_{n-1}} \qquad (n \geqq 1),$$

$$\operatorname{Max}\{|P|_e : \ e \in oK\} = \sigma(P) = \operatorname{Min}\{\|P\|_e : \ e \in oK\}$$

(*man beachte, daß immer nur von reellen Räumen die Rede ist, und daß wir daher nur über reelle Eigenwerte Aussagen machen*).

Beweis. Wegen Satz (2.7) bleibt nurmehr die Eindeutigkeitsaussage zu bestätigen. Dazu nehmen wir $Pe_i = \lambda_i e_i$ mit $\lambda_i \in \mathbb{R}$ und $e_i \in K - \{\theta\}$ an ($i = 1, 2$). Dann ist e_i, $\lambda_i e_i \in K$, also $\lambda_i \geqq 0$ wegen $e_i \neq \theta$ ($i = 1, 2$). Wegen (2.4) existiert ein $n \in \mathbb{N}$ mit $\lambda_i^n e_i = P^n e_i \in oK$, so daß sogar $\lambda_i > 0$ und $e_i \in oK$ sein muß. Dann aber gilt $e_i \leqq \|e_i\|_{e_j} e_j$, also $\lambda_i e_i = Pe_i \leqq \|e_i\|_{e_j} Pe_j = \|e_i\|_{e_j} \lambda_j e_j$ ($i, j = 1, 2$), woraus wir $\lambda_1 = \lambda_2$ folgern können. Wäre jetzt $e_1 \neq \|e_1\|_{e_2} e_2$, dann würde es wegen $-e_1 + \|e_1\|_{e_2} e_2 \in K \cap \widetilde{oK}$ (vgl. (I, 4.2)) ein $n \in \mathbb{N}$ geben mit $-\lambda_1^n(e_1 - \|e_1\|_{e_2} e_2) \in oK$, ein Widerspruch. □

3.4 Satz. *Zu $P \in L_+[X]$ mögen reelle Zahlen λ_i ($i = 0, \ldots, k$) derart existieren, daß $Q = \sum_{i=0}^k \lambda_i P^i$ streng-monoton und eine Potenz Q^r ($r \geqq 1$) von Q vollstetig ist. Dann ist $\sigma(P)$ positiver Eigenwert von P mit einem zugehörigen Eigenelement $z \in oK$, und für jede Folge $e_0 \in oK$, $e_{n+1} = Qe_n$ ($n \in \mathbb{N}$) bestehen die Beziehungen* (22′).

Diese Aussagen folgen unmittelbar aus dem Satz (2.7).

3.5 Hinweise. Wir betrachten ein $P \in L_+[X]$ mit einer vollstetigen Potenz P^r ($r \geqq 1$) und einem Spektralradius $\sigma(P) < 1$. Es sei $e \in oK$. Dann gibt es nach dem Beweis von Satz (3.2) eine Ordnungseinheit z und ein $\lambda \in [\sigma(P), 1]$ mit $Pz + e = \lambda z$, also insbesondere $Pz + e \leqq z$. Daher verhält sich die Folge $x_0 = z$, $x_{n+1} = Px_n + e$ monoton gemäß $\theta \leqq x_{n+1} \leqq x_n \leqq z$ ($n \in \mathbb{N}$). Normalität des Kegels K und Vollstetigkeit einer Potenz von P liefern die Konvergenz einer Teilfolge von x_n, nach (II, 2.4) muß somit die ganze Folge konvergieren, etwa $\lim x_n = y$. Offenbar findet man $Py + e = y$ sowie $y \in K$. Wegen $X = K + (-K)$ kann man nun leicht folgern, daß $(I - P)^{-1}$ auf ganz X existiert und zu $L_+[X]$ gehört (vgl. E. Bohl [1968b]). Zusammen mit dem Resultat aus (1.11) ergeben sich schließlich folgende Äquivalenzen

$$(I - P)^{-1} \in L_+[X] \Leftrightarrow oK_P \neq \emptyset \Leftrightarrow (I - P)(oK_P) = oK \Leftrightarrow \sigma(P) < 1$$

für jedes $P \in L_+[X]$ mit vollstetiger Potenz. In (IV, 7.4) werden wir diese Kette von Äquivalenzen weiter ausbauen. In (IV, 7.14) gehen wir dann auch auf den Zusammenhang mit den sog. Operatoren von monotoner Art (vgl. L. Collatz [1952a]) ein.

Die durch die Formel (21) ausgedrückte Einschließungsaussage hat ihren Ursprung in dem sog. *Quotientensatz* von L. Collatz [1942a] für Matrizen mit nichtnegativen Elementen. Man vergleiche zu diesem Thema auch H. Wielandt [1950] und die ausführliche Darstellung in dem Buch von R. Varga [1962], sowie die dort weiter angegebene Literatur.

Eine erste Verallgemeinerung dieser Einschließungsaussage für monotone Operatoren in Banachräumen beweist A. C. Mewborn [1960]. Wenn man Mewborn's Resultate zu diesem Themenkreis zusammenfaßt, so ergibt sich folgender

Satz. *Sei $(X, \| \|)$ ein reeller Banachraum mit einem abgeschlossenen Kegel K, welcher innere Punkte enthält. Es sei P ein vollstetiger, monotoner und linearer Operator, welcher die Menge $K - \{\theta\}$ in $\mathring{K}$ abbildet. Schließlich existiere ein Element $x_0 \in K - \{\theta\}$ sowie eine reelle, positive Zahl c mit $Px_0 - cx_0 \in K$. Dann ist $\sigma(P)$*

a) *das Maximum aller derjenigen reellen Zahlen μ, für welche es ein Element $x_\mu \in K - \{\theta\}$ gibt mit $Px_\mu - \mu x_\mu \in K$;*

b) *das Minimum aller derjenigen reellen Zahlen λ, für welche es ein Element $x_\lambda \in K - \{\theta\}$ gibt mit $\lambda x_\lambda - Px_\lambda \in K$.*

Diese Aussage ist bei normalem K offenbar ein Spezialfall des Satzes (3.3). Zum Beweis verfahre man wie bei der Zurückführung des Satzes von M. A. Rutman auf den Satz (2.7), welche wir in (2.11) besprochen haben. Damit ist zugleich der Teil a) erledigt. Um schließlich b) einzusehen, nehmen wir die Ungleichung $Px_\lambda \leqq \lambda x_\lambda$ für ein $x_\lambda \in K - \{\theta\}$ und ein reelles λ an. Aus den Voraussetzungen folgt sofort, daß x_λ ein innerer Punkt des Kegels sein muß. Daher wird $\|P\|_{x_\lambda} \leqq \lambda$ und die Behauptung b) ist eine Konsequenz von (22′). Hierbei sei allerdings bemerkt, daß Mewborn die Aussage a) unter schwächeren Voraussetzungen an den Kegel und den Operator beweisen kann (vgl. dazu auch M. G. Krein und M. A. Rutman [1948] sowie M. A. Krasnoselskij [1964b]). Die Behauptung a) tritt grundsätzlich schon bei M. A. Rutman [1940] auf (vgl. (2.11)), allerdings nicht in der präzisen Form wie bei Mewborn. Schließlich verweisen wir auf die Hinweise in (VII, 4.5) für weitere Informationen zum Quotientensatz in Funktionenräumen.

Das in den Sätzen (2.7) und (3.3) beschriebene Iterationsverfahren $e_0 \in oK$, $e_{n+1} = Pe_n$ $(n \in \mathbb{N})$ ist im Falle von Matrizen wohl zum ersten Mal in der Arbeit R. v. Mises, H. Pollaczek-Geiringer [1929] beschrieben. Es wird heute im allgemeinen als *Potenzmethode* oder Verfahren von v. Mises bezeichnet.

4. Vergleich von Spektralradien

4.1 Wie immer in diesem Kapitel setzen wir einen archimedischen Vektorraum $(X, \leqq, K)$ mit Ordnungseinheiten voraus und nehmen $X \neq \{\theta\}$ an. Unser erster Satz wiederholt und erweitert das Ergebnis (1.10).

4.2 Satz. *Seien $P_1, P_2 \in L_+[X]$, es sei $(I - P_1)^{-1}$ auf ganz X erklärt und gehöre zur Menge $L_+[X]$. Dann gilt*

$$(24) \qquad \sigma(P_1 + P_2) < 1 \Rightarrow \sigma\big((I - P_1)^{-1} P_2\big) \leqq \sigma(P_1 + P_2).$$

Ist eine Potenz $(P_1 + P_2)^r$ $(r \geqq 1)$ vollstetig (bezüglich der Ordnungs-

topologie $\mathfrak{T}_0$!), *so finden wir weiter*

(24′) $\quad 1 \leqq \sigma(P_1 + P_2) \Rightarrow \sigma(P_1 + P_2) \leqq \sigma\big((I - P_1)^{-1} P_2\big).$

Unter den genannten Voraussetzungen hat man daher genau eine der folgenden Ungleichungsketten:

$$\sigma\big((I-P_1)^{-1} P_2\big) \leqq \sigma(P_1+P_2) < 1\,; \quad \sigma\big((I-P_1)^{-1} P_2\big) \geqq \sigma(P_1+P_2) \geqq 1.$$

Beweis. Wegen (1.10) ist nur noch (24′) zu beweisen. Sei also eine Potenz des linearen, monotonen Operators $P_1 + P_2$ vollstetig und sei $\sigma_0 = \sigma(P_1 + P_2) \geqq 1$. Dann existiert nach Satz (3.2) ein $z \in K$ mit $z \neq \theta$ und $(P_1 + P_2)\, z = \sigma_0 z$. Für ein $e \in oK$ können wir etwa $\|z\|_e = 1$ annehmen. Nun gilt $\sigma_0 z = P_1 z + P_2 z \leqq \sigma_0 P_1 z + P_2 z$ oder $\sigma_0 z \leqq (I - P_1)^{-1} P_2 z$. Durch Induktion beweist man sofort $\sigma_0^n z \leqq \big((I - P_1)^{-1} P_2\big)^n z$ für $n \in \mathbb{N}$. Besteht diese Ungleichung nämlich für ein $n \in \mathbb{N}$, so folgt $\sigma_0^{n+1} z \leqq \big((I - P_1)^{-1} P_2\big)^n (\sigma_0 z) \leqq \big((I - P_1)^{-1} P_2\big)^{n+1} z$. Wegen $\sigma_0 z \geqq \theta$ und (I, 3.3), c2) ist $\sigma_0^n = \|\sigma_0^n z\|_e \leqq \big\|\big((I - P_1)^{-1} P_2\big)^n z\big\|_e \leqq \big\|\big((I - P_1)^{-1} P_2\big)^n\big\|_e$ für alle $n \in \mathbb{N}$, d. h. aber

$$\sigma_0 \leqq \inf\big\{\big\|\big((I - P_1)^{-1} P_2\big)^n\big\|_e^{1/n} : \ n \in \mathbb{N}\big\} = \sigma\big((I - P_1)^{-1} P_2\big). \quad \square$$

Im Falle P_2 = Nulloperator ist $\sigma\big((I - P_1)^{-1} P_2\big) = 0$, so daß nur die Implikation (24) der in (4.2) ausgesprochenen Alternative in Frage kommt. Das haben wir inhaltlich schon in (1.11) gesagt. Die Wahl P_1 = Nulloperator ist mit den Voraussetzungen von (4.2) verträglich (sofern man P_2^r $(r \geqq 1)$ für (24′) vollstetig annimmt) und zeigt, daß die behaupteten Ungleichungen im allgemeinen nicht als echte Ungleichungen bestehen. Dazu sind vielmehr einschränkendere Bedingungen an die Operatoren zu stellen, auf die wir nun eingehen wollen. Grundlage des zugehörigen Satzes (4.4) ist die nachstehende Vorbemerkung (4.3).

4.3 *Es seien* $P_1, P_2, P_2 - P_1 \in L_+[X]$, *dann wird* $\sigma(P_1) \leqq \sigma(P_2)$. *Gilt überdies* $P_1 \neq P_2$ *und ist* P_2 *streng-monoton sowie eine Potenz* P_2^r $(r \geqq 1)$ *vollstetig, so hat man sogar* $\sigma(P_1) < \sigma(P_2)$.

Beweis. Für $e \in oK$ ist $P_1^n e \leqq P_2^n e$, also $\|P_1^n\|_e \leqq \|P_2^n\|_e$ $(n \in \mathbb{N})$ oder $\sigma(P_1) \leqq \sigma(P_2)$. Wir nehmen nun die genannten zusätzlichen Voraussetzungen an und gehen in zwei Schritten vor:

a) Für jedes $n \in \mathbb{N}$ gilt $(P_2^n P_1 - P_1^{n+1})\, P_1 + P_2^n (P_2 - P_1)\, P_1 = P_2^{n+1} P_1 - P_1^{n+2}$, so daß man durch Induktion leicht $P_2^n P_1 - P_1^{n+1} \in L_+[X]$ $(n \in \mathbb{N})$ einsieht.

b) Nach Satz (3.3) gibt es ein $z \in oK$ mit $P_2 z = \sigma(P_2)\, z$. Aus $P_1 z = P_2 z$ würde $\|P_2 - P_1\|_z = 0$ oder $P_1 = P_2$ folgen, was wir ausgeschlossen haben. Daher gilt $P_2 z - P_1 z \in K - \{\theta\}$, so daß eine natürliche Zahl $m \geqq 2$ mit $P_2^{m-1}(P_2 z - P_1 z) \in oK$ existiert. Wegen a) erhalten wir daher $\sigma(P_2)^m z - P_1^m z = P_2^m z - P_1^m z = P_2^{m-1}(P_2 z - P_1 z) + (P_2^{m-1} P_1 z - P_1^m z) \in$

$oK + K \subset oK$, oder $\sigma(P_1)^m \leqq \|P_1^m\|_z < \sigma(P_2)^m$. Dabei haben wir für den letzten Schluß (I, 4.2) ausgenutzt. □

4.4 Satz. *Seien P_1 und P_2 zwei vollstetige Operatoren aus $L_+[X]$. Es sei P_1 nicht der Nulloperator, es existiere $(I - P_1)^{-1}$ auf ganz X und sei monoton. Ferner sei $P_1 + P_2$ streng-monoton. Dann gilt genau eine der drei nachstehenden Ungleichungsketten:*

(i) $\sigma((I - P_1)^{-1} P_2) < \sigma(P_1 + P_2) < 1$;

(ii) $\sigma((I - P_1)^{-1} P_2) = \sigma(P_1 + P_2) = 1$;

(iii) $\sigma((I - P_1)^{-1} P_2) > \sigma(P_1 + P_2) > 1$.

Beweis. Zunächst folgt aus (4.3) die Implikation

$$0 < \lambda < \mu \Rightarrow \sigma(\lambda P_1 + P_2) < \sigma(\mu P_1 + P_2), \tag{25}$$

denn $\mu P_1 + P_2$ ist vollstetig und streng-monoton, und ferner gehört $(\mu P_1 + P_2) - (\lambda P_1 + P_2) = (\mu - \lambda) P_1$ zu $L_+[X]$, ist aber nicht gleich dem Nulloperator. Sei nun $\sigma_0 = \sigma(P_1 + P_2)$ und $\sigma_1 = \sigma((I - P_1)^{-1} P_2)$.

a) $\sigma_1 \neq 0$: Nach Satz (4.2) sind wir fertig, wenn $\sigma_0 = \sigma_1$ genau im Falle $\sigma_0 = 1$ gilt. Um $\sigma_0 = \sigma_1 \Rightarrow \sigma_0 = 1$ einzusehen, zeigen wir $\sigma_1 \neq 1 \Rightarrow \sigma_0 \neq \sigma_1$: Wegen (25) impliziert $\sigma_1 \neq 1$ sofort $\sigma_0 \neq \sigma(\sigma_1 P_1 + P_2) = \sigma_1 \sigma(P_1 + \sigma_1^{-1} P_2)$; es verbleibt daher, $\sigma(P_1 + \sigma_1^{-1} P_2) = 1$ nachzuweisen. Nun ist P_2 vollstetig und $(I - P_1)^{-1}$ beschränkt (vgl. (1.4)). Somit ist auch $(I - P_1)^{-1} P_2$ vollstetig, und nach Satz (3.2) gibt es ein $z \in K$ mit $z \neq \theta$ und $(I - P_1)^{-1} P_2 z = \sigma_1 z$, weil wir $\sigma_1 \neq 0$ angenommen haben. Damit erhalten wir $(P_1 + \sigma_1^{-1} P_2) z = z$, so daß sich $\sigma(P_1 + \sigma_1^{-1} P_2) = 1$ wegen der strengen Monotonie und Vollstetigkeit des Operators $P_1 + \sigma_1^{-1} P_2$ aus Satz (3.3) ergibt.

Nun kommen wir zum Beweis der Umkehrung: $\sigma_0 = 1 \Rightarrow \sigma_0 = \sigma_1$. Nach Satz (3.3) existiert im Falle $\sigma_0 = 1$ eine Ordnungseinheit $z \neq \theta$ mit $(P_1 + P_2) z = z$ also auch $(I - P_1)^{-1} P_2 z = z$ oder

$$\sigma_1 = \inf\{\|((I - P_1)^{-1} P_2)^n\|_z^{1/n} : n \in \mathbb{N}\} = 1.$$

b) $\sigma_1 = 0$: Wegen Satz (4.2) gilt dann wenigstens $\sigma_1 = \sigma((I - P_1)^{-1} P_2) \leqq \sigma(P_1 + P_2) < 1$. Nach Voraussetzung ist aber $P_1 + P_2$ streng-monoton und vollstetig, so daß Satz (3.3) sofort $\sigma(P_1 + P_2) > 0$ und daher die Ungleichungskette (i) liefert. □

Die Sätze (4.2), (4.4) kann man in der nachstehenden Form (4.5) scheinbar allgemeiner fassen. Wir werden jedoch zeigen, daß (4.2), (4.4) einerseits und (4.5) andererseits inhaltlich äquivalent sind. Zuvor geben wir die angekündigte Aussage.

4.5 Satz. *Seien S_1, S_2, T_1, T_2 lineare Operatoren auf X mit $S_1 - S_2 = T_1 - T_2$ und $S_2, T_2, S_2 - T_2 \in L_+[X]$. Weiter sollen die Operatoren S_1^{-1}, T_1^{-1} auf ganz X existieren und ebenfalls zu $L_+[X]$ gehören. Dann gelten:*

(a) $\sigma(S_1^{-1}S_2) < 1 \Rightarrow \sigma(T_1^{-1}T_2) \leqq \sigma(S_1^{-1}S_2)$.

(b) *Ist eine Potenz* $(S_1^{-1}S_2)^r$ $(r \geqq 1)$ *vollstetig, so besteht genau eine der folgenden Ungleichungsketten:*

$$\sigma(T_1^{-1}T_2) \leqq \sigma(S_1^{-1}S_2) < 1; \qquad 1 \leqq \sigma(S_1^{-1}S_2) \leqq \sigma(T_1^{-1}T_2).$$

(c) *Sind* $S_1^{-1}S_2$, $S_1^{-1}T_2$ *vollstetig, ist* $S_2 - T_2$ *nicht der Nulloperator und ist der Operator* $S_1^{-1}S_2$ *streng-monoton, dann besteht genau eine der nachstehenden drei Ungleichungsketten:*

$$\sigma(T_1^{-1}T_2) < \sigma(S_1^{-1}S_2) < 1$$

$$\sigma(T_1^{-1}T_2) = \sigma(S_1^{-1}S_2) = 1$$

$$\sigma(T_1^{-1}T_2) > \sigma(S_1^{-1}S_2) > 1.$$

4.6 *Beweis der Implikation* (4.2), (4.4) $\Rightarrow$ (4.5). Wir setzen

$$P_1 = S_1^{-1}(S_2 - T_2), \qquad P_2 = S_1^{-1}T_2$$

und rechnen wegen $S_1 - S_2 = T_1 - T_2$ leicht $I - P_1 = I - S_1^{-1}(S_2 - T_2) = S_1^{-1}(S_1 - S_2 + T_2) = S_1^{-1}T_1$ also $(I - P_1)^{-1} = T_1^{-1}S_1 = T_1^{-1}(T_1 + S_2 - T_2) = I + T_1^{-1}(S_2 - T_2) \in L_+[X]$ nach. Ferner wird $P_1 + P_2 = S_1^{-1}S_2$, $(I - P_1)^{-1} P_2 = (T_1^{-1}S_1)(S_1^{-1}T_2) = T_1^{-1}T_2$. Daher sind (4.2) und (4.4) unter den Voraussetzungen von (4.5) anwendbar und liefern die Behauptung. □

4.7 *Beweis der Implikation* (4.5) $\Rightarrow$ (4.2), (4.4). Wir setzen

$$S_1 = I, \qquad S_2 = P_1 + P_2, \qquad T_1 = I - P_1, \qquad T_2 = P_2$$

und finden, daß diese Wahl zur Anwendung von (4.5) zulässig ist, falls die Operatoren P_1 und P_2 die Voraussetzungen von (4.2) bzw. (4.4) erfüllen. Dann folgen (4.2) aus (4.5) (a), (b) und (4.4) aus (4.5) (c). □

Satz (4.5) (b) sagt speziell aus, daß die Spektralradien $\sigma(T_1^{-1}T_2)$ und $\sigma(S_1^{-1}S_2)$ nur gemeinsam <1 ausfallen können, eine Tatsache, welche für das Konvergenzverhalten von Iterationsverfahren mit regulären Zerlegungen bei linearen Gleichungssystemen von besonderer Bedeutung ist (vgl. (VI, 6.2)). Diese schwächere Form von (4.5), (b) ist jedoch nicht mehr an die Forderung $S_2 - T_2 \in L_+[X]$ gebunden, wir beweisen vielmehr den

4.8 Satz. *Seien* S_1, S_2, T_1, T_2 *lineare Operatoren auf* X *mit* $S_1 - S_2 = T_1 - T_2$ *sowie* $S_2, T_2 \in L_+[X]$. S_1 *und* T_1 *sollen monotone Inverse auf* X *besitzen. Schließlich seien* $T_1^{-1}T_2$ *und* $S_1^{-1}S_2$ *vollstetige Operatoren. Dann besteht genau eines der beiden Ungleichungspaare*

$$\sigma(T_1^{-1}T_2) < 1, \quad \sigma(S_1^{-1}S_2) < 1$$

$$1 \leqq \sigma(S_1^{-1}S_2), \quad 1 \leqq \sigma(T_1^{-1}T_2).$$

Die erste Möglichkeit tritt genau dann ein, wenn $S_1 - S_2 (= T_1 - T_2)$ eine monotone Inverse auf X besitzt.

Beweis. In (IV, 7.5) werden wir zeigen, daß $\sigma(S_1^{-1}S_2) < 1$ genau dann gilt, wenn $I - S_1^{-1}S_2$ eine monotone Inverse auf X besitzt; und dies wiederum ist genau dann der Fall, wenn $(S_1 - S_2)^{-1}$ existiert und zu $L_+[X]$ gehört. Dazu beachte man

$$S_1 - S_2 = S_1(I - S_1^{-1}S_2) \quad \text{sowie} \quad (I - S_1^{-1}S_2)^{-1} = I + (S_1 - S_2)^{-1} S_2,$$

falls alle vorkommenden Inversen existieren. Wegen $S_1 - S_2 = T_1 - T_2$ ist damit schon alles bewiesen. □

4.9 Hinweise. Die im vorliegenden Abschnitt vorgetragenen Resultate entwickelten sich ursprünglich aus dem Satz von Stein und Rosenberg [1948], welcher dem Satz (4.4) für reelle Matrizen entspricht (vgl. Kap. VI, § 6). Stein und Rosenberg beweisen ihr Ergebnis auf der Grundlage der Theorie von Perron und Frobenius (vgl. (2.11)). Eine andere Herleitung lieferte Kahan [1958]. Für eine ausführlichere Darstellung vergleiche man R. Varga [1962]. Ebenfalls für Matrizen führt R. Varga [1960] das Konzept der regulären Zerlegungen (regular splitting) ein, welches beim Studium von Iterationsverfahren bei linearen Gleichungssystemen eine besondere Rolle spielt. Varga beweist den Satz (4.5) für Matrizen. Eng damit verbunden sind Ergebnisse von Householder [1958] u. a.. Eine zusammenfassende Darstellung des Problemkreises für Matrizen findet sich in dem Buch von R. Varga [1962]. Ferner sei auf die Arbeit von M. Fiedler und V. Pták [1956] verwiesen, in welcher eine Implikation der Form (24) für Matrizen hergeleitet und zum Bestandteil eines Vergleichs verschiedener Iterationsverfahren bei linearen Gleichungssystemen wird. Allerdings ist dabei $P_1 + P_2$ symmetrisch und $I - P_1 - P_2$ positiv definit zusätzlich angenommen. Für eine Übertragung auf $(m \times m)$-Matrizen, welche einen Kegel (nicht notwendig $\mathbb{R}^m_+$) des $\mathbb{R}^m$ in sich abbilden, sei auf die Arbeit von J. S. Vandergraft [1968] verwiesen.

Verallgemeinerungen dieser Gedanken auf Operatoren in halbgeordneten Banachräumen im Sinne der Ausführungen in (4.4) und (4.5), (c) gehen auf I. Marek [1967, 1970] zurück. Die Voraussetzung der strengen Monotonie wird dort durch die Forderung der sog. *e-Positivität*, ein von M. A. Krasnoselskij [1950, 1964b] eingeführter und untersuchter Begriff, ersetzt. Für weitere Ergebnisse auf diesem Gebiet siehe auch I. Marek [1970] und die dort angegebene weitere Literatur.

Unter etwas anderen Voraussetzungen an den Raum wird die Aussage von Satz (4.2) bei H. Schwetlick [1969] bewiesen. Schwetlick stützt sich für den Beweis der Implikation (24′) auf die Tatsache, daß es in einem Banachraum $(X, \| \ \|)$ mit einem normalen Kegel K zu jedem $P \in L_+[X]$ eine Folge $z_n \in X$ mit $\|z_n\| = 1$ sowie $\lim \|(\sigma(P) I - P) z_n\| = 0$ gibt.

Unter unseren Voraussetzungen im Text können wir für z_n das Eigenelement z von P zu $\sigma(P)$ wählen, so daß die Limesbeziehung sogar in der Form $(\sigma(P)I - P)z = \theta$ besteht.

Auf die schwächere Form (4.8) des Satzes (4.5) machte mich W.-J. Beyn aufmerksam. Für Iterationsverfahren mit regulären Zerlegungen bei linearen Gleichungssystemen (vgl. § 6 in Kap. VI) besagt sie, daß alle diese Vorschriften entweder sämtlich konvergente oder sämtlich nicht konvergente Iterationen liefern. Die darüberhinaus gehende Aussage des Satzes von Stein und Rosenberg (Satz (4.4)) betrifft die Konvergenzgeschwindigkeit solcher Verfahren (s. hierzu (VI, 6.9)).

Kapitel IV
Iteration mit P-beschränkten Operatoren

Grundlage der nun folgenden Paragraphen ist die einfache Tatsache, daß ein Iterationsverfahren mit einem monotonen Operator auf einer halbgeordneten Menge eine monotone Folge liefert, falls ihre ersten beiden Glieder in der vorgelegten Halbordnung vergleichbar sind. Die in § 2 definierte P-Beschränktheit für Operatoren ordnet sich mit Hilfe der in (I, 5.3) betrachteten Halbordnung $\leqq_\rho$ dem Monotoniebegriff für Operatoren unter. Zur Klasse der P-beschränkten Operatoren gehören z. B. alle lipschitzbeschränkten Abbildungen (vgl. (0, 3.2)) auf einem metrischen Raum.

Im Mittelpunkt der Betrachtungen steht die Frage nach der Konvergenz von Iterationsverfahren mit P-beschränkten Operatoren T gegen eine Lösung der Operatorgleichung $x = Tx$ sowie nach Abschätzungen für den Fehler bei solchen Verfahren. Diese Fragestellung erfordert zunächst die geometrische Konstruktion einer Menge, welche durch den Operator T in sich abgebildet wird. Topologische Prinzipien sichern dann, daß in der so konstruierten Menge wenigstens eine Lösung enthalten ist. Da es auf möglichst scharfe Fehlerabschätzungen ankommt, wird man bei der genannten geometrischen Aufgabe versuchen, Normen, welche im allgemeinen die Verhältnisse nur ungenau wiedergeben, zu vermeiden und mehr mit den Eigenschaften der Halbordnung zu arbeiten. Hiervon handelt der § 2. Als Hauptergebnis dieses Kapitels ergeben sich die Sätze in § 3, welche die oben abgegrenzte Fragestellung für P-beschränkte Operatoren auf einem Abstandsraum behandeln. Nun können metrische Räume und h. n. Räume als Abstandsräume gedeutet werden (vgl. (II, 6.8)). Damit stossen wir auf zwei interessante Sonderfälle, deren Behandlung zugleich zu der in Abschnitt (E. 3) der Einleitung erwähnten Diskussion gehört. Nimmt man zunächst in der Abstandsmenge die Ordnungstopologie an, so wird man sehr schnell auf Spezialfälle des klassischen Kontraktionssatzes in metrischen Räumen geführt. Diesen Aspekt setzen wir in § 4 auseinander, wir erledigen damit gleichzeitig den Sonderfall lipschitzbeschränkter Operatoren auf metrischen Räumen. In § 5 wenden wir uns dann Iterationsverfahren in h. n. Räumen zu. In diesem Fall läßt sich die Iterationsvorschrift durch eine lineare Transformation in eine Iteration mit zwei monotonen Folgen verwandeln, und wir gewinnen Ergebnisse, welche ursprünglich mit Hilfe des Schauderprinzips (vgl. (V, 2.2)) hergeleitet worden sind. Die Vorbereitungen hierzu finden sich in § 1.

Die geschilderten Untersuchungen setzen das Bestehen einer Anfangsbedingung, welche die ersten beiden Folgenglieder der Iteration verbindet, voraus. Im letzten Abschnitt dieses Kapitels geben wir dazu eine Konstruktionsmethode geeigneter Anfangselemente an.

1. Monotone Operatoren

1.1 Sei $(V, \prec)$ eine halbgeordnete Menge und T ein Operator auf V, also eine Funktion, welche V in sich abbildet. T heißt *monoton* (in $(V, \prec)$) oder $\prec$ *-monoton*, falls für je zwei Elemente $x, y \in V$ mit $x \prec y$ stets $Tx \prec Ty$ gilt. Diese Sprechweise steht im Einklang mit dem in (III, 1.2) eingeführten Monotoniebegriff für lineare Operatoren. Offenbar ist das Produkt zweier monotoner Operatoren auf V wieder monoton.

1.2 *Sei T ein monotoner Operator in $(V, \prec)$. Für jede Folge $x_0 \in V, x_{n+1} = Tx_n$ $(n \in \mathbb{N})$ besteht die Implikation*

$$x_1 \prec x_0 \Rightarrow x_{n+1} \prec x_n \quad (n \in \mathbb{N}), \tag{1}$$

wie man durch Induktion leicht bestätigt.

1.3 Sei L eine eineindeutige Funktion, welche V in sich abbilde, und sei $\leqq$ die gemäß

$$x \leqq y \Leftrightarrow Lx \prec Ly \tag{2}$$

auf V gegebene Halbordnung aus dem Beispiel e) von (I, 1.3). Sei W eine nichtleere Teilmenge von V.

Jedem Operator T auf W kann man gemäß

$$T \leftrightarrow LTL^{-1} \tag{3}$$

den Operator LTL^{-1} auf $L(W)$ zuordnen, und diese Vorschrift bildet die Menge aller Operatoren auf W eineindeutig auf die Menge aller Operatoren auf $L(W)$ ab. Versieht man W bzw. $L(W)$ mit der durch $\leqq$ bzw. $\prec$ gegebenen kanonischen Halbordnung, so prüft man leicht nach, daß den $\leqq$-monotonen Operatoren auf W eineindeutig die $\prec$-monotonen Operatoren auf $L(W)$ bei der Vorschrift (3) entsprechen.

Sei T ein Operator auf W und seien $p_0 \in W$, $p_{n+1} = Tp_n$, $q_0 \in L(W)$, $q_{n+1} = LTL^{-1}q_n$ $(n \in \mathbb{N})$ zwei Iterationsverfahren. Aus $q_0 = Lp_0$ folgt sofort $q_n = Lp_n$ $(n \in \mathbb{N})$, denn $q_n = (LTL^{-1})^n q_0 = LT^nL^{-1}q_0 = LT^n p_0 =$

Lp_n $(n \in \mathbb{N})$. Daher induziert L eine eineindeutige Zuordnung aller Iterationsverfahren mit Operatoren auf W auf die Menge aller Iterationsverfahren mit Operatoren auf $L(W)$, nämlich

(4) $p_0 \in W,\ p_{n+1} = Tp_n\ (n \in \mathbb{N}) \leftrightarrow q_0 = Lp_0,\ q_{n+1} = LTL^{-1}q_n\ (n \in \mathbb{N}).$

Die Formel (2) läßt sich hier in der Weise deuten, daß diese Vorschrift Monotonieeigenschaften solcher Verfahren erhält, denn

(5) $$p_{n+1} \leqq p_n \Leftrightarrow q_{n+1} \prec q_n$$

für $n \in \mathbb{N}$.

$$p_{n+1} = Tp_n$$

1.4 Wir kommen nun zu einem Sonderfall der in (1.3) genannten Situation. Dazu sei $(X, \leqq, K)$ ein halbgeordneter Vektorraum. Auf X betrachten wir den Abstand $i = i_X$ mit der Abstandsmenge $(X, \leqq, K)$ (vgl. (I, 5.2) Beispiel b)).

Sei $V = X \times X$, sei $\prec$ die durch

(6) $$\alpha \prec \beta \Leftrightarrow (-1)^j \alpha_j \leqq (-1)^j \beta_j \qquad (j = 1, 2)$$

auf V erklärte Halbordnung und L die eineindeutige, lineare Funktion von V auf sich, welche $\alpha \in V = X \times X$ das Element $L\alpha = (\alpha_1 - \alpha_2, \alpha_1 + \alpha_2)$ zuordnet. Die Inverse L^{-1} ist durch $L^{-1}\alpha = 2^{-1}(\alpha_2 + \alpha_1, \alpha_2 - \alpha_1)$ für $\alpha \in V = X \times X$ beschrieben. Die dann gemäß (2) mit Hilfe von (6) und L auf $X \times X$ induzierte Halbordnung ist aus (I, 5.5) schon bekannt und wurde dort mit $\leqq_i$ bezeichnet. Vergleicht man nämlich (6) und die Formel (12) aus (I, 5.5), so ist

(7) $$\alpha \leqq_i \beta \Leftrightarrow L\alpha \prec L\beta$$

klar.

Sei nun Y eine nichtleere Teilmenge von X. Jedes Paar (T, S) von Operatoren T auf Y und S auf X definiert den Operator T_S auf $W = Y \times X \subset V$, welcher $\alpha \in Y \times X$ in $T_S\alpha = (T\alpha_1, S\alpha_2) \in Y \times X$ überführt. Der gemäß (3) der Abbildung T_S eineindeutig zugeordnete Operator LT_SL^{-1} auf $L(Y \times X)$ legt durch $LT_SL^{-1}(v, w) = \big(H_1(v, w), H_2(w, v)\big)$ $\big((v, w) \in L(Y \times X)\big)$ die Funktionen

(8) $$H_j(v, w) = T\big(2^{-1}(v + w)\big) + (-1)^j S\big(2^{-1}(-1)^j(v - w)\big) \quad (j = 1, 2)$$

fest. Wegen $L^{-1}\big(\{(y, y) : y \in Y\}\big) = Y \times \{\theta\} \subset Y \times X$ ist $\{(y, y) : y \in Y\} \subset L(Y \times X)$, und (8) zeigt

(9) $$H_j(y, y) = Ty + (-1)^j S\theta \quad \text{für} \quad y \in Y \qquad (j = 1, 2).$$

Nach (1.3) ist T_S genau dann $\leqq_i$-monoton, wenn LT_SL^{-1} in $(L(Y \times X), \prec)$ monoton ist. Ausgeschrieben erhält man die beiden äquivalenten Bedingungen

(i) $(x, e), (\bar{x}, \bar{e}) \in Y \times X,\ x - \bar{x} \in [e - \bar{e}, \bar{e} - e] \Rightarrow Tx - T\bar{x} \in [Se - S\bar{e}, S\bar{e} - Se]$;

(ii) $(v, w), (\bar{v}, \bar{w}) \in L(Y \times X),\ v \leqq \bar{v}, \bar{w} \leqq w \Rightarrow H_j(v, w) \leqq H_j(\bar{v}, \bar{w}) \quad (j = 1, 2)$;

wenn man die Definition von $\leqq_i$ und $\prec$ verwendet und die Symmetrie der Menge $L(Y \times X)$ (d. h. $(v, w) \in L(Y \times X) \Leftrightarrow (w, v) \in L(Y \times X)$) ausnutzt.

Die Formel (4) liefert eine eineindeutige Zuordnung der Iterationsverfahren mit dem Operator T_S einerseits und dem Operator LT_SL^{-1} andererseits. Dies ergibt komponentenweise aufgeschrieben die Gleichwertigkeit der Iterationsvorschriften

$$x_{n+1} = Tx_n, \qquad e_{n+1} = Se_n \qquad (n \in \mathbb{N}) \tag{10}$$

$$v_{n+1} = H_1(v_n, w_n), \qquad w_{n+1} = H_2(w_n, v_n) \qquad (n \in \mathbb{N}), \tag{11}$$

welche ineinander übergehen, wenn man die Anfangswerte $(x_0, e_0) \in Y \times X$, $(v_0, w_0) \in L(Y \times X)$ gemäß $L(x_0, e_0) = (v_0, w_0)$ miteinander verknüpft, was wir im folgenden voraussetzen wollen.

Wegen (5) bleiben Monotonieeigenschaften bei dem Übergang (4) unberührt. Für die Verfahren (10) und (11) zieht das die Äquivalenz der Formeln

$$e_{n+1} - e_n \leqq x_{n+1} - x_n \leqq e_n - e_{n+1} \qquad (n \in \mathbb{N}) \tag{10''}$$

$$v_n \leqq v_{n+1}, \qquad w_{n+1} \leqq w_n \qquad (n \in \mathbb{N}) \tag{11''}$$

nach sich. Dabei ist die Bedeutung der Halbordnungen $\leqq_i$ bzw. $\prec$ auf $Y \times X$ bzw. $L(Y \times X)$ zu beachten.

Wir setzen schließlich (i) bzw. (ii) voraus. Dann ist (10) bzw. (11) eine Iteration mit dem $\leqq_i$-monotonen Operator T_S auf $Y \times X$ bzw. mit dem $\prec$-monotonen Operator LT_SL^{-1} auf $L(Y \times X)$. Gilt überdies (10″) bzw. (11″) für $n = 0$, ist also der monotone Anfang im Sinne von (1) gewährleistet, so besteht (10″) bzw. (11″) nach (1) für alle $n \in \mathbb{N}$. Allerdings können wir nicht ohne weiteres $x_n - e_n \leqq x_n + e_n$ bzw. $v_n \leqq w_n$ schließen. Beide Ungleichungen gelten für alle $n \in \mathbb{N}$, wenn $e_0 \geqq \theta$ bzw. $v_0 \leqq w_0$ gewählt und $S\theta \geqq \theta$ angenommen wird:

Diese Wahl sichert unsere Behauptung jedenfalls für $n = 0$. Wir nehmen nun $x_n - e_n \leqq x_n + e_n$, also $e_n \geqq \theta$ für ein $n \in \mathbb{N}$ an. Da Y nichtleer und X linear ist, gibt es zwei Elemente $(y, \theta), (y, e_n) \in Y \times X$ mit $y - y \in [\theta - e_n, e_n - \theta]$, so daß nach (i) auch $Ty - Ty = \theta \in [S\theta - Se_n, Se_n - S\theta]$, also $e_{n+1} = Se_n \geqq \theta$ oder $x_{n+1} - e_{n+1} \leqq x_{n+1} + e_{n+1}$ gelten muß. Unter der Voraussetzung (i) bzw. (ii) und $S\theta \geqq \theta$ mit den gleichwertigen Anfangsbedingungen

$$e_0 \geqq \theta, \qquad \pm(x_0 - Tx_0) \leqq e_0 - Se_0 \tag{10A}$$

$$v_0 \leqq H_1(v_0, w_0), \qquad v_0 \leqq w_0, \qquad H_2(w_0, v_0) \leqq w_0 \tag{11A}$$

für (10) bzw. (11) erhalten wir somit (10″) bzw. (11″) in der schärferen Form

$$e_n \geqq \theta, \qquad e_{n+1} - e_n \leqq x_{n+1} - x_n \leqq e_n - e_{n+1} \qquad (n \in \mathbb{N}) \tag{10'}$$

(11′) $\quad v_n \leqq v_{n+1} \leqq w_{n+1} \leqq w_n \qquad (n \in \mathbb{N}),$

und beide Formeln gehen mit Hilfe der linearen Transformation L ineinander über.

1.5 Hinweise. Iterationsverfahren der Form (11A), (11) unter der Bedingung (ii) werden bei J. Schröder [1959, 1960, 1962b], J. Albrecht [1962] und L. Collatz [1964] behandelt (vgl. auch D. Braess [1962] und J. W. Schmidt [1964]). Ihre Deutung als monotone Iteration in der Halbordnung (6) ist in der Arbeit [1960] von J. Schröder erwähnt. Für lineare Gleichungssysteme benutzt J. Schröder [1962] die Darstellungen (11A), (11) und (10A), (10) nebeneinander. Im Falle linearer Operatorgleichungen in halbgeordneten Vektorräumen kommt die Äquivalenz beider Darstellungen in der Arbeit [1968a] des Verfassers zum Tragen.

2. *P*-beschränkte Operatoren

2.1 Sei Y eine nichtleere Menge und ρ ein Abstand auf Y mit der Abstandsmenge $(X, \leqq, K)$.

Ein Operator T auf Y heißt *P-beschränkt*, wenn P ein linearer, monotoner Operator auf X ist, so daß für je drei Elemente $x, y \in Y$ und $e \in X$ die Implikation

(12) $\quad \rho(x, y) \leqq e, \quad \rho(y, x) \leqq e \quad \Rightarrow \quad \rho(Tx, Ty) \leqq Pe, \quad \rho(Ty, Tx) \leqq Pe$

besteht.

Mit Hilfe der in (I, 5.3) definierten Halbordnung $\leqq_\rho$ für die Produktmenge $Y \times X$, kann man (12) auch in der Form

$$(x_1, e_1) \leqq_\rho (x_2, e_2) \Rightarrow (Tx_1, Pe_1) \leqq_\rho (Tx_2, Pe_2)$$

für je zwei Elemente $(x_i, e_i) \in Y \times X$ $(i = 1, 2)$ schreiben. Bezeichnet man mit T_P wie in (1.4) jenen Operator auf $Y \times X$, welcher dem Paar $(x, e) \in Y \times X$ das Bild $T_P(x, e) = (Tx, Pe) \in Y \times X$ zuordnet, *so ist die P-Beschränktheit von T mit der Monotonie von T_P in $(Y \times X, \leqq_\rho)$ äquivalent.* Aus (1.1) ergibt sich dann sofort: *Das Produkt $T_1 T_2$ eines P_1-beschränkten Operators T_1 und eines P_2-beschränkten Operators T_2 auf Y ist $P_1 P_2$-beschränkt.*

Im Falle eines symmetrischen Abstandes ρ, wenn also $\rho(x, y) = \rho(y, x)$ für alle $x, y \in Y$ gilt, gibt es eine sehr einfache Kennzeichnung der P-Beschränktheit eines Operators T: sie ist dann mit dem Bestehen der Ungleichung

(13) $\quad \rho(Tx, Ty) \leqq P\rho(x, y) \quad$ für alle $\quad x, y \in Y$

gleichbedeutend. Die Symmetrie impliziert nämlich $\theta = \rho(x, x) \leqq \rho(x, y)$

$+ \rho(y, x) = 2\rho(x, y)$ oder $\rho(x, y) \geqq \theta$ für alle $x, y \in Y$. Daher ist in (12) die Wahl $e = \rho(x, y)$ zulässig, woraus sofort (13) folgt. Umgekehrt zieht (13) offenbar die Implikation (12) nach sich, wenn man die Monotonie von P beachtet.

2.2 Sei T ein P-beschränkter Operator auf einer nichtleeren Menge Y mit einem Abstand ρ und der zugehörigen Abstandsmenge $(X, \leqq, K)$. Wir betrachten nun zwei Elemente $x_0 \in Y$ und $e_0 \in X$ mit

(14A) $e_0 \geqq \theta, \qquad \rho(Tx_0, x_0) \leqq (I - P)e_0, \qquad \rho(x_0, Tx_0) \leqq (I - P)e_0$

(I = Einheitsoperator!) und beginnen mit ihnen die beiden Iterationen

(14) $x_{n+1} = Tx_n, \qquad e_{n+1} = Pe_n \qquad (n \in \mathbb{N}).$

Da man die Anfangsbedingungen (14A) in der Form $e_0 \geqq \theta$, $(x_1, e_1) \leqq_\rho (x_0, e_0)$ schreiben kann, liefert (1) die Ungleichungen $(x_{n+1}, e_{n+1}) \leqq_\rho (x_n, e_n)$ für $n \in \mathbb{N}$, oder in ausgeschriebener Form

$$\rho(Tx_n, x_n) \leqq e_n - e_{n+1}, \qquad \rho(x_n, Tx_n) \leqq e_n - e_{n+1} \qquad (n \in \mathbb{N}),$$

weil T_P ein monotoner Operator auf $(Y \times X, \leqq_\rho)$ ist. Weiter bemerken wir für die Folgen (14) die Implikation

(15) $y \in Y, \rho(y, x_n) \leqq e_n, \rho(x_n, y) \leqq e_n \Rightarrow \rho(Ty, x_n) \leqq e_n, \rho(x_n, Ty) \leqq e_n$

$(n \in \mathbb{N})$, aus welcher dann speziell

(15′) $\rho(x_m, x_n) \leqq e_n, \qquad \rho(x_n, x_m) \leqq e_n \quad$ für $\quad 0 \leqq n \leqq m \qquad (n, m \in \mathbb{N})$

folgt. Zum Beweis von (15) sei zunächst daran erinnert, daß $\rho(y, x_n) \leqq e_n$, $\rho(x_n, y) \leqq e_n$ gleichbedeutend in der Form $(y, \theta) \leqq_\rho (x_n, e_n)$ geschrieben werden kann. Die Monotonie des Operators T_P auf $(Y \times X, \leqq_\rho)$ zeigt dann $(Ty, \theta) = (Ty, P\theta) = T_P(y, \theta) \leqq_\rho T_P(x_n, e_n) = (x_{n+1}, e_{n+1}) \leqq_\rho (x_n, e_n)$, wie in (15) behauptet. Damit ist zugleich die in der Einleitung zu diesem Kapitel genannte geometrische Aufgabe der Konstruktion einer Menge, welche durch T in sich abgebildet wird, gelöst. (15) liefert sogar eine Folge solcher Mengen in der Form

$$M_n = \{y \in Y: \ \rho(y, x_n) \leqq e_n, \rho(x_n, y) \leqq e_n\}$$

(vgl. auch (20)), die eine Fehlerabschätzung der Art $\bar{x} \in M_n$ für eine Lösung $\bar{x}$ von $x = Tx$ ergeben werden (vgl. (29)).

2.3 Wegen (13) sind die auf einem metrischen Raum P-beschränkten Operatoren genau jene, welche man üblicherweise Lipschitzbeschränkt nennt. P ist in diesem Fall eine nichtnegative, reelle Zahl, eine sog. Lipschitzkonstante. Dabei wird der metrische Raum im Sinne von (I, 5.2) als Menge mit dem durch die Metrik gegebenen Abstand aufgefaßt.

2.4 Wie in (1.4) sei $(X, \leqq, K)$ ein halbgeordneter Vektorraum und Y eine nichtleere Teilmenge von X. Auf Y betrachten wir den Abstand i_Y mit der Abstandsmenge $(X, \leqq, K)$. In dieser Situation hat es einen Sinn, nach solchen Operatoren auf Y zu fragen, welche P-beschränkt sind: diese sollen *P-beschränkt auf* Y genannt werden. Danach ist ein Operator T genau dann P-beschränkt auf Y, wenn er Y in sich abbildet und wenn P ein linearer, monotoner Operator auf der Abstandsmenge $(X, \leqq)$ von i_Y ist, so daß die Implikation

(16) $$x, y \in Y, e \in X, x - y \in [-e, e] \Rightarrow Tx - Ty \in [-Pe, Pe]$$

besteht. Wegen der Linearität von P ist dies mit der Bedingung (i) aus (1.4) äquivalent. Daher gilt (16) genau dann, wenn die durch (8) gegebene Funktion

(17) $$H(v, w) = T\big(2^{-1}(v + w)\big) + P\big(2^{-1}(v - w)\big)$$

die Bedingung (ii) aus (1.4), also

(18) $$v \leqq \bar{v}, \bar{w} \leqq w \Rightarrow H(v, w) \leqq H(\bar{v}, \bar{w})$$

für alle Paare $(v, w), (\bar{v}, \bar{w}) \in L(Y \times X)$ erfüllt, wobei L durch $L(\alpha_1, \alpha_2) = (\alpha_1 - \alpha_2, \alpha_1 + \alpha_2)$ für $(\alpha_1, \alpha_2) \in Y \times X$ definiert wird. Die Iteration (14A), (14) stimmt hier mit dem Verfahren (10A), (10) überein und kann daher gleichbedeutend in der Form (11A), (11), nämlich

(19A) $$v_0 \leqq H(v_0, w_0), \qquad v_0 \leqq w_0, \qquad H(w_0, v_0) \leqq w_0$$

(19) $$v_{n+1} = H(v_n, w_n), \qquad w_{n+1} = H(w_n, v_n)$$

geschrieben werden. Ferner gelten die Ungleichungen (10′), (11′), wobei (10′) dasselbe wie (14′) aussagt. Hinzu kommt die Implikation (15), welche nunmehr

(20) $$T([x_n - e_n, x_n + e_n] \cap Y) \subset [x_n - e_n, x_n + e_n] \cap Y$$

aussagt und für die Folgen v_n, w_n die Form

(21) $$T([v_n, w_n] \cap Y) \subset [v_n, w_n] \cap Y$$

annimmt.

Wir machen noch einige kurze Bemerkungen zu dem Sonderfall $Y = X$. Sei T_i ein P_i-beschränkter Operator auf X und sei $\lambda_i \in \mathbb{R}$ $(i = 1, 2)$, dann ist $\lambda_1 T_1 + \lambda_2 T_2$ ein $(|\lambda_1| P_1 + |\lambda_2| P_2)$-beschränkter Operator auf X. Denn für $x, y, e \in X$ mit $-e \leqq x - y \leqq e$ gilt zugleich $-e \leqq y - x \leqq e$ und daher auch $-|\lambda_i| P_i e \leqq \lambda_i T_i x - \lambda_i T_i y \leqq |\lambda_i| P_i e$ $(i = 1, 2)$, so daß die Behauptung durch Addition der letzten Ungleichungen folgt. Weiterhin ist jeder lineare, monotone Operator P auf X selber P-beschränkt auf X. Daher ist die Differenz $P_1 - P_2$ zweier linearer, monotoner Operatoren P_1 und P_2 stets $(P_1 + P_2)$-beschränkt auf X. Dasselbe gilt dann für die Abbildung T, welche $x \in X$ das Element $P_1 x - P_2 x + y$ mit einem festen $y \in X$ zuordnet. In diesem Fall nimmt die Funktion H aus (17) die einfache Gestalt

(22) $$H(v, w) = P_1 v - P_2 w + y$$

an.

Endlich sei noch bemerkt, daß der Abstand $a_Y(x, y) = |x - y|$ (falls er überhaupt definiert ist) dieselbe Klasse P-beschränkter Operatoren aussondert, wie der oben angenommene Abstand i_Y. Das folgt unmittelbar aus der Äquivalenz der Ungleichungen $\pm(x-y) \leqq z$ und $|x-y| \leqq z$. Aufgrund der Symmetrie von a_Y allerdings kann man (16) wesentlich einprägsamer in der Form

(23) $$|Tx - Ty| \leqq P|x - y| \quad \text{für} \quad x, y \in Y$$

schreiben (vgl. (13)).

2.5 Beispiele. Sei $k \in \mathbb{N}$ und $k \geqq 1$. Wir betrachten einen halbgeordneten Vektorraum $(Y(\Omega), <, Y_+(\Omega))$ mit einer nichtleeren Menge Ω des $\mathbb{R}^k$ (zur Bezeichnungsweise vgl. (I, 2.4)). Ferner sei M eine nichtleere Teilmenge der reellen Zahlen. Jedes Element $f \in \mathbb{R}^{\Omega \times M}$ bestimmt einen Operator F, den sog. *Nemytzkij-Operator*, vermöge der Zuordnung

(24) $$F: \quad x(t) \to f(t, x(t)),$$

welcher auf der Teilmenge $D_0 = \{x \in Y(\Omega) : x(\Omega) \subset M\}$ von $Y(\Omega)$ definiert ist. D_1 bezeichne eine nichtleere Menge in D_0, welche unter F in sich abgebildet werde. Offenbar ist F monoton (in $(D_1, <)$), falls die Funktion $f(t, y)$ für jedes $t \in \Omega$ bezüglich y monoton wächst.

Nach (2.4) ist F genau dann P-beschränkt auf D_1, wenn P ein linearer, monotoner Operator auf $(Y(\Omega), <, Y_+(\Omega))$ ist, so daß

(25) $$|f(t, x(t)) - f(t, y(t))| \leqq (P|x - y|)(t) \qquad (t \in \Omega)$$

für alle $x, y \in D_1$ gilt (dabei ist $|x|(t) = |x(t)|$ für $t \in \Omega$, und wir haben angenommen, daß $(Y(\Omega), <, Y_+(\Omega))$ Abstandsmenge von i_{D_1} ist, welche mit x auch $|x|$ enthält).

Im Sonderfall $\Omega = \{1, \ldots, m\}$ $(m \in \mathbb{N})$, $Y(\Omega) = \mathbb{R}^m$ finden wir, daß ein Vektorfeld $F(t) = (f_1(t), \ldots, f_m(t))$, welches eine Teilmenge D des $\mathbb{R}^m$ in sich abbildet, genau dann P-beschränkt auf D ist, wenn $P = (P_{ij})$ eine reelle $(m \times m)$-Matrix mit nichtnegativen Elementen $P_{ij} \geqq 0$ $(i, j = 1, \ldots, m)$ ist, so daß für alle $(s_1, \ldots, s_m), (t_1, \ldots, t_m) \in D$ die Ungleichungen

(25) $$|f_i(s_1, \ldots, s_m) - f_i(t_1, \ldots, t_m)| \leqq \sum_{j=1}^{m} P_{ij}|s_j - t_j| \qquad (i = 1, \ldots, m)$$

bestehen.

Für weitere Beispiele sei auf die Kapitel VI und VII verwiesen.

2.6 Hinweise. Untersuchungen iterativer Methoden in Räumen mit einem Abstand, welcher durch eine verallgemeinerte Norm gegeben ist, gehen auf L. V. Kantorowitsch [1939] zurück.

Später betrachtet J. Schröder [1956c, 1959] in diesem Zusammenhang Operatoren, welche bezüglich eines symmetrischen Abstandes einer Bedingung (13) unterliegen (vgl. hierzu auch L. Collatz [1964], J. M. Ortega-W. C. Rheinboldt [1967b, 1970], H. Schwetlick [1969] sowie E. Bohl [1969a] u.a.). In dem Artikel [1956a] erweitert J. Schröder die Forderung (13) und läßt auch nichtlineare Majoranten zu (vgl. L. Collatz [1964]).

Der allgemeine Fall der P-Beschränktheit für Operatoren bezüglich unsymmetrischer Abstände (vgl. die Implikation (12)) wird in den Arbeiten E. Bohl [1969b, 1970b, 1971] eingeführt und untersucht. Diesen Artikeln folgt auch weitgehend die vorliegende Ausführung.

3. Gleichungen mit P-beschränkten Operatoren

3.1 In diesem Paragraphen bezeichnet Y stets einen Abstandsraum, ρ den Abstand auf Y, der h. n. Raum $(X, \leqq, \|\ \|)$ die Abstandsmenge und d_ρ die kanonische Metrik von Y im Sinne von (II, 6.6). Wir sprechen von einem *vollständigen Abstandsraum*, wenn der metrische Raum (Y, d_ρ) vollständig ist.

Weiter erinnern wir daran, daß die beiden Funktionen

(26) $$x \to \rho(x, y), \qquad x \to \rho(y, x) \qquad (y \text{ beliebig aber fest in } Y)$$

den metrischen Raum (Y, d_ρ) stetig in den normierten Raum $(X, \|\ \|)$ abbilden, und daß für je drei Elemente $x, y \in Y$ und $z \in X$ die Implikation

(27) $$\rho(x, y) \leqq z, \quad \rho(y, x) \leqq z \Rightarrow d_\rho(x, y) \leqq \|z\|$$

gilt. Alles dies wurde in § 6 des Kapitels II auseinandergesetzt.

T sei ein P-beschränkter Operator auf Y, und $x_0 \in Y$ sowie $e_0 \in X$ seien zwei Elemente mit

(28A) $$e_0 \geqq \theta, \qquad \rho(Tx_0, x_0) \leqq (I - P)\,e_0, \qquad \rho(x_0, Tx_0) \leqq (I - P)\,e_0.$$

Diese werden als Startelemente der Iterationen

(28) $$x_{n+1} = Tx_n, \qquad e_{n+1} = Pe_n \qquad (n \in \mathbb{N})$$

verwandt.

3.2 Satz. *Sei T ein P-beschränkter Operator auf dem vollständigen Abstandsraum Y. Es gebe zwei Elemente $x_0 \in Y$ und $e_0 \in X$, welche* (28A) *erfüllen. Ist dann e_n eine Nullfolge, so konvergiert x_n gegen eine Lösung $\bar{x} \in Y$ der Gleichung $x = Tx$, und es gilt die Fehlerabschätzung*

(29) $$\rho(\bar{x}, x_n) \leqq e_n, \qquad \rho(x_n, \bar{x}) \leqq e_n \qquad (n \in \mathbb{N}).$$

Beweis. Wegen (15′) und (27) ist $d_\rho(x_m, x_n) \leqq \|e_n\|$ für $0 \leqq n \leqq m$ $(m, n \in \mathbb{N})$, so daß x_n als Cauchy-Folge einen Grenzwert $\bar{x} \in Y$ besitzt, für welchen wir aus (15′) für $m \to \infty$ die Ungleichungen (29) erhalten, wenn man die Stetigkeit der Funktionen (26) und die Abgeschlossenheit der Halbordnung $\leqq$ ausnutzt. Da T ein P-beschränkter Operator ist, impliziert (29) sofort $\rho(T\bar{x}, x_{n+1}) \leqq e_{n+1}$, $\rho(x_{n+1}, T\bar{x}) \leqq e_{n+1}$ oder mit (27) auch

$$d_\rho(\bar{x}, T\bar{x}) \leqq d_\rho(\bar{x}, x_{n+1}) + d_\rho(x_{n+1}, T\bar{x}) \leqq d_\rho(\bar{x}, x_{n+1}) + \|e_{n+1}\|$$

für $n \in \mathbb{N}$. Das aber zeigt $\bar{x} = T\bar{x}$ und vollendet den Beweis. □

3.3 Satz. *Sei T ein vollstetiger, P-beschränkter Operator auf dem Abstandsraum Y, und sei P ebenfalls vollstetig. Es gebe zwei Elemente $x_0 \in Y$ und $e_0 \in X$, welche* (28A) *erfüllen. Dann konvergiert eine Teilfolge x_{k_n} der in* (28) *genannten Folge x_n gegen eine Lösung $\bar{x} \in Y$ der Gleichung $x = Tx$, und es gilt die Fehlerabschätzung* (29), *wobei die e_n gemäß* (28) *gebildet sind.*

Bemerkung. Der folgende Beweis wird zeigen, daß die Bedingung der Vollstetigkeit von P durch die schwächere Forderung $\lim(e_n - e_{n+1}) = \theta$ ersetzt werden kann.

Beweis. Wegen (14′) ist $\theta \leqq e_{n+1} \leqq e_n$ $(n \in \mathbb{N})$. Daher ist e_n beschränkt. Aus der Vollstetigkeit von P gewinnt man somit die Existenz einer konvergenten Teilfolge von e_n. Nach (II, 2.4) muß dann e_n selber konvergieren. Die Formeln (15′) und (27) liefern $d_\rho(x_m, x_n) \leqq \|e_n\|$ für $0 \leqq n \leqq m$ $(m, n \in \mathbb{N})$, so daß auch x_n eine beschränkte Folge ist. Mit Hilfe der Vollstetigkeit von T erhalten wir nunmehr die Existenz einer konvergenten Teilfolge x_{k_n} von x_n mit einem Grenzwert $\bar{x} \in Y$. Für diesen können wir wie im Beweis zu Satz (3.2) die Ungleichungen (29) zeigen. Endlich gilt

$$\begin{aligned} d_\rho(\bar{x}, T\bar{x}) &\leqq d_\rho(\bar{x}, x_{k_n}) + d_\rho(x_{k_n}, Tx_{k_n}) + d_\rho(Tx_{k_n}, T\bar{x}) \\ &\leqq d_\rho(\bar{x}, x_{k_n}) + \|e_{k_n} - e_{k_n+1}\| + d_\rho(Tx_{k_n}, T\bar{x}) \end{aligned}$$

$(n \in \mathbb{N})$, wobei wir diesmal (27) in Verbindung mit (14′) ausgenutzt haben. Damit ist der Beweis zuende, denn auf der rechten Seite der letzten Ungleichung treten lauter Nullfolgen auf (beachte dazu die Stetigkeit von T!). □

3.4 Satz. *Sei T ein P-beschränkter Operator auf dem Abstandsraum Y und $e \in X$ ein Element $\geqq \theta$ mit $\lim P^n e = \theta$. Dann besitzt die Gleichung $x = Tx$ höchstens eine Lösung in jeder der Mengen*

$$M_z = \{x \in Y:\ \ \rho(x, z), \rho(z, x) \in X_e\},$$

wenn z die Menge Y durchläuft.

Beweis. Seien $x_1, x_2 \in M_z$ mit $x_i = Tx_i$ $(i = 1, 2)$ für ein $z \in Y$. Wegen $\rho(x_i, x_j) \leqq \rho(x_i, z) + \rho(z, x_j)$ ist $\rho(x_i, x_j) \in X_e$ $(i, j = 1, 2)$, es gibt daher eine reelle Zahl $\lambda \geqq 0$ mit $\rho(x_i, x_j) \leqq \lambda e$ $(i, j = 1, 2)$ also $\rho(x_i, x_j) = \rho(T^n x_i, T^n x_j) \leqq \lambda P^n e$ $(i, j = 1, 2)$ oder $d_\rho(x_1, x_2) \leqq \lambda \|P^n e\|$ für $n \in \mathbb{N}$. Das zeigt die Behauptung. □

3.5 Hinweise. Die beiden Sätze (3.2) und (3.3) gehen ihrer Entstehung nach auf zwei verschiedene Ansätze zurück, das Problem der Fehlerabschätzung bei nichtlinearen Operatorgleichungen anzugreifen. Zu den einfachsten Formen, in denen beide Ergebnisse in der Literatur vorliegen, gehören

a) im Falle (3.2) der *Kontraktionssatz: Für jede kontrahierende Abbildung T auf einem vollständigen, metrischen Raum (Y, d) konvergiert jede Iteration $x_0 \in Y$, $x_{n+1} = Tx_n$ $(n \in \mathbb{N})$ gegen die eindeutige Lösung der Gleichung $x = Tx$;*

b) im Falle (3.3) die Aussage: *Sei $(X, \leqq, \| \|)$ ein h. n. Raum, seien P_1 und P_2 lineare, monotone und vollstetige Operatoren auf X und sei $y \in X$. Wenn es dann zwei Elemente $v_0, w_0 \in X$ mit*

$$v_0 \leqq P_1 v_0 - P_2 w_0 + y, \qquad v_0 \leqq w_0, \qquad P_1 w_0 - P_2 v_0 + y \leqq w_0$$

gibt, so existiert eine Lösung $\bar{x}$ der Gleichung $x = P_1 x - P_2 x + y$ mit der Fehlerabschätzung

$$v_n \leqq v_{n+1} \leqq \bar{x} \leqq w_{n+1} \leqq w_n \qquad (n \in \mathbb{N}),$$

wobei die Folgen v_n, w_n aus v_0, w_0 gemäß

$$v_{n+1} = P_1 v_n - P_2 w_n + y, \qquad w_{n+1} = P_1 w_n - P_2 v_n + y \qquad (n \in \mathbb{N})$$

gebildet sind.

Inhaltlich wurde der Kontraktionssatz schon von E. Picard und E. Lindelöf benutzt, um den bekannten Existenzsatz über die Lösbarkeit von Anfangswertaufgaben bei gewöhnlichen Differentialgleichungen zu beweisen. Eine erste abstrakte Fassung im vollständigen, normierten Raum geht auf S. Banach [1922] zurück. Eine Formulierung im metrischen Raum, welche gleichzeitig die Möglichkeit einer Fehlerabschätzung betont, findet man wohl zuerst bei J. Weissinger [1952]. Die Literatur zu diesem Thema ist so groß und umfangreich, daß wir gar nicht den Versuch eines Überblicks wagen wollen. Es sei nur noch auf die Bücher von L. Collatz [1964] und J. M. Ortega und W. C. Rheinboldt [1970] sowie auf die Arbeit von A. Wouk [1964] verwiesen. In unserem Zusammenhang ist lediglich jener Zweig der Entwicklung von Bedeutung, welcher die Verallgemeinerung auf Räume mit einem Abstand verfolgt. In (2.6) wurden einige Stationen auf diesem Wege notiert. Unser Satz (3.2) hat mit einem Ergebnis aus der Arbeit von J. Schröder [1956c], in welcher er die Theorie der *P-Räume* (vgl. zu dieser Bezeichnung L. Collatz [1964]) benutzt, die größte Ähnlichkeit. Der Unterschied besteht unter anderem darin, daß dort die Grenzwertaussagen nicht auf eine Metrik, sondern auf einen durch zahlreiche Axiome explizit definierten, nicht notwendig topologischen Konvergenzbegriff in der Abstandsmenge zurückgeführt werden. In unserer Arbeit [1970b] konnten wir jedoch im Falle einer Abstandsmenge mit Ordnungseinheiten zeigen, daß die Schröderschen Ergebnisse (und damit auch alle darauf zurückgeführten Sätze etwa bei J. M. Ortega und W. C. Rheinboldt [1967a vgl. auch 1970], A. Schwetlick [1969] u. a.) Konsequenzen der im nächsten Paragraphen zu schildernden speziellen Form (4.2) von Satz (3.2) sind. Da wir ebenfalls in § 4 sehen werden, daß (4.2) mit der Fassung a) des Kontraktionssatzes äquivalent ist, fallen somit alle soeben erwähnten Aussagen schon unter dieses klassische Ergebnis. Die Voraussetzung einer Ordnungseinheit in der Abstandsmenge kann dabei noch gemildert werden (vgl. E. Bohl [1970b]). Der Beweis der Äquivalenz von (4.2) mit a) zeigt ferner deutlich, inwiefern die Aussage a) schon implizit eine Fehlerabschätzung beinhaltet (vgl. (4.4), (4.5), (4.6)).

1930 bewies J. Schauder [1930] den heute nach ihm benannten Fixpunktsatz, welcher unter geeigneten topologischen Voraussetzungen die Existenz einer Lösung $\bar{x}$ einer Operatorgleichung $x = Tx$ in einer Menge M garantiert, falls M unter T invariant bleibt. Diesen Sachverhalt nahmen L. Collatz und J. Schröder [1959] (vgl. auch J. Schröder [1959, 1960]) zum Anlaß, bei vorgegebenem Operator T „möglichst kleine" Mengen M dieser Art zu konstruieren, welche dann als Fehlerabschätzung in der Form $x \in M$ verwandt werden sollten. Die unter b) formulierte Aussage gehört zu den ersten Ergebnissen, welche auf diese Weise gewonnen wurden. Eine zusammenfassende Darstellung findet man in dem Buch von L. Collatz [1964] (vgl. auch J. Albrecht [1962, 1963], D. Braess [1962], J. W. Schmidt [1964] u. a.). Genauere Angaben darüber inwieweit solche Sätze Folgerungen von (3.3) sind, findet der Leser in den Hinweisen zum § 5 (vgl. (5.6)).

Der im Text verfolgte Weg soll die beiden soweit beschriebenen verschiedenen Methoden, die Existenzfrage und das Problem der Fehlerabschätzung bei nichtlinearen Operatorgleichungen konstruktiv anzugreifen, auf einen gemeinsamen Ansatz zurückführen. Er ist gegenüber der Verwendung des tiefliegenden Schauderschen Fixpunktsatzes mehr von elementarer Natur und hat gegenüber der Theorie der P-Räume den Vorteil, daß der dort eigens eingeführte Grenzwertbegriff mit zahlreichen expliziten Axiomen durch die Konstruktion der kanonischen Metrik aus den inneren Eigenschaften des Raumes ersetzt wird. Dadurch erreichen wir gleichzeitig die Einbettung auch dieser Ergebnisse in die allgemeine Theorie der Mengentopologie.

Somit ist das weitere Programm für die beiden nächsten Paragraphen herausgearbeitet: in § 4 geht es um die Stellung des Kontraktionssatzes im metrischen Raum im Verhältnis zu (3.2), und in § 5 untersuchen wir die Beziehung von (3.3) zu den erwähnten Folgerungen aus dem Schauderschen Fixpunktsatz. Dies geschieht in § 4 am Leitfaden von Sonderfällen zu (3.2), wenn die Abstandsmenge die Ordnungstopologie trägt, und in § 5 mit Hilfe einiger Besonderheiten, die sich bei der Diskussion von (3.3) einstellen, wenn Y Teilmenge der Abstandsmenge und $\rho = i_Y$ ist. Dabei finden die verschiedenen Formen (33a), (33b), (38) und (40) der Fehlerabschätzung die gemeinsame Gestalt (29), welche durch die Formel (44) in § 6 ihre endgültige Vereinfachung erfahren wird.

Die soweit vorgetragenen Gedanken bilden zugleich Hintergrund und Inhalt der Arbeiten [1969b, 1970b, 1971] des Verfassers, denen die Darstellung in den §§ 3, 4 und 5 folgt.

4. Der klassische Kontraktionssatz

4.1 Für alle Abschnitte dieses Paragraphen setzen wir einen Abstandsraum Y mit einem Abstand ρ und einer Abstandsmenge $(X, \leqq, \| \, \|)$ voraus, deren Kegel K nunmehr spezieller als in § 3 einen inneren Punkt e besitze. Wir wollten die Abstandsmenge dann in der Form $(X, \leqq, \| \, \|_e)$ annehmen, was ohne weitere Einschränkungen möglich ist. Ferner wird die zugehörige kanonische Metrik mit d_e bezeichnet, welche die Formel (16) in (II, 6.7) liefert. Weiter wiederholen wir die dann für je drei Elemente $x, y \in Y$, $z \in X$ gültige Implikation

$$\rho(x, y) \leqq z, \ \rho(y, x) \leqq z \Rightarrow d_e(x, y) \leqq \|z\|_e \tag{30}$$

sowie die Ungleichung

$$\rho(x, y) \leqq d_e(x, y)\, e. \tag{31}$$

Soweit ist alles in (II, 6.7) diskutiert. Wir erinnern schließlich an die Bezeichnung $\sigma(P)$ für den Spektralradius (vgl. (III, 1.6)) eines monotonen, linearen Operators P auf X sowie an das Ergebnis, daß jeder solche Operator beschränkt ist und die Operatornorm $\|P\|_e$ nach $\|P\|_e = \|Pe\|_e$ berechnet wird. Dazu sei auf (III, 1.4) hingewiesen.

4.2 Satz. *Sei T ein P-beschränkter Operator auf dem vollständigen Abstandsraum Y. Ist dann eine der drei Bedingungen*

(i) $\sigma(P) < 1$; (ii) $\|P\|_e < 1$ *für ein* $e \in oK$;

(iii) $(I - P)^{-1}$ *existiert auf X und ist monoton;*

erfüllt, so konvergiert jede Folge $x_0 \in Y$, $x_{n+1} = Tx_n$ $(n \in \mathbb{N})$ gegen die *eindeutige Lösung $\bar{x}$ der Gleichung $x = Tx$. Jedes $z \in X$ mit*

(32) $z \geqq \theta, \quad \rho(x_1, x_0) \leqq (I - P)z, \quad \rho(x_0, x_1) \leqq (I - P)z$

liefert die Fehlerabschätzung

(33) $\rho(\bar{x}, x_n) \leqq P^n z, \quad \rho(x_n, \bar{x}) \leqq P^n z \quad (n \in \mathbb{N}).$

Insbesondere bestehen unter der Voraussetzung (iii) *die Abschätzungen*

(33a) $\begin{matrix} \rho(\bar{x}, x_n) \\ \rho(x_n, \bar{x}) \end{matrix} \leqq d_e(x_0, x_1)(I - P)^{-1} P^n e$ *für alle* $e \in oK$ *und* $n \in \mathbb{N}$;

(33b) $\rho(\bar{x}, x_n) \leqq (I - P)^{-1} P^n \rho(x_0, x_1)$, *falls* ρ *symmetrisch ist* $(n \in \mathbb{N})$.

Bemerkung. Der Beweis wird zeigen, *daß man auf die Vollständigkeit von* (Y, d_e) *verzichten kann, wenn* T *vollstetig ist.* Dazu muß man Satz (3.3) und die zugehörige Bemerkung an der Stelle heranziehen, wo sich der folgende Beweis auf den Satz (3.2) stützt (vgl. auch (5.2)).

Beweis. Unter den Voraussetzungen (i) oder (iii) existiert jeweils ein innerer Punkt e' des Kegels K in X, für welchen (ii) zutrifft (s. dazu (III, 1.11)). Wir können also ohne Einschränkung die Bedingung (ii) annehmen, in den beiden anderen Fällen ersetze man e durch e', wodurch im allgemeinen die Metrik nicht aber die Topologie auf Y verändert wird. Nach (III, 1.7) ist (ii) aber gleichbedeutend mit $(I - P)e \in oK = \mathring{K}$, so daß wir für gegebenes $x_0 \in Y$ die Anfangsbedingung (28A) wegen (31) durch die Wahl $e_0 = d_{(I-P)e}(x_0, x_1)e$ erfüllen können. Die Behauptung folgt damit aus den Sätzen (3.2) und (3.4), weil $P^n z$ wegen (ii) für jedes $z \in K$ eine Nullfolge ist. Schließlich ergeben sich die Fehlerabschätzungen (33a), (33b) als Sonderfälle von (33), man braucht nur die mit (32) verträglichen Elemente $z = d_e(x_0, x_1)(I - P)^{-1} e$ bzw. $z = (I - P)^{-1} \rho(x_0, x_1)$ zu wählen. □

4.3 Im Falle eines symmetrischen Abstandes ρ und der Voraussetzung (iii) kann man die Fehlerabschätzung (33b) unter allen Abschätzungen (33) die „schärfste" in dem Sinne nennen daß für alle $z \in X$ mit (32) offenbar die Ungleichung $(I - P)^{-1} \rho(x_0, x_1) \leqq z$ gilt. Das folgt aus (32), wenn man die Monotonie von $(I - P)^{-1}$ ausnutzt. Die im Beweis von (33b) vorgenommene Wahl $z = (I - P)^{-1} \rho(x_0, x_1)$ liefert daher zugleich das „kleinste" unter allen Elementen z, welche (32) befriedigen.

Zum Schluß wollen wir zeigen, *daß Satz* (4.2) *mit dem Kontraktionssatz in der klassischen Form*

4.4 Kontraktionssatz. *Für jede kontrahierende Abbildung* T *auf einem vollständigen, metrischen Raum* (Y, d) *konvergiert jede Iteration* $x_0 \in Y$, $x_{n+1} = Tx_n$ $(n \in \mathbb{N})$ *gegen die eindeutige Lösung der Gleichung* $x = Tx$.

äquivalent ist. Die Implikation (4.2) ⇒ (4.4) sieht man sofort ein, wenn man bedenkt, daß (Y, d) als Abstandsraum mit dem Abstand d und der Abstandsmenge $(\mathbb{R}, \mathbb{R}_+, |\ |)$ aufgefaßt werden kann (vgl. (II, 6.8)) und daß jede kontrahierende Abbildung mit der Lipschitzkonstanten $p < 1$ auch p-beschränkt ist (vgl. (2.3)), wobei $p < 1$ gerade das Bestehen der Bedingung (ii) sichert. Dem Beweis der Umkehrung schicken wir eine Bemerkung voraus:

4.5 *Jeder P-beschränkte Operator T auf einem Abstandsraum Y ist unter den in* (4.1) *für Y genannten Voraussetzungen lipschitzbeschränkt auf* (Y, d_e), *genauer gilt* $d_e(Tx, Ty) \leqq \|P\|_e\, d_e(x, y)$ *für alle* $x, y \in Y$.

Die P-Beschränktheit liefert nämlich zusammen mit (31) die Ungleichungen

$$\begin{matrix}\rho(Tx, Ty)\\ \rho(Ty, Tx)\end{matrix} \leqq d_e(x, y)\, Pe \leqq d_e(x, y)\, \|P\|_e\, e,$$

wenn man die Archimedizität von $\leqq$ ausnutzt. Die Darstellung (16) in (II, 6.7) für d_e zeigt die Behauptung. □

4.6 *Beweis der Implikation* (4.4) ⇒ (4.2). Im obigen Beweis von (4.2) haben wir schon bemerkt, daß wir ohne Einschränkung die Voraussetzung (ii) annehmen dürfen. Nach (4.5) ist dann T ein kontrahierender Operator auf dem vollständigen, metrischen Raum (Y, d_e), und (4.4) zeigt unmittelbar die Existenz-, Eindeutigkeits- und Konvergenzaussagen von (4.2). Zum Beweis der Fehlerabschätzung (33) denken wir uns ein Element $z \in X$ mit den Bedingungen (32) gegeben und betrachten die Mengen $M_n = \{y \in Y : \rho(y, x_n) \leqq P^n z, \rho(x_n, y) \leqq P^n z\}$, welche nach (15) durch T in sich abgebildet werden. Daher definiert T auf jedem der metrischen Räume (M_n, d_e) einen kontrahierenden Operator, und die Fehlerabschätzung (33) folgt durch Anwendung von (4.4) auf diese Situation, wenn wir die Vollständigkeit von (M_n, d_e) eingesehen haben. Dazu schließlich genügt es, die Abgeschlossenheit der Mengen M_n $(n \in \mathbb{N})$ in dem vollständigen Raum (Y, d_e) nachzuweisen. Sei also $n \in \mathbb{N}$ beliebig aber fest und y_k eine konvergente Folge aus M_n mit dem Grenzwert $\bar{y} \in Y$. Mit (31) erhält man

$$\begin{matrix}\rho(\bar{y}, x_n)\\ \rho(x_n, \bar{y})\end{matrix} \leqq \begin{matrix}\rho(\bar{y}, y_k) + \rho(y_k, x_n)\\ \rho(y_k, \bar{y}) + \rho(x_n, y_k)\end{matrix} \leqq d_e(\bar{y}, y_k)\, e + P^n z$$

für alle $k \in \mathbb{N}$. Beide Ungleichungen bleiben für $k \to \infty$ gültig, was unseren Beweis zuende bringt. □

4.7 Hinweise. Für eine ausführliche Diskussion vergleiche man (3.5). Vgl. auch die Ausführungen in (VI, 5.13) über den Zusammenhang der Sätze (4.2) und (3.3).

5. Iteration in h. n. Räumen

5.1 Sei $(X, \leqq, \| \|)$ ein h. n. Raum (vgl. (II, 5.1)) und Y eine nichtleere Teilmenge von X. Die Sätze (3.2), (3.3) und (3.4) sind speziell für P-beschränkte Operatoren auf Y gültig. Hier soll auf einige Besonderheiten in dieser Situation eingegangen werden.

Sei also T ein P-beschränkter Operator auf Y. Das in (3.1) betrachtete Iterationsverfahren (28A), (28) erhält die Form (10A), (10) nämlich

$$\text{(34A)} \qquad e_0 \geqq \theta, \qquad \pm(x_0 - Tx_0) \leqq (I - P)\, e_0$$

$$\text{(34)} \qquad x_{n+1} = Tx_n, \qquad e_{n+1} = Pe_n \qquad (n \in \mathbb{N}).$$

Mit Hilfe der Funktion (17)

$$\text{(35)} \qquad H(v, w) = T\big(2^{-1}(v + w)\big) + P\big(2^{-1}(v - w)\big)$$

können wir (34A), (34) äquivalent in der Gestalt

$$\text{(36A)} \qquad v_0 \leqq H(v_0, w_0), \qquad v_0 \leqq w_0, \qquad H(w_0, v_0) \leqq w_0$$

$$\text{(36)} \qquad v_{n+1} = H(v_n, w_n), \qquad w_{n+1} = H(w_n, v_n)$$

schreiben, wobei $H(v, w)$ auf $L(Y \times X)$ mit $L(\alpha_1, \alpha_2) = (\alpha_1 - \alpha_2, \alpha_1 + \alpha_2)$ für $(\alpha_1, \alpha_2) \in Y \times X$ erklärt ist. Die Darstellungsweisen (34A), (34) einerseits und (36A), (36) andererseits gehen ineinander über, wenn man die Anfangselemente $(x_0, e_0) \in Y \times X$, $(v_0, w_0) \in L(Y \times X)$ durch die Gleichung $L(x_0, e_0) = (v_0, w_0)$ koppelt. Soweit ist alles eine Wiederholung der aus (2.4) bekannten Tatsachen.

5.2 Sei Y eine nichtleere Teilmenge eines h. n. Raumes $(X, \leqq, \| \|)$ und sei T ein Operator auf Y. Ferner sei P ein linearer, $\leqq$-monotoner Operator auf X.

Unter jeder der beiden topologischen Zusatzbedingungen
V1: *$(X, \| \|)$ ist vollständig, Y ist abgeschlossen, $\sigma(P) < 1$;*
V2: *T und P sind vollstetige Operatoren;*
gelten die beiden folgenden inhaltlich gleichwertigen Aussagen:

B1: *Besteht für je drei Elemente $x, y \in Y$, $e \in X$ die Implikation*

$$\text{(37)} \qquad x - y \in [-e, e] \Rightarrow Tx - Ty \in [-Pe, Pe]$$

und existieren zwei Elemente $x_0 \in Y$, $e_0 \in X$ mit (34A), *so konvergiert die Folge x_n aus* (34) *gegen eine Lösung $\bar{x} \in Y$ der Gleichung $x = Tx$, und es gilt die Fehlerabschätzung*

$$\text{(38)} \qquad -e_n \leqq \bar{x} - x_n \leqq e_n \qquad (n \in \mathbb{N}),$$

wobei sich die Folge e_n aus (34) *ergibt.*

Nach (16) in (2.4) beschreibt (37) lediglich die P-Beschränktheit von T.

B2: *Besteht für je zwei Paare* $(v, w), (\tilde{v}, \tilde{w}) \in L(Y \times X)$ *die Implikation*

$$v \leqq \tilde{v}, \tilde{w} \leqq w \Rightarrow H(v, w) \leqq H(\tilde{v}, \tilde{w}) \tag{39}$$

mit der durch (35) *festgelegten Funktion* H, *und existiert ein Paar* $(v_0, w_0) \in L(Y \times X)$ *mit* (36A), *so konvergieren die Folgen* v_n *und* w_n *aus* (36) *gegen* $\bar{v}$ *bzw.* $\bar{w}$, *das Element* $\bar{x} = 2^{-1}(\bar{v} + \bar{w})$ *ist Lösung der Gleichung* $x = Tx$, *und es gelten die Ungleichungen*

$$v_n \leqq v_{n+1} \leqq \bar{x} \leqq w_{n+1} \leqq w_n \qquad (n \in \mathbb{N}). \tag{40}$$

Wird (V1) *angenommen, so erhält man* $\bar{v} = \bar{w}$.

Beweis. Für die Aussage (Vi; B1) (d. h. Behauptung B1 unter der Voraussetzung Vi) können wir uns auf den Satz $(3.i + 1)$ $(i = 1, 2)$ berufen, wenn man beachtet, daß e_n wegen $\sigma(P) < 1$ eine Nullfolge ist. Die Beweise der zitierten Sätze liefern die Konvergenz einer Teilfolge x_{k_n} von x_n und der ganzen Folge e_n (im Falle V1 ist e_n Nullfolge!). Daher konvergieren auch die Teilfolgen $v_{k_n} = x_{k_n} - e_{k_n}$, $w_{k_n} = x_{k_n} + e_{k_n}$. Nach (2.4) (vgl. auch (11') in (1.4)) gilt $v_n \leqq v_{n+1} \leqq w_{n+1} \leqq w_n$, und (II, 2.4) zeigt dann, daß beide Folgen v_n, w_n konvergent sein müssen. Wegen $v_n = x_n - e_n$, $w_n = x_n + e_n$ konvergiert somit auch x_n, und zwar gilt $2\bar{x} = \bar{v} + \bar{w}$, wenn $\bar{x}$, $\bar{v}$, $\bar{w}$ die Grenzwerte von x_n, v_n, w_n bezeichnen. Allerdings gilt $\bar{v} = \bar{w}$ i. a. nur dann, wenn e_n Nullfolge ist. Die Aussage (Vi; B2) schließlich folgt durch Anwendung der Transformation L $(i = 1, 2)$ (vgl. dazu (2.4)). □

5.3 Eine Eindeutigkeitsaussage ist unter der Voraussetzung V2 i. a. nicht zu erwarten wie das folgende Beispiel zeigt: Wir wählen $Y = X = \mathbb{R}$, die übliche Ordnungsrelation und den absoluten Betrag als Norm auf $\mathbb{R}$. Für $T = P = I$, $e_0 > 0$ und jedes $x_0 \in \mathbb{R}$ sind dann V2 und alle übrigen Voraussetzungen von B1 erfüllt, $Ix = x$ ist jedoch nicht eindeutig lösbar.

Dennoch gilt Satz (3.4), welcher im Falle $\sigma(P) < 1$ zeigt, daß es für zwei Elemente $z \in Y$, $e \in K$ höchstens ein $\bar{x} \in Y$ mit $\bar{x} = T\bar{x}$ und $\bar{x} - z \in X_e$ gibt. Läßt sich X in der Form $X = \bigcup \{X_e : e \in K\}$ darstellen, so besagt dies allerdings eindeutige Lösbarkeit der Gleichung $x = Tx$ auf Y (vgl. (5.4)), falls überhaupt Lösbarkeit vorliegt.

5.4 Die am Anfang von (5.2) genannten allgemeinen Voraussetzungen sollen weiterhin gelten. Darüberhinaus nehmen wir V1 und zusätzlich die Existenz eines inneren Punktes im Kegel K von X an. Dann liefert der Satz (4.2) die beiden nur formal verschiedenen Aussagen:

B3: *Besteht für je drei Elemente* $x, y \in Y$, $e \in X$ *die Implikation* (37), *so konvergiert jede Folge* $x_0 \in Y$, $x_{n+1} = Tx_n$ $(n \in \mathbb{N})$ *gegen die eindeutige*

Lösung $\bar{x}$ *der Gleichung* $x = Tx$. *Jedes Paar* $(x_0, e_0) \in Y \times K$ *mit* (34A) *gibt vermöge der Folgen* (34) *Anlaß zu einer Fehlerabschätzung* (38).

B4: *Besteht für je zwei Paare* $(v, w), (\bar{v}, \bar{w}) \in L(Y \times X)$ *die Implikation* (39), *so konvergiert jede der Folgen* v_n, w_n *aus* (36) *mit* $(v_0, w_0) \in L(Y \times X)$ *gegen die eindeutige Lösung* $\bar{x}$ *der Gleichung* $x = Tx$. *Jedes Paar* $(v_0, w_0) \in L(Y \times X)$ *mit* (36A) *gibt vermöge der Folgen* (36) *Anlaß zu einer Fehlerabschätzung* (40).

5.5 Wir nehmen nun $Y = X$ und zwei lineare, monotone Operatoren P_1 und P_2 auf X sowie ein Element $y \in X$ an. Nach (2.4) ist dann der durch $x \to P_1 x - P_2 x + y$ gegebene Operator $(P_1 + P_2)$-beschränkt auf X und

$$H(v, w) = P_1 v - P_2 w + y \quad \text{für} \quad v, w \in X$$

(beachte hierzu $L(Y \times X) = L(X \times X) = X \times X$). Die Iterationsvorschriften (34A), (34) bzw. (36A), (36) haben damit die Form

$$\text{(41A)} \quad e_0 \geqq \theta, \qquad \pm(x_0 - P_1 x_0 + P_2 x_0 - y) \leqq (I - P_1 - P_2) e_0$$

$$\text{(41)} \quad x_{n+1} = P_1 x_n - P_2 x_n + y, \qquad e_{n+1} = P_1 e_n + P_2 e_n \qquad (n \in \mathbb{N})$$

$$\text{(42A)} \quad v_0 \leqq P_1 v_0 - P_2 w_0 + y, \qquad v_0 \leqq w_0, \qquad P_1 w_0 - P_2 v_0 + y \leqq w_0$$

$$\text{(42)} \quad v_{n+1} = P_1 v_n - P_2 w_n + y, \qquad w_{n+1} = P_1 w_n - P_2 v_n + y \qquad (n \in \mathbb{N}),$$

und die Aussagen aus (5.2) und (5.4) sind anwendbar.

5.6 Hinweise. Wir kommen nun auf den schon in (3.5) erwähnten Zusammenhang des Satzes (3.3) mit den Ergebnissen der Artikel [1959, 1960] von J. Schröder zurück. In der Arbeit [1959] wird für lineare Gleichungssysteme das Iterationsverfahren (42A), (42) untersucht und die Aussage (V1; B4) mit Hilfe des Brouwerschen Fixpunktsatzes bewiesen. Darauf kommt J. Schröder in seiner Arbeit [1962b] zurück, wobei er hier auch auf die Form B3 eingeht. Wie wir unter (5.4) gezeigt haben, fließen diese Ergebnisse unmittelbar aus dem klassischen Kontraktionssatz im metrischen Raum. Das Verfahren (36A), (36) für Operatoren in einem halbgeordneten Vektorraum wird unter allgemeineren Bedingungen von J. Schröder [1960] mit Hilfe des Schauderschen Fixpunktsatzes behandelt. Das wesentliche Ergebnis ist von der Form unserer Behauptung (V2; B2). Vgl. zu diesem Themenkreis auch J. Albrecht [1961].

6. Diskussion der Anfangsbedingung

6.1 Ausgangspunkt der bisherigen Betrachtungen ist das Iterationsverfahren (14) mit der Anfangsbedingung

$$\text{(43)} \quad e_0 \geqq \theta, \qquad \rho(Tx_0, x_0) \leqq (I - P) e_0, \qquad \rho(x_0, Tx_0) \leqq (I - P) e_0$$

für einen P-beschränkten Operator T, welcher eine nichtleere Menge Y mit einem Abstand ρ und der zugehörigen archimedischen Abstandsmenge $(X, \leqq, K)$ in sich abbildet. Die Frage, welche wir uns nun vorlegen, zielt auf die Konstruktion eines Elements $e_0 \in X$, für welches bei vorgelegtem $x_0 \in Y$ die Ungleichungen (43) erfüllt sind. Für die Fehlerabschätzung (29) ist es überdies interessant, das Element e_0 in der Halbordnung $\leqq$ möglichst „klein" zu bestimmen. Dazu bemerken wir zunächst, *daß man zu vorgelegtem* e_0 *mit* (43) *sofort ein in diesem Sinne „besseres" Element* e' *mit* (43) *konstruieren kann:* wegen (43) gelten nämlich $(I - P)e_0 \geqq \theta$ sowie $\rho(Tx_0, x_0), \rho(x_0, Tx_0) \in X_{(I-P)e_0}$, und nach Formel (II, 17) aus (II, 6.7) daher $d_{(I-P)e_0}(x_0, Tx_0) \leqq 1$. Dann aber befriedigt das Element $e' = d_{(I-P)e_0}(x_0, Tx_0)\, e_0$ wieder (43) (vgl. (II, 18)) und ist „besser" als e_0, weil $e' \leqq e_0$ ist. Dieselbe Konstruktion auf e' angewandt reproduziert natürlich e'. Die Fehlerabschätzung (29) lautet damit

$$\left.\begin{matrix}\rho(\bar{x}, x_n)\\ \rho(x_n, \bar{x})\end{matrix}\right\} \leqq d_{(I-P)e_0}(x_0, Tx_0)\, P^n e_0 \qquad (n \in \mathbb{N}).$$

Daraus aber bekommen wir mit Hilfe von Formel (17) aus (II, 6.7) die kompakte Schreibweise

$$(44) \qquad d_{P^n e_0}(\bar{x}, x_n) \leqq d_{(I-P)e_0}(x_0, Tx_0) \qquad (n \in \mathbb{N})$$

für die Fehlerabschätzung, welche natürlich inhaltlich mit der vorigen Formel übereinstimmt.

Nach allem ist die Konstruktion eines $e_0 \in X$ mit (43) gleichwertig mit der Konstruktion eines $e \in X$, welches die Bedingung

$$(45) \qquad e \geqq \theta, \qquad (I - P)e \geqq \theta, \qquad \rho(Tx_0, x_0), \rho(x_0, Tx_0) \in X_{(I-P)e}$$

erfüllt. Der oben vorgeführte Übergang zu einem e' liefert sofort ein gewünschtes e_0. Bevor wir uns im nächsten Paragraphen dieser Aufgabe zuwenden, sei noch einmal auf den Sonderfall eingegangen, welcher in § 5 abgehandelt worden ist.

6.2 Sei also Y eine Teilmenge eines h. n. Raumes $(X, \leqq, \| \, \|)$, und sei T ein P-beschränkter Operator auf Y. Für das Paar $(v_0, w_0) \in L(Y \times X)$ gelte die Anfangsbedingung (36A). Dann erfüllt $L^{-1}(v_0, w_0)$ die Bedingungen (43). Wir können nun die zweite Komponente von $L^{-1}(v_0, w_0)$ im oben genannten Sinne „verbessern" und gewinnen durch Rücktransformation mittels L die i. a. „besseren" Anfangselemente $(v', w') \in L(Y \times X)$, welche (36A) befriedigen, um die Iteration (36) zu starten. In expliziter Form ergibt sich

$$v' = 2^{-1}\big((1 + \lambda)v_0 + (1 - \lambda)w_0\big), \qquad w' = 2^{-1}\big((1 + \lambda)w_0 + (1 - \lambda)v_0\big)$$

$$\text{mit} \quad \lambda = 2d_{(I-P)(w_0 - v_0)}\big(T\big(2^{-1}(w_0 + v_0)\big),\ 2^{-1}(w_0 + v_0)\big).$$

7. Konstruktion von Anfangselementen

7.1 Wir kommen nun zu der in § 6 auseinandergesetzten Aufgabe. Dort zeigte sich, daß es um ein rein lineares Problem geht, welches von monotonen, linearen Operatoren auf einem halbgeordneten Raum handelt. Dementsprechend sei $(X, \leqq, K)$ ein archimedischer Vektorraum und P ein linearer, monotoner Operator auf X. Unsere Aufgabe besteht darin, zu vorgegebenem Element $z \in K$ ein $e \in X$ so zu bestimmen, daß die Beziehungen

(46) $$e \geqq \theta, \qquad (I - P)e \geqq \theta, \qquad z \in X_{(I-P)e}$$

erfüllt sind. Damit wäre zugleich das geleistet, was (45) verlangt. Man braucht in diesem Falle nur $z \geqq \theta$ so zu wählen, daß $\rho(Tx_0, x_0), \rho(x_0, Tx_0)$ zum Unterraum X_z gehören. Jedes Element e, welches dann zusammen mit z die Bedingungen (46) erfüllt, befriedigt zugleich (45).

7.2 Wir betrachten nun den Iterationsprozeß

(47) $$e_0 = z, \qquad e_{n+1} = Pe_n + z \quad \text{für ein} \quad z \in K \quad \text{und} \quad n \in \mathbb{N}$$

und erinnern an die schon in (III, 1.8) benutzten Formeln

(48) $$e_n = \sum_{i=0}^{n} P^i z, \qquad (I - P)e_n = (I - P^{n+1})z \qquad (n \in \mathbb{N}).$$

Weiter zeigt man ohne Schwierigkeiten, daß für je zwei Elemente $x, y \in K$ folgende Äquivalenzen bestehen

(49) $$x \in X_y,\ \|x\|_y < 1 \Leftrightarrow x \leqq y,\ y \in X_{(y-x)} \Leftrightarrow x \leqq y,\ X_y = X_{(y-x)} \Leftrightarrow y - x \in oK_y.$$

Verwenden wir dies für $y = z$, $x = P^{n+1}z$ $(n \in \mathbb{N})$ und beachten wir (48), so bekommt man als Ergebnis

(50) $$P^{n+1}z \in X_z,\ \|P^{n+1}\|_z < 1 \Leftrightarrow (I - P)e_n \geqq \theta,\ z \in X_{(I-P)e_n}$$
$$\Leftrightarrow (I - P)e_n \in oK_z \quad \text{für} \quad n \in \mathbb{N}.$$

Die mittlere Aussage liefert gerade die gesuchten Forderungen (46), da $e_n \geqq \theta$ aufgrund der Konstruktion (48) für jedes $n \in \mathbb{N}$ richtig ist. (47) und (50) leiten zu dem Diagramm

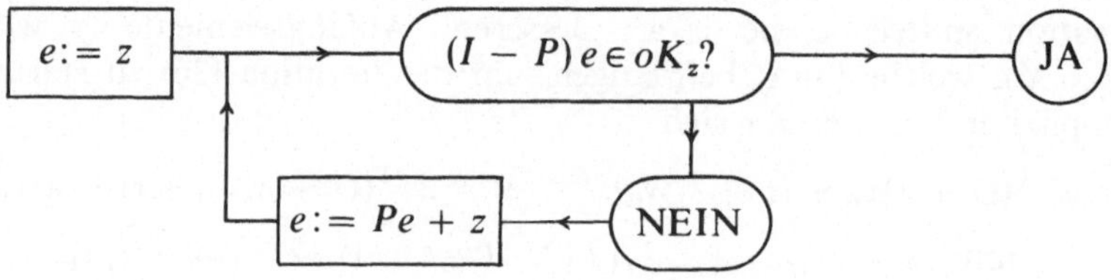

welches jedem $z \in K$ die Anzahl $N_P(z)$ der NEIN-Entscheidungen der durch das Diagramm gegebenen Rechenvorschrift zuordnet. Dabei setzen wir $N_P(z) = \infty$, falls keine JA-Entscheidung vorkommt. Im Falle der ersten JA-Entscheidung stoppt der Prozeß und liefert das zuletzt berechnete e, welches (46) erfüllt und mit $e(z)$ bezeichnet werden soll.

7.3 Sei $N = N_P(z) < \infty$, $e = e(z)$, dann gibt es wegen (50) ein reelles α mit $0 \leqq \alpha < 1$ und $P^{N+1}z \leqq \alpha z$. Daraus aber folgt auch $P^{N+1+i}z \leqq \alpha P^i z$ $(i \in \mathbb{N})$ oder

$$P^{N+1}e = \sum_{i=0}^{N} P^{N+1+i}z \leqq \alpha \sum_{i=0}^{N} P^i z = \alpha e. \tag{51}$$

Nach (50) gilt außerdem $Pe \leqq e$. Daher ist aber P ein linearer, monotoner Operator auf $(X_e, \leqq, K_e)$, dessen Spektralradius mit $\sigma_e(P)$ bezeichnet werde. (51) zeigt dann

$$\sigma_e(P) = \inf\{\|P^n\|_e^{1/n} \colon \ n \in \mathbb{N}\} \leqq \|P^{N+1}\|_e^{1/(N+1)} \leqq \alpha^{1/(N+1)} < 1.$$

Die Rechenvorschrift in (7.2) konstruiert also einen Unterraum, welcher unter P invariant bleibt. Die Restriktion von P auf diesen Unterraum hat einen Spektralradius < 1.

7.4 Sei nun $N_P(z) < \infty$ für ein $z \in oK$. Dann ist auch $e(z) \in oK$ (vgl. (48)) und $\|P\|_{e(z)} < 1$.

Denn wegen (7.3) ist $\sigma(P) < 1$, und nach (III, 1.9) zusammen mit (50) wird daher $\|P\|_{e(z)} < 1$.

In diesem Fall liefert die Rechenvorschrift eine Norm auf X, welche P eine Operatornorm < 1 *zuweist* (vgl. (III, 1.9)). Das Verhältnis der nachstehenden acht Aussagen untereinander soll die eingeführte Zahl $N_P(z)$ noch weiter erläutern. Gleichzeitig wird dabei die Kette der Implikationen aus (III, 1.11) weiter vervollständigt und unter Zusatzbedingungen sogar zu einem Kreis geschlossen. Wir benutzen dazu die schon aus (III, 1.11) bekannte Abkürzung $oK_P = \{e \in oK \colon \|P\|_e < 1\}$.

(a) $\sigma(P) < 1$;
(b) $N_P(z) < \infty$ für alle $z \in oK$;
(c) $N_P(z) < \infty$ für ein $z \in oK$;
(d) $oK_P \neq \emptyset$;
(e) für jedes $y \in X$ konvergiert die Iteration $x_{n+1} = Px_n + y$, $x_0 \in X$ gegen die einzige Lösung der Gleichung $x = Px + y$;
(f) $(I - P)^{-1}$ existiert auf ganz X und ist monoton;
(g) $(I - P)(oK_P) = oK$;
(h) $\{(I - P)(K)\} \cap oK \neq \emptyset$.

7.5 Satz. *Sei $(X, \leqq, K)$ ein archimedischer Vektorraum mit Ordnungseinheiten und $P \in L_+[X]$. Dann sind die Bedingungen* (a), (b), (c) *und* (d) *äquivalent, und es gelten die Implikationen* (e) → (f) → (g) → (h) → (a) *(dabei ist die Konvergenzaussage* (e) *bezüglich der Ordnungstopologie $\mathfrak{T}_0$ gemeint). Alle acht Bedingungen* (a) *bis* (h) *sind äquivalent, wenn $(X, \mathfrak{T}_0)$ vollständig oder P vollstetig in $(X, \mathfrak{T}_0)$ ist.*

Beweis. (a) ⇒ (b) nach (III, 1.9); (b) ⇒ (c) ist trivial; (c) ⇒ (d) nach (7.4); (d) ⇒ (a) nach (III, 1.11); (e) ⇒ (f) ist offensichtlich, wenn man bedenkt, daß die Folge x_n zum Kegel gehört, falls y und x_0 Kegelelemente sind; (f) ⇒ (g) nach (III, 1.11); (g) ⇒ (h) ist trivial; und aus (h) folgt für $z \in \{(I - P)(K)\} \cap oK$ zunächst $z = e - Pe$ für ein $e \in K$ und daher $e = Pe + z \in K + oK \subset oK$. Wegen $(I - P)e \in oK$ liefert (III, 1.7) sofort $\|P\|_e < 1$, also $e \in oK_P$, so daß (d) und daher auch (a) folgt. Um den Beweis zu vollenden, brauchen wir nur noch die Implikation (d) ⇒ (e) unter jeder der Zusatzvoraussetzungen einzusehen. Dazu aber sei auf (4.4) bzw. (5.2), (5.3) verwiesen. □

Bei streng-monotonem Operator P können wir genauer noch folgendes behaupten:

7.6 *Sei $(X, \leqq, K)$ ein archimedischer Vektorraum mit Ordnungseinheiten und $P \in L_+[X]$ streng-monoton. Es sei $X \neq \{\theta\}$. Für $z \in K - \{\theta\}$ gilt $Pz \in X_z$ genau dann, wenn $z \in oK$ liegt, und $N_P(z) < \infty$ impliziert $z \in oK$. Daher ergibt sich: $N_P(\theta) = 0$, $N_P(z) = \infty$ für $z \neq \theta$, $z \in K - oK$ sowie entweder $N_P(z) < \infty$ für alle $z \in oK$ oder $N_P(z) = \infty$ für alle $z \in oK$.*

Beweis. Sei $z \in K - \{\theta\}$ und $Pz \in X_z$. Wegen der strengen Monotonie ist $P^m z \in oK$ für ein $m \geqq 1$, also auch $P^m z \in oK \cap X_z$. Das aber zeigt $X = X_{P^m z} \subset X_z \subset X$. Ist schließlich $N_P(z) < \infty$, so liefert (50) sofort $P^{N+1} z \in X_z$ für $N = N_P(z)$. Da aber P^{N+1} mit P ein streng-monotoner Operator ist, muß z Ordnungseinheit sein. □

7.7 *Unter den Voraussetzungen von* (7.6) *stellen wir sofort die Äquivalenz folgender Bedingungen fest:*

(a) *für ein $z \in K - \{\theta\}$ ist $N_P(z) < \infty$;*

(b) *für jedes $z \in K - \{\theta\}$ gibt es ein $k \in \mathbb{N}$ mit $N_P(P^k z) < \infty$;*

wegen der strengen Monotonie von P ist nämlich $P^k z$ Ordnungseinheit für ein $k \in \mathbb{N}$, so daß nach (a) und (7.6) auch $N_P(P^k z)$ endlich ausfällt. Aus (7.6) folgt, daß wir mit $k = 0$ nur dann rechnen können, wenn z zu oK gehört. Offenbar gilt wegen (48) weiter

$$e(P^k z) = \sum_{i=k}^{k+n} P^i z \quad \text{mit} \quad n = N_P(P^k z).$$

7.8 *Sei* $(X, \leqq, K)$ *ein archimedischer Vektorraum mit Ordnungseinheiten, und sei* $X \neq \{\theta\}$. *Für jedes* $P \in L_+[X]$ *mit einer (bezüglich* $\mathfrak{T}_0$*) vollstetigen Potenz* P^r $(r \geqq 1)$ *sind die nachstehenden Aussagen gleichbedeutend:*

(α) *P ist streng-monoton, und* $N_P(z)$ *ist endlich für ein* $z \in K - \{\theta\}$;

(β) *für jedes* $z \in K - \{\theta\}$ *gibt es ein* $n \in \mathbb{N}$ *mit* $(I - P)P^n z \in oK$, *insbesondere also* $N_P(P^n z) = 0$.

Beweis. $(\alpha) \Rightarrow (\beta)$: Zunächst gilt wegen $N_P(z) < \infty$ und (7.6) sogar $z \in oK$, so daß wir aus (7.5) auch $\sigma(P) < 1$ schließen können. Sei nun $e \in K - \{\theta\}$ und $e_n = P^n e$ $(n \in \mathbb{N})$, so erhält man $e_n \in oK$ für hinreichend große n, da P streng-monoton ist. Daher zeigt (III, 3.3) weiter, daß $\lim \|P\|_{e_n} = \sigma(P) < 1$, also $\|P\|_{e_n} < 1$ oder $(I - P)P^n e \in oK$ für ein $n \in \mathbb{N}$ besteht (vgl. (III, 1.7)).

$(\beta) \Rightarrow (\alpha)$: Wir müssen lediglich die strenge Monotonie von P einsehen. Sei dazu $z \in K - \{\theta\}$, so ist $P^n z = (I - P)P^n z + P^{n+1} z \in oK + K \subset oK$ für ein $n \in \mathbb{N}$. Das vollendet den Beweis von (7.8). □

7.9 Nun kommen wir auf den Anlaß der Betrachtungen dieses Paragraphen zurück, der ja darin bestand, die Anfangsbedingungen (14A) des Iterationsverfahrens (14A), (14) aus (2.2) konstruktiv zu realisieren. Die soweit gewonnenen Resultate sollen mit den verschiedenen Sätzen des vorliegenden Kapitels, welche mittelbar oder unmittelbar von dem Verfahren (14A), (14) handeln, verbunden werden. Es würde nicht sinnvoll sein, alle Sätze unter diesem Aspekt noch einmal zu wiederholen. Wir greifen vielmehr exemplarisch die Sätze (3.2) und (3.3) heraus, auf die ja alle anderen Ergebnisse ohnehin zurückgeführt worden sind.

7.10 Satz. *Y bezeichne einen Abstandsraum und ρ den Abstand auf Y. Der h. n. Raum* $(X, \leqq, \| \, \|)$ *sei die Abstandsmenge und* d_ρ *die kanonische Metrik von Y. Es sei T ein P-beschränkter Operator auf Y. Schließlich sei* (Y, d_ρ) *vollständig oder T vollstetig in* (Y, d_ρ).

Wenn es dann zu einem $x_0 \in Y$ *ein* $z \in K$ *gibt mit* $\rho(x_0, Tx_0), \rho(Tx_0, x_0) \in X_z$ *und* $N_P(P^r z) < \infty$ *für ein* $r \geqq 0$, *so existiert eine Lösung* $\bar{x} \in Y$ *der Gleichung* $x = Tx$, $\bar{x}$ *ist Grenzwert der Folge* $x_{n+1} = Tx_n$ $(n \in \mathbb{N})$ *mit dem oben genannten Anfangselement* x_0, *und es besteht die Fehlerabschätzung:*

(52) $$d_{P^n e}(\bar{x}, x_n) \leqq d_{(I-P)e}(x_r, x_{r+1}) \quad \text{für} \quad n \geqq r,$$

wobei $e = e(P^r z)$ *zu setzen ist.*

Beweis. Da T ein P-beschränkter Operator ist, liefert $\rho(x_0, Tx_0), \rho(Tx_0, x_0) \in X_z$ sofort $\rho(x_r, Tx_r), \rho(Tx_r, x_r) \in X_{P^r z}$. Aus dieser Bemerkung ergibt sich, daß wir o. B. d. A. $r = 0$ annehmen können. Dann erhalten wir aus (7.2) und (7.3) zunächst:

$$e \geqq \theta, \quad Pe \leqq e; \quad \rho(Tx_0, x_0),\ \rho(x_0, Tx_0) \in X_z = X_{(I-P)e};$$
$$\|P^{N+1}\|_e < 1 \quad \text{für ein} \quad N \in \mathbb{N},$$

so daß das Element $e_0 = d_{(I-P)e}(x_0, Tx_0)\,e$ erklärt ist und den Beziehungen

$$(53)\qquad \begin{aligned} &e_0 \geqq \theta, \quad \rho(Tx_0, x_0) \leqq (I-P)\,e_0, \quad \rho(x_0, Tx_0) \leqq (I-P)\,e_0 \\ &Pe_0 \leqq e_0, \quad \|P^{N+1}\|_{e_0} < 1 \quad \text{für ein} \quad N \in \mathbb{N} \end{aligned}$$

genügt (vgl. (II, 6.7) Formeln (II, 16) und (II, 18) und beachte $(I-P)\,e \in oK_{(I-P)e}$!). Daher sind die Anfangsbedingungen (28A) aus (3.1) erfüllt. Um die Sätze (3.2), (3.3) heranziehen zu können, müssen wir zeigen, daß $e_n = P^n e_0$ in $(X, \|\ \|)$ gegen Null konvergiert: Wegen (53) gilt aber $e_{n+1} \leqq e_n$ $(n \in \mathbb{N})$, daher haben wir nach (II, 2.4) alles gezeigt, wenn e_n eine Teilfolge besitzt, die gegen θ strebt (dieser Schluß benutzt die Normalität von K!). Da K archimedisch ist, folgt jedoch $P^{j(N+1)}e_0 \leqq \|P^{j(N+1)}\|_{e_0}\, e_0$ und die Normalität von K zeigt $\|e_{j(N+1)}\| \leqq \tau \|P^{N+1}\|_{e_0}^j \|e_0\|$ für alle $j \in \mathbb{N}$ und ein reelles $\tau > 0$. So strebt $e_{j(N+1)}$ für $j \to \infty$ gegen θ, weil $\|P^{N+1}\|_{e_0}$ nach (53) kleiner als 1 ausfällt.

Nun erhalten wir die Existenzaussage von (7.10) zusammen mit der Fehlerabschätzung

$$(54)\qquad \rho(\bar{x}, x_n) \leqq e_n, \quad \rho(x_n, \bar{x}) \leqq e_n \quad (n \in \mathbb{N})$$

aus den Sätzen (3.2) und (3.3). Die Formel (54) wiederum zeigt, daß x_n gegen $\bar{x}$ konvergiert. Nach der Konstruktion der Folge e_n können wir (54) unter Verwendung der Ausführungen in (6.1) in der (inhaltlich äquivalenten) Gestalt (52) schreiben. □

7.11 Abschließend kommen wir auf die in Satz (III, 4.5) betrachtete Situation zurück und behandeln einige einfache Folgerungen in dem soweit vorgetragenen Zusammenhang dieses Paragraphen. Das wird für spätere Ausführungen in Kapitel VI über das Gesamt- und Einzelschrittverfahren (vgl. (VI, 4.6)) nützlich sein.

Seien also vier lineare Operatoren S_1, S_2, T_1, T_2 auf dem halbgeordneten Vektorraum $(X, \leqq, K)$ gegeben, so daß $S_1 - S_2 = T_1 - T_2$ sowie $S_2, T_2 \in L_+[X]$ gelten. Überdies mögen S_1^{-1}, T_1^{-1} auf X existieren und ebenfalls zu $L_+[X]$ gehören. Wir betrachten dann die beiden Operatoren

$$P = S_1^{-1} S_2, \qquad Q = T_1^{-1} T_2$$

aus $L_+[X]$ und behaupten die Gleichungen

$$(55)\qquad S_1^{-1} T_2 (I - Q) = (I - P)\,Q, \qquad T_1^{-1} S_2 (I - P) = (I - Q)\,P,$$

von denen wir aus Symmetriegründen etwa nur die erste zu beweisen brauchen. Das aber ist durch $S_1(I-P)Q=(S_1-S_2)Q=(T_1-T_2)Q=T_1(I-Q)Q=T_1Q(I-Q)=T_2(I-Q)$ schon geschehen. Im Zusammenhang mit der hier untersuchten Beziehung (46) sind die aus (55) folgenden Implikationen

$$e \geqq \theta, (I-P)e \geqq \theta, z \in X_{(I-P)e} \Rightarrow$$
$$Pe \geqq \theta, (I-Q)Pe \geqq \theta, \quad T_1^{-1}S_2 z \in X_{(I-Q)Pe}$$
$$e \geqq \theta, (I-Q)e \geqq \theta, z \in X_{(I-Q)e} \Rightarrow$$
$$Qe \geqq \theta, (I-P)Qe \geqq \theta, \quad S_1^{-1}T_2 z \in X_{(I-P)Qe}$$

interessant. Ist etwa die Anfangsbedingung (46) für P mit den Elementen e und z erfüllt, so befriedigen die Elemente Pe und $T_1^{-1}S_2 z$ die Anfangsbedingung (46) für den Operator Q. Diesen Sachverhalt kann man ausnutzen, wenn man Iterationsverfahren mit regulären Zerlegungen bei Gleichungssystemen betrachtet (vgl. das Kapitel VI). Für $z=\theta$ können die obigen Implikationen in der Form

$$(56) \qquad e \geqq \theta, P \in L_+[X_e], \|P\|_e \leqq 1 \Rightarrow Pe \geqq \theta, Q \in L_+[X_{Pe}], \|Q\|_{Pe} \leqq 1$$

geschrieben werden. Dabei dürfen natürlich die Rollen von P und Q vertauscht werden, ohne die Implikation zu zerstören.

7.12 Wir können etwas mehr aussagen, wenn wir nun wie in (III, 4.5) auf die Symmetrie der Situation in P und Q verzichten und $S_2 - T_2 \in L_+[X]$ fordern. Dann dürfen wir o. B. d. A. die Operatoren P und Q in der Form

$$(57) \qquad P = P_1 + P_2, \qquad Q = (I-P_1)^{-1} P_2$$

annehmen mit $P_1, P_2 \in L_+[X]$ derart, daß $(I-P_1)^{-1}$ auf X existiert und monoton ist (vgl. (III, 4.6), (III, 4.7), wo die Substitution $P_1 = S_1^{-1}(S_2-T_2)$, $P_2 = S_1^{-1}T_2$ gewählt wird). Wegen $\{I-(I-P_1)\} \in L_+[X]$ gilt auch $\{(I-P_1)^{-1} - I\} \in L_+[X]$, ferner hat man trivialerweise $(I-P_1)(I-Q) = (I-P)$, so daß sich für je zwei Elemente $z \geqq \theta, e \geqq \theta$ die erste der beiden Implikationen

$$(58) \qquad \begin{aligned} &z \leqq (I-P)e \Rightarrow z \leqq (I-P_1)^{-1} z \leqq (I-Q)e \\ &z \leqq (I-Q)e \Rightarrow \qquad\qquad P_2 z \leqq (I-P)Qe \end{aligned}$$

ergibt, welche wir in Kapitel VI (vgl. (VI, 5.11)) noch benötigen. Die zweite Behauptung ist wegen (55) (beachte $S_1^{-1}T_2 = P_2$) klar. Unser letztes Ergebnis fassen wir nun so zusammen:

7.13 *$(X, \leqq, K)$ sei ein archimedischer Vektorraum, P_1, P_2 seien aus $L_+[X]$. Es existiere $(I-P_1)^{-1}$ auf X und gehöre zu $L_+[X]$.*

Durch (57) seien die Operatoren P und Q definiert. Aus $e \geqq \theta$, $Pe \leqq e$ (d. h. $e \geqq \theta$, $P \in L_+[X_e]$, $\|P\|_e \leqq 1$) folgt dann:

(i) $Q^n e \leqq P^n e \leqq e$ $(n \in \mathbb{N})$, *also speziell* $Q \in L_+[X_e]$;

(ii) $\sigma_e(Q) \leqq \sigma_e(P) \leqq 1$;

(iii) $N_Q(e) \leqq N_P(e)$, *dabei besteht* $N_P(e) < \infty$ *genau im Falle* $\sigma_e(P) < 1$.

Beweis. Wegen $Pe \leqq e$ und $P_1 \in L_+[X]$ gilt $P_1 Pe + P_2 e \leqq (P_1 + P_2)e = Pe$ oder $Qe \leqq Pe \leqq e$. Aus $P^{n+1}e \leqq P^n e$ $(n \in \mathbb{N})$ folgt daher auch $QP^n e \leqq P^{n+1}e \leqq e$ $(n \in \mathbb{N})$, und Induktion liefert (i). Speziell wird damit $\|Q^n\|_e \leqq \|P^n\|_e \leqq 1$ $(n \in \mathbb{N})$, woraus wir sofort (ii) schließen. Andererseits hat man nach (i) auch $\theta \leqq (I - P^n)e \leqq (I - Q^n)e$ $(n \in \mathbb{N})$, also $N_Q(e) \leqq N_P(e)$. Eine Anwendung von (7.5) beschließt den Beweis. □

7.14 Hinweise. An verschiedenen Stellen der Literatur wird die Konstruktion von Anfangselementen v_0, w_0 mit (42A) für ein lineares Iterationsverfahren (42) untersucht. Wir nennen hier etwa die Arbeiten von D. Braess [1962], J. Schröder [1962b], J. Albrecht [1963], J. W. Schmidt [1964], H. Schwetlick [1969] und E. Bohl [1968a, 1969a, 1970a, 1973]. In Paragraph 5 haben wir auseinandergesetzt, inwiefern die Konstruktion solcher Elemente v_0, w_0 gleichbedeutend mit der im vorliegenden Paragraphen behandelten Aufgabe ist. Im Falle einer Matrix P mit nichtnegativen Elementen verlangt J. Albrecht [1963] z. B. von einer Folge $e_n = P^n e_0$, $e_0 \in K - \{\theta\}$ die Existenz zweier aufeinander folgender Elemente mit $e_k - e_{k+1} \in \mathring{K}$. Das entspricht dem in (7.8) abgehandelten Sachverhalt, welcher zeigt, daß der Erfolg dieser Konstruktionsmethode im wesentlichen auf streng-monotones P beschränkt ist. Bedingung (46) würde für $e = e_k$ und jedes $z \in X$ erfüllt sein. Die Konstruktion über das Iterationsverfahren (47) geht auf zwei fast gleichzeitig erschienene Arbeiten von E. Bohl [1969a] und H. Schwetlick [1969] zurück.

1952 hat L. Collatz [1952a] Operatoren Q in Funktionenräumen untersucht, für welche die Implikation „$Qx \leqq Qy \Rightarrow x \leqq y$“ besteht. Solche Abbildungen nannte er *Operatoren von monotoner Art* und nutzte deren Eigenschaft zur Fehlerabschätzung für eine Lösung der Gleichung $x = Qx$ aus. Die Bedingung (f) aus (7.4) besagt in dieser Sprechweise, daß der Operator $I - P$ von monotoner Art ist, und alle anderen Bedingungen (a) bis (h) aus (7.4) charakterisieren unter den Voraussetzungen von (7.5) (im wesentlichen) die monotone Art von $I - P$ (beachte, daß bei einem Operator Q von monotoner Art die Inverse Q^{-1} nicht auf dem ganzen Raum erklärt sein muß). Eine Aussage der Form „*(a) (oder (h)) $\Rightarrow I - P$ ist von monotoner Art*“ in (7.4) gehört im linearen Fall zu den bekanntesten Sätzen dieser Theorie (vgl. J. Schröder [1961, 1962a], L. Collatz [1964] u. a. sowie die dort weiter angegebene Literatur).

Kapitel V
Iteration mit monotonen Operatoren

Zum Abschluß unserer theoretischen Untersuchungen soll in diesem Kapitel der abstrakte Rahmen dargestellt werden, welchen wir für weitere iterative Methoden sowie Existenzaussagen in den Kapiteln VI und VII benötigen werden. Wir verlassen das Konzept der Abstandsräume aus Kapitel IV in seiner allgemeinen Form und betrachten hier nur den Sonderfall eines h. n. Raumes. Wie in Kapitel IV konstruieren wir geeignete Mengen, welche durch einen vorgelegten Operator T in sich abgebildet werden. Dabei handelt es sich nunmehr ausschließlich um Intervalle. Das topologische Prinzip, welches dann eine Lösung der Gleichung $x = Tx$ in dem Intervall garantiert (vgl. auch die Einleitung zu Kapitel IV), besteht in § 1 aus einem Konvergenzkriterium für monotone Folgen, welches sich aus der Vollstetigkeit von T im Zusammenspiel mit der Normalität der Ordnungsrelation ergibt (vgl. (II, 2.4)) und gleichzeitig eine Verallgemeinerung der Konvergenzverhältnisse monotoner Zahlenfolgen darstellt. Die soweit benutzten mehr elementaren Hilfsmittel der Mengentopologie scheinen für die Ergebnisse von § 2 nicht mehr auszureichen. Dort werden wir uns auf den viel tiefer liegenden Fixpunktsatz von J. Schauder (2.2) stützen. Die sich dabei naturgemäß ergebenden Fehlerabschätzungen für eine Lösung sind für praktische Bedürfnisse häufig zu grob, in verwickelten Fällen sogar numerisch kaum realisierbar. So rückt zunächst die reine Existenzaussage einer Lösung immer mehr in den Vordergrund der Betrachtungen. Die erzielten Resultate sind allerdings von den Voraussetzungen her sehr viel allgemeiner. In § 3 schließlich kommen wir unter eingeschränkteren Bedingungen auf das Problem der Fehlerabschätzung wieder zurück.

1. Monotone Operatoren mit q-homogenen Majoranten

1.1 Sei $(X, \leqq, \|\ \|)$ ein h. n. Raum, das ist nach (II, 5.1) ein normierter Raum $(X, \|\ \|)$, in welchem eine abgeschlossene (II, 3.1), normale (II, 2.1) Halbordnung $\leqq$ ausgezeichnet ist. Zu $\leqq$ gehört dann ein abgeschlossener und normaler Kegel K.

Y sei eine abgeschlossene Teilmenge von X. Dann ist $(Y, \leqq)$ eine halbgeordnete Menge (I, 1.3). Wie in (IV, 1.1) sei T ein ($\leqq$-) monotoner Operator auf Y. Wir betrachten eine Iteration

(1) $$x_0 \in Y, \quad x_{n+1} = Tx_n \quad (n \in \mathbb{N}) \quad \text{mit} \quad x_0 \leqq x_1$$

und wissen nach (IV, 1.2), daß die Ungleichungen

(2) $$x_n \leqq x_{n+1} \qquad (n \in \mathbb{N})$$

bestehen. Ist die Folge (1) beschränkt und T vollstetig, so existiert eine konvergente Teilfolge x_{k_n}. Wegen (2) und (II, 2.4) besitzt x_n einen Grenzwert $\bar{x}$, für den nach (II, 3.2) die Ungleichungen $x_n \leqq \bar{x}$ ($n \in \mathbb{N}$) bestehen. Da Y abgeschlossen ist, gilt ferner $\bar{x} \in Y$, und die Stetigkeit von T fordert zusammen mit (1) die Gleichung $\bar{x} = T\bar{x}$. Wir fassen zusammen und erhalten den einfachen

1.2 Satz. *Für jeden monotonen, vollstetigen Operator T auf einer abgeschlossenen Teilmenge Y eines h. n. Raumes $(X, \leqq, \| \;\|)$ konvergiert eine Iteration* (1) *gegen ein Element $\bar{x} \in Y$ mit*

$$x_n \leqq x_{n+1} \leqq \bar{x} = T\bar{x} \qquad (n \in \mathbb{N}),$$

falls x_n beschränkt ist.

1.3 Die theoretisch einfachste Möglichkeit, die Beschränktheit der Folge x_n zu sichern, besteht darin, daß man die Menge Y, von der in Satz (1.2) die Rede ist, beschränkt annimmt. Häufig ist es jedoch sehr einfach, zu einem gegebenen Operator T eine Menge Y der in Satz (1.2) genannten Art anzugeben, welche nicht beschränkt ist, etwa $Y = X$ oder $Y = K$. Für solche Fälle ist es interessant, die Beschränktheit der Folge x_n auf andere Weise festzustellen. Dazu führen wir nun eine Klasse von Operatoren ein, welche mit der Klasse der homogenen Abbildungen aus (III, 2.1) verwandt ist:

Ein Operator Q auf dem Kegel K des h. n. Raumes $(X, \leqq, \| \;\|)$ heißt *q-homogen*, falls $q \in (0, 1)$ und falls $Q(\lambda x) = \lambda^q Qx$ ist für alle $x \in K$ und alle reellen $\lambda \geqq 0$.

Daraus ergibt sich sofort $Q\theta = 2^q Q\theta$ oder $Q\theta = \theta$ für das Nullelement $\theta \in X$.

1.4 *Sei P ein linearer, monotoner Operator auf X, so daß $I - P$ eine monotone, beschränkte Inverse auf X besitzt. Q_i $(i = 1, \ldots, r)$ seien q_i-homogene, monotone Operatoren auf K, welche jede beschränkte Teilmenge von K in eine Menge dieser Art abbilden. Dann ist jede Folge $x_n \geqq \theta$ mit*

$$\theta \leqq x_n \leqq x_{n+1} \leqq Px_n + \sum_{i=1}^{r} Q_i x_n + y \qquad (n \in \mathbb{N}) \text{ für ein } y \geqq \theta$$

beschränkt.

Beweis. Im Falle $x_n = \theta$ für alle $n \in \mathbb{N}$ ist die Behauptung richtig. Existiert andererseits ein $m \in \mathbb{N}$ mit $x_m \neq \theta$, so gilt auch $x_n \neq \theta$ für alle $n \geqq m$, weil $\theta \leqq x_m \leqq x_n$ $(m \leqq n)$ ist. Daher können wir o. B. d. A. $x_n \neq \theta$ für $n \in \mathbb{N}$ annehmen. Nun definieren wir den Operator Q durch

$$Qx = \sum_{i=1}^{r} Q_i x + y.$$

Nach Voraussetzung gilt

$$x_{n+1} \leqq Px_n + Qx_n \leqq Px_{n+1} + Qx_n \qquad (n \in \mathbb{N})$$

oder

$$\theta \leqq x_{n+1} \leqq (I - P)^{-1} Qx_n \qquad (n \in \mathbb{N}),$$

weil $(I - P)^{-1}$ monoton ist. Setzen wir $z_n = \|x_{n+1}\|^{-1} x_n$ $(n \in \mathbb{N})$, so zeigt die letzte Ungleichung weiter

$$\theta \leqq \|x_{n+1}\|^{-1} x_{n+1} \leqq \|x_{n+1}\|^{-1} (I - P)^{-1} Q(\|x_{n+1}\| z_n)$$

oder mit der Definition von Q

$$\theta \leqq \|x_{n+1}\|^{-1} x_{n+1} \leqq (I - P)^{-1} \left\{ \sum_{i=1}^{r} \|x_{n+1}\|^{q_i - 1} Q_i z_n + \|x_{n+1}\|^{-1} y \right\}. \tag{3}$$

Sei x_n nicht beschränkt, dann gibt es eine Teilfolge x_{k_n+1}, so daß $\|x_{k_n+1}\|$ divergiert, d. h.

$$\|x_{k_n+1}\|^{\alpha - 1} \to 0 \quad \text{für} \quad 0 \leqq \alpha < 1. \tag{4}$$

Es ist aber $\theta \leqq x_{k_n} \leqq x_{k_n+1}$; da $\leqq$ normal sein soll, bildet z_{k_n} eine beschränkte Folge, so daß die Folgen $Q_i z_{k_n}$ $(i = 1, \ldots, r)$ ebenfalls beschränkt sind. (3) besagt dann unter Verwendung von (4), daß $\|x_{k_n+1}\|^{-1} x_{k_n+1}$ eine Nullfolge sein muß (vgl. (II, 2.2), f)). Dieser Widerspruch vollendet den Beweis. □

Wir kombinieren nun (1.2) und (1.4) und erhalten den

1.5 Satz. *Sei T ein vollstetiger, monotoner Operator auf dem Kegel K eines h. n. Raumes $(X, \leqq, \|\ \|)$ mit*

$$Tx \leqq Px + \sum_{i=1}^{r} Q_i x + y \qquad (x \in K) \tag{5}$$

für ein $y \geqq \theta$ sowie Operatoren P und Q_i $(i = 1, \ldots, r)$, welche den Voraussetzungen aus (1.4) *genügen. Dann existiert eine Lösung $\bar{x} \geqq \theta$ der Gleichung $x = Tx$. Jede Iteration $x_{n+1} = Tx_n$ mit $x_0 = \theta$ oder $\theta \leqq x_0 \leqq x_1$ konvergiert gegen eine solche Lösung, und es gilt*

$$\theta \leqq x_n \leqq x_{n+1} \leqq \bar{x}.$$

Beweis. Jede der genannten Folgen erfüllt die Bedingungen von (1.4) und ist somit beschränkt. Satz (1.2) zeigt die Behauptung. □

1.6 Nun wollen wir auf einige Sonderfälle von Satz (1.5) hinweisen:

a) Es sei $Tx = Px + y$, P bezeichnet dabei einen linearen, monotonen und vollstetigen Operator. Die Abschätzung (5) ist erfüllt, wenn wir jeden der Operatoren Q_i gleich dem Nulloperator setzen, was offenbar mit den Voraussetzungen aus (1.4) verträglich ist. Satz (1.5) behauptet nunmehr die Konvergenz der Folge

$$x_0 = \theta, \qquad x_{n+1} = Px_n + y \qquad (n \in \mathbb{N})$$

für jedes $y \in K$ gegen die Lösung der Gleichung $(I - P)x = y$, falls $I - P$ eine monotone, beschränkte Inverse auf X besitzt. Das aber reicht aus, um die Implikation $(f) \Rightarrow (e)$ aus (IV, 7.4) im vollen Umfang herzuleiten, falls nur der Raum X in der Form $X = K + (-K)$ dargestellt werden kann, eine gegenüber der Forderung $oK \neq \emptyset$ in (IV, 7.5) schwächere Bedingung (vgl. (I, 2.10)).

b) Gilt (5) mit $P =$ Nulloperator, was im Rahmen der Voraussetzungen von (1.5) liegt, so garantiert (1.5) die Konvergenz der Folge

$$x_0 = \theta, \qquad x_{n+1} = RTx_n \qquad (n \in \mathbb{N})$$

gegen eine Lösung $\bar{x} \geqq \theta$ der Gleichung $x = RTx$, falls R irgend ein linearer, monotoner und stetiger Operator auf X ist. Dann gilt nämlich (5) in der Form

$$RTx \leqq \sum_{i=1}^{r} RQ_i x + Ry,$$

wobei RQ_i mit Q_i wieder alle Voraussetzungen von (1.4) befriedigt. Man beachte, daß hier keine zusätzlichen Forderungen an den Spektralradius $\sigma(R)$ benötigt werden, wie wir es vom Studium der P-beschränkten Operatoren her erwarten könnten.

Den nächsten Spezialfall von Satz (1.5) werden wir später noch benötigen.

1.7 Satz. *$(X, \leqq, \|\ \|)$ sei ein h. n. Raum. P sei ein linearer, monotoner und vollstetiger Operator auf X, so daß $I - P$ eine monotone, beschränkte Inverse besitzt. Q_i sei ein q_i-homogener, monotoner und vollstetiger Operator auf dem Kegel K von X $(i = 1, \ldots, r)$. Dann besitzt jede Gleichung*

$$x = Px + \sum_{i=1}^{r} Q_i x + y$$

mit $y \geqq \theta$ eine Lösung $z \geqq \theta$. Weiter gibt es genau dann eine nichttriviale

Lösung $e \geqq \theta$ der homogenen Gleichung

$$x = Px + \sum_{i=1}^{r} Q_i x,$$

falls ein $x_0 \neq \theta$ existiert mit $\theta \leqq x_0 \leqq Px_0 + \sum_{i=1}^{r} Q_i x_0$. Für die iterative Berechnung von z und e gilt Satz (1.5).

1.8 Beispiele. a) Wir betrachten die Menge $X = \mathbb{R}$ mit der natürlichen Halbordnung $\leqq$ und dem absoluten Betrag $|\;|$ als Norm. Ist Q auf $\mathbb{R}_+$ q-homogen, so verlangt dies $Q(t) = t^q Q(1)$ für alle $t \geqq 0$. Die Menge der q-homogenen, monotonen und stetigen Operatoren ist also durch

$$Q(t) = at^q \quad \text{mit} \quad a \geqq 0, \qquad 0 < q < 1$$

bestimmt. Damit lassen sich nun leicht jene Funktionen angeben, von denen in Satz (1.5) die Rede ist. Sei nämlich (5) für f erfüllt, d.h.

$$0 \leqq f(t) \leqq pt + \sum_{i=1}^{r} a_i t^{q_i} + b \quad \text{für} \quad t \geqq 0, \tag{6}$$

(s. auch Abb. 5) so impliziert dies

$$\limsup_{t \to \infty} \big(f(t) - pt\big)\, t^{-q} < \infty \tag{7}$$

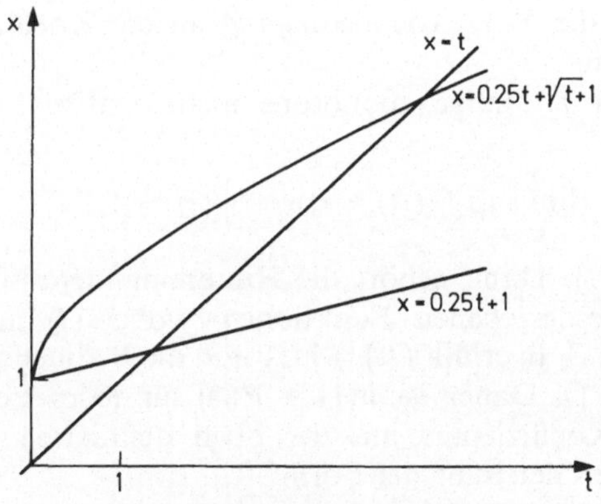

Abb. 5. Majoranten gemäß (6)

für $q = \operatorname{Max}\{q_i : i = 1, \ldots, r\}$. Offenbar gewinnt man aus einer Bedingung (7) eine Abschätzung der Form (6) zurück, wenn man f stetig in $\mathbb{R}_+$ annimmt. *Somit besteht in der hier betrachteten Situation die Klasse aller Funktionen, von welcher Satz* (1.5) *handelt, aus allen stetigen, monotonen, nichtnegativen Funktionen f auf $\mathbb{R}_+$, zu denen es zwei (von f*

abhängige) Zahlen $p, q \in [0, 1)$ gibt, so daß (7) *gilt.* An den q-homogenen Elementen dieser Klasse sieht man, daß die hier beschriebenen Funktionen nicht notwendig Lipschitzbeschränkt sein müssen. Wir haben damit zugleich den Rahmen der in Kapitel IV behandelten Probleme verlassen.

Als einfache Konsequenz von (1.5) erhält man, daß jedes reelle Polynom

$$P(t) = \sum_{i=0}^{m} a_{m-i} t^i \quad \text{mit} \quad a_0 a_j \leqq 0 \qquad (j = 1, \dots, m)$$

vom Grade m eine nichtnegative Nullstelle $\bar{t}$ besitzt, welche man iterativ gemäß

$$t_0 = 0, \qquad a_0 t_{n+1}^m = \sum_{i=0}^{m-1} (-a_{m-i})\, t_n^i \qquad (n \in \mathbb{N})$$

berechnen kann. Für die so konstruierten reellen Zahlen t_n gilt weiterhin

$$0 \leqq t_n \leqq t_{n+1} \leqq \bar{t} \qquad (n \in \mathbb{N}).$$

Man überlegt sich sehr schnell, daß die hier angesprochenen Polynome höchstens zwei verschiedene nichtnegative Nullstellen haben können. Gibt es zwei verschiedene Nullstellen dieser Art, so ist eine von ihnen gleich Null. Die andere positive Nullstelle kann dann durch Abspalten einer Potenz t^r nach obigem Verfahren am reduzierten Polynom (welches offenbar wieder die Vorzeichenbedingung an die Koeffizienten erfüllt) berechnet werden.

Seien f_1 und f_2 stetige, monotone nichtnegative Funktionen auf $\mathbb{R}_+$ mit

$$\limsup_{t \to \infty} f_i(t)\, t^{-q_i} < \infty \qquad (i = 1, 2),$$

wobei $q_1 q_2 \in [0, 1)$. Dann gehört die Hintereinanderausführung $f_1 \circ f_2$ zu den oben beschriebenen Funktionen, wobei (7) mit $p = 0$ und $q = q_1 q_2$ besteht. Z. B. erfüllt $f(t) = \ln(1 + t)$ die Bedingung (7) für $p = 0$ und jedes $q \in (0, 1)$. Daher ist $\ln(1 + P(t))$ für jedes Polynom P mit nichtnegativen Koeffizienten aus der oben definierten Klasse reeller Funktionen. Eine Gleichung der Form

$$t = \ln(1 + P(t))$$

besitzt stets eine nichtnegative Lösung $\bar{t}$, die Grenzwert der Folge

$$t_0 = 0, \qquad t_{n+1} = \ln(1 + P(t_n))$$

ist, und es gilt wieder $0 \leqq t_n \leqq t_{n+1} \leqq \bar{t}$ $(n \in \mathbb{N})$.

Es ist nicht schwer, Beispiele zum Satz (1.5) in $(\mathbb{R}^m, <, \mathbb{R}_+^m)$ anzugeben.

Wir gehen darauf in (VI, 7.6) ohnehin genauer ein und erwähnen hier noch kurz Integraloperatoren:

b) Wir betrachten etwa den h. n. Raum $(S[a,b], <, S_+[a,b])$ (vgl. (I, 2.4)). Sei $f(t,s)$ eine stetige, nichtnegative reelle Funktion für $(t,s) \in [a,b] \times \mathbb{R}_+$. Für jedes $t \in [a,b]$ sei f monoton wachsend als Funktion von $s \in \mathbb{R}_+$, und es existiere $q \in [0,1)$ mit

$$\limsup_{t \to \infty} f(t,s)\, s^{-q} < \infty \quad \text{für} \quad t \in [a,b].$$

Sei $K(t,s)$ eine stetige, nichtnegative reelle Funktion für $(t,s) \in [a,b]^2$. Dann erfüllt der Integraloperator T, welcher durch

$$(Tx)(t) = \int_a^b K(t,s)\, f\big(s, x(s)\big)\, ds$$

auf $(S[a,b], <, S_+[a,b])$ gegeben ist, alle Voraussetzungen von Satz (1.5). Für den Beweis der Vollstetigkeit dieses Operators sowie für allgemeinere Beispiele sei auf das Kapitel VII verwiesen. Beispielsweise ist eine Integralgleichung

$$x(t) = \int_a^b K(t,s) \ln\big(1 + P(x(s))\big)\, ds + r(t)$$

stets durch eine Funktion aus $S_+[a,b]$ lösbar, falls $P(t)$ ein reelles Polynom mit nichtnegativen Koeffizienten und $r \in S_+[a,b]$ ist. Beschränkungen für den Spektralradius des linearen Integraloperators

$$x(t) \to \int_a^b K(t,s)\, x(s)\, ds$$

sind überflüssig (vgl. auch (1.6), b)). Satz (1.5) regelt wieder die iterative Berechenbarkeit.

1.9 Hinweise. Die in (1.1) vorgeführte Schlußweise bietet sich unmittelbar an, wenn man das Zusammenspiel von topologischen und ordnungstheoretischen Eigenschaften verwenden will, um über einen Konvergenzbeweis für ein Iterationsverfahren die Lösbarkeit einer Gleichung zu sichern. Sie überträgt die Verhältnisse, welche wir von monotonen, reellen Zahlenfolgen her kennen, auf eine abstrakte Situation und wird von vielen Autoren benutzt. Satz (1.2) tritt auch unter Voraussetzungen auf, welche mehr Struktur für den Kegel und dafür weniger vom Operator fordern. Man vergleiche hierzu etwa M. A. Krasnoselskij [1964b]. (1.4) und (1.5) findet man in der Arbeit E. Bohl [1967]. Die Bedeutung von (1.5) für reine Existenzaussagen kommt im nächsten Paragraphen durch den Beweis des Satzes (2.3) zum Tragen (vgl. auch die Hinweise in (2.4)).

Der in (1.6), b) ausgedrückte Sachverhalt zeigt, daß die dort ausgezeichnete Klasse nichtlinearer Operatoren von „linearen Einflüssen" frei ist, ein Vorteil, welcher sich bei der Diskussion in Kapitel VII günstig auswirkt. Eine nichtlineare Theorie, welche lineare Fälle mit erfaßt, wird naturgemäß darauf Rücksicht nehmen müssen, daß für gewisse „Eigenwertparameter" Unlösbarkeit einer Gleichung vorliegen wird. Dies äußert sich in Kapitel IV und auch in (1.5) durch Forderungen wie „$\sigma(P) < 1$", „*$I - P$ besitze eine monotone Inverse*" usw..

2. Reine Existenzaussagen

2.1 Im einfachsten Falle handelt der Satz (1.5) von allen stetigen, monotonen Funktionen f auf $\mathbb{R}_+$, zu denen es zwei Zahlen $p = p(f)$, $q = q(f)$ in $[0, 1)$ gibt mit

$$\limsup_{t \to \infty} (f(t) - pt)\, t^{-q} < \infty$$

(vgl. (1.8), Beispiel a)). Satz (1.5) sichert dann die Existenz einer Lösung $\bar{t}$ der Gleichung $t = f(t)$, welche Grenzwert der Folge $t_0 = 0$, $t_{n+1} = f(t_n)$ $(n \in \mathbb{N})$ ist, mit der Abschätzung $0 \leqq t_n \leqq t_{n+1} \leqq \bar{t}$ $(n \in \mathbb{N})$.

Stellt man die Frage nach der Lösbarkeit einer Gleichung $t = f(t)$ ganz in den Vordergrund und läßt man das Problem der Berechnung beiseite, so können weiterreichende Aussagen bewiesen werden. Für die reine Existenzfrage sind nämlich Monotonieeigenschaften ganz unwichtig.

Z. B. sei f eine stetige Funktion auf $\mathbb{R}$ mit

$$\limsup_{|t| \to \infty} (|f(t)| - p|t|)\, |t|^{-q} < \infty$$

für zwei Zahlen $p, q \in [0, 1)$. Dann gibt es Zahlen $a, b \in \mathbb{R}_+$ mit

$$(8) \qquad |f(t)| \leqq p|t| + a|t|^q + b \quad \text{für} \quad t \in \mathbb{R}.$$

Nach Satz (1.5) existiert $z \in \mathbb{R}_+$, so daß $z = pz + az^q + b$ gilt, was zusammen mit (8) sofort $|f(\pm z)| \leqq z$ oder $(f(z) - z)(f(-z) + z) \leqq 0$ impliziert. Der Zwischenwertsatz behauptet dann die Existenz einer Lösung $\bar{t}$ von $f(t) = t$ mit $|\bar{t}| \leqq z$.

Es ist eine interessante Tatsache, daß sich diese Schlußweise auf analoge Situationen in einem h. n. Raum übertragen läßt. Dem Hilfsmittel des Zwischenwertsatzes entspricht der

2.2 Fixpunktsatz von J. Schauder. *Jede Gleichung $x = Tx$ mit einem vollstetigen Operator T auf einem nichtleeren Intervall $[v, w]$ eines h. n. Raumes besitzt eine Lösung in $[v, w]$.*

Wir übergehen hier den sehr umfangreichen Beweis, der normalerweise Hilfsmittel verwendet, welche nicht zu dem Themenkreis dieses Buches zählen. Grundsätzlich hat die Aussage von (2.2) nichts mit Halbordnungen oder Intervallen zu tun. Die obige Formulierung berücksichtigt bereits die Anwendungen, welche hier dargestellt werden sollen. Zunächst liefert (2.2) zusammen mit (1.5) die Verallgemeinerung der Schlußweise aus (2.1), welche wir oben angekündigt haben. Dabei findet (8) in der Form (9) eine abstrakte Formulierung, die auf den absoluten Betrag verzichtet.

2.3 Satz. *Jede Gleichung* $x = Tx$ *mit einem vollstetigen Operator* T *auf einem h. n. Raum* $(X, \leqq, \| \ \|)$ *besitzt eine Lösung, falls*

$$\pm Tx \leqq \left(P + \sum_{i=1}^{r} Q_i \right)(\|x\|_e e) + y \tag{9}$$

besteht für alle $x \in X_e$, *alle* $e \geqq \theta$, *ein* $y \geqq \theta$ *sowie Operatoren* P *und* Q_i $(i = 1, \ldots, r)$ *mit folgenden Eigenschaften:* P *sei ein linearer, monotoner Operator auf* X, $I - P$ *besitze eine beschränkte, monotone Inverse auf* X; Q_i *sei ein* q_i*-homogener, monotoner und vollstetiger Operator auf* K $(i = 1, \ldots, r)$.

Beweis. Nach (1.7) gibt es nämlich ein $z \geqq \theta$ mit $\sum (I - P)^{-1} Q_i z + (I - P)^{-1} y = z$.

Wenn wir beweisen können, daß T ein Operator auf $[-z, z]$ ist, so zeigt (2.2) die Behauptung. $x \in [-z, z]$ aber impliziert $x \in X_z$ und $\|x\|_z \leqq 1$, also wegen (9) auch

$$\pm Tx \leqq (P + \sum Q_i)(\|x\|_z z) + y \leqq (P + \sum Q_i) z + y = z,$$

oder $Tx \in [-z, z]$. □

2.4 Hinweise. Satz (2.3) bildet einen vom ordnungstheoretischen Standpunkt geprägten abstrakten Rahmen für Existenzsätze bei nichtlinearen Integralgleichungen, welche auf A. Hammerstein [1930], V. V. Nemytskij [1934], H. H. Schaefer [1955a], M. A. Krasnoselskij [1964a] u. a. zurückgehen. Genauere Einzelheiten findet der Leser in Kapitel VII (vgl. dort § 7). Einen anderen abstrakten Rahmen, der nicht auf eine Ordnungsstruktur zurückgreift, bietet der „Satz über den Nullvektor fastlinearer Felder“ im Banachraum, auf den sich M. A. Krasnoselskij [1964a] stützt. Dieser geht als Folgerung des sog. „Antipodensatzes“ von L. A. Lyusternik, L. G. Schnirelman und K. Borsuk letztlich auf die Theorie des topologischen Abbildungsgrades von J. Leray und J. Schauder [1934] zurück, welche wir nur in der sehr viel einfacheren Form des Fixpunktsatzes (2.2) von J. Schauder [1930] benötigen. Die Rückführung der oben angesprochenen Sätze auf den

Schauderschen Fixpunktsatz in der durch den Beweis von (2.3) gegebenen Weise ist in den beiden Arbeiten [1964, 1967] des Verfassers enthalten (vgl. auch J. Batt [1970]). Eine andere Möglichkeit mit demselben Ziel findet der Leser bei H. E. Lahmann [1964].

Die einleitenden Bemerkungen in (2.1) legen es nahe, die Forderung (9) als „Wachstumsbeschränkung" des nichtlinearen Operators T im „Unendlichen" durch einen „etwas schneller" (s. auch Abb. 5) als linear wachsenden Operator zu interpretieren (vgl. H. H. Schaefer [1955a]). Wie der Beweis von (2.3) zeigt, würde das Bestehen von (9) in dem endlichen Intervall $[-z, z]$ ausreichen. Damit wird der Blick wieder ganz auf die Verhältnisse im „Endlichen" gerichtet. Dies ist um so mehr von Bedeutung, als man das Element z als Lösung der Gleichung

$$x = Px + \sum_{i=1}^{r} Q_i x + y$$

nach Satz (1.5) iterativ berechnen kann (vgl. auch (1.7)). Allerdings sollte man beachten, daß eine einmal ins Auge gefaßte beschränkte Menge, auf welcher (9) gilt, zugleich das Intervall $[-z, z]$ ganz enthalten muß. Daher ist die Auswahl der Beschränkung (9) nicht von der Menge, auf der sie gilt, unabhängig zu betrachten, wenn man zu einer Existenzaussage kommen will. Die Unabhängigkeit tritt nur in der durch den Satz (2.3) vorgetragenen Form ein, welche die „Wachstumsbeschränkung" ins „Unendliche" verlegt. Der „endliche Aspekt" erweitert naturgemäß den Anwendungsbereich.

Soweit mir bekannt ist, wird beim Fixpunktsatz von J. Schauder ein vollständiger Raum vorausgesetzt. Das ist auch in der ursprünglichen Arbeit [1930] von J. Schauder der Fall. Tychonoff [1935] gibt eine Verallgemeinerung des Satzes in lokalkonvexen Räumen an, welche ohne Vollständigkeit auskommt, jedoch anstelle der Vollstetigkeit des Operators die einschränkendere Forderung nach der Kompaktheit seines Definitionsbereiches verlangt. Eine genauere Analyse der Verhältnisse zeigt, daß im normierten Raum auch die stärkere Form der Aussage ohne die Vollständigkeit richtig bleibt. In unserem Zusammenhang ist dies eine nützliche Bemerkung, weil die Vollständigkeit auch an keiner anderen Stelle des Kapitels eine Rolle spielt. Ein Beweis unserer Behauptung würde im wesentlichen alle Überlegungen im Zusammenhang mit bekannten Beweisen des Schauderschen Fixpunktsatzes aufrollen und soll daher hier unterbleiben.

3. Monoton-zerlegbare Operatoren

3.1 Sei $(X, \leqq, \| \;\|)$ ein h. n. Raum und T ein P-beschränkter Operator auf einer nichtleeren Teilmenge Y von X (vgl. (IV, 2.4)).

Jedes Iterationsverfahren

$$e_0 \geqq \theta, \quad \pm(x_0 - Tx_0) \leqq (I - P)e_0$$
$$x_{n+1} = Tx_n, \quad e_{n+1} = Pe_n$$

können wir in der Form

$$(10'A) \qquad v_0 \leqq H(v_0, w_0), \quad v_0 \leqq w_0, \quad H(w_0, v_0) \leqq w_0$$
$$(10') \qquad v_{n+1} = H(v_n, w_n), \quad w_{n+1} = H(w_n, v_n)$$

schreiben (vgl. (IV, 5.1)), wobei H eine aus T und P gebildete Funktion (IV, 35) ist, welche in der ersten Variablen monoton wächst und in der zweiten Variablen monoton fällt (vgl. (IV, 39)). Neben dem Kreis der P-beschränkten Operatoren kann man auch allen monoton-zerlegbaren Operatoren auf einfache Weise eine Funktion H dieser Art zuordnen und mit ihr ein Iterationsverfahren (10'A), (10') durchführen. Jede Abbildung T, welche eine nichtleere Teilmenge Y von X in X transformiert und als Differenz $T = T_1 - T_2$ zweier monotoner Operatoren T_1, T_2 darstellbar ist, heißt *monoton-zerlegbar*. Bei solchen Operatoren soll die Schreibweise $T = T_1 - T_2$ stets bedeuten, daß es sich um eine Zerlegung im definierten Sinne handelt. Die oben erwähnte Funktion H ist etwa durch

$$H(v, w) = T_1 v - T_2 w$$

gegeben, welche ein Iterationsverfahren (10'A), (10') in der Form

$$(10A) \qquad v_0 \leqq T_1 v_0 - T_2 w_0, \quad v_0 \leqq w_0, \quad T_1 w_0 - T_2 v_0 \leqq w_0$$
$$(10) \qquad v_{n+1} = T_1 v_n - T_2 w_n, \quad w_{n+1} = T_1 w_n - T_2 v_n$$

nahelegt. Um die Durchführbarkeit von (10), also $v_n, w_n \in Y$ $(n \in \mathbb{N})$ sicherzustellen, setzen wir Y als gesättigt voraus. Darunter verstehen wir nach (I, 1.2) eine Teilmenge $Y \subset X$, welche mit zwei Elementen x, y auch das ganze durch sie erzeugte Intervall $[x, y]$ enthält. Dann folgt aus $v_0, w_0 \in Y$ wegen (10A) und (10) sofort $v_1, w_1 \in [v_0, w_0] \subset Y$. Mit der Monotonie von T_1, T_2 erhalten wir nämlich $v_1 = T_1 v_0 - T_2 w_0 \leqq T_1 w_0 - T_2 v_0 = w_1$. Genauso zeigt man die Ungleichungen

$$(11) \qquad v_n \leqq v_{n+1} \leqq w_{n+1} \leqq w_n \qquad (n \in \mathbb{N})$$

durch Induktion. Nun ist es aber klar, daß T die Intervalle $[v_n, w_n]$ invariant läßt, denn $x \in [v_n, w_n]$ impliziert

$$v_n \leqq v_{n+1} = T_1 v_n - T_2 w_n \leqq T_1 x - T_2 x \leqq T_1 w_n - T_2 v_n = w_{n+1} \leqq w_n$$

oder $T([v_n, w_n]) \subset [v_{n+1}, w_{n+1}] \subset [v_n, w_n]$ für $n \in \mathbb{N}$.

3.2 *$T = T_1 - T_2$ sei ein monoton-zerlegbarer Operator, welcher eine nichtleere gesättigte Teilmenge Y eines h. n. Raumes $(X, \leqq, \| \|)$ in X abbilde. Dann ist jede Iteration (10) bei den Anfangsbedingungen (10A) durchführbar und liefert eine Folge von Intervallen $[v_n, w_n]$, welche durch T in sich abgebildet werden und für deren Endpunkte die Monotonieaussagen (11) gelten. — Sind T_1, T_2 überdies vollstetig, so konvergieren v_n bzw. w_n gegen $\bar{v}$ bzw. $\bar{w}$ aus Y mit*

$$(12)\quad v_n \leqq v_{n+1} \leqq T_1\bar{v} - T_2\bar{w} = \bar{v} \leqq \bar{w} = T_1\bar{w} - T_2\bar{v} \leqq w_{n+1} \leqq w_n \, (n \in \mathbb{N}).$$

T bildet $[\bar{v}, \bar{w}]$ in sich ab, und es existiert eine Lösung $\bar{x}$ der Gleichung $x = Tx$ mit der Fehlerabschätzung

$$(13)\qquad v_n \leqq \bar{v} \leqq \bar{x} \leqq \bar{w} \leqq w_n \qquad (n \in \mathbb{N}).$$

Beweis. Den ersten Teil der Behauptung haben wir in (3.1) schon bewiesen. Wegen (11) und der Normalität von $\leqq$ sind die Folgen v_n und w_n beschränkt. Im Falle der Vollstetigkeit von T_1 und T_2 führt eine Schlußweise wie in (1.1), die sich auf (II, 2.4) und (II, 3.2) stützt, zur Existenz der Grenzwerte $\bar{v}, \bar{w}$ mit (12). Ebenso einfach überzeugt man sich davon, daß $[\bar{v}, \bar{w}]$ unter T invariant bleibt. Eine Anwendung des Fixpunktsatzes (2.2) vollendet den Beweis. □

3.3 Man könnte daran denken, die Existenz der Lösung $\bar{x}$ von $x = Tx$ dadurch (eventuell sogar ohne Bezug auf (2.2)) zu beweisen, daß man $\bar{v} = \bar{w}$ zeigt. Das ist i. a. in der durch (3.2) beschriebenen Situation nicht zu erwarten, wie folgendes Beispiel belegt (vgl. auch (IV, 5.3)): wir betrachten die Operatoren $T_1 = I$, $T_2 =$ Nulloperator auf $(\mathbb{R}, \leqq, | |)$, wählen $v_0 > 0$ und setzen $w_0 = 2v_0$. Dann sind alle Voraussetzungen von (3.2) erfüllt, wegen $v_n = v_0$, $w_n = 2v_0$ $(n \in \mathbb{N})$ gilt jedoch $\bar{v} = v_0 \neq 2v_0 = \bar{w}$.

Ist aber T_i ein P_i-beschränkter Operator auf einem Intervall $[v_N, w_N]$ für ein $N \in \mathbb{N}$ und $i = 1, 2$ und ist $\sigma(P_1 + P_2) < 1$, so gilt $\bar{v} = \bar{w}$. Denn

$$w_{n+1} - v_{n+1} = (T_1 w_n - T_1 v_n) + (T_2 w_n - T_2 v_n) \leqq (P_1 + P_2)(w_n - v_n) \qquad (N \leqq n)$$

oder $\theta \leqq w_n - v_n \leqq (P_1 + P_2)^{n-N}(w_N - v_N)$ $(N \leqq n)$. Wegen $\sigma(P_1 + P_2) < 1$ und wegen der Normalität von $\leqq$ finden wir $\bar{w} - \bar{v} = \lim (w_n - v_n) = \theta$.

Hierzu gehört beispielsweise der Fall $T_1 x = P_1 x + y$, $T_2 x = P_2 x$ für ein $y \in X$, den wir in (IV, 5.2), (IV, 5.5) schon ohne Berufung auf den Fixpunktsatz (2.2) in dem durch (3.2) abgesteckten Rahmen behandeln konnten. (3.2) reicht wirklich nur dann über die in Kapitel IV angestellten Überlegungen hinaus, wenn mindestens einer der Operatoren T_1 oder T_2 „echt“ nichtlinear ist. In dieser Situation jedoch bereitet die Konstruktion von Elementen v_0 und w_0 mit (10A) i. a. Schwierigkeiten, womit die praktische Anwendbarkeit von (3.2) eingeschränkt wird. Im linearen Fall konnten wir dieses Problem im Rahmen der P-beschränkten Operatoren durch die Überlegungen am Schluß von Kapitel IV recht befriedigend lösen. Die Anwendungen in Kapitel VI werden die Wirkungsweise der Methode weiter beleuchten. Hier soll im Hinblick auf die Konstruktion von Anfangselementen v_0, w_0 mit (10A) noch eine Klasse „echt“ nichtlinearer Gleichungen mit nicht notwendig P-beschränkten Operatoren beschrieben werden. Wir kommen damit auf die Situation des Satzes (1.5) zurück, wobei die dort angenommene Monotonievoraussetzung für T durch die Annahme der monotonen Zerlegbarkeit gemildert wird. Unser Ergebnis ist in den Voraussetzungen spezieller als (3.2) und allgemeiner als (1.5), gewinnt aber gegenüber (3.2) eine Methode, die Anfangsbedingung (10A) konstruktiv zu realisieren.

3.4 $(X, \leqq, \| \ \|)$ sei ein h. n. Raum, dessen Kegel K innere Punkte besitze. T_1 und T_2 seien vollstetige, monotone Operatoren, welche K in X abbilden und die Ungleichungen

$$(14) \qquad \theta \leqq T_1 x \leqq Px + \sum_{i=1}^{r} Q_i x + y, \qquad T_2\theta \leqq T_2 x \leqq \theta \quad \text{für} \quad x \geqq \theta,$$

erfüllen. Dabei sei P ein linearer, monotoner und vollstetiger Operator auf X, $I - P$ besitze eine beschränkte, monotone Inverse auf X; Q_i sei ein q_i-homogener, monotoner und vollstetiger Operator auf K $(i = 1, \dots, r)$, und y sei $\geqq \theta$.

3.5 *In der durch* (3.4) *beschriebenen Situation existiert zu jedem* $e \in \mathring{K}$ *ein Element* x_N *der Folge*

$$(15) \qquad x_0 = \theta, \qquad x_{n+1} = Px_n + \sum_{i=1}^{r} Q_i x_n + y - T_2\theta + e$$

mit $\theta \leqq x_N$ *und* $T_1 x_N - T_2\theta \leqq x_N$.

Daher erfüllen die Elemente $v_0 = \theta$, $w_0 = x_N$ *die Anfangsbedingungen* (10A) *für eine Iteration* (10). *Nach* (3.2) *besitzt die Gleichung* $x = (T_1 - T_2)x$ *eine Lösung* $\bar{x}$ *mit der Fehlerabschätzung*

$$(16) \qquad \theta \leqq v_n \leqq v_{n+1} \leqq \bar{x} \leqq w_{n+1} \leqq w_n \qquad (n \in \mathbb{N}).$$

Beweis. Nach (1.5) definiert (15) eine konvergente Folge, deren Grenzwert $\bar{x} \geqq \theta$ die Gleichung $x = (P + Q)x - T_2\theta + e$ löst, wenn wir $Qx = \sum Q_i x + y$ wie im Beweis zu (1.4) setzen. Wegen (14) haben wir $\theta \leqq (P + Q)x_n - T_1 x_n (n \in \mathbb{N})$, woraus $(P + Q)\bar{x} - T_1\bar{x} + e \in K + \mathring{K} \subset \mathring{K}$

folgt. Daher strebt $x_n - T_1 x_n + T_2\theta = (P + Q)x_{n-1} + e - T_1 x_n$ gegen einen inneren Punkt von K, es muß also ein $N \in \mathbb{N}$ geben mit $\theta \leqq x_n - (T_1 x_n - T_2\theta)$ für $n \geqq N$. Aus (14) folgt überdies $\theta \leqq T_1\theta - T_2 x_N$, denn $\theta \leqq x_N$. □

Die durch (3.5) ausgedrückte Vorschrift zur Konstruktion von x_N läßt sich ganz analog formalisieren, wie es in (IV, 7.2) bei der Definition von $N_P(e)$ geschehen ist.

3.6 Hinweise. Zur Iteration (10A), (10) mit zwei monotonen Folgen vergleiche man die Hinweise (IV, 1.5) und (IV, 5.6). In der hier vorgelegten Form tritt (3.2) erstmalig bei J. Schröder [1959] auf. Für Vorläufer der Aussage siehe auch L. V. Kantorowitsch [1939], L. Collatz [1952b], L. Collatz-J. Schröder [1959], J. Schröder [1956b]. Eine ausführliche Darstellung findet der Leser bei L. Collatz [1964]. Zu den Ausführungen in (3.4) vgl. E. Bohl [1967]. Man beachte, daß (14) eine Bedingung in der Form

$$\theta \leqq (T_1 - T_2)x \leqq \left(P + \sum_{i=1}^{r} Q_i\right)x + y - T_2\theta \quad \text{für} \quad x \geqq \theta$$

impliziert.

Kapitel VI
Iterative Behandlung allgemeiner Gleichungssysteme

Dieses und das nächste Kapitel stellen einige Anwendungen der soweit entwickelten Theorie dar. In den vorliegenden Paragraphen gehen wir den Inhalt der ersten fünf Kapitel zunächst für den endlich dimensionalen Fall der Reihe nach durch. Die topologischen Verhältnisse liegen in dieser Situation besonders einfach. Daher gewinnen wir in § 1 sehr rasch einen vollständigen Überblick. Die hier eingeführte kanonische Halbordnung $<$ des $\mathbb{R}^m$ liefert den Zugang zu den wohl wichtigsten Aussagen unseres Themenkreises für endlich dimensionale Probleme. Die Frage nach monotonen bzw. streng-monotonen, linearen Operatoren auf $(\mathbb{R}^m, <)$ führt uns in § 2 zu den nichtnegativen bzw. primitiven nichtnegativen Matrizen mit den Aussagen über ihren Spektralradius, welche in § 3 zum Thema werden. Dort findet der Leser auch eine Diskussion der sog. Potenzmethode zur Berechnung des Spektralradius solcher Matrizen. Die weiteren Paragraphen sind dann der Anwendung des Inhalts der Kapitel IV und V gewidmet. Es sei hier ausdrücklich betont, daß wir nur Iterationsverfahren für lineare und nichtlineare Gleichungssysteme im Auge haben, welche theoretisch vollständig mit den Mitteln der beiden vorangegangenen Kapitel behandelt werden können. In § 5 ergibt sich dabei z. B., daß die beiden Sätze (IV, 3.2) und (IV, 3.3), welche das Kernstück des Ansatzes in Kapitel IV ausmachen, im endlich dimensionalen Fall bis auf triviale Ausnahmefälle übereinstimmen (vgl. (5.6) sowie (5.13)). Für eine umfassende Diskussion iterativer Methoden bei nichtlinearen Gleichungssystemen, welche dieses Thema nicht ausschließlich aus der Sicht eines einzigen theoretischen Ansatzes betrachtet, sei auf das Buch von J. M. Ortega und W. C. Rheinboldt [1970] verwiesen. Die Ausführungen in § 6 halten sich eng an das Buch von R. Varga [1962] und verdanken vieles der Darstellung [1971] von D. M. Young.

1. Die kanonische Halbordnung des $\mathbb{R}^m$

1.1 Sei m eine natürliche Zahl. $\mathbb{R}^m$ ist der reelle Vektorraum aller reellen, auf der Menge $\tau = \{1, 2, \ldots, m\}$ definierten Funktionen, seine Elemente heißen (m-dimensionale) Vektoren. Einen Vektor $t \in \mathbb{R}^m$ stellen wir durch seinen Wertebereich in der Form $(t_1, t_2, \ldots, t_m)$ dar, dabei heißt der Wert t_i an der Stelle i die i-te Komponente des Vektors t. Die Teilmenge $\mathbb{R}^m_+ = \{t \in \mathbb{R}^m : t_i \geqq 0 \text{ für } i \in \tau\}$ von $\mathbb{R}^m$ ist ein archimedischer Kegel, welcher die kanonische Halbordnung $<$ gemäß

(1) $$t < s \Leftrightarrow t_i \leqq s_i \quad \text{für} \quad i \in \tau$$

im $\mathbb{R}^m$ festlegt (vgl. (I, 1.3) oder (I, 2.4)). Jedoch haben die Zeichen $\leqq$ und $<$ zwischen reellen Zahlen die gewohnte Bedeutung in $\mathbb{R}$ (die Zweideutigkeit von $<$, welche durch (1) entsteht, wenn man $\mathbb{R}$ und $\mathbb{R}^1$ identifiziert, dürfte zu keinen Schwierigkeiten führen, da aus dem Zusammenhang immer klar hervorgeht, was gemeint ist). Der Kegel $\mathbb{R}^m_+$ besitzt Ordnungseinheiten, genauer gilt (vgl. (I, 2.9))

(2) $$o\mathbb{R}^m_+ = \{e \in \mathbb{R}^m : \quad e_i > 0 \quad \text{für} \quad i \in \tau\}.$$

Jedes $e \in o\mathbb{R}^m_+$ definiert die beiden Funktionale

(3) $$|t|_e = \operatorname{Min}\{e_i^{-1} t_i : \quad i \in \tau\}, \qquad \|t\|_e = \operatorname{Max}\{e_i^{-1} |t_i| : \quad i \in \tau\}$$

in $\mathbb{R}^m$ (vgl. (I, 3.6)). Dabei sind $\| \ \|_e$ paarweise äquivalente Normen, wenn e die Menge aller Ordnungseinheiten durchläuft. Jede von ihnen legt auf $\mathbb{R}^m$ die Ordnungstopologie fest, die zugleich einzige Normtopologie des $\mathbb{R}^m$. Mit δ bezeichnen wir jenen Vektor, dessen Komponenten δ_i sämtlich gleich 1 sind. Die durch ihn vermittelte Norm

$$\|t\|_\delta = \operatorname{Max}\{|t_i| : \quad i \in \tau\}$$

heißt auch kurz *Maximumnorm*. Jede Norm $\| \ \|_e$ ist als eine sog. *transponierte Norm* der Maximumnorm auffaßbar gemäß $\|t\|_e = \|E^{-1} t\|_\delta$, wenn man $E = \operatorname{diag}(e)$ setzt und unter $\operatorname{diag}(s)$ $(s \in \mathbb{R}^m)$ diejenige $(m \times m)$-Matrix versteht, welche außerhalb der Hauptdiagonalen lauter Nullen und an der Stelle (i, i) die Zahl s_i $(i \in \tau)$ hat. Die Zahlen $e_i > 0$ $(i \in \tau)$ heißen bei dieser Betrachtungsweise auch „*Gewichtsfaktoren*“. Diese sind bei t anzubringen, bevor die Maximumnorm gebildet wird. Ebenso erhalten wir $|t|_e = |E^{-1} t|_\delta$ für $t \in \mathbb{R}^m$ und $e \in o\mathbb{R}^m_+$.

1.2 Jedes $t \in \mathbb{R}^m$ zeichnet die Teilmenge $\tau(t) = \{i \in \tau : t_i = 0\}$ von τ aus (vgl. (I, 2.9)). Offenbar gilt

(4) $$\tau(e + z) = \tau(e) \cap \tau(z), \quad \text{falls} \quad e, z \in \mathbb{R}^m_+ ;$$

dann ist nämlich $(e + z)_i = 0$ gleichbedeutend mit $e_i = -z_i$, also mit $e_i = 0$ und $z_i = 0$, denn $e_i \geqq 0$, $z_i \geqq 0$ für $i \in \tau$. Weiter definiert jedes $e \in \mathbb{R}^m_+$ den linearen Unterraum $(\mathbb{R}^m)_e$ (vgl. (I, 2.9)), für den wir nun kürzer die Schreibweise $\mathbb{R}^m_e$ verwenden wollen. Nach (I, 1) wird

(5) $$\mathbb{R}^m_e = \{t \in \mathbb{R}^m : \quad \tau(e) \subset \tau(t)\}.$$

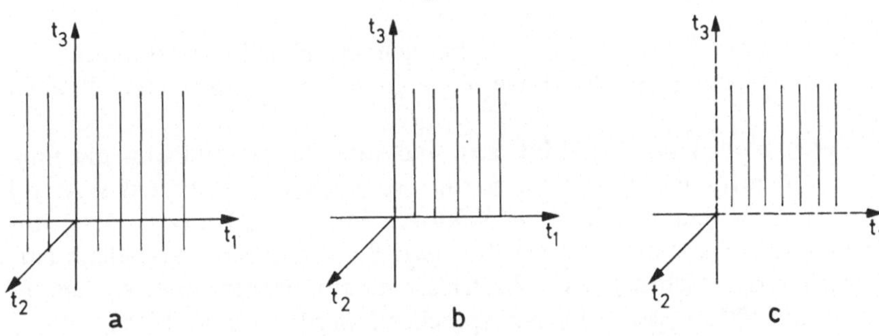

Abb. 6. Die Mengen $\mathbb{R}^3_e$, $\mathbb{R}^3_{+e}$, $o\mathbb{R}^3_e$ für $e = (1, 0, 1)$

Der Kegel $\mathbb{R}^m_+$ induziert den kanonischen Kegel $(\mathbb{R}^m_+)_e = \mathbb{R}^m_+ \cap \mathbb{R}^m_e$ und damit die kanonische Halbordnung $<$ in $\mathbb{R}^m_e$. Für $(\mathbb{R}^m_+)_e$ wählen wir wieder das bequemere Symbol $\mathbb{R}^m_{+e}$. Dieser Kegel besitzt Ordnungseinheiten, mit (I, 2) erhalten wir

$$(2') \qquad o\mathbb{R}^m_{+e} = \{z \in \mathbb{R}^m_+ : \quad \tau(z) = \tau(e)\}.$$

Ist $e \in \mathbb{R}^m_+$, so gehört e zu $o\mathbb{R}^m_{+e}$, nach (I, 3.4) definiert e die beiden Funktionale $|\ |_e$ und $\|\ \|_e$ auf $\mathbb{R}^m_e$, welche wegen (I, 3.6) durch

$$(3') \quad |t|_e = \mathrm{Min}\{e_i^{-1} t_i : i \in \tau - \tau(e)\}, \quad \|t\|_e = \mathrm{Max}\{e_i^{-1}|t_i| : i \in \tau - \tau(e)\}$$

gegeben sind. Dabei muß man das Minimum und Maximum über die leere Menge gleich Null setzen. Wiederum ist $\|\ \|_e$ eine Norm auf $\mathbb{R}^m_e$, welche dort die Ordnungstopologie festlegt. Es ist $z \in o\mathbb{R}^m_{+e} \Leftrightarrow e \in o\mathbb{R}^m_{+z} \Leftrightarrow \mathbb{R}^m_e = \mathbb{R}^m_z$, und die Normen $\|\ \|_e$, $\|\ \|_z$ sind in jedem dieser Fälle äquivalent. Selbstverständlich gehen (2') und (3') in (2) bzw. (3) über, falls e zu den Ordnungseinheiten von $\mathbb{R}^m_+$ gehört, weil dann $\tau(e) = \emptyset$ wird.

1.3 Wegen (II, 5.2) stellen wir fest, *daß* $(\mathbb{R}^m, \mathbb{R}^m_+, \|\ \|_e)$ *für jedes* $e \in o\mathbb{R}^m_+$ *ein h. B. Raum ist*, $\mathbb{R}^m_+$ ist also abgeschlossen und normal bezüglich $\|\ \|_e$, und $(\mathbb{R}^m, \|\ \|_e)$ ist ein Banachraum. *Dasselbe gilt für alle Räume* $(\mathbb{R}^m_e, \mathbb{R}^m_{+e}, \|\ \|_e)$ *mit* $e \in \mathbb{R}^m_+$, wie (II, 5.2) bestätigt.

1.4 Hinweise. Dem Begriff der transponierten Norm stellen wir in (3.1) jenen der transponierten Matrixnorm gegenüber. Für diesen Themenkreis vergleiche man die ausführliche Darstellung bei L. Collatz [1964] und die dort angegebene Literatur.

2. Nichtnegative Matrizen

2.1 Eine reelle $(m \times m)$-Matrix P können wir als eine Funktion auffassen, welche $\tau \times \tau$ in $\mathbb{R}$ abbildet. Dementsprechend werden wir, wenn nichts anderes gesagt ist, mit P_{ij} das Element (oder den Funktionswert) von P an der Stelle $(i, j) \in \tau \times \tau$ bezeichnen. P heißt *nichtnegativ*, falls $P_{ij} \geqq 0$ in $\tau \times \tau$ ist. Im Falle $P_{ij} > 0$ in $\tau \times \tau$ nennt man P auch *positiv*.

Den reellen $(m \times m)$-Matrizen sind umkehrbar eindeutig die linearen Operatoren von $\mathbb{R}^m$ in sich zugeordnet (wir beziehen uns stets auf die Basis, welche durch die m Vektoren $(\delta_{1i}, \ldots, \delta_{mi})$ $(i = 1, \ldots, m)$ mit dem Kroneckersymbol δ_{ij} gegeben ist). Bei dieser Korrespondenz entsprechen den nichtnegativen Matrizen die monotonen, linearen Operatoren auf $(\mathbb{R}^m, <, \mathbb{R}^m_+)$. Dementsprechend werden wir $L_+[\mathbb{R}^m]$ mit der Menge der nichtnegativen $(m \times m)$-Matrizen identifizieren.

Sei $P \in L_+[\mathbb{R}^m]$ und $e \in \mathbb{R}^m_+$. Nach (III, 1.12) gilt $P(\mathbb{R}^m_e) \subset \mathbb{R}^m_e$ genau dann, wenn $Pe \in \mathbb{R}^m_e$, d. h. $\tau(e) \subset \tau(Pe)$, ist. Wegen

$$(Pe)_i = \sum_{j \notin \tau(e)} P_{ij} e_j \qquad (i \in \tau)$$

erhält man $\tau(e) \subset \tau(Pe)$ genau dann, wenn $P_{ij} = 0$ auf $\tau(e) \times (\tau - \tau(e))$ wird. Diese Forderung ist für $\tau(e) = \emptyset$ (d. h. $e \in o\mathbb{R}^m_+$) oder $\tau - \tau(e) = \emptyset$ (d. h. $e = \theta$) leer, entsprechend der trivialen Tatsache, daß jedes $P \in L_+[\mathbb{R}^m]$ die Unterräume $\mathbb{R}^m$ und $\mathbb{R}^m_\theta = \{\theta\}$ invariant läßt. Eine reelle $(m \times m)$-Matrix A heißt *zerfallend*, wenn es $\omega \subset \tau$ gibt mit

$$\text{(6)} \qquad \omega \neq \emptyset, \tau - \omega \neq \emptyset \quad \text{und} \quad A_{kj} = 0 \quad \text{in} \quad \omega \times (\tau - \omega),$$

andernfalls nennen wir A *nichtzerfallend*.

Z. B. ist A nichtzerfallend, falls $A_{i,i+1} \neq 0$ $(i = 1, \ldots, m-1)$ und $A_{m1} \neq 0$ ausfallen. Sei nämlich $\omega \subset \tau$ mit $A_{kj} = 0$ in $\omega \times (\tau - \omega)$, so gilt $i \in \omega \Rightarrow i + 1 \in \omega$ für $i = 1, \ldots, m-1$ sowie $m \in \omega \Rightarrow 1 \in \omega$. Daher kann $\omega \neq \emptyset$ nur im Falle $\omega = \tau$ sein.

$P \in L_+[\mathbb{R}^m]$ ist genau dann zerfallend, wenn es einen echten Unterraum $\mathbb{R}^m_e$ von $\mathbb{R}^m$ mit $e \in \mathbb{R}^m_+ - \{\theta\}$ gibt, welcher unter P invariant bleibt. Man braucht es nur so einzurichten, daß $\omega = \tau(e)$ wird. Mit Hilfe der Teilmenge

$$Z(P) = \{z \in \mathbb{R}^m_+ : z \neq \theta, P(\mathbb{R}^m_z) \subset \mathbb{R}^m_z\} = \{z \in \mathbb{R}^m_+ : z \neq \theta, \tau(z) \subset \tau(Pz)\}$$

von $\mathbb{R}^m_+$, welche stets jedenfalls $o\mathbb{R}^m_+$ enthält, können wir diesen Sachverhalt auch so ausdrücken: *eine nichtnegative $(m \times m)$-Matrix P zerfällt dann und nur dann nicht, wenn $Z(P) = o\mathbb{R}^m_+$ ist.* Z. B. besteht $L_+[\mathbb{R}^1]$ aus lauter nicht zerfallenden Elementen, das geht auch unmittelbar aus der Definition hervor. In diesem Zusammenhang sei daran erinnert, daß $P(\mathbb{R}^m_e) \subset \mathbb{R}^m_{Pe}$ für jedes $P \in L_+[\mathbb{R}^m]$ und jedes $e \in \mathbb{R}^m_+$ gilt, wie wir in (III, 1.12) allgemein hergeleitet haben.

Im folgenden bezeichnen wir die Anzahl der Elemente einer Teilmenge ω von τ mit $|\omega|$, etwa $|\tau| = m$.

2.2 *Sei $P \in L_+[\mathbb{R}^m]$ und $z \in Z(P)$ mit $|\tau(w)| \leqq |\tau(z)|$ für alle $w \in Z(P)$. Dann gilt $|\bigcap\{\tau(P^i e): i = 0, \ldots, n\}| \leqq m - 1 - n$ für $n \in \{0, \ldots, m - 1 - |\tau(z)|\}$ und jedes $e \in \mathbb{R}^m_{+z} - \{\theta\}$. Speziell finden wir $\bigcap \{\tau(P^i e): i = 0, \ldots, m - 1 - |\tau(z)|\} = \tau(z)$. Ist P nicht zerfallend, so gilt wegen $Z(P) = o\mathbb{R}^m_+$ insbesondere $\bigcap\{\tau(P^i e): i = 0, \ldots, m - 1\} = \emptyset$ für alle $e \in \mathbb{R}^m_+ - \{\theta\}$.*

Beweis. Wegen $e \neq \theta$ ist $\tau(e) \neq \tau$, also $|\tau(e)| \leqq |\tau| - 1 = m - 1$. Das aber verlangt die Behauptung für $n = 0$. (2.2) sei nun bis zu einem $n \in \{0, \ldots, m - 2 - |\tau(z)|\}$ bewiesen. Um die Behauptung für $n + 1$ einzusehen, bemerken wir zunächst die triviale Inklusion

$$(7) \quad \bigcap\{\tau(P^i e): \quad i = 0, \ldots, n + 1\} \subset \bigcap\{\tau(P^i e): \quad i = 0, \ldots, n\}.$$

Nun betrachten wir das Element $w = \sum_{i=0}^n P^i e$, welches wegen $e \in \mathbb{R}^m_{+z} - \{\theta\}$ und $z \in Z(P)$ zu $\mathbb{R}^m_{+z} - \{\theta\}$ gehört, und unterscheiden zwei Fälle:

a) $w \in o\mathbb{R}^m_{+z}$: dann ist $\tau(z) = \tau(w) = \bigcap\{\tau(P^i e): i = 0, \ldots, n\}$ wegen (4) und (2'). Mit (7) ergibt sich daher

$$|\bigcap\{\tau(P^i e): \quad i = 0, \ldots, n + 1\}| \leqq |\tau(w)| = |\tau(z)| \leqq m - 1 - k$$

für alle $k \in \{0, \ldots, m - 1 - |\tau(z)|\}$. Das liefert die Behauptung für $n + 1$ im vorliegenden Fall.

b) $w \notin o\mathbb{R}^m_{+z}$, also $|\tau(z)| < |\tau(w)|$: Nach der Konstruktion von z bedeutet dies $w \notin Z(P)$ oder $\tau(w) \not\subset \tau(Pw)$, weil $w \neq \theta$. (4) zeigt daher

$$\bigcap\{\tau(P^i e): i = 0, \ldots, n\} = \tau(w) \not\subset \tau(Pw) = \bigcap\{\tau(P^i e): \quad i = 1, \ldots, n+1\}.$$

Es gibt also ein $j \in \tau$, welches zwar zu jedem $\tau(P^i e)$ $(i = 0, \ldots, n)$, nicht aber zu $\tau(P^{n+1} e)$ gehört. Wegen (7) ist damit der Beweis zuende. □

2.3 Satz. *Sei P eine nichtnegative, nichtzerfallende $(m \times m)$-Matrix mit mindestens einem positiven Hauptdiagonalelement. Dann ist P^{2m-2} eine positive Matrix. Genauer gilt, daß die i-te Spalte der Matrix P^{m-1} lauter positive Elemente besitzt, falls $P_{ii} > 0$ ausfällt. Daher ist schon P^{m-1} positiv, falls alle Hauptdiagonalelemente von P positiv sind.*

Beweis. a) Sei $P_{ii} > 0$ und $e \in \mathbb{R}^m_+$ mit $\tau(e) = \tau - \{i\}$ für ein $i \in \tau$. Wegen $(Pe)_i = P_{ii} e_i > 0$ ist $\tau(Pe) \subset \tau - \{i\} = \tau(e)$. Daher gilt $e \in \mathbb{R}^m_{+Pe}$, also auch $P^{k-1} e \in \mathbb{R}^m_{+P^k e}$ (wegen (2.1)) oder $\tau(P^k e) \subset \tau(P^{k-1} e)$ $(k = 1, \ldots, m - 1)$. Daraus folgt $\tau(P^{m-1} e) = \bigcap\{\tau(P^i e): i = 0, \ldots, m - 1\}$, so daß (2.2) schließlich $\tau(P^{m-1} e) = \emptyset$ liefert. Der Vektor $P^{m-1} e$ besitzt also lauter positive Komponenten, d. h. $0 < (P^{m-1} e)_j = (P^{m-1})_{ji} e_i$ oder $(P^{m-1})_{ji} > 0$ für $j \in \tau$ wegen $\tau(e) = \tau - \{i\}$.

b) Wieder sei $i \in \tau$ so gewählt, daß $P_{ii} > 0$ ist. Ferner sei nun $e \in \mathbb{R}^m_+ - \{\theta\}$. Nach (2.2) existiert $r \in \{0, \ldots, m - 1\}$ mit $(P^r e)_i > 0$, weil i in mindestens einer der Mengen $\tau(P^j e)$ $(j = 0, \ldots, m-1)$ nicht vorkommt. Daher gilt

$$(P^{m-1+r}e)_k = \sum_{j=1}^{m} (P^{m-1})_{kj}(P^r e)_j \geqq (P^{m-1})_{ki}(P^r e)_i > 0$$

für $k \in \tau$, wenn man a) verwendet. Wegen $0 \leqq r \leqq m-1$ besitzt also $P^{2m-2}e$ für jedes $e \in \mathbb{R}^m_+ - \{\theta\}$ positive Komponenten (beachte $P(o\mathbb{R}^m_+) \subset o\mathbb{R}^m_+$), P^{2m-2} muß mithin eine positive Matrix sein. □

2.4 Das Ergebnis von Teil b) des obigen Beweises können wir im Falle $m \geqq 2$ auch so deuten: *zu jedem* $e \in \mathbb{R}^m_+ - \{\theta\}$ *gibt es ein* $k \in \{1, \ldots, 2m-2\}$ *mit* $P^k e \in o\mathbb{R}^m_+$. In der Sprechweise des dritten Kapitels besagt dies insbesondere, daß P einen streng-monotonen Operator auf $(\mathbb{R}^m, <, \mathbb{R}^m_+)$ definiert. Wir wollen in diesem Fall hinfort die Matrix P selber *streng-monoton* nennen. (2.3) liefert hinreichende Bedingungen für die strenge Monotonie eines $P \in L_+[\mathbb{R}^m]$, falls $m \geqq 2$ ist. Im nächsten Satz gewinnen wir daraus eine Charakterisierung der streng-monotonen Matrizen unter allen nichtnegativen Matrizen.

2.5 Satz. *Für jede von der Nullmatrix verschiedene Matrix* $P \in L_+[\mathbb{R}^m]$ *sind folgende Bedingungen äquivalent:*

(i) *P ist streng-monoton;*

(ii) *P^i ist nichtzerfallend für alle $i \in \tau$;*

(iii) *es gibt ein $k \in \tau$, so daß die Matrix P^k nicht zerfällt und mindestens ein positives Hauptdiagonalelement besitzt;*

(iv) *es gibt ein $r \in \mathbb{N}$, so daß die Matrix P^r positiv ist.*

Man beachte, daß wir die Nullmatrix nur deswegen ausdrücklich ausschließen müssen, weil diese im Falle $m = 1$ die Bedingung (ii) befriedigt, alle anderen Bedingungen aber nicht.

Beweis. Für $m = 1$ ist die Behauptung trivial. Es sei daher nun $m \geqq 2$ angenommen.

(i) ⇒ (ii): Mit P ist auch jede Potenz von P streng-monoton. Das folgt unmittelbar aus (III, 2.3) und (III, 2.4). Es reicht daher aus, zu zeigen, daß ein zerfallendes P nicht streng-monoton ist. Nach (2.1) gibt es dann nämlich einen von θ verschiedenen Vektor $e \in \mathbb{R}^m_+ - o\mathbb{R}^m_+$ mit $P(\mathbb{R}^m_e) \subset \mathbb{R}^m_e$, also $P^k e \in \mathbb{R}^m_e$ oder $\tau(e) \subset \tau(P^k e)$ für alle $k \geqq 1$. Wegen $\tau(e) \neq \emptyset$ ist auch $\tau(P^k e) \neq \emptyset$, d. h. $P^k e \notin o\mathbb{R}^m_+$ für $k \geqq 1$, so daß P nicht streng-monoton sein kann.

(ii) ⇒ (iii): Da P nicht zerfällt, existiert ein $i \in \tau - \{1\}$ mit $P_{1i} > 0$. Sei nun $e \in \mathbb{R}^m_+$ mit $\tau(e) = \tau - \{i\}$. Dann ist $(Pe)_1 = P_{1i}e_i > 0$, und nach (2.2) gilt andererseits $\bigcap \{\tau(P^j Pe) : j = 0, \ldots, m-1\} = \emptyset$, so daß es ein $k \in \{1, \ldots, m\}$ gibt mit $i \notin \tau(P^k e)$. Daher wird $0 < (P^k e)_i = (P^k)_{ii} e_i$ oder $(P^k)_{ii} > 0$, weil $\tau(e) = \tau - \{i\}$.

(iii) $\Rightarrow$ (iv): Nach (2.3) ist $(P^k)^{2m-2} = P^{2k(m-1)}$ eine positive Matrix.

(iv) $\Rightarrow$ (i): Es ist $P^r(\mathbb{R}_+^m - \{\theta\}) \subset o\mathbb{R}_+^m$. □

2.6 Ein handliches hinreichendes Kriterium für die strenge Monotonie einer nichtnegativen $(m \times m)$-Matrix P ergibt sich aus (2.3) und kann auch aus der Bedingung (iii) des Satzes (2.5) abgeleitet werden. Es lautet: *P ist streng-monoton, falls P nicht zerfällt und wenigstens ein positives Hauptdiagonalelement besitzt.*

Unter den nichtzerfallenden Matrizen $P \in L_+[\mathbb{R}^m]$ mit verschwindender Hauptdiagonale gibt es streng-monotone Matrizen, etwa

$$P = \begin{bmatrix} 0 & 1 & 1 \\ 1 & 0 & 1 \\ 1 & 1 & 0 \end{bmatrix}, \qquad P^2 = \begin{bmatrix} 2 & 1 & 1 \\ 1 & 2 & 1 \\ 1 & 1 & 2 \end{bmatrix}$$

aber auch solche, die nicht streng-monoton sind, etwa

$$P = \begin{bmatrix} 0 & 1 & 0 \\ 1 & 0 & 1 \\ 0 & 1 & 0 \end{bmatrix}, \qquad P^2 = \begin{bmatrix} 1 & 0 & 1 \\ 0 & 2 & 0 \\ 1 & 0 & 1 \end{bmatrix}$$

(da P^2 zerfällt (für $\omega = \{2\}$ ist $(P^2)_{ij} = 0$ in $\omega \times (\tau - \omega)$), kann P nach der Bedingung (ii) von Satz (2.5) nicht streng-monoton sein). Jedoch ist jedes nichtzerfallende $P \in L_+[\mathbb{R}^m]$ wenigstens mit einem streng-monotonen $Q \in L_+[\mathbb{R}^m]$ vertauschbar, nämlich mit $Q = \lambda I + P$ $(\lambda > 0)$, falls die Hauptdiagonale von P verschwindet (sonst kann trivialerweise $\lambda = 0$ gewählt werden!). Jedenfalls ist Q mit P nichtzerfallend und besitzt überdies ein positives Element in der Hauptdiagonale, Q muß daher streng-monoton sein und ist offensichtlich mit P vertauschbar.

Den soeben beschriebenen Sachverhalt können wir verallgemeinern, so daß auch die zerfallenden Matrizen aus $L_+[\mathbb{R}^m]$ erfaßt werden:

2.7 Satz. *Sei $P \in L_+[\mathbb{R}^m]$. Dann existiert ein Vektor $e \in \mathbb{R}_+^m - \{\theta\}$ und ein $Q \in L_+[\mathbb{R}^m]$ mit:*

(a) *$PQ = QP$*; (b) *P und Q bilden $\mathbb{R}_e^m$ in sich ab*;

(c) *Q definiert einen streng-monotonen Operator auf* $(\mathbb{R}_e^m, <, \mathbb{R}_{+e}^m)$.

Die Matrix Q kann in der Form $Q = \lambda I + P$ mit einem beliebigen $\lambda > 0$ gewählt werden. Besitzt P lauter positive Hauptdiagonalelemente, so kann man sogar $\lambda = 0$, also $Q = P$ setzen.

Beweis. O. B. d. A. können wir alle Hauptdiagonalelemente von P positiv annehmen. Zu konstruieren ist ein Vektor $e \in \mathbb{R}_+^m - \{\theta\}$, so daß P den Raum $(\mathbb{R}_e^m, <, \mathbb{R}_{+e}^m)$ streng-monoton in sich abbildet: Wie in (2.2) wählen wir dazu ein $e \in Z(P)$ mit $|\tau(w)| \leqq |\tau(e)|$ für alle $w \in Z(P)$ und werden zeigen, daß jedes solche e das Verlangte leistet: Konstruktionsgemäß bildet P den Unterraum $\mathbb{R}^m_e$ in sich ab. Sei nun $w \in \mathbb{R}^m_{+e} - o\mathbb{R}^m_{+e}$ und $w \neq \theta$. Dann ist $P^k w \in \mathbb{R}^m_{+e}$, d. h. $\tau(e) \subset \tau(P^k w)$, und wir behaupten überdies sogar

$$(8) \qquad \tau(e) \subset \tau(P^{k+1} w) \subset \tau(P^k w) \quad \text{für} \quad k \geqq 1,$$

denn für $i \in \tau(P^{k+1} w)$ ist $0 = (P(P^k w))_i \geqq P_{ii}(P^k w)_i$, so daß wir $(P^k w)_i = 0$ oder $i \in \tau(P^k w)$ erhalten, weil $P_{ii} > 0$ ist. Sei $r = m - 1 - |\tau(e)|$, so zeigt (2.2) daher $\tau(P^r w) = \bigcap \{\tau(P^i w) : i = 0, \ldots, r\} = \tau(e)$. Damit aber sind wir am Ziel. □

2.8 Hinweise. I. Herstein [1954] zeigt die Äquivalenz der Bedingung (iv) des Satzes (2.5) mit folgender Aussage:

(v) *P ist nicht zerfallend, und P besitzt in den komplexen Zahlen keinen von $\sigma(P)$ verschiedenen Eigenwert, dessen absoluter Betrag mit $\sigma(P)$ übereinstimmt.*

Man nennt nichtnegative Matrizen mit der Eigenschaft (v) auch *primitiv*. Nach Satz (2.5) ist daher $P \in L_+[\mathbb{R}^m]$ *genau dann primitiv, wenn P streng-monoton ist.*

Die Frage nach dem kleinsten Index $r = r(P)$, so daß (iv) besteht, ist Gegenstand der Arbeit von I. Holladay und R. Varga [1958], in welcher unter anderem die von H. Wielandt [1950] ohne Beweis erwähnte Abschätzung

$$r(P) \leqq m^2 - 2m + 2 \qquad (m = \text{Reihenzahl von } P)$$

bewiesen wird. H. Wielandt notiert eine Matrix P, für welche diese Schranke tatsächlich angenommen wird. Wie im Beweisteil (ii) ⇒ (iii) zum Satz (2.5) kann man zeigen, daß es zu jedem $i \in \tau$ ein $k \in \tau$ mit $(P^k)_{ii} > 0$ gibt. Aus Satz (2.3) folgt damit sofort die Abschätzung

$$r(P) \leqq m^2 - m$$

für streng-monotones P. Gilt zusätzlich $P_{ii} > 0$ für alle $i \in \tau$, so beweist H. Wielandt [1950] die Ungleichung

$$r(P) \leqq m - 1,$$

welche auch aus dem Satz (2.3) folgt. Sind genau $d \geqq 1$ Diagonalelemente von P positiv, so wird

$$r(P) \leqq 2m - d - 1$$

nach I. Holladay und R. Varga [1958]. Weitere Einzelheiten über primitive Matrizen findet man bei R. Varga [1962] und in der dort angegebenen Literatur. Die Einteilung der nichtzerfallenden, nichtnegativen

Matrizen in primitive und *imprimitive* geht auf G. Frobenius [1912] zurück.

Der Beweis von Satz (2.3) hält sich eng an die Arbeit von J. Holladay und R. Varga [1958]. Dort wird auch die Implikation (iii) $\Rightarrow$ (iv) des Satzes (2.5) im Falle $k = 1$ benutzt. Die Bedingungen (ii) und (iii) in der im Text angegebenen Form und ihre Einordnung in die Reihe der Äquivalenzen von Satz (2.5) verdanke ich einer mündlichen Mitteilung von J. Lorenz (vgl. E. Bohl, W.-J. Beyn, J. Lorenz [1973]).

3. Der Spektralradius einer nichtnegativen Matrix

3.1 Sei $P \in L_+[\mathbb{R}^m]$ und $e \in o\mathbb{R}^m_+$. Die in (III, 2.5) definierten Funktionale $|P|_e$ und $\|P\|_e$ haben wegen (3) die einfache Gestalt:

(9) $$|P|_e = \mathrm{Min}\,\{e_j^{-1}(Pe)_j:\ j \in \tau\}, \quad \|P\|_e = \mathrm{Max}\,\{e_j^{-1}(Pe)_j:\ j \in \tau\}.$$

Dabei ist $\|P\|_e$ die Norm des Operators P bezüglich $\|\ \|_e$ (vgl. (III, 1.4)). Will man mehr die Matrix P im Gegensatz zu dem durch sie vermittelten Operator P hervorheben, so spricht man auch von der *Matrixnorm* $\|P\|_e$. In dieser Terminologie ist die spezielle Norm

(9′) $$\|P\|_\delta = \mathrm{Max}\left\{\sum_{k=1}^{m} P_{jk}:\ j \in \tau\right\} \quad \text{mit} \quad \delta = (1, \ldots, 1)$$

als *Zeilensummennorm* von P bekannt. Jede Matrixnorm der Form $\|P\|_e$ kann als sog. *transponierte Matrixnorm* aus der Zeilensummennorm gemäß $\|P\|_e = \|E^{-1}PE\delta\|_\delta = \|E^{-1}PE\|_\delta$ mit $E = \mathrm{diag}\,(e)$ gewonnen werden. Das geschieht völlig analog zur Beschreibung von $\|\ \|_e$ als transponierte Norm der Maximumnorm (3) in (1.1) und benutzt auch diesen Sachverhalt. Natürlich wird ebenso $|P|_e = |E^{-1}PE|_\delta$, wenn man (1.1) beachtet.

Nun wenden wir uns den Anwendungen der Ergebnisse von § 3 des dritten Kapitels auf nichtnegative Matrizen zu. Wir fassen zuerst die Existenzaussagen zusammen und gehen im Anschluß daran auf numerische Aspekte ein.

3.2 Satz. *Sei P eine nichtnegative $(m \times m)$-Matrix. Dann ist ihr Spektralradius ein Eigenwert von P, zu welchem es einen Eigenvektor mit lauter nichtnegativen Komponenten gibt. Besitzt P sogar einen Eigenvektor mit lauter positiven Komponenten, so muß der zugehörige Eigenwert mit $\sigma(P)$ übereinstimmen. — Ist P nicht zerfallend, so gibt es (bis auf Normierung) genau einen Eigenvektor z von P mit lauter nichtnegativen Komponenten; darüberhinaus sind alle Komponenten z_i von z sogar positiv,* *so daß $\sigma(P)$ zugehöriger Eigenwert ist. Schließlich erhalten wir im nichtzerfallenden Fall $\sigma(P) > 0$ und die Darstellung*

$$(10)\quad \operatorname{Max}\{\operatorname*{Min}_{j\in\tau} e_j^{-1}(Pe)_j:\quad e\in o\mathbb{R}_+^m\} = \sigma(P)$$

$$= \operatorname{Min}\{\operatorname*{Max}_{j\in\tau} e_j^{-1}(Pe)_j:\quad e\in o\mathbb{R}_+^m\}.$$

Beweis. Für die ersten Behauptungen wende man Satz (III, 3.2) auf die Matrix $I + P$ an. Dabei beachte man $1 \leqq |(I+P)\,\delta|_\delta \leqq \sigma(I+P) = 1 + \sigma(P)$ (vgl. (0, 6.6)). Wenn P nicht zerfällt, bemerken wir zunächst, daß $I + P$ nach Satz (2.5) streng-monoton ist und sämtliche Eigenvektoren mit P gemeinsam hat. Nun können wir Satz (III, 3.3) heranziehen und brauchen nur noch die Beziehungen $\sigma(I+P) = 1 + \sigma(P)$, $1 < |I+P|_e = 1 + |P|_e$ sowie $\|I+P\|_e = 1 + \|P\|_e$ $(e\in o\mathbb{R}_+^m)$, welche sich aus (9) ergeben, zu beachten, um den Beweis zu vollenden. □

Hier sei die Bemerkung angeschlossen, daß eine direkte Anwendung des Satzes (III, 3.3) auf die Matrix P im obigen Beweis im allgemeinen nicht möglich ist. In (2.6) nannten wir das Beispiel der nichtzerfallenden, nichtnegativen und zugleich nicht streng-monotonen Matrix

$$P = \begin{bmatrix} 0 & 1 & 0 \\ 1 & 0 & 1 \\ 0 & 1 & 0 \end{bmatrix}.$$

Nach Satz (3.2) hat P jedoch einen Eigenvektor mit positiven Komponenten, es ist der Vektor $(1, \sqrt{2}, 1)$ zum Eigenwert $\sigma(P) = \sqrt{2}$. Die beiden anderen Eigenvektoren lauten $(1, -\sqrt{2}, 1)$ bzw. $(1, 0, -1)$ zu den Eigenwerten $-\sqrt{2}$ bzw. 0 (vgl. Satz (3.2) sowie (v) in (2.8)).

3.3 Satz. *Sei P eine nichtnegative $(m\times m)$-Matrix, so gelten folgende Aussagen:*

(a1) *Für jede Folge $e^0\in o\mathbb{R}_+^m$, $e^{n+1} = (I+P)\,e^n$ $(n\in\mathbb{N})$ ist*

$$(11)\quad \operatorname*{Min}_{j\in\tau}\frac{(Pe^{n-1})_j}{e_j^{n-1}} \leqq \operatorname*{Min}_{j\in\tau}\frac{(Pe^n)_j}{e_j^n} \leqq \sigma(P) \leqq \operatorname*{Max}_{j\in\tau}\frac{(Pe^n)_j}{e_j^n} \leqq \operatorname*{Max}_{j\in\tau}\frac{(Pe^{n-1})_j}{e_j^{n-1}}$$

$$(\textit{für } n\in\mathbb{N}).$$

(a2) *Existiert zu jedem $i\in\tau$ ein $j\in\tau$ mit $P_{ij} > 0$, so gilt (11) auch für jede Folge $e^0\in o\mathbb{R}_+^m$, $e^{n+1} = Pe^n$ $(n\in\mathbb{N})$.*

(b1) *Sei P nichtzerfallend. Sei v irgendeine Ordnungseinheit (etwa $v = \delta$), und sei z der nach Satz (3.2) einzige Eigenvektor von P mit positiven Komponenten und $\|z\|_v = 1$. Für jede Folge $e^0\in o\mathbb{R}_+^m$, $e^{n+1} = (I+P)\,e^n$ $(n\in\mathbb{N})$ gelten (11) sowie*

$$\text{(12)}\quad \lim \operatorname*{Min}_{j\in\tau} \frac{(Pe^n)_j}{e_j^n} = \lim \operatorname*{Max}_{j\in\tau} \frac{(Pe^n)_j}{e_j^n} = \sigma(P)\,; \qquad \lim \frac{e^n}{\|e^n\|_v} = z.$$

Außerdem bleibt die Aussage von (a2) *gültig, weil jede nichtzerfallende Matrix sicher die Zusatzvoraussetzung von* (a2) *erfüllt.*

(b2) *Es sei P nichtzerfallend, und es existieren Indizes $i, j \in \tau$, so daß auch P^i nichtzerfallend und $(P^i)_{jj} > 0$ ist. Dann gelten* (11) *und* (12) *für jede Folge $e^0 \in o\mathbb{R}^m_+$, $e^{n+1} = Pe^n$ $(n \in \mathbb{N})$.*

Mit hochgestelltem Index bezeichnen wir hinfort Elemente einer Folge von Vektoren, im obigen Fall e^n. Für die j-te Komponente von e^n benutzen wir das Symbol e_j^n $(j \in \tau)$. Eine Verwechselung mit der n-ten Potenz der Zahl e_j dürfte aus dem Zusammenhang heraus immer ausgeschlossen sein.

Zum *Beweis* berufen wir uns vorab auf die Darstellung (9) der Funktionale $|P|_e$ sowie $\|P\|_e$ und darüberhinaus im Falle

(a1) auf (III, 2.6) (beachte, daß $I + P$ und P vertauschbar sind und daß $I + P$ jeden Vektor mit positiven Komponenten in einen solchen mit positiven Komponenten verwandelt!) und Satz (III, 3.2);

(a2) auf Satz (III, 3.2), denn unter den Voraussetzungen von (a2) bildet schon P die Menge $o\mathbb{R}^m_+$ in sich ab;

(b1) auf Satz (III, 2.7) (beachte den Hinweis zum Beweis von (a1) und daß $I + P$ unter den Voraussetzungen von (b1) nach Satz (2.5) streng-monoton ist);

(b2) auf Satz (III, 3.3), bei den zusätzlichen Annahmen von (b2) ist nämlich P selber streng-monoton, wie Satz (2.5) bestätigt. □

3.4 Bei den Beweisen von (a1) und (b1) stützen wir uns unter anderem auf die Vertauschbarkeit der Matrizen P und $I + P$, wir nutzen daher in gewisser Weise die durch die Voraussetzungen von Satz (III, 2.7) beschriebene Situation in ihrer allgemeinsten Form aus. Hier sei eine nichtzerfallende Matrix P genannt, die also durch (b1) erfaßt wird, für welche aber alle Grenzwertaussagen (12) falsch sind, wenn man gemäß $e^{n+1} = Pe^n$ $(n \in \mathbb{N})$ iteriert und dabei den Anfangsvektor e^0 beliebig in $o\mathbb{R}^m_+$ zuläßt. Wir betrachten wieder die schon in (3.2) behandelte Matrix und geben gleich alle ihre Potenzen an:

$$\text{(13)}\quad P = \begin{bmatrix} 0 & 1 & 0 \\ 1 & 0 & 1 \\ 0 & 1 & 0 \end{bmatrix} \quad P^2 = \begin{bmatrix} 1 & 0 & 1 \\ 0 & 2 & 0 \\ 1 & 0 & 1 \end{bmatrix} \quad \begin{matrix} P^{2n+1} = 2^n P \\ \\ P^{2n} \;\;\, = 2^{n-1} P^2 \end{matrix} \qquad (n \in \mathbb{N}).$$

Damit wird $e^{2n} = P^{2n}e^0 = 2^{n-1}Pe^1$, $e^{2n+1} = P^{2n+1}e^0 = 2^n e^1$ $(n \in \mathbb{N})$, und mit $v = e^1$ erhalten wir

(14) $e^{2n}\|e^{2n}\|_v^{-1} = \|P\|_v^{-1}\, Pv, \qquad e^{2n+1}\|e^{2n+1}\|_v^{-1} = v \qquad (n \in \mathbb{N})$,

so daß Konvergenz der Folge $e^n\|e^n\|_v^{-1}$ genau dann vorliegt, wenn $Pv = \|P\|_v v$, d. h. wenn $(e_1 + e_3, 2e_2, e_1 + e_3) = P^2e^0 = Pv = \|P\|_v v = \|P\|_v Pe^0 = \|P\|_v(e_2, e_1 + e_3, e_2)$ gilt, wobei $e_i = e_i^0$ $(i \in \tau)$ gesetzt ist. Die so beschriebene Konvergenzbedingung ist gleichbedeutend mit $\|P\|_v = \sqrt{2}$ und der Beziehung

(15) $$e_1 + e_3 = \sqrt{2}e_2$$

für die drei Komponenten des Startvektors e^0. Daher führen nur solche Startvektoren zu einer konvergenten Folge (14), welche in dem durch die Vektoren $(s + 2t, \sqrt{2}(s + t), s)$ beschriebenen Ebenenstück von $o\mathbb{R}_+^3$ liegen. Alle anderen Folgen (14) zerfallen in zwei konvergente Teilfolgen mit verschiedenen Grenzwerten, welche ihrerseits vom gesuchten Eigenvektor verschieden sind. Die Untersuchung der beiden übrigen Grenzwerte aus (12) führt auf dieselbe Konvergenzforderung (15), weil

$$\begin{matrix}\text{Min}\\ \text{Max}\end{matrix}\left\{\frac{(Pe^n)_j}{e_j^n}:\ j = 1, 2, 3\right\} = \begin{matrix}\text{Min}\\ \text{Max}\end{matrix}\left\{\frac{2e_2}{e_1 + e_3},\ \frac{e_1 + e_3}{e_2}\right\} \qquad (n \geqq 1)$$

ist, wie man leicht nachrechnet. Die Einschließungsaussage (11) jedoch ist an (15) nicht gebunden, denn

$$\text{Min}\left\{\frac{2e_2}{e_1 + e_3},\ \frac{e_1 + e_3}{e_2}\right\} \leqq \sqrt{2} \leqq \text{Max}\left\{\frac{2e_2}{e_1 + e_3},\ \frac{e_1 + e_3}{e_2}\right\}$$

gilt für je drei positive reelle Zahlen e_1, e_2 und e_3. Der Übergang zur Iteration gemäß $e^{n+1} = (I + P)e^n$ führt bei beliebigem Start $e^0 \in o\mathbb{R}_+^m$ nach (b1) sofort zu einer konvergenten Folge, für welche (12) zutrifft.

In einem weiteren Beispiel wollen wir zeigen, daß es auch im Falle (a2) vorteilhafter sein kann, mit der Matrix $I + P$ zu iterieren als mit P selbst. Wir betrachten

$$P = \begin{bmatrix} 0 & 1 & 0 \\ 1 & 0 & 0 \\ 0 & 0 & 1 \end{bmatrix} \qquad \begin{matrix} P^{2n} = I \\ \\ P^{2n+1} = P \end{matrix} \qquad (n \in \mathbb{N}),$$

und erhalten $e^{2n} = P^{2n}e^0 = e^0$, $e^{2n+1} = P^{2n+1}e^0 = Pe^0$ $(n \in \mathbb{N})$, also bei Normierung bezüglich $v = e^0$

$$e^{2n}\|e^{2n}\|_v^{-1} = e^0, \qquad e^{2n+1}\|e^{2n+1}\|_v^{-1} = \|P\|_v^{-1}\, Pe^0 \qquad (n \in \mathbb{N}),$$

Konvergenz tritt nur im Falle $Pe^0 = \|P\|_v e^0$, also für alle Startvektoren $e^0 = (s, s, t)\,(s > 0, t > 0)$ des Eigenraumes zum Eigenwert $\sigma(P) = 1$ ein. Dieselbe Bedingung finden wir für die beiden anderen Grenzwerte aus (12). Nun wird in (a2) auch keine Konvergenz ausgesagt, dennoch tritt sie ein, wenn man gemäß $e^{n+1} = (I + P)\,e^n, e^0 \in o\mathbb{R}^m_+$ vorgeht, denn $(I+P)^n = 2^{n-1}(I + P)$, also $e^n = 2^{n-1}e^1$ $(n \geqq 1)$. Normierung bezüglich $v = e^1$ liefert

$$\frac{e^n}{\|e^n\|_v} = (e_1 + e_2, e_1 + e_2, 2e_3), \qquad \frac{(Pe^n)_j}{e_j^n} = 1 \quad \text{für} \quad j = 1, 2, 3, n \geqq 1,$$

wenn wir $e^0 = (e_1, e_2, e_3)$ setzen. Bei beliebigem Anfang $e^0 \in o\mathbb{R}^m_+$ liefert ein Iterationsschritt bereits die Lösung.

Wir kommen nun zu der allgemeineren Situation, welche durch den Satz (III, 2.7) beschrieben wird. Zunächst geben wir eine Formulierung für Matrizen, welche den Satz (2.5) berücksichtigt:

3.5 Satz. *Sei A eine reelle $(m \times m)$-Matrix. Es mögen reelle Zahlen λ_r $(r = 0, \ldots, k)$ derart existieren, daß die $(m \times m)$-Matrix $P = \sum_{r=0}^k \lambda_r A^r$ nichtnegativ ist und eine nichtzerfallende Potenz P^i mit mindestens einem positiven Hauptdiagonalelement $(P^i)_{jj}$ $\big((i, j) \in \tau \times \tau\big)$ besitzt. Dann gibt es einen Eigenvektor z von A mit lauter positiven Komponenten und einem zugehörigen reellen Eigenwert λ. Für jede Folge $e^0 \in o\mathbb{R}^m_+$, $e^{n+1} = Pe^n$ $(n \in \mathbb{N})$ gelten:*

$$\operatorname*{Min}_{j\in\tau} \frac{(Ae^{n-1})_j}{e_j^{n-1}} \leqq \operatorname*{Min}_{j\in\tau} \frac{(Ae^n)_j}{e_j^n} \leqq \lambda \leqq \operatorname*{Max}_{j\in\tau} \frac{(Ae^n)_j}{e_j^n} \leqq \operatorname*{Max}_{i\in\tau} \frac{(Ae^{n-1})_j}{e_i^{n-1}};$$

$$\lim \operatorname*{Min}_{j\in\tau} \frac{(Ae^n)_j}{e_j^n} = \lim \operatorname*{Max}_{j\in\tau} \frac{(Ae^n)_j}{e_j^n} = \lambda;$$

$$\lim \frac{e^n}{\|e^n\|_v} = \frac{z}{\|z\|_v} \quad \textit{für irgendein} \quad v \in o\mathbb{R}^m_+.$$

Es sei vermerkt, daß A unter den obigen Voraussetzungen nicht zerfällt, weil dies nach Satz (2.5) für P gilt.

3.6 Als ein sehr einfaches Beispiel für den Satz (3.5) nennen wir die Klasse jener reellen $(m \times m)$-Matrizen A, welche nicht zerfallen und die Bedingung

(16) $\quad \operatorname{sign}(A_{ij}) = \lambda_1 = \text{const}, \quad \text{falls} \quad A_{ij} \neq 0 \quad \text{und} \quad i \neq j \quad (i, j \in \tau)$

erfüllen. Dann hat nämlich $P = \lambda_0 I + \lambda_1 A$ für jedes $\lambda_0 > \operatorname{Max}\{|A_{ii}| : i \in \tau\}$ die in Satz (3.5) genannte Eigenschaft.

Hierzu gehören z. B. alle nichtzerfallenden *L-Matrizen.* Dabei nennt man eine reelle $(m \times m)$-Matrix A eine L-Matrix, falls für $i, j \in \tau$ die Ungleichungen

$$A_{ii} > 0 \quad \text{und} \quad A_{ij} \leqq 0 \qquad (i \neq j)$$

gelten.

3.7 Als Beispiel für den Satz (3.3) betrachten wir die Eigenwertaufgabe

$$x^{IV}(t) = \lambda(1+t)\,x(t) \quad (t \in [0,1]), \quad x(0) = x'(0) = x''(1) = x'''(1) = 0$$

(Biegeschwingung eines Stabes, vgl. L. Collatz [1960, 1963]), welche mit

$$\lambda^{-1} x(t) = \int_0^1 P(t,s)\,x(s)\,ds, \quad P(t,s) = \tfrac{1}{6}(1+s)\begin{cases} t^2(3s-t) & (t \leqq s) \\ s^2(3t-s) & (t \geqq s) \end{cases}$$

$(\lambda \neq 0,\ t, s \in [0,1])$ äquivalent ist.

Wir diskretisieren die Integralgleichung und verwenden dazu die Stützstellen $(t_i, s_j) = m^{-1}(i, j)$ $(i, j \in \tau)$ sowie die Trapezregel, um das Integral zu ersetzen. Das resultierende Matrixproblem $P^{(m)}e = \mu_m^{-1}e$ besitzt die $(m \times m)$-Matrix $P^{(m)}$ mit den Elementen

$$P_{ij}^{(m)} = m^{-1}P(t_i, s_j) \quad (j = 1, \ldots, m-1), \quad P_{im}^{(m)} = (2m)^{-1}\,P(t_i, s_m), \quad (i \in \tau),$$

welche offenbar die Forderungen von (b2) aus Satz (3.3) erfüllt. Iteration nach $e^{n+1} = P^{(m)}e^n$, $e^0 = \delta$ liefert in drei Schritten gemäß (11) die Schranken:

$m = 20$			$m = 100$		
$0.001011 \leqq$		$\leqq 0.216945$	$0.000041 \leqq$		$\leqq 0.216678$
$0.134543 \leqq$	$\sigma(P^{(20)})$	$\leqq 0.148121$	$0.133374 \leqq$	$\sigma(P^{(100)})$	$\leqq 0.147691$
$0.146372 \leqq$		$\leqq 0.146639$	$0.145939 \leqq$		$\leqq 0.146213$
$0.146597 \leqq$		$\leqq 0.146603$	$0.146172 \leqq$		$\leqq 0.146178$

Dazu geben wir in beiden Fällen noch einige Komponenten des Vektors $\|e^3\|_\delta^{-1}\, e^3 = z$ an:

i	$(m = 20)\, z_i$	$z_i\, (m = 100)$	i
4	0.063037	0.063080	20
8	0.227748	0.227873	40
12	0.458593	0.458771	60
16	0.723828	0.723975	80
20	1.0	1.0	100

$\sigma(P^{(m)})$ ist eine Näherung für einen Eigenwert, und die Komponente z_i liefert eine Näherung für den Funktionswert $e(m^{-1}i)$ einer zugehörigen Eigenfunktion des kontinuierlichen Ausgangsproblems. Die angegebenen Komponenten sind somit Approximationen zu $e(0.2j)$ $(j = 1, 2, 3, 4, 5)$. In (VII, 5.7), Beispiel b) kommen wir auf das kontinuierliche Problem zurück und behandeln es direkt. Dabei wird sich zeigen, daß die hier gewonnenen Näherungen schon sehr befriedigend ausfallen.

3.8 Hinweise. Für Literatur über Matrixnormen vgl. (1.4). Wie die Beispiele in (3.4) zeigen, kann der Satz (III, 2.7) in der vorliegenden Form nicht gültig bleiben, wenn man auf die strenge Monotonie des Operators S verzichtet.

Eine Diskussion der in diesem Paragraphen zusammengestellten Ergebnisse haben wir schon anhand der abstrakten Situation in Kapitel III vorgenommen. Wir verweisen auf die Hinweise in (III, 2.11) sowie in (III, 3.5). In diesem Zusammenhang wurde auch schon bemerkt, daß die wesentlichen Existenzaussagen des Satzes (3.2) auf O. Perron [1907] und G. Frobenius [1908, 1909, 1912] zurückgehen. Eine ausführliche Darstellung findet der Leser bei R. Varga [1962]. An dieser Stelle ist z. B. die Formel (10) des Satzes (3.2) bewiesen, welche ursprünglich in der Form eines Einschließungssatzes auf L. Collatz [1942a] zurückgeht. Die Monotonieaussage (11) wird auch bei J. Albrecht [1962] bemerkt.

4. P-Beschränktheit auf Teilmengen, Gesamt- und Einzelschrittverfahren

4.1 Sei nun $m \in \mathbb{N}$ und $\tau = \{1, \ldots, m\}$. Jede Abbildung x einer Teilmenge Y des $\mathbb{R}^m$ in den $\mathbb{R}^m$ wollen wir *Vektorfeld* oder einfach *Feld* nennen. Dieses ist also durch m reelle, in Y definierte Funktionen x_i $(i \in \tau)$ — die *Komponenten des Feldes* — festgelegt. Z. B. definiert jede reelle $(m \times m)$-Matrix A ein lineares Vektorfeld auf $\mathbb{R}^m$. Nach (IV, 2.5) ist x genau dann ein *P-beschränktes Vektorfeld* auf einer Teilmenge Y des $\mathbb{R}^m$, wenn

(i) die Menge Y durch x in sich abgebildet wird und

(ii) P eine nichtnegative $(m \times m)$-Matrix ist, so daß für je zwei Vektoren $s, t \in Y$ die Ungleichungen

$$(17) \qquad |x_i(s_1, \ldots, s_m) - x_i(t_1, \ldots, t_m)| \leqq \sum_{j=1}^{m} P_{ij}|s_j - t_j| \qquad (i \in \tau)$$

bestehen.

Unter Verwendung des absoluten Betrages (I, 9) aus (I, 5.2) können wir (17) auch in der kompakten Form

$$(17')\qquad |x(s) - x(t)| < P|s - t|$$

schreiben (vgl. (IV, 2.4)).

4.2 Beispiele. a) Das Feld x bilde eine konvexe Teilmenge Y (vgl. (0, 4.2)) des $\mathbb{R}^m$ stetig differenzierbar in sich ab. Alle partiellen Ableitungen $D_j x_i$ von x_i nach t_j $(i, j \in \tau)$ seien auf Y beschränkt. Dann ist x ein P-beschränktes Feld auf Y, wenn man $P_{ij} = \sup\{|D_j x_i(t)| : t \in Y\}$ $(i, j \in \tau)$ setzt.

b) Sei A eine reelle $(m \times m)$-Matrix und $s \in \mathbb{R}^m$. Dann ist das durch

$$(18)\qquad x(t) = At + s$$

definierte Feld $|A|$-beschränkt auf $\mathbb{R}^m$, wenn man die Elemente der Matrix $|A|$ durch $|A|_{ij} = |A_{ij}|$ festlegt. Das folgt aus a) oder auch aus (IV, 2.4).

c) Ein Vektorfeld x, welches eine Teilmenge Y des $\mathbb{R}^m$ in den $\mathbb{R}^m$ abbildet, heißt *Diagonalfeld*, falls die i-te Komponente x_i eine Funktion nur einer reellen Variablen ist und $(x(t))_i = x_i(t_i)$ gilt für alle $t \in Y$ und alle $i \in \tau$.

Sei x ein stetiges monotones Diagonalfeld auf $(\mathbb{R}^m, <, \mathbb{R}^m_+)$ — jede Komponente x_i ist mithin eine monotone, reelle Funktion — und sei $D =$ diag (D_{ii}) eine Diagonalmatrix mit $D_{ii} > 0$ $(i \in \tau)$. Dann existiert das inverse Feld $(D + x)^{-1}$ und ist D^{-1}-beschränkt auf $\mathbb{R}^m$.

Beweis. Zunächst bildet jede der Funktionen $\lambda \to D_{ii}\lambda + x_i(\lambda)$ die reellen Zahlen eineindeutig auf sich ab, so daß das Diagonalfeld $D + x$ invertierbar und $(D + x)^{-1}$ auf dem ganzen $\mathbb{R}^m$ definiert ist. Weiter gelten für je zwei reelle Zahlen λ, μ die Ungleichungen

$$|\lambda - \mu| \leqq |\lambda - \mu + D_{ii}^{-1}(x_i(\lambda) - x_i(\mu))| \qquad (i \in \tau),$$

aus denen für $\lambda = ((D + x)^{-1} s)_i$, $\mu = ((D + x)^{-1} t)_i$ $(t, s \in \mathbb{R}^m)$ sofort

$$|(D + x)^{-1} s - (D + x)^{-1} t| < D^{-1}|s - t| \quad \text{für} \quad s, t \in \mathbb{R}^m$$

folgt. □

Ist x sogar ein differenzierbares, monotones Diagonalfeld auf $(\mathbb{R}^m, <, \mathbb{R}^m_+)$, so ist $x_i'(\lambda) \geqq 0$ für alle $\lambda \in \mathbb{R}$, und $(D + x)^{-1}$ bildet ein $(D + Q)^{-1}$-beschränktes Feld, wenn man $Q =$ diag (e) mit $e_i =$ inf $\{x_i'(\lambda) : \lambda \in \mathbb{R}\}$ $(i \in \tau)$ setzt. Dazu verwende man etwa a).

d) Aus den soweit angeführten Beispielen können wir durch folgende Konstruktionen weitere Sonderfälle gewinnen: einmal ist das Produkt $x \circ y$ eines P-beschränkten Feldes x auf $Y \subset \mathbb{R}^m$ und eines Q-beschränkten Feldes y auf Y ein PQ-beschränktes Feld auf Y (vgl. (IV, 2.1)) und zum anderen ist die Linearkombination $\lambda_1 x + \lambda_2 y$ $(\lambda_1, \lambda_2 \in \mathbb{R})$ mit einem P-beschränkten Feld x auf $\mathbb{R}^m$ und einem Q-beschränkten Feld y auf $\mathbb{R}^m$ ein $(|\lambda_1| P + |\lambda_2| Q)$-beschränktes Feld auf $\mathbb{R}^m$ (vgl. (IV, 2.4)). Interessanter ist eine grundlegende Konstruktion, zu der wir nun übergehen:

4.3 Es sei $Y \subset \mathbb{R}^m$ von der Produktform $Y = \times \{Y_i : i \in \tau\}$ mit Teilmengen $Y_i \subset \mathbb{R}$ $(i \in \tau)$. Einem Vektorfeld x auf Y ordnen wir sodann das Feld $\bar{x}$ gemäß

$$\text{(19)} \qquad \begin{aligned} &\bar{x}_1(t) = x_1(t), \qquad \bar{x}_i(t) = x_i(\bar{x}_1(t), \dots, \bar{x}_{i-1}(t), t_i, \dots, t_m) \\ &\qquad\qquad (i = 2, \dots, m) \quad \text{für} \quad t \in Y \end{aligned}$$

zu, von dem wir zunächst zeigen wollen, daß es Y in sich abbildet:

Dazu ist $\bar{x}_i(t) \in Y_i$ $(i \in \tau)$ für jedes $t \in Y = \times \{Y_i : i \in \tau\}$ einzusehen. Wegen $x(t) \in Y$ gilt sicher $\bar{x}_1(t) = x_1(t) \in Y_1$. Sei $\bar{x}_i(t) \in Y_i$ für $i = 1, 2, \dots, k$ mit $k \in \tau - \{m\}$ schon bewiesen, so gilt $s = (\bar{x}_1(t), \dots, \bar{x}_k(t), t_{k+1}, \dots, t_m) \in Y$, also auch $\bar{x}_{k+1}(t) = x_{k+1}(s) \in Y_{k+1}$, weil Y unter x invariant bleibt. □

Die durch (19) beschriebene Zuordnung sei nun am Spezialfall des Feldes $x(t) = At + s$ aus (18) genauer verfolgt. Nach (19) wird

$$\text{(20)} \qquad \bar{x}_i(t) = \sum_{j<i} A_{ij} \bar{x}_j(t) + \sum_{j \geqq i} A_{ij} t_j + s_i \qquad (i \in \tau),$$

wenn man im Falle $i = 1$ die erste leere Summe gleich Null setzt. Zur $(m \times m)$-Matrix A seien nun die $(m \times m)$-Matrizen $A_D = \operatorname{diag}(A_{ii})$ sowie A_L und A_R gemäß

$$\text{(21)} \quad (A_L)_{ij} = \begin{cases} A_{ij}, & \text{falls} \quad i > j \\ 0 \text{ sonst} \end{cases}, \qquad (A_R)_{ij} = \begin{cases} A_{ij}, & \text{falls} \quad i < j \\ 0 \text{ sonst} \end{cases}$$

gebildet, mit denen sich (20) in der kompakten Form $(I - A_L)\bar{x}(t) = (A_D + A_R)t + s$ schreibt. Wegen $\det(I - A_L) = 1$ existiert $(I - A_L)^{-1}$, so daß wir

$$\text{(18')} \qquad \bar{x}(t) = (I - A_L)^{-1}(A_D + A_R)t + (I - A_L)^{-1} s$$

für das dem Feld (18) durch (19) zugeordnete Feld erhalten. Speziell stellt (19) dem linearen Feld, welches eine Matrix A definiert, das lineare Feld an die Seite, welches von der Matrix $(I - A_L)^{-1}(A_D + A_R)$ gegeben wird. Dieser Sachverhalt legt die mit (19) übereinstimmende Schreibweise

$$\text{(22)} \qquad \bar{A} = (I - A_L)^{-1}(A_D + A_R)$$

für jede $(m \times m)$-Matrix A nahe. *Die so vermittelte Zuordnung bildet die nichtnegativen $(m \times m)$-Matrizen offenbar in sich ab*, denn für $P \in L_+[\mathbb{R}^m]$ ist wegen $\sigma(P_L) = 0$ (beachte, daß $\lambda = 0$ einziger Eigenwert von P_L

ist!) auch $(I - P_L)^{-1} \in L_+[\mathbb{R}^m]$ nach (IV, 7.5), so daß sich wegen (22) in der Tat $\bar{P} \in L_+[\mathbb{R}^m]$ ergibt.

4.4 *Sei x ein P-beschränktes Vektorfeld auf $Y = \times\{Y_i : i \in \tau\}$, dann ist $\bar{x}$ ein $\bar{P}$-beschränktes Vektorfeld auf Y, und es gilt:*

$$|x(s) - \bar{x}(t)| < P_L|s - \bar{x}(t)| + (P_D + P_R)|s - t| \qquad (s, t \in Y).$$

Beweis. Wegen der P-Beschränktheit von x gelten

$$|\bar{x}_i(s) - \bar{x}_i(t)| \leqq \sum_{j<i} P_{ij}|\bar{x}_j(s) - \bar{x}_j(t)| + \sum_{j\geqq i} P_{ij}|s_j - t_j| \qquad (i \in \tau),$$

$$|x_i(s) - \bar{x}_i(t)| \leqq \sum_{j<i} P_{ij}|s_j - \bar{x}_j(t)| + \sum_{j\geqq i} P_{ij}|s_j - t_j| \qquad (i \in \tau),$$

wenn man für $i = 1$ die erste leere Summe jeweils gleich Null setzt. Damit ist der Beweis zuende, wenn man bedenkt, daß $\bar{x}$ nach (4.3) ein Feld auf Y definiert sowie $(I - P_L)^{-1}$ existiert und zu $L_+[\mathbb{R}^m]$ gehört. □

4.5 Sei x ein Vektorfeld auf einer Teilmenge $Y = \times\{Y_i : i \in \tau\}$ des $\mathbb{R}^m$. Die Bedeutung der Konstruktion des Feldes $\bar{x}$ auf Y besteht zunächst darin, daß die beiden Gleichungssysteme

$$t = x(t) \quad \text{und} \quad t = \bar{x}(t) \tag{23}$$

offenbar dieselben Lösungen besitzen, zu deren Berechnung man daher wahlweise eines der Iterationsverfahren

$$t^0 \in Y; \qquad t^{n+1} = x(t^n) \quad \text{oder} \quad t^{n+1} = \bar{x}(t^n) \qquad (n \in \mathbb{N}) \tag{23'}$$

heranziehen kann. Ersteres nennt man *Jacobi-Verfahren* oder *Gesamtschrittverfahren* (*abgekürzt* GSV) *für das Feld* x, letzteres heißt *Gauß-Seidel-Verfahren* oder *Einzelschrittverfahren* (*abgekürzt* ESV) *für das Feld* x. Das GSV für das Feld $\bar{x}$ ist somit dasselbe wie das ESV für das Feld x. Komponentenweise schreiben sich beide Verfahren in der Form

$$\text{GSV:} \qquad t_i^{n+1} = x_i(t_1^n, \ldots, t_m^n) \qquad (i = 1, \ldots, m)$$

$$\text{ESV:} \quad t_1^{n+1} = x_1(t_1^n, \ldots, t_m^n), \quad t_i^{n+1} = x_i(t_1^{n+1}, \ldots, t_{i-1}^{n+1}, t_i^n, \ldots, t_m^n) \quad (i = 2, \ldots, m), \tag{23''}$$

dabei erinnern wir an die Schreibweise t^n für Elemente von Vektorfolgen und t_i^n für die i-te Komponente von t^n $(i \in \tau)$, welche in (3.3) eingeführt wurde. GSV und ESV für ein zusammengesetztes Feld $y \circ x$ auf Y liefern die Formeln

$$\text{GSV:} \qquad t_i^{n+1} = y_i(x(t_1^n, \ldots, t_m^n)) \quad (i = 1, \ldots, m)$$

$$\text{ESV}: t_1^{n+1} = y_1(x(t_1^n, \ldots, t_m^n)), \quad t_i^{n+1} = y_i(x(t_1^{n+1}, \ldots, t_{i-1}^{n+1}, t_i^n, \ldots, t_m^n)) \quad (i = 2, \ldots, m).$$

Ist das GSV *eine Iterationsvorschrift mit einem P-beschränkten Feld auf Y, so ist das* ESV *nach* (4.4) *eine solche mit einem $\bar{P}$-beschränkten Feld auf Y.* Wegen (22) hat man dabei $\bar{P} = (I - P_L)^{-1}(P_D + P_R)$ zu setzen.

4.6 Sei A eine reelle $(m \times m)$-Matrix mit $A_{ii} \neq 0$ für $i \in \tau$ und s ein Vektor des $\mathbb{R}^m$. Zur Lösung des Gleichungssystems

$$At = s \tag{24}$$

betrachten wir die beiden Verfahren

$$\begin{aligned} A_D t^{n+1} &= -(A_L + A_R)\, t^n + s \\ (A_D + A_L)\, t^{n+1} &= -A_R t^n + s \end{aligned} \qquad (t^0 \in \mathbb{R}^m, n \in \mathbb{N}). \tag{25}$$

Offenbar handelt es sich um Gesamtschrittverfahren für die Felder

$$\begin{aligned} x(t) &= -A_D^{-1}(A_L + A_R)\, t + A_D^{-1}s = J(A)\, t + A_D^{-1}s \\ \bar{x}(t) &= -(A_D + A_L)^{-1} A_R t + (A_D + A_L)^{-1} s = \overline{J(A)}\, t + (A_D + A_L)^{-1} s, \end{aligned} \tag{26}$$

wobei wir $J(A) = -A_D^{-1}(A_L + A_R)$ *Jacobimatrix von A* nennen. $\overline{J(A)} = -(A_D + A_L)^{-1} A_R$ ergibt sich aus (22) wegen $J(A)_D =$ Nullmatrix, $J(A)_L = -A_D^{-1} A_L$ sowie $J(A)_R = -A_D^{-1} A_R$ (beachte auch (18) und (18')!). Der Konstruktion nach geht es bei der in (25) zuletzt angegebenen Vorschrift um das ESV für das Feld x aus (26). Dementsprechend heißen die Iterationen in (25) auch GSV *bzw.* ESV *zum Gleichungssystem* (24). Beachten wir (4.2), Beispiel b) sowie (4.4), so ergibt sich:

a) *das* GSV *zum System* (24) *ist eine Iteration mit einem* $|J(A)|$-*beschränkten Feld auf* $\mathbb{R}^m$, *wobei* $|J(A)| = -J(|A|) = |A|_D^{-1}(|A|_L + |A|_R)$ *wird;*

b) *das* ESV *zum System* (24) *ist eine Iteration mit einem* $|(A_D + A_L)^{-1} A_R|$-*beschränkten Feld auf* $\mathbb{R}^m$, *welches gleichzeitig* $\overline{|J(A)|}$-*beschränkt ist.* Man erhält $\overline{|J(A)|} = \overline{-J(|A|)} = (|A|_D - |A|_L)^{-1} |A|_R$.

In § 7 werden wir sehen, daß es bei Fehlerabschätzungen für Iterationsverfahren mit P-beschränkten Vektorfeldern darauf ankommt, die beschränkende Matrix P unter der Bedingung (17) (oder (17')) möglichst „klein“ zu wählen. Nun ist offenbar $\overline{|J(A)|} - |(A_D + A_L)^{-1} A_R|$ eine nichtnegative Matrix, so daß $|(A_D + A_L)^{-1} A_R|$ die im Sinne von (17') bessere Abschätzung des Feldes $\bar{x}$ aus (26) liefern würde. Auf der anderen Seite kann man mit der Matrix $\overline{|J(A)|}$ numerisch bequemer arbeiten. Ist A speziell eine L-Matrix (vgl. (3.6)), gehören also A_D, $-A_L$ und

$-A_R$ zu $L_+[\mathbb{R}^m]$, so gilt $J(A) = |J(A)|$ und

$$|\overline{J(A)}| = |(A_D + A_L)^{-1} A_R| = (A_D + A_L)^{-1} |A_R| = \overline{|J(A)|}.$$

4.7 In dieser Nummer betrachten wir ein Gleichungssystem

$$(24') \qquad At = x(t)$$

unter der *Voraussetzung, daß A eine reelle* $(m \times m)$*-Matrix und x ein P-beschränktes Feld auf* $\mathbb{R}^m$ *sei.* Offenbar ist (24) ein Spezialfall von (24′), welcher sich für das konstante Feld $x \equiv s$ einstellt.

Zur Behandlung von (24′) wählen wir eine invertierbare reelle $(m \times m)$-Matrix B und iterieren gemäß

$$(25') \qquad B(t^n - t^{n+1}) = At^n - x(t^n).$$

Dies ist das GSV für das Feld $I - B^{-1}(A - x)$, welches ein $(I - B^{-1}(A - P))$-beschränktes Feld auf $\mathbb{R}^m$ darstellt, falls wir

$$B^{-1} \in L_+[\mathbb{R}^m], \qquad I - B^{-1}A \in L_+[\mathbb{R}^m]$$

voraussetzen (vgl. (4.2), Beispiel b) and d)), was etwa für jede invertierbare Matrix B mit $B^{-1}, B - A \in L_+[\mathbb{R}^m]$ erfüllt ist. Im letzten Fall liefert $A = B - (B - A)$ eine sog. *reguläre Zerlegung von A* (vgl. (6.3)). Besitzt A z. B. eine nichtnegative Inverse A^{-1}, so kann man $B = A$ wählen und erhält aus (25′) die Iteration

$$At^{n+1} = x(t^n).$$

Bei der Auswahl der Matrix B ist allerdings zu beachten, daß das in jedem Schritt zu lösende lineare Gleichungssystem (25′) „bequem" (also möglichst direkt) lösbar sein sollte. Auf die Auswahl von B im Zusammenhang mit regulären Zerlegungen von A gehen wir in § 6 genauer ein (vgl. auch § 7).

4.8 Wir beschließen diesen Paragraphen mit der Diskussion zweier Iterationsverfahren für ein Gleichungssystem (24′) in der Form

$$(24'') \qquad At + x(t) = \theta,$$

wobei nunmehr angenommen werde, *daß A eine reelle* $(m \times m)$*-Matrix mit* $A_{ii} > 0$ $(i \in \tau)$ *und x ein monotones, stetiges Diagonalfeld auf* $\mathbb{R}^m$ ist. Im Sonderfall eines konstanten Feldes x geht (24″) wiederum in (24) über.

Wir denken an zwei Rechenvorschriften, welche sich bei konstantem x auf (25) reduzieren und nennen sie dementsprechend GSV *bzw.* ESV *zum Gleichungssystem* (24″). Beide Verfahren sind gegeben durch

$$\text{GSV zu (24''):} \qquad A_D t^{n+1} + x(t^{n+1}) = -(A_L + A_R)\, t^n$$

$$(25'') \qquad \text{oder:} \qquad A_{ii} t_i^{n+1} + x_i(t_i^{n+1}) = -\sum_{j \neq i} A_{ij} t_j^n \quad (i = 1, \dots, m)$$

$$\text{ESV zu (24''):}\ (A_D + A_L) t^{n+1} + x(t^{n+1}) = -A_R t^n$$

$$\text{oder:} \qquad A_{11} t_1^{n+1} + x_1(t_1^{n+1}) = -\sum_{j=2}^{m} A_{1j} t_j^n$$

$$A_{ii} t_i^{n+1} + x_i(t_i^{n+1}) = -\sum_{j=1}^{i-1} A_{ij} t_j^{n+1} - \sum_{j=i+1}^{m} A_{ij} t_j^n$$

$$(i = 2, \dots, m).$$

In jedem Iterationsschritt müssen m i. a. nichtlineare, implizite Gleichungen einer reellen Veränderlichen gelöst werden. Für die praktische Anwendung ist die einfache und schnelle Lösbarkeit der dabei auftretenden Gleichungen erforderlich. Das wiederum hängt stark von der Beschaffenheit der Funktionen x_i $(i \in \tau)$ ab. Dieser für die numerische Rechnung wichtige Gesichtspunkt sollte nicht unbemerkt bleiben, wenn auch allein die eingangs genannten Voraussetzungen für einen vollständigen theoretischen Überblick ausreichen. (25″) sind nach (4.2), Beispiel c) und (4.5) nämlich nur Gesamtschrittverfahren für die Felder

$$(26') \qquad \begin{aligned} y(t) &= (A_D + x)^{-1}(-A_L - A_R)(t) \\ \bar{y}(t) &= \overline{(A_D + x)^{-1}(-A_L - A_R)}(t). \end{aligned}$$

Das ESV zu (24″) stimmt mit dem ESV für das Feld y überein. Nun ist $(A_D + x)^{-1}$ ein $(A_D + Q)^{-1}$-beschränktes Feld auf $\mathbb{R}^m$, wobei Q eine nichtnegative Diagonalmatrix, häufig aber die Nullmatrix sein wird (vgl. (4.2), Beispiel c)). Aus (26′) und (4.2), Beispiel d) folgt sofort die $(A_D + Q)^{-1}(|A|_L + |A|_R)$-Beschränktheit von y auf $\mathbb{R}^m$. Verwendet man endlich (4.4), so können wir zusammenfassend sagen:

a′) *das GSV zum System* (24″) *ist eine Iteration mit einem* $(A_D + Q)^{-1}(|A|_L + |A|_R)$*-beschränkten Feld auf* $\mathbb{R}^m$;

b′) *das ESV zum System* (24″) *ist eine Iteration mit einem* $(A_D + Q - |A|_L)^{-1}|A|_R$*-beschränkten Feld auf* $\mathbb{R}^m$, *denn*

$$\overline{(A_D + Q)^{-1}(|A|_L + |A|_R)} = (A_D + Q - |A|_L)^{-1}|A|_R.$$

Wie in (4.6) vereinfachen sich die beschränkenden Matrizen im Falle einer L-Matrix A.

Im nächsten Paragraphen werden wir zeigen, daß das GSV bzw. ESV zu (24″) bei beliebigem $t^0 \in \mathbb{R}^m$ konvergiert, falls

$$\sigma\big((A_D + Q)^{-1}(|A|_L + |A|_R)\big) < 1 \quad \text{bzw.} \quad \sigma\big((A_D + Q - |A|_L)^{-1}|A|_R\big) < 1$$

ausfällt (vgl. (5.2)) und daß beide Konvergenzbedingungen nur gemeinsam erfüllt sein können (vgl. (5.11)).

4.9 Diskretisierungsmethoden stellen einer Randwertaufgabe der allgemeinen Form

(RWA) $Ly = f(\cdot, y)$ *in* Ω, *lineare Bedingung auf dem Rande von* Ω

ein diskretes Problem der Art (24′) an die Seite. Hierbei ist L ein linearer (gewöhnlicher oder partieller) Differentialausdruck, Ω eine Teilmenge eines endlichen Produkts der reellen Zahlen und f eine Funktion, welche $\Omega \times Y$ in $\mathbb{R}$ abbildet mit $Y \subset \mathbb{R}$. Die Reihenzahl m des Systems (24′) ist gleich der Anzahl der Stützstellen $s_j \in \Omega$, welche bei der Aufstellung der Diskretisierung beteiligt sind. Sei $\bar{t}$ eine Lösung von (24′), so stellt $\bar{t}_j$ eine Näherung für $\bar{y}(s_j)$ dar, wenn $\bar{y}$ eine Lösung der Randwertaufgabe bezeichnet.

Die Berechnung von $\bar{t}$ geschieht i. a. nach einem Iterationsverfahren, welches die Folge $t^0, t^1, \ldots, t^n, \ldots$ liefern möge. Bei den Beispielen in diesem Text ist die Rechnung stets bei dem ersten Index $N \in \mathbb{N}$ abgebrochen, für welchen

$$\|t^{N-1} - t^N\|_\delta \leqq 10^{-k}$$

mit einer vorgegebenen Genauigkeit k gilt. Unsere Ergebnistabellen geben die Anzahl m der Unbekannten, die vorgegebene Genauigkeit k sowie einige Komponenten t_i^N des Vektors t^N an. Später erfolgt dann der Nachweis der Konvergenz mit gleichzeitiger Angabe einer Fehlerabschätzung. Wir betrachten ein

4.10 Beispiel.

$$-y'' = 1 - y^2 \quad \text{in} \quad (0, 1), \qquad y(0) = y(1) = 0.$$

Bei der Schrittweite $h = (m + 1)^{-1}$ ($m \in \mathbb{N}$) und den Stützstellen $s_j = jh$ ($j = 0, \ldots, m + 1$) liefert das gewöhnliche Differenzenverfahren das Gleichungssystem

$$-t_{i-1} + 2t_i - t_{i+1} + h^2(t_i^2 - 1) = 0 \qquad (i \in \tau = \{1, \ldots, m\})$$

$$t_0 = t_{m+1} = 0$$

von der Form (24″) mit

$$A_{ii} = 2, \qquad A_{ij} = -1 \qquad (|i - j| = 1), \qquad A_{ij} = 0 \quad \text{sonst} \quad (i, j \in \tau),$$

$$x_i(t_i) = h^2(t_i^2 - 1) \quad (i \in \tau).$$

Es erfüllt alle Bedingungen aus (4.8), wenn wir das Feld x ein wenig anders definieren und $x_i(t_i) \equiv -h^2$ für $t_i \leqq 0$ setzen ($i \in \tau$). Diejenigen

Lösungen des Systems, welche lauter nichtnegative Komponenten besitzen, bleiben durch diese Änderung unberührt. Die folgende Tabelle enthält die Ergebnisse des GSV und ESV zu (24″), welche in (4.8) behandelt werden. Die drei angegebenen Komponenten der Näherung t^N entsprechen den Näherungen für $\bar{y}(0.2)$, $\bar{y}(0.5)$, und $\bar{y}(0.7)$ (hierfür und für die Bedeutung von k, N vgl. (4.9)).

GSV					ESV		
k	N	t_i	m	i	t_i	N	k
		0.06783159		2	0.07217772		
3	38	0.10428360	9	5	0.11334439	26	3
		0.08825496		7	0.09639593		
		0.07463562		4	0.07672407		
4	68	0.11582477	19	10	0.11969295	38	4
		0.09759596		14	0.10088689		
		0.07816350		6	0.07866082		
5	263	0.12182033	29	15	0.12271141	136	5
		0.10244906		21	0.10319418		
		0.07902432		8	0.07911281		
6	548	0.12328328	39	20	0.12343973	291	6
		0.10363325		28	0.10376309		
		0.07918044		10	0.07919456		
7	916	0.12354866	49	25	0.12357339	543	7
		0.10384804		35	0.10386847		

Als Startvektor wird für $m = 9$ der Nullvektor gewählt. Die Startelemente für alle übrigen Dimensionen m ergeben sich durch quadratische Interpolation aus jeweils benachbarten Komponenten der Endnäherung t^N der nächst kleineren Dimension.

4.11 Hinweise. Die Ausführungen in (4.2), c) gehen auf J. M. Ortega und W. C. Rheinboldt [1970] zurück. Dort werden auch die unter (25″) zusammengestellten Verfahren behandelt. In Anlehnung an die sog. „*overrelaxation*" bei linearen Gleichungssystemen (vgl. (6.2)) führen die Verfasser noch einen Relaxationsfaktor ω ein, welcher im Intervall $(0, 1]$ variieren darf. Dieser könnte auch bei unserer Diskussion in (4.8), ohne die Ergebnisse zu beeinflussen, berücksichtigt werden. Allerdings besitzt der Fall $\omega = 1$, welcher die Verfahren in (25″) liefert, schon alle wesentlichen Eigenschaften.

Für die Aufstellung von Diskretisierungen bei Randwertaufgaben vergleiche man etwa L. Collatz [1960], G. D. Smith [1965], R. S. Varga [1962]. Weitere Einzelheiten geben wir im Rahmen der Diskussion von numerischen Beispielen in (7.4). In (7.1), (7.2) und (10.4), (10.5) untersuchen wir auch das Konvergenzverhalten der Verfahren aus (4.7), welche im linearen Fall bei R. S. Varga [1962] eingehend behandelt werden.

5. Konvergenzfragen bei der Iteration mit einem P-beschränkten Vektorfeld

5.1 Sei $m \in \mathbb{N}$. Eine nichtleere Teilmenge Y des $\mathbb{R}^m$ soll in diesem Paragraphen als Abstandsraum mit dem Abstand i_Y und der Abstandsmenge $(\mathbb{R}^m, \mathbb{R}^m_+, \| \ \|_e)$ für ein $e \in o\mathbb{R}^m_+$ (etwa $e = \delta$) aufgefaßt werden.

Die Abstandsmenge trägt dann ihre Ordnungstopologie (vgl. (1.1)) und Y jene metrische Topologie, welche durch die kanonische Metrik

$$(27) \quad d_e(s,t) = \|i_Y(s,t)\|_e = \|s - t\|_e = \operatorname{Max}\{e_j^{-1}|s_j - t_j| : \ j \in \tau\}$$

(vgl. (II, 16) in (II, 6.7) sowie (3)) gegeben wird.

Ist Y eine abgeschlossene Teilmenge von $(\mathbb{R}^m, \| \ \|_e)$, so ist (Y, d_e) vollständig, Y also ein vollständiger Abstandsraum im Sinne von (IV, 3.1). Daher erhalten wir unter Verwendung von (IV, 4.2) sofort den

5.2 Satz. *Sei x ein P-beschränktes Vektorfeld auf einer abgeschlossenen Teilmenge Y von $(\mathbb{R}^m, \| \ \|_e)$. Es sei $\sigma(P) < 1$. Dann konvergiert das* GSV

$$(28) \qquad t_i^{n+1} = x_i(t_1^n, \ldots, t_m^n) \qquad (i \in \tau)$$

für das Feld x bei beliebigem Startvektor $t^0 \in Y$ gegen die in Y eindeutig bestimmte Lösung $\bar{t}$ des Gleichungssystems

$$(29) \qquad t_i = x_i(t_1, \ldots, t_m) \qquad (i \in \tau),$$

und jedes $z \in \mathbb{R}^m$ mit

$$(28\text{A}) \qquad z_i \geqq 0, \qquad |t_i^0 - t_i^1| \leqq ((I - P)\,z)_i \qquad (i \in \tau)$$

liefert die Fehlerabschätzung

$$(30) \qquad |\bar{t}_i - t_i^n| \leqq (P^n z)_i \qquad (i \in \tau, n \in \mathbb{N}).$$

Da die Voraussetzung $\sigma(P) < 1$ nach (IV, 7.5) gleichbedeutend damit ist, daß $(I - P)^{-1}$ existiert und zu $L_+[\mathbb{R}^m]$ gehört, können wir folgende Sonderfälle von (30) anfügen:

$$(30') \qquad |\bar{t}_i - t_i^n| \leqq \left((I - P)^{-1} P^n e\right)_i \operatorname{Max}\{e_j^{-1}|t_j^0 - t_j^1| : \; j \in \tau\} \quad (i \in \tau, n \in \mathbb{N}, e \in o\mathbb{R}_+^m)$$

$$(30'') \qquad |\bar{t}_i - t_i^n| \leqq \left((I - P)^{-1} P^n |t^0 - t^1|\right)_i \qquad (i \in \tau, n \in \mathbb{N}).$$

5.3 Jedes P-beschränkte Feld x auf einer abgeschlossenen Teilmenge Y von $(\mathbb{R}^m, \|\ \|_e)$ definiert einen vollstetigen Operator auf Y bezüglich d_e, denn x bildet aufgrund der P-Beschränktheit beschränkte Teilmengen von Y in Teilmengen dieser Art ab, deren abgeschlossene Hülle mithin kompakt sein muß. Daher ist die Aussage (V2; B1) aus (IV, 5.2) anwendbar und liefert den

5.4 Satz. *Sei x ein P-beschränktes Vektorfeld auf einer abgeschlossenen Teilmenge Y des $\mathbb{R}^m$. Es gebe zwei Vektoren $t \in Y$, $z \in \mathbb{R}^m$ mit*

$$(31) \qquad z_i \geqq 0, \qquad |t_i - x_i(t)| \leqq \left((I - P)\, z\right)_i \qquad (i \in \tau).$$

Dann konvergiert das GSV (28) *für das Feld x mit dem durch* (31) *gegebenen Startvektor $t^0 = t$ gegen eine Lösung $\bar{t}$ des Gleichungssystems* (29), *und es gilt die Fehlerabschätzung* (30).

Auf dem Wege zu einem Vergleich der Konvergenzbedingungen der Sätze (5.2) und (5.4) bemerken wir zunächst:

5.5 *Sei x ein P-beschränktes Vektorfeld auf einer Teilmenge Y des $\mathbb{R}^m$. Ist $\sigma(P) < 1$, so existiert zu jedem $t \in Y$ ein $z \in \mathbb{R}^m$ mit* (31).

Beweis. Nach (IV, 7.5) gibt es nämlich ein $e \in o\mathbb{R}_+^m$, mit $(I - P)e \in o\mathbb{R}_+^m$. Daher kann man zu $t \in Y$ den Vektor $z = \|t - x(t)\|_{(I-P)e}\, e$ wählen, um (31) zu befriedigen.

5.6 Wegen (5.5) verlangt die Konvergenzbedingung des Satzes (5.2) jedenfalls nicht weniger als jene von Satz (5.4). Die Behauptung in (5.4) ist durch den Verzicht auf die Eindeutigkeitsaussage und durch die Abhängigkeit vom Startvektor schwächer gegenüber jener von (5.2). Das Beispiel (IV, 5.3) belegt, daß Eindeutigkeit bei (5.4) i. a. nicht erwartet werden kann. Wir geben nun ein auf ganz $\mathbb{R}^2$ definiertes und dort P-beschränktes Vektorfeld x an, so daß das GSV für x nur bei gewissen Anfangsvektoren eine konvergente Folge liefert, der Satz (5.2) also versagen muß, obwohl Satz (5.4) anwendbar bleibt. Wir meinen z. B. das Feld $x(t_1, t_2) = (0.5t_1 + 1, 2t_2)$, welches P-beschränkt auf $\mathbb{R}^2$ ist, wenn man $P = \operatorname{diag}(0.5, 2)$ setzt. Offenbar hat man $\sigma(P) = 2$, was die Anwendbarkeit von Satz (5.2) sofort ausschließt. Jedoch gilt (31), wenn man etwa $z = (1, 0)$ und $t^0 \in \{t : 1 \leqq t_1 \leqq 3, t_2 = 0\}$ wählt. Ferner übersieht man leicht, daß das GSV für x divergiert, sobald man die zweite Komponente t_2^0 des Startvektors t^0 von Null verschieden annimmt.

Das Konstruktionsprinzip bei diesem sowie bei dem Beispiel in (IV, 5.3) nutzt in gewisser Weise zwei Anomalien aus: in (IV, 5.3) erfüllen wir (31) durch die Wahl der Lösung des betrachteten Gleichungssystems für t, und indem wir z gleich dem Eigenvektor zum Eigenwert 1 von P setzen (eine offenbar immer gegebene triviale Möglichkeit); und im oben genannten Beispiel ist die beschränkende Matrix P des Feldes x zerfallend, so daß das zugehörige Gleichungssystem in zwei auflösbare, voneinander unabhängige Gleichungen zerfällt. Wir wollen nun zeigen, daß die Sätze (5.2) und (5.4) inhaltlich dieselbe Aussage machen, falls die beiden beschriebenen Situationen ausgeschlossen werden. Unser Ergebnis ist eine Folgerung der nachstehenden Aussage über nichtzerfallende Matrizen, die wir daher vorziehen:

5.7 Satz. *Es sei A eine reelle, nichtzerfallende $(m \times m)$-Matrix mit $A_{ij} \leqq 0$ für $i \neq j$ $(i, j \in \tau)$. Dann sind folgende Bedingungen äquivalent:*

(i) *es gibt ein $e \in \mathbb{R}_+^m$ mit $Ae \in \mathbb{R}_+^m - \{\theta\}$;*

(ii) *A besitzt eine nichtnegative Inverse A^{-1}.*

Bemerkung. Wir kommen in (6.12) auf eine schärfere Form dieser Aussage zurück. Hier genügt uns die vorgelegte Formulierung.

Beweis. (ii) $\Rightarrow$ (i) ist offensichtlich, weil jedes $e \in A^{-1}(\mathbb{R}_+^m - \{\theta\})$ die Forderung (i) erfüllt.

Sei nun (i) angenommen, dann beweisen wir (ii) in zwei Schritten und zeigen zunächst

a) A ist eine L-Matrix, also $A_{ii} > 0$ $(i \in \tau)$: Dazu betrachten wir den in (i) genannten Vektor e und wollen erstmal $\tau(e) = \emptyset$ einsehen. Für $i \in \tau(e)$ wäre nämlich

$$0 \leqq (Ae)_i = -\sum_{j \in \tau - \tau(e)} |A_{ij}|\, e_j \leqq 0$$

d. h. $A_{ij} = 0$ auf $\tau(e) \times (\tau - \tau(e))$. Da A nicht zerfällt, folgt notwendig $\tau(e) = \emptyset$ oder $\tau = \tau(e)$. Aber $\tau = \tau(e)$ ist ausgeschlossen, weil $Ae \neq \theta$ angenommen wird. Da die Ungleichungen

$$0 \leqq (Ae)_i = A_{ii} e_i - \sum_{j \neq i} |A_{ij}|\, e_j \qquad (i \in \tau)$$

nach (i) bestehen, sind somit zugleich die Beziehungen $A_{ii} > 0$ $(i \in \tau)$ bewiesen, denn A besitzt keine Zeile aus lauter Nullen.

b) Nach a) existiert die Jacobimatrix $J(A)$ mit $A_D(I - J(A)) = A$, und es ist $(I - J(A))\, e = A_D^{-1} A e \in \mathbb{R}_+^m - \{\theta\}$. Weil $I + J(A)$ nicht zerfällt, nicht negativ ist und Einsen in der Hauptdiagonale hat, also nach Satz (2.5) streng-monoton ist, gibt es einen Index $k \geqq 1$ mit

$$(I - J(A))(I + J(A))^k e = (I + J(A))^k \{(I - J(A))\,e\} \in o\mathbb{R}^m_+,$$

so daß $\{(I - J(A))(\mathbb{R}^m_+)\} \cap o\mathbb{R}^m_+ \neq \emptyset$ ist. Daher zeigt (IV, 7.5), daß $I - J(A)$ eine nichtnegative Inverse besitzt. Wegen $A = A_D(I - J(A))$ und $A_{ii} > 0$ $(i \in \tau)$ ist (ii) bewiesen. □

5.8 Folgerung. *Für jede nichtzerfallende, nichtnegative $(m \times m)$-Matrix P sind die nachstehenden Bedingungen äquivalent:*

(i) *es gibt ein $z \in \mathbb{R}^m_+$ mit $(I - P)\,z \in \mathbb{R}^m_+ - \{\theta\}$;*

(ii) $\sigma(P) < 1$.

Beweis. Auf die Matrix $A = I - P$ ist Satz (5.7) anwendbar und besagt, daß (i) genau dann gilt, wenn $I - P$ eine nichtnegative Inverse besitzt; (IV, 7.5) zeigt schließlich, daß letzteres mit (ii) äquivalent ist. □

Nun kommen wir auf das oben aufgeworfene Problem des Vergleichs der Konvergenzbedingungen der Sätze (5.2) und (5.4) zurück und beweisen den

5.9 Satz. *Sei x ein P-beschränktes Vektorfeld auf einer Teilmenge Y des $\mathbb{R}^m$. Es sei $x \neq I$ und P nichtzerfallend. Dann sind folgende Bedingungen gleichbedeutend:*

(i) $\sigma(P) < 1$;

(ii) *für jedes $t \in Y$ gibt es ein $z \in \mathbb{R}^m$, so daß* (31) *erfüllt ist;*

(iii) *für ein $t \in Y$ mit $t \neq x(t)$ gibt es ein $z \in \mathbb{R}^m$, so daß* (31) *erfüllt ist.*

In diesem Sinne können die Konvergenzbedingungen der Sätze (5.2) *und* (5.4) *nur gemeinsam befriedigt werden.*

Beweis. (i) ⇒ (ii): Wegen $\sigma(P) < 1$ liefert (IV, 7.5) sofort $(I-P)^{-1} \in L_+[\mathbb{R}^m]$. Wähle daher zu $t \in Y$ den Vektor $z = (I-P)^{-1}|t-x(t)|$, um (31) zu erfüllen.

(ii) ⇒ (iii): ist trivial, wegen $x \neq I$.

(iii) ⇒ (i): Nach (31) gilt $(I - P)\,z \in \mathbb{R}^m_+$ für ein $z \in \mathbb{R}^m_+$. Wegen $|t - x(t)| \neq \theta$ ist auch $(I - P)\,z \neq \theta$, und (5.8) vollendet den Beweis. □

5.10 Sei x ein P-beschränktes Feld auf einer abgeschlossenen Teilmenge Y des $\mathbb{R}^m$ der besonderen Form $Y = \times\,\{Y_i : i \in \tau\}$. Dann kann man zur Lösung von (29) neben dem GSV auch das ESV (23″) für das Feld x heranziehen. Da dieses mit dem GSV für das $\bar{P}$-beschränkte Feld $\bar{x}$ auf Y zusammenfällt (vgl. (4.5)), gelten die Sätze (5.2), (5.4) sowie (5.5) für das ESV entsprechend. Es müssen nur überall (außer in (29)!) das Feld x durch $\bar{x}$ und die Matrix P durch $\bar{P} = (I - P_L)^{-1}(P_D + P_R)$ ersetzt werden. Z. B. gilt für die Folge t^n die Iterationsvorschrift (23″) anstelle von (28), und die Konvergenzbedingung von Satz (5.4) verlangt nun die Existenz zweier Vektoren $s \in Y$, $e \in \mathbb{R}^m$ mit

$$(\overline{31}) \qquad e_i \geqq 0, \qquad |s_i - \bar{x}_i(s)| \leqq ((I - \bar{P})\,e)_i \qquad (i \in \tau).$$

5.11 Satz. *Sei x ein P-beschränktes Vektorfeld auf einer Teilmenge $Y = \times\{Y_i : i \in \tau\}$ des $\mathbb{R}^m$. Dann können die Konvergenzbedingungen $\sigma(P) < 1$ und $\sigma(\bar{P}) < 1$ bzw.* (31) *und* $(\overline{31})$ *nur gleichzeitig erfüllt sein. Genauer gelten folgende Implikationen:*

(a) *besteht* (31) *für $t \in Y$, $z \in \mathbb{R}^m$, so befriedigen $s = t$, $e = z$ die Bedingungen* $(\overline{31})$;

(b) *besteht* $(\overline{31})$ *für $s \in Y$, $e \in \mathbb{R}^m$, so befriedigen $t = \bar{x}(s)$, $z = \bar{P}e$ die Bedingungen* (31).

Beweis. Wir werden die Abkürzungen

$$(32) \quad P_1 = P_L,\ P_2 = P_D + P_R, \ \text{ also } \ P = P_1 + P_2,\ \bar{P} = (I - P_1)^{-1} P_2$$

verwenden, wobei $P_1, P_2, (I - P_1)^{-1} \in L_+[\mathbb{R}^m]$ gilt (vgl. (4.3)!). Die Ungleichung aus (4.4) schreibt sich damit in der Form

$$(33) \quad |x(v) - \bar{x}(w)| < P_1 |v - \bar{x}(w)| + P_2 |v - w| \qquad (v, w \in Y),$$

und nach Satz (III, 4.2) besteht genau eine der beiden Ungleichungsketten

$$\sigma(\bar{P}) \leqq \sigma(P) < 1; \qquad 1 \leqq \sigma(P) \leqq \sigma(\bar{P}),$$

womit wir unsere erste Behauptung bereits bewiesen haben.

zu (a): Mit (33) erhält man

$$|t - \bar{x}(t)| < |t - x(t)| + |x(t) - \bar{x}(t)| < |t - x(t)| + P_1 |t - \bar{x}(t)|$$

und daher

$$|t - \bar{x}(t)| < (I - P_1)^{-1} |t - x(t)|.$$

Daraus folgt die Behauptung, wenn man (IV, 58) und die Voraussetzung $|t - x(t)| < (I - P)\,z$ benutzt.

zu (b): Formel (33) liefert in diesem Fall

$$|t - x(t)| = |\bar{x}(s) - x(t)| < P_2 |s - \bar{x}(s)|.$$

Damit aber sind wir nach (IV, 58) fertig, weil $|s - \bar{x}(s)| < (I - \bar{P})\,e$ zu unserer Voraussetzung gehört. □

Nun können wir auch für das ESV einen zu (5.9) analogen Satz beweisen:

5.12 Satz. *Sei x ein P-beschränktes Vektorfeld auf einer Teilmenge $Y = \times\{Y_i : i \in \tau\}$ des $\mathbb{R}^m$. Es sei $\bar{x} \neq x\bar{x}$ und P nichtzerfallend. Dann sind folgende Bedingungen gleichbedeutend:*

(i) $\sigma(P) < 1$;

(ii) *für jedes* $s \in Y$ *gibt es ein* $e \in \mathbb{R}^m$, *so daß* $\overline{(31)}$ *erfüllt ist;*

(iii) *für ein* $s \in Y$ *mit* $\bar{x}(s) \neq x\bar{x}(s)$ *gibt es ein* $e \in \mathbb{R}^m$, *so daß* $\overline{(31)}$ *erfüllt ist.*

Beweis. (i) ⇒ (ii): Nach Satz (5.9) (dort (i) ⇒ (ii)) und Satz (5.11) Teil (a).

(ii) ⇒ (iii): ist trivial, weil es nach Voraussetzung mindestens ein $s \in Y$ gibt mit $\bar{x}(s) \neq x\bar{x}(s)$.

(iii) ⇒ (i): nach Satz (5.11) Teil (b) und Satz (5.9) (dort (iii) ⇒ (i)). □

5.13 Hinweise. Nach (IV, 5.1) würde sich für die oben behandelten Probleme auch eine Iteration der Form

$$v_{n+1} = H(v_n, w_n), \qquad w_{n+1} = H(w_n, v_n)$$

mit

$$H(v, w) = x\big(2^{-1}(v + w)\big) + 2^{-1}P(v - w)$$

sowie den Anfangs- und zugleich Konvergenzbedingungen

$$v_0 \leqq v_1, \qquad v_0 \leqq w_0, \qquad w_1 \leqq w_0$$

anbieten. In Kapitel IV haben wir jedoch auseinandergesetzt, wie sich diese Anfangsbedingungen in eine Forderung (31) und gleichzeitig die Iterationsvorschrift in das GSV (28) transformieren. Damit ist die Behandlung der eben genannten Vorgehensweise mit den in diesem Paragraphen bereitgestellten Mitteln ohne weiteres möglich. Im Falle eines linearen Gleichungssystems $t = Bt + r$ mit einer reellen $(m \times m)$-Matrix B und festem Vektor $r \in \mathbb{R}^m$ wird

$$H(v, w) = 2^{-1}(P + B)v \; - 2^{-1}(P - B)\,w + r,$$

wenn $P \in L_+[\mathbb{R}^m]$ so gewählt ist, daß die Matrix $P - |B|$ ebenfalls zu $L_+[\mathbb{R}^m]$ gehört. J. Schröder [1962b] untersucht für diese Situation die Folgen v_n und w_n. Nach (V, 3.3) gilt hierfür $\theta \leqq w_n - v_n \leqq P^n(w_0 - v_0)$ $(n \in \mathbb{N})$, so daß die Konvergenzgeschwindigkeit der monotonen Folgen v_n und w_n von der Größe des Spektralradius $\sigma(P)$ der Matrix P abhängt. Demgegenüber richtet sich die Konvergenzgeschwindigkeit des GSV (28) für das Feld $Bt + r$ nach der Größe des Spektralradius $\sigma(B)$ der Matrix B. Wegen $\sigma(B) \leqq \sigma(P)$ (denn $P - |B| \in L_+[\mathbb{R}^m]$) wird man aus dieser Sicht der Iteration mit dem Feld $Bt + r$ und anschließender Fehlerabschätzung nach (5.2) (vgl. auch (4.9)) gegenüber der Konstruktion von v_n und w_n den Vorrang geben, obwohl beide Methoden theoretisch äquivalent sind, wie das Kapitel IV gezeigt hat.

Für eine genauere Diskussion zu den Sätzen (5.2), (5.4) sei auf die Hinweise in (IV, 3.5) verwiesen. Hinzu kommt in der hier betrachteten speziellen Situation die noch engere Bindung beider Sätze, welche der Satz (5.9) ausdrückt und grob gesprochen dadurch beschrieben werden kann, daß (5.2) und (5.4) inhaltlich identisch sind. Beachtet man darüberhinaus, daß Satz (5.2) auf den Satz (IV, 4.2) und daher, wie in § 4 von Kapitel IV festgestellt wurde, letztlich auf den Kontraktionssatz in seiner klassischen Form zurückgeht, so kann man vereinfachend sagen, daß es sich um lauter Sonderfälle dieses seit langem bekannten Sachverhalts handelt.

Der für den Beweis von Satz (5.9) wirklich notwendige Teil der Aussage von Satz (5.7) gehört zum Abschnitt b) des Beweises von (5.7), wo ausgenutzt wird, daß $J(A)$ mit $I + J(A)$, d. h. eine nichtnegative Matrix mit einer streng-monotonen Matrix vertauschbar ist. Die darauf begründete Schlußweise läßt sich auch abstrakter aufrechterhalten und läuft auf den Vergleich der Sätze (IV, 3.3) und (IV, 4.2) hinaus, welche die Sätze (5.4) bzw. (5.2) implizieren. Um eine Situation zu schaffen, in welcher (IV, 3.3) und (IV, 4.2) gemeinsam gelten, müssen wir zunächst alle topologischen Grundvoraussetzungen beider Aussagen annehmen:

Es sei also Y ein vollständiger Abstandsraum mit einem Abstand ρ und einer Abstandsmenge, deren Kegel einen inneren Punkt besitze, welche daher in der Form $(X, \leqq, \| \|_e)$ für ein $e \in \mathring{K}$ angenommen werden kann. T sei ein vollstetiger P-beschränkter Operator auf Y mit einer vollstetigen Abbildung P auf X. Ist dann $T \neq I$ und existiert ein streng-monotoner, linearer Operator Q (vgl. (III, 2.1)) *auf X, welcher mit P vertauschbar ist (diese Forderung verallgemeinert den Nichtzerfall von P in Satz* (5.9)), *so sind folgende Bedingungen äquivalent, welche jenen aus Satz* (5.9) *unmittelbar nachgebaut werden*:

(i) $\sigma(P) < 1$;

(ii) *für jedes $x \in Y$ gibt es ein $e \in X$ mit $e \geqq \theta$, $\rho(Tx, x) \leqq (I - P)e$, $\rho(x, Tx) \leqq (I - P)e$;*

(iii) *für ein $x \in Y$ mit $x \neq Tx$ gibt es ein $e \in X$, so daß die Ungleichungen aus* (ii) *erfüllt sind.*

Beweis. (i) ⇒ (ii): Vgl. den Beweis von Satz (IV, 4.2).

(ii) ⇒ (iii): ist wegen $T \neq I$ trivial.

(iii) ⇒ (i): Addition der beiden letzten Ungleichungen von (ii) liefert zusammen mit der Formel (I, 7) aus (I, 5.1), daß $(I - P)e \geqq \theta$ ausfällt. Wegen $x \neq Tx$ muß auch $(I - P)e \neq \theta$ sein. Daher existiert eine natürliche Zahl k mit $(I-P)Q^k e = Q^k(I-P)e \in oK$ oder $\{(I-P)(K)\} \cap oK \neq \emptyset$. (IV, 7.5) zeigt dann $\sigma(P) < 1$, wie es (i) verlangt. □

Die somit bewiesene Aussage reduziert imgrunde lediglich die im Text benutzte Schlußweise auf das logisch unbedingt Nötige. Sie rückt die Sätze (IV, 3.3) und (IV, 4.2) näher aneinander, schafft aber an sich wegen der Fülle ihrer Voraussetzungen keine befriedigende Formulierung. Natürlich hätte man Satz (5.9) ohne den Umweg über (5.7) unmittelbar darauf zurückführen können. Allerdings wird (5.7) an späterer Stelle für den Beweis von (6.12) im vollen Umfang benötigt.

Ein dem Satz (5.11) entsprechendes Ergebnis beweist H. Schwetlick [1969] bei einem Vergleich eines expliziten und eines impliziten Iterationsverfahrens allgemeinerer Art, welches auf J. M. Ortega und W. C. Rheinboldt [1967b, s. a. 1970] zurückgeht. Dieses Ergebnis enthält gleichzeitig ein Resultat von J. Albrecht [1961] über den Vergleich der Iteration mit monotonen Folgen in Gesamt- und Einzelschritten bei linearen Gleichungssystemen.

Die Anwendung von Satz (5.2) auf die impliziten Verfahren (25″) führen zu Ergebnissen, welche man bei J. M. Ortega und W. C. Rheinboldt [1967b, 1970] (ohne die Fehlerabschätzung) finden kann und von L. Bers [1953] im Zusammenhang mit diskreten Problemen bei Randwertaufgaben für nichtlineare elliptische Differentialgleichungen noch allgemeiner ausgesprochen worden sind.

6. Konvergenzfragen bei der iterativen Behandlung linearer Gleichungssysteme

6.1 Gegeben sei eine reelle $(m \times m)$-Matrix A und ein Vektor $s \in \mathbb{R}^m$, gesucht ist eine Lösung des Gleichungssystems

$$At = s. \tag{34}$$

Wir bringen (34) in irgendeiner Weise auf die Form

$$t = Bt + r \tag{34'}$$

mit einer reellen $(m \times m)$-Matrix B und einem Vektor $r \in \mathbb{R}^m$, so daß (34) und (34′) dieselben Lösungen besitzen. Wie das geschehen kann, diskutieren wir weiter unten. Anders als in (5.13) betrachten wir hier das durch (34′) nahegelegte Iterationsverfahren

$$t^{n+1} = Bt^n + r \tag{35}$$

mit dem $|B|$-beschränkten Vektorfeld $x(t) = Bt + r$, welches nach Satz (5.2) im Falle $\sigma(|B|) < 1$ für ein beliebiges Anfangselement $t^0 \in \mathbb{R}^m$ gegen die eindeutige Lösung von (34) konvergiert.

6.2 Den Übergang von (34) nach (34′) kann eine sog. *Zerlegung der Matrix A* leisten. Darunter verstehen wir eine Darstellung $A = V - W$

mit reellen $(m \times m)$-Matrizen V und W, so daß V nicht singulär ist. Jede solche Zerlegung gibt Anlaß zu einer Gleichung

$$t = V^{-1}Wt + V^{-1}s \tag{36}$$

der Form (34′) mit einem $|V^{-1}W|$-beschränkten Feld

$$x(t) = V^{-1}Wt + V^{-1}s, \tag{37}$$

welches ein Iterationsverfahren (35) liefert, das wir implizit wie folgt schreiben können:

$$Vt^{n+1} = Wt^n + s. \tag{38}$$

Dieses konvergiert für jeden Anfangsvektor $t^0 \in \mathbb{R}^m$ gegen die eindeutige Lösung von (34), wenn $\sigma(|V^{-1}W|) < 1$ ausfällt.

Um spezielle Zerlegungen anzugeben, setzen wir nun $A_{ii} \neq 0$ für $i \in \tau$ voraus und definieren mit einem reellen Parameter ω die Matrix

$$J_\omega(A) = (1-\omega)I + \omega J(A), \tag{39}$$

welche für $\omega = 1$ mit der Jacobimatrix $J(A)$ von A (vgl. (4.6)) übereinstimmt. Die Sonderfälle, die wir hier im Auge haben, sind durch folgende Angaben charakterisiert:

(40a) $V = A_D, \qquad V^{-1}W = J(A)$

(40b) $V = \omega^{-1}A_D, \qquad V^{-1}W = (1-\omega)I + \omega J(A) = J_\omega(A)$

(40c) $V = A_D + A_L, \qquad V^{-1}W = \overline{J(A)}$.

(40d) $V = \omega^{-1}A_D + A_L, \qquad V^{-1}W = (A_D + \omega A_L)^{-1}\big((1-\omega)A_D - \omega A_R\big)$

$$= \overline{J_\omega(A)}$$

Dabei sind die Abkürzungen aus (4.3) benutzt. Den Zerlegungen (40a) bzw. (40c) entspechen das GSV bzw. ESV zum Gleichungssystem (34), analog wählen wir für die Iterationsverfahren (38), die zu den Zerlegungen (40b) und (40d) gehören, die Bezeichnungen ωGSV *bzw.* ωESV (*zum Gleichungssystem* (34)). Letzteres wird üblicherweise „*overrelaxation*" genannt.

6.3 Eine Zerlegung $A = V - W$ heißt *regulär*, falls $V^{-1}, W \in L_+[\mathbb{R}^m]$.

Offenbar bilden (40a, b, c, d) reguläre Zerlegungen, wenn $0 < \omega \leqq 1$ und wenn A eine L-Matrix (vgl. (3.6)) ist. Das folgt unmittelbar aus (40b) sowie der Diskussion am Ende des Abschnitts (4.3).

Im Falle einer regulären Zerlegung $A = V - W$ gilt $V^{-1}W \in L_+[\mathbb{R}^m]$. Nach (IV, 7.5) konvergiert das zugehörige Iterationsverfahren (38) genau dann für alle $s \in \mathbb{R}^m$ und alle Startvektoren $t^0 \in \mathbb{R}^m$, wenn $\sigma(V^{-1}W) < 1$ wird. In diesem Zusammenhang hat der Satz (III, 4.5) besondere Bedeutung. Dieser liefert nämlich sofort den

6.4 Satz. *Seien $A = V_i - W_i$ $(i = 1, 2)$ zwei reguläre Zerlegungen der reellen $(m \times m)$-Matrix A, so daß die Matrix $W_2 - W_1$ nichtnegativ ist. Dann besteht genau eine der beiden folgenden Ungleichungsketten:*

$$\sigma(V_1^{-1}W_1) \leqq \sigma(V_2^{-1}W_2) < 1; \qquad 1 \leqq \sigma(V_2^{-1}W_2) \leqq \sigma(V_1^{-1}W_1).$$

Stehen also zwei reguläre Zerlegungen von A in der im Satz (6.4) genannten Beziehung, so können nur beide zugleich konvergente Verfahren (38) definieren. Die Frage, wann eine reguläre Zerlegung in jedem Fall zu einem konvergenten Verfahren (38) führt, beantwortet der

6.5 Satz. *Sei A eine reelle $(m \times m)$-Matrix. Dann sind folgende Bedingungen äquivalent:*

(i) *A besitzt eine nichtnegative Inverse A^{-1};*

(ii) *es existiert eine reguläre Zerlegung $A = V - W$, und für jede solche gilt*

$$\sigma(V^{-1}W) = \sigma(A^{-1}W)\big(1 + \sigma(A^{-1}W)\big)^{-1} < 1;$$

(iii) *es gibt eine reguläre Zerlegung $A = V - W$ mit $\sigma(V^{-1}W) < 1$.*

Beweis. (i) $\Rightarrow$ (ii): Wegen $A = V - W$ wird $V^{-1}W = (A + W)^{-1}\, W = (I + A^{-1}W)^{-1}(A^{-1}W)$, so daß die Eigenwerte μ der Matrix $V^{-1}W$ und λ der Matrix $A^{-1}W$ in der Beziehung

$$\mu = (1 + \lambda)^{-1}\,\lambda$$

stehen. Nun zeigt Satz (3.2) die Behauptung, weil $V^{-1}W$ und $A^{-1}W$ nichtnegative Matrizen sind. Man beachte, daß die Wahl $V = A$ und $W =$ Nullmatrix unter der Voraussetzung (i) in jedem Fall eine reguläre Zerlegung von A liefert.

(ii) $\Rightarrow$ (iii): ist trivial.

(iii) $\Rightarrow$ (i): $V^{-1}W$ ist eine nichtnegative Matrix mit einem Spektralradius <1, nach (IV, 7.5) besitzt $I - V^{-1}W = V^{-1}A$ eine nichtnegative Inverse. Damit ist der Satz bewiesen. □

6.6 In diesem und dem nächsten Abschnitt untersuchen wir die Implikationen der Sätze (6.4) und (6.5) für die in (6.2) genannten Zerlegungen (40a, b, c, d). Nach (6.3) muß dazu angenommen werden, daß A eine L-Matrix und $0 < \omega \leqq 1$ ist. Dann liefern (6.4) und (6.5) unmittelbar, daß für jedes $\omega \in (0, 1]$ genau eine der beiden Ungleichungsketten

$$\sigma(\overline{J(A)}) \leqq \frac{\sigma(\overline{J_\omega(A)})}{\sigma(J(A))} \leqq \sigma(J_\omega(A)) < 1;$$

(41)

$$1 \leqq \sigma(J_\omega(A)) \leqq \frac{\sigma(\overline{J_\omega(A)})}{\sigma(J(A))} \leqq \sigma(\overline{J(A)})$$

besteht. Jede der Zerlegungen (40a, b, c, d) definiert genau dann ein konvergentes Verfahren (38), wenn dies nur für eine dieser Zerlegungen zutrifft. Das folgt bereits aus (6.5) (vgl. auch (III, 4.8)).

Eine nichtsinguläre $(m \times m)$ L-Matrix mit nichtnegativer Inversen heißt *M-Matrix*. Satz (6.5) liefert mit dieser Definition unmittelbar den

6.7 Satz. *Eine $(m \times m)$ L-Matrix A ist genau dann eine M-Matrix, wenn $\sigma(J(A)) < 1$ ist.*

Denn (40a) definiert eine reguläre Zerlegung für A.

Zur Konstruktion regulärer Zerlegungen einer M-Matrix hat man den

6.8 Satz. *Sei A eine $(m \times m)$ M-Matrix und V eine $(m \times m)$ L-Matrix mit $V_D = A_D$ und $V - A \in L_+[\mathbb{R}^m]$. Dann ist V eine M-Matrix, sie liefert mithin die reguläre Zerlegung $A = V - (V - A)$ von A.*

Beweis. Nach Voraussetzung ist V eine L-Matrix mit $J(A) - J(V) \in L_+[\mathbb{R}^m]$, so daß (III, 4.3) sofort $\sigma(J(V)) \leqq \sigma(J(A))$ zeigt. Eine Anwendung von Satz (6.7) vollendet den Beweis. □

6.9 Man pflegt die *Geschwindigkeit eines Iterationsverfahrens* (35) mit Hilfe des Spektralradius $\sigma(B)$ zu messen. Es seien etwa zwei Verfahren (35) mit Matrizen B_1 bzw. B_2 für das Gleichungssystem (34) gegeben. Dann sagt man, daß das Verfahren mit B_1 (asymptotisch) schneller konvergiere als das Verfahren mit B_2, wenn

$$\sigma(B_1) < \sigma(B_2) < 1$$

gilt.

Betrachten wir z. B. alle regulären Zerlegungen $A = (A + W) - W$ von A, so wird das Verfahren

(42) $$(A + W)\,t^{n+1} = W t^n + s$$

nach Satz (6.4) (Konvergenz werde stets vorausgesetzt!) jedenfalls nicht langsamer, wenn man W „kleiner" wählt, wenn man also i. a. immer mehr

Aufwand zur Auflösung des linearen Gleichungssystems (42) in einem Iterationsschritt treibt. Die bequeme direkte Auflösbarkeit von (42) nach t^{n+1} beeinflußt daher ebenso die Wahl von W wie das Bestreben, W möglichst „klein" zu halten, um eine möglichst große Konvergenzgeschwindigkeit zu erreichen. Nach (6.5) muß unter der Voraussetzung der Existenz eines konvergenten Verfahrens (42) mit einer regulären Zerlegung $A = (A + W) - W$ von A die Inverse A^{-1} existieren und nichtnegativ sein. Daher ist $W =$ Nullmatrix in (42) zulässig. (42) entartet dann und verlangt gleich im ersten Schritt die Auflösung von (34), die in gewisser Weise „schnellste Methode."

Für die weitere Diskussion sei nun in (34) eine $(m \times m)$ M-Matrix angenommen. Nach (6.6) und (6.7) konvergieren dann ωGSV sowie ωESV, falls $\omega \in (0, 1]$ liegt, für ein beliebiges Startelement in $\mathbb{R}^m$. Formel (41) zeigt jedoch, daß keines dieser Verfahren schneller konvergiert als das ESV. Insbesondere ist daher „overrelaxation" mit einem Relaxationsparameter $\omega \in (0, 1)$ in dem hier diskutierten Fall von geringer Bedeutung.

Um wirklich sagen zu können, daß das ESV im oben definierten Sinne schneller ist als die anderen genannten Verfahren, brauchen wir strenge Ungleichungen in (41). Dazu beweisen wir den

6.10 Satz. *Sei A eine nichtzerfallende $(m \times m)$ M-Matrix, dann gelten für jedes $\omega \in (0, 1)$ die Ungleichungen*

$$\sigma(\overline{J(A)}) < \frac{\sigma(\overline{J_\omega(A)})}{\sigma(J(A))} < \sigma(J_\omega(A)) < 1.$$

Beweis. Nach Satz (6.7) ist zunächst $\sigma(J(A)) < 1$, daher sind wegen (6.6) alle vorkommenden Spektralradien < 1.

a) Vergleich von $\sigma(\overline{J_\omega(A)})$ und $\sigma(J_\omega(A))$: Hierzu betrachten wir die regulären Zerlegungen von A, welche durch

$$T_1 = \omega^{-1} A_D + A_L, \qquad T_2 = (\omega^{-1} - 1) A_D + |A|_R$$

$$S_1 = \omega^{-1} A_D, \qquad S_2 = (\omega^{-1} - 1) A_D + |A|_L + |A|_R$$

beschrieben sind, und stellen fest, daß $S_2 - T_2$ eine nichtnegative, von der Nullmatrix verschiedene $(m \times m)$-Matrix ist. Satz (III, 4.5) zeigt die Behauptung, wenn wir eingesehen haben, daß $S_1^{-1} S_2 = (1 - \omega) I + \omega(A_D^{-1} |A|_L + A_D^{-1} |A|_R)$ streng-monoton ist. Das folgt aber aus dem Satz (2.5), weil $S_1^{-1} S_2$ offenbar positive Hauptdiagonalelemente besitzt und mit A nicht zerfällt.

b) Vergleich von $\sigma(J(A))$ und $\sigma(J_\omega(A))$: Die regulären Zerlegungen von A sind nun durch

$$T_1 = A_D \qquad T_2 = \qquad |A|_L + |A|_R$$

$$S_1 = \omega^{-1} A_D \qquad S_2 = (\omega^{-1} - 1) A_D + |A|_L + |A|_R$$

gegeben, und eine analoge Schlußkette wie unter a) liefert das gewünschte Ergebnis.

c) Vergleich von $\sigma(J(A))$ und $\sigma(J_\omega(A))$: In diesem Fall führt die Schlußweise von a) zum Ziel, wenn wir die regulären Zerlegungen von A annehmen, die durch die Formeln

$$T_1 = A_D + A_L \qquad T_2 = \qquad |A|_R$$

$$S_1 = \omega^{-1} A_D + A_L \qquad S_2 = (\omega^{-1} - 1) A_D + |A|_R$$

bestimmt werden. Die strenge Monotonie von $S_1^{-1} S_2 = (I - P)^{-1} \big((1 - \omega) I + Q\big)$ mit $P = \omega A_D^{-1} |A|_L$, $Q = \omega A_D^{-1} |A|_R$ übersieht man allerdings nicht sofort. Dazu kann man etwa ausnutzen, daß $[(I - P)^{-1} - (I + P)]$ zu $L_+[\mathbb{R}^m]$ gehört und $(I + P)\big((1 - \omega) I + Q\big)$ mit A nicht zerfällt und positive Hauptdiagonalelemente besitzt, mithin nach Satz (2.5) streng-monoton ist.

d) Vergleich von $\sigma\big(\overline{J(A)}\big)$ und $\sigma\big(J(A)\big)$: Die Formeln

$$T_1 = A_D + A_L \qquad T_2 = \varepsilon A_D \qquad + |A|_R$$

$$S_1 = A_D \qquad S_2 = \varepsilon A_D + |A|_L + |A|_R$$

definieren reguläre Zerlegungen der Matrix $A - \varepsilon A_D$ mit

$$S_1^{-1} S_2 = \varepsilon I + J(A), \quad T_1^{-1} T_2 = \varepsilon (I - P)^{-1} + \overline{J(A)},$$

wobei $P = A_D^{-1} |A|_L$ und $\varepsilon \geqq 0$ sind. Offenbar ist $\sigma(S_1^{-1} S_2) = \varepsilon + \sigma\big(J(A)\big)$ $(\varepsilon \geqq 0)$, so daß wir für hinreichend kleines $\varepsilon > 0$ noch $\sigma(S_1^{-1} S_2) < 1$ annehmen dürfen. Eine Anwendung der Überlegung von a) zeigt daher

$$\sigma\big(\varepsilon (I - P)^{-1} + \overline{J(A)}\big) = \sigma(T_1^{-1} T_2) < \sigma(S_1^{-1} S_2) = \varepsilon + \sigma\big(J(A)\big),$$

und wir sind fertig, wenn wir $\sigma\big(\varepsilon I + \overline{J(A)}\big) \leqq \sigma\big(\varepsilon (I - P)^{-1} + \overline{J(A)}\big)$ zeigen können. Das aber folgt aus (III, 4.3), weil $(I - P)^{-1} - I$ eine nichtnegative Matrix ist (vgl. etwa (IV, 7.12)). □

6.11 Eine reelle $(m \times m)$-Matrix A heißt *von monotoner Art* oder *inversmonoton*, wenn die Implikation

(43) $$t \in \mathbb{R}^m, At \in \mathbb{R}_+^m \Rightarrow t \in \mathbb{R}_+^m$$

besteht. Speziell folgt dann aus $At = \theta$ stets $t = \theta$. Daher liefert die Theorie über lineare Gleichungssysteme, daß eine Matrix von monotoner Art invertierbar sein muß. Außerdem ergibt sich nach (43) aus $t \in \mathbb{R}^m_+$ (d. h. $AA^{-1}t \in \mathbb{R}^m_+$) sofort $A^{-1}t \in \mathbb{R}^m_+$. A^{-1} gehört mithin zu $L_+[\mathbb{R}^m]$. Tatsächlich gilt: *A ist genau dann von monotoner Art, wenn A eine nichtnegative Inverse A^{-1} besitzt.* Der nicht bewiesene Teil dieser Äquivalenz ist trivial. Nach (6.5) ist daher A genau dann von monotoner Art, wenn A eine reguläre Zerlegung besitzt und wenn jede reguläre Zerlegung $A = V - W$ von A zu einem konvergenten Iterationsverfahren (38) für das Gleichungssystem (34) bei beliebigem $s \in \mathbb{R}^m$ und jedem Startvektor $t^0 \in \mathbb{R}^m$ führt.

Im Falle einer L-Matrix A beweisen wir darüberhinaus den

6.12 Satz. *Es sei A eine $(m \times m)$-Matrix mit $A_{ij} \leqq 0$ für $i \neq j$ und $i, j \in \tau$. Dann sind folgende Bedingungen äquivalent:*

a) *A ist von monotoner Art;*

b) *A besitzt eine nichtnegative Inverse A^{-1};*

c) *A ist eine M-Matrix;*

d) *A ist eine L-Matrix, und $\sigma(J(A)) < 1$;*

e) *A ist eine L-Matrix, und* ωGSV *sowie* ωESV *zum Gleichungssystem* (34) *konvergieren für jedes $s \in \mathbb{R}^m$, jeden Startvektor $t^0 \in \mathbb{R}^m$ und jeden Parameter $\omega \in (0, 1]$;*

f) *es gibt ein $e \in \mathbb{R}^m_+$ mit $Ae \in o\mathbb{R}^m_+$.*

Ist A überdies nichtzerfallend, so können wir die Reihe der Äquivalenzen fortsetzen durch

b') *A besitzt eine positive Inverse A^{-1};*

f') *es gibt ein $e \in \mathbb{R}^m_+$ mit $Ae \in \mathbb{R}^m_+ - \{\theta\}$.*

Bemerkung. Beachtet man (6.5), so darf e) auch in weitergehender Form wie folgt ausgesprochen werden:

e) *A ist eine L-Matrix, und* (38) *konvergiert für jede reguläre Zerlegung $A = V - W$ von A bei jedem $s \in \mathbb{R}^m$ und jedem Startvektor $t^0 \in \mathbb{R}^m$.*

Beweis. Wegen (6.11) gilt zunächst a) ⇔ b).

b) ⇒ c): Zu zeigen ist noch $A_{ii} > 0$ für $i \in \tau$. Das aber liest man an den Gleichungen

$$(A^{-1})_{ii} A_{ii} - \sum_{j \neq i} (A^{-1})_{ij} |A_{ji}| = 1 \qquad i \in \tau$$

ab, weil $(A^{-1})_{ij} \geqq 0$ wird auf $\tau \times \tau$.

c) ⇒ d) wegen (6.7).

d) ⇒ e) wegen (6.6).

e) ⇒ f): Nach e) ist $A = A_D(I - J(A))$ und $\sigma(J(A)) < 1$. Daher existiert wegen (IV, 7.5) ein Vektor $e \in \mathbb{R}^m_+$ mit $(I - J(A))e \in o\mathbb{R}^m_+$, also $Ae \in A_D(o\mathbb{R}^m_+) \subset o\mathbb{R}^m_+$ wegen $A_{ii} > 0$ für $i \in \tau$.

f) $\Rightarrow$ b): Wegen

$$0 < A_{ii}e_i - \sum_{j \neq i} |A_{ij}| e_j \leqq A_{ii}e_i \qquad (i \in \tau)$$

erhalten wir zunächst $A_{ii} > 0$ für $i \in \tau$ und daher auch $(I - J(A))e = A_D^{-1}Ae \in A_D^{-1}(o\mathbb{R}^m_+) \subset o\mathbb{R}^m_+$. Nun zeigt (IV, 7.5), daß $I - J(A)$ eine nichtnegative Inverse besitzt. Wegen $A = A_D(I - J(A))$ folgt sofort b).

Wir vollenden den Beweis, indem wir für eine nichtzerfallende Matrix A die Implikation e) $\Rightarrow$ b′) zeigen (man beachte, daß f′) nach Satz (5.7) dasselbe wie b) aussagt und daß die Implikation b′) $\Rightarrow$ b) trivialerweise Gültigkeit hat).

e) $\Rightarrow$ b′): Wir wissen schon, daß e) $\Rightarrow$ b) besteht. Die Existenz von A^{-1} in $L_+[\mathbb{R}^m]$ ist somit gesichert. Es reicht daher aus, zu zeigen, daß das Gleichungssystem (34) für jedes $s \in \mathbb{R}^m_+ - \{\theta\}$ eine Lösung $\bar{t}$ mit positiven Komponenten besitzt. Nach e) können wir eine solche Lösung nach dem 0.5 GSV mit $t^0 = \theta$ gewinnen, sie läßt also eine Darstellung in der Form

$$2\bar{t} = \sum_{k=0}^{\infty} J_{0.5}(A)^k A_D^{-1} s \tag{44}$$

zu. Mit A zerfällt auch $J_{0.5}(A) = 0.5(I + J(A))$ nicht und besitzt überdies positive Hauptdiagonalelemente, ist also nach (2.5) streng-monoton. Daher gibt es ein $r \geqq 1$, so daß $J_{0.5}(A)^r$ aus lauter positiven Elementen besteht, und (44) liefert

$$2\bar{t}_i \geqq (J_{0.5}(A)^r A_D^{-1}s)_i > 0 \quad \text{für} \quad i \in \tau,$$

wenn $s \in \mathbb{R}^m_+ - \{\theta\}$. □

Für $e = \delta = (1, \ldots, 1)$ verlangen f) bzw. f′) von der Matrix A die Zeilenbedingungen

f$_\delta$) $\sum_{j=1}^m A_{ij} > 0$ für $i \in \tau$,

f′$_\delta$) $\sum_{j=1}^m A_{ij} \geqq 0$ für $i \in \tau$, $\sum_{j=1}^m A_{rj} > 0$ für mindestens ein $r \in \tau$,

welche man *gewöhnlich Zeilensummenkriterium* (ZSK) im Falle f$_\delta$) und *schwaches Zeilensummenkriterium* (SZSK) im Falle f′$_\delta$) für eine reelle $(m \times m)$ L-Matrix A nennt. Satz (6.12) liefert daher die

6.13 Folgerung. *Die reelle $(m \times m)$ L-Matrix A erfülle das* ZSK, *oder sie sei nichtzerfallend und genüge gleichzeitig dem* SZSK. *Dann ist A von monotoner Art.*

Als weitere Konsequenz von (6.12) ergibt sich eine leichte Verallgemeinerung von (6.8)

6.14 Folgerung. *Sei A eine $(m \times m)$ M-Matrix und V eine $(m \times m)$ L-Matrix mit $V - A \in L_+[\mathbb{R}^m]$. Dann ist V eine M-Matrix, und es gilt $A^{-1} - V^{-1} \in L_+[\mathbb{R}^m]$.*

Beweis. Es ist $V = (A_D + V_L + V_R) + (V_D - A_D)$, wobei $W = A_D + V_L + V_R$ nach Satz (6.8) eine M-Matrix sein muß. Wegen Satz (6.12) existiert daher ein $e \in \mathbb{R}^m_+$ mit $We \in o\mathbb{R}^m_+$, so daß auch $Ve = We + (V_D - A_D) e \in o\mathbb{R}^m_+$ liegt. □

Hier sei noch angemerkt, daß eine M-Matrix wegen (6.14) keine negativen Eigenwerte besitzen kann, weil mit A auch stets $A + \lambda I$ für jedes $\lambda \geqq 0$ eine M-Matrix und daher invertierbar ist.

6.15 Hinweise. Aus dem umfassenden Schrifttum über die iterative Behandlung von linearen Gleichungssystemen nennen wir hier nur die Bücher von R. Varga [1962] und D. M. Young [1971], welche dem hier dargestellten Ausschnitt dieser Theorie besonders nahe stehen. Young bezeichnet das ωGSV als „simultaneous overrelaxation" und verwendet die Abkürzung JOR, während er das ωESV im Gegensatz dazu „successive overrelaxation" mit der Abkürzung SOR nennt. Der Begriff der regulären Zerlegung und die damit zusammenhängenden Sätze gehen hauptsächlich auf R. Varga [1960] zurück. Man vergleiche dazu allerdings auch A. S. Householder [1958] sowie M. Fiedler und V. Pták [1956] und H. Schwetlick [1969]. A. M. Ostrowski [1937, 1956] führte die M-Matrizen ein. Man vergleiche auch K. Fan [1958] und die dort weiter angegebene Literatur.

Der Satz (6.12) stellt Implikationen verschiedener Herkunft zusammen: die Äquivalenzen b) $\Leftrightarrow$ d), a) $\Leftrightarrow$ c) sowie b') $\Leftrightarrow$ d) finden sich etwa bei R. Varga [1962], und die Äquivalenz b) $\Leftrightarrow$ f) kann man bei K. Fan [1958] nachlesen. Die Implikation f') $\Rightarrow$ a) sowie die Definition der monotonen Art bei Matrizen gehen auf L. Collatz [1952a] zurück. Für den Zusammenhang der monotonen Art mit der Konvergenz von Iterationsverfahren im Sinne der Äquivalenz a) $\Leftrightarrow$ e) vergleiche man E. Bohl [1968b]. Bedingung f) wurde bei allgemeinerer Fragestellung in der Arbeit [1968a] des Verfassers behandelt. Die Folgerung (6.13) steht etwa bei L. Collatz [1964].

Für den abstrakten Hintergrund zu den Vergleichsaussagen in (6.4), (6.5), (6.6) und (6.10) lese man die Hinweise in (III, 4.9). Dort wird auch der Zusammenhang mit dem Satz von Stein und Rosenberg [1948] diskutiert, welchen wir hier nicht mehr formuliert haben. Der überwiegende Teil der Aussage von (6.5) ist ein Sonderfall des Satzes (III, 4.8), man vergleiche zu (6.5) auch H. Price [1968].

7. Iterative Behandlung diskreter Probleme von Randwertaufgaben

7.1 In (4.9) haben wir ausgeführt, daß Diskretisierungsmethoden bei Randwertaufgaben allgemeiner Art auf Gleichungssysteme der Form

$$At = x(t) \tag{45}$$

mit einer reellen $(m \times m)$-Matrix A und einem Feld x führen. In diesem Paragraphen nehmen wir stets an, daß x ein P-beschränktes Vektorfeld auf $\mathbb{R}^m$ ist.

Zur Lösung von (45) setzen wir zunächst ein Iterationsverfahren

$$B(t^n - t^{n+1}) = At^n - x(t^n) \tag{46}$$

an, wobei die $(m \times m)$-Matrix B so gewählt sei, daß $A = B - (B - A)$ eine reguläre Zerlegung von A darstellt.

Dann, so haben wir in (4.7) gezeigt, ist (46) das GSV mit dem $B^{-1}(B - A + P)$-beschränkten Feld $B^{-1}(B - A + x)$, welches nach (5.2) für $\sigma(B^{-1}(B - A + P)) < 1$ konvergiert.

Mit $(B - A) \in L_+[\mathbb{R}^m]$ gehört auch $B - A + P$ zu $L_+[\mathbb{R}^m]$, daher ist $A - P = B - (B - A + P)$ eine reguläre Zerlegung von $A - P$. Nach (6.5) impliziert $\sigma(B^{-1}(B - A + P)) < 1$, daß $A - P$ eine nichtnegative Inverse besitzt.

7.2 Satz. *A sei eine reelle $(m \times m)$-Matrix, x sei ein P-beschränktes Feld auf $\mathbb{R}^m$. Dann sind folgende Bedingungen äquivalent:*

(i) *es gibt eine reelle invertierbare $(m \times m)$-Matrix B mit B^{-1}, $B - A \in L_+[\mathbb{R}^m]$ und $\sigma(B^{-1}(B - A + P)) < 1$, (46) konvergiert also für diese Matrix B;*

(ii) *es gibt eine reelle invertierbare $(m \times m)$-Matrix B mit B^{-1}, $B - A \in L_+[\mathbb{R}^m]$, und für jede Matrix B dieser Art ist $\sigma(B^{-1}(B - A + P)) <$ 1, (46) konvergiert also für jede solche Matrix B.*

Weiter folgt aus (i) oder (ii) die Bedingung

(iii) *$A - P$ besitzt eine nichtnegative Inverse.*

Gilt schließlich $A_{ij} \leqq 0$ ($i \neq j$; $i, j \in \tau$), so sind (i), (ii) *und* (iii) *äquivalent.*

Beweis. Nach (7.1) gilt zunächst (i) $\Rightarrow$ (iii). Daher ergibt sich (i) $\Rightarrow$ (ii), wenn man (6.5) auf die Matrix $A - P$ anwendet und zugleich beachtet, daß jede der in (ii) genannten Matrizen B eine reguläre Zerlegung $A - P = B - (B - A + P)$ von $A - P$ definiert. Da die Implikation (ii) $\Rightarrow$ (i) trivial ist, nehmen wir nun $A_{ij} \leqq 0$ ($i \neq j$; $i, j \in \tau$) zusätzlich an und setzen (iii) voraus. Wegen $P \in L_+[\mathbb{R}^m]$ gilt der Satz (6.12) für die Matrix $A - P$, es existiert also ein $e \in \mathbb{R}^m_+$ mit $Ae - Pe \in o\mathbb{R}^m_+$. Daraus können wir $Ae \in o\mathbb{R}^m_+$ folgern, so daß A eine nichtnegative Inverse besitzt, was wir wiederum (6.12) entnehmen. Daher ist $(A - P) = A - P$ eine reguläre Zerlegung der Matrix $(A - P)$ und wegen (iii) muß $\sigma(A^{-1}P) < 1$ nach (6.5) gelten. Damit aber besteht (i) für $B = A$! □

7.3 Wir nehmen in dieser Nummer durchweg $A_{ij} \leqq 0$ $(i \neq j;\ i, j \in \tau)$ an. Für die Konvergenz von (46) ist (iii) hinreichend. Dann aber zählt Satz (6.12) eine Reihe weiterer hinreichender Konvergenzbedingungen auf. Wegen (6.13) gehören hierzu beispielsweise die Forderung des ZSK bzw. des SZSK verbunden mit dem Nichtzerfall für die Matrix $A - P$.

Um auch die am Spektralradius $\sigma(B^{-1}(B - A + P))$ orientierte „*Geschwindigkeit*" (vgl. (6.9)) *der Verfahren* (46) zu diskutieren, greifen wir auf (6.4) zurück und finden, daß die Matrix $B - A + P$ möglichst „klein" gewählt werden sollte. Dabei ist hier allerdings $B - A \in L_+[\mathbb{R}^m]$ zu beachten! Beide Forderungen zusammen führen auf $B = A$ als „günstigste" Wahl, welche zugleich zulässig ist, weil A unter der Voraussetzung (iii) eine nichtnegative Inverse besitzt, wie der Beweis in (7.2) zeigt.

7.4 Beispiele.

a) $-(p(\cdot)y')' + r(\cdot)y = f(\cdot, y)$ in $(0, 1)$, $y(0) = \gamma_1$, $y(1) = \gamma_2$.
Bei der Schrittweite $h = (m + 1)^{-1}$ $(m \in \mathbb{N})$ und den Stützstellen $s_j = jh$ $(j = 0, \dots, m + 1)$ erhalten wir aus dem gewöhnlichen Differenzenverfahren ein Gleichungssystem der Form (45) mit

$$\begin{aligned}
&A_{i,i-1} = -h^{-1}p((i - 0.5)h) \qquad (i = 2, \dots, m),\\
&A_{i,i+1} = -h^{-1}p((i + 0.5)h) \qquad (i = 1, \dots, m - 1)\\
&A_{ij} = 0 \qquad (|i - j| \geqq 2, \qquad i, j \in \tau = \{1, \dots, m\})\\
(47)\quad &A_{ii} = h^{-1}(p((i - 0.5)h) + p((i + 0.5)h)) + hr(ih) \qquad (i \in \tau)\\
&x_1(t) = hf(h, t_1) + h^{-1}p(0.5h)\gamma_1\\
&x_i(t) = hf(ih, t_i) \qquad (i = 2, \dots, m - 1)\\
&x_m(t) = hf(mh, t_m) + h^{-1}p((m + 0.5)h)\gamma_2.
\end{aligned}$$

Wird $p(s) > 0$ und $r(s) \geqq 0$ in $(0, 1)$ angenommen, *so ist A eine nichtzerfallende L-Matrix, welche dem* SZSK *genügt.* Nach (6.13) hat A alle in (6.12) genannten Eigenschaften. Insbesondere besitzt A eine nichtnegative Inverse A^{-1}.

Zur Lösung des hier entstandenen Gleichungssystems (45) mit den Größen aus (47) soll ein Verfahren (46) herangezogen werden, wobei wir natürlich P-Beschränktheit des Feldes x aus (47) annehmen. Im Sinne von (7.2) ist es für die Konvergenzfrage eines solchen Verfahrens belanglos, wie wir die Matrix B innerhalb des durch (7.1) abgesteckten Rahmens wählen. Hier greift nun (7.3) ein und legt $B = A$ als „günstigste"

Wahl, d. h. die Iteration

(48) $$At^{n+1} = x(t^n)$$

nahe. Da A im vorliegenden Falle eine Tridiagonalmatrix (d. h. $A_{ij} = 0$ für $|i - j| \geqq 2$, $i, j \in \tau$) ist, läßt sich das in jedem Schritt nach (48) zu lösende lineare Gleichungssystem direkt befriedigend behandeln, so daß auch aus dieser Sicht der Iteration (48) nichts entgegensteht. Die Konvergenz freilich ist noch nicht gesichert, sie hängt von der Matrix P, welche das Feld x beschränkt, ab und tritt für $\sigma(A^{-1}P) < 1$ ein. Wir kommen darauf in den §§ 8 und 9 noch zurück.

Wir behandeln nun die beiden Randwertaufgaben

a1) $-((1+s)\,y'(s))' = \alpha s(1 + y^2(s))^{-1}$ in $(0,1)$, $y(0) = 0$, $y(1) = 1$

a2) $-y''(s) - \alpha^2 \sin y(s) = \sin s$ in $(0, \pi)$, $y(0) = y(\pi) = 0$

(erzwungene Schwingung)

in der beschriebenen Weise für zwei Werte von α und verschiedene Schrittweiten $h = (m+1)^{-1}$. Wir lösen (45) gemäß (48) und benutzen die Bezeichnungsweise aus (4.9), als Genauigkeit wird in jedem Fall $k = 5$

m	i	N	t_i^N	$N_P(z)$	$\lvert \bar{t}_i - t_i^N \rvert \, 10^7 \leqq$
9	3 5 7	4	0.40233769 0.61360348 0.78938088	0	1.07 1.37 1.14
19	6 10 14	4	0.40233700 0.61360460 0.78938392	0	1.06 1.35 1.12
29	9 15 21	4	0.40233694 0.61360485 0.78938450	0	1.05 1.34 1.12
39	12 20 28	4	0.40233693 0.61360494 0.78938470	0	1.05 1.34 1.11
49	15 25 35	4	0.40233692 0.61360498 0.78938480	0	1.05 1.34 1.11

Ergebnisse zu a1), $\alpha = 1$

m	i	N	t_i^N	Summenmethode $N_P(z)$	Summenmethode $\lvert\bar{t}_i - t_i^N\rvert\, 10^3 \leqq$	Potenzmethode $P_P(z)$	Potenzmethode $\lvert\bar{t}_i - t_i^N\rvert\, 10^3 \leqq$	Minimummethode $M_P(z)$	Minimummethode $\lvert\bar{t}_i - t_i^N\rvert\, 10^3 \leqq$
	3		0.9971		65.94		14.36		20.78
9	5	23	1.3147	12	84.00	2	18.30	5	26.50
	7		1.3846		69.76		15.21		22.02
	6		0.9966		3.47		16.46		7.89
19	10	23	1.3153	4	4.41	1	20.90	2	10.02
	14		1.3858		3.65		17.29		8.30
	9		0.9965		5.59		3.99		2.04
29	15	23	1.3154	3	7.09	1	5.06	2	2.59
	21		1.3860		5.86		4.18		2.14
	12		0.9965		4.01		3.13		1.62
39	20	23	1.3154	3	5.08	1	3.97	2	2.05
	28		1.3861		4.20		3.29		1.70
	15		0.9965		3.54		2.84		1.47
49	25	23	1.3154	3	4.49	1	3.61	2	1.87
	35		1.3861		3.71		2.98		1.55

Ergebnisse zu a1), $\alpha = 45$

m	i	N	t_i^N	$N_P(z)$	$\lvert\bar{t}_i - t_i^N\rvert\, 10^6 \leqq$
	1		0.3937207		0.73
9	3	6	1.0264487	0	1.88
	5		1.2655806		2.30
	2		0.3908439		0.71
19	6	6	1.0192460	0	1.84
	10		1.2569058		2.26
	3		0.3903146		0.71
29	9	6	1.0179179	0	1.83
	15		1.2553045		2.25
	4		0.3901298		0.71
39	12	6	1.0174540	0	1.83
	20		1.2547451		2.24
	5		0.3900441		0.71
49	15	6	1.0172388	0	1.83
	25		1.2544855		2.24

Ergebnisse zu a2), $\alpha = 0.5$

				Summenmethode		Potenzmethode		Minimummethode	
m	i	N	t_i^N	$N_P(z)$	$\lvert\bar{t}_i - t_i^N\rvert\, 10^5 \leqq$	$P_P(z)$	$\lvert\bar{t}_i - t_i^N\rvert\, 10^5 \leqq$	$M_P(z)$	$\lvert\bar{t}_i - t_i^N\rvert\, 10^5 \leqq$
	1		0.6263073		1.21		0.16		0.19
9	3	7	1.5924223	6	3.26	1	0.42	5	0.50
	5		1.9364932		4.10		0.52		0.62
	2		0.6211711		0.38		0.13		0.10
19	6	7	1.5826332	13	1.03	1	0.34	10	0.26
	10		1.9263890		1.29		0.42		0.32
	3		0.6202368		1.78				
29	9	6	1.5808236	0	4.52	vgl. Summenmethode			
	15		1.9245101		5.52				
	4		0.6199114		1.77				
39	12	6	1.5801912	0	4.48	vgl. Summenmethode			
	20		1.9238524		5.48				
	5		0.6197606		1.76				
49	15	6	1.5798977	0	4.47	vgl. Summenmethode			
	25		1.9235470		5.46				

Ergebnisse zu a2), $\alpha = 0.9$

gewählt. Im Falle a1) ist der Startvektor t^0 jedesmal der Nullvektor und im Falle a2) jener Vektor mit den Komponenten $t_i^0 = \sin(ih)$ $(i = 1, \ldots, m)$. Die beiden folgenden Tabellen zeigen Resultate der numerischen Rechnung, die angegebenen Komponenten des Vektors t^N entsprechen Näherungen für $\bar{y}(0.3)$, $\bar{y}(0.5)$, $\bar{y}(0.7)$ bei a1) und $\bar{y}(0.1\pi)$, $\bar{y}(0.3\pi)$, $\bar{y}(0.5\pi)$ bei a2) (vgl. (4.9) zu allen Bezeichnungen). Die Erklärung der Fehlerabschätzungen und der Größen $N_P(z)$, $P_P(z)$ sowie $M_P(z)$ erfolgt in § 9 (vgl. insbesondere (9.8)). Die entsprechenden Spalten mögen hier zunächst übergangen werden.

Auf die Frage der Konvergenz der Iterationsfolgen sowie der Existenz einer Lösung $\bar{t}$ des jeweiligen Gleichungssystems kommen wir in § 9 zurück.

b) $-\Delta y + r(\cdot)\, y = f(\cdot, y)$ in $(0, 1)^2$, $y(\cdot) = \gamma(\cdot)$ *auf dem Rand von* $(0, 1)^2$,

dabei gilt wie üblich $\Delta y = D_1^2 y + D_2^2 y$. Bei der Schrittweite $h = (\mu + 1)^{-1}$ in der s_1-Koordinate und der Schrittweite $k = (v + 1)^{-1}$ in der s_2-Koordinate erhalten wir die Stützstellen (ih, jk) $(i = 1, \ldots, \mu,\ j = 1, \ldots, v;$ $\mu, v \in \mathbb{N})$, welche wir zeilenweise von 1 bis $m = \mu v$ durchnummerieren, wie es die Abbildung an einem Beispiel zeigt, und welche wir dann mit $s^{(1)}, \ldots, s^{(m)}$ bezeichnen. Das gewöhnliche Differenzenverfahren liefert nun ein Gleichungssystem der Form (45). Das Feld x ergibt sich wie im

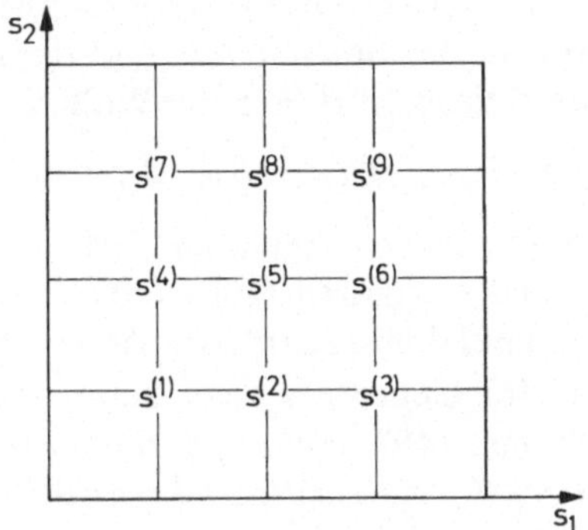

Abb. 7. Anordnung der Gitterpunkte für $\nu = \mu = 3$

vorigen Beispiel aus der rechten Seite f der Differentialgleichung und aus der Randbedingung. Die Matrix A ist eine $(m \times m)$-Tridiagonal-Blockmatrix der Gestalt (nicht bezeichnete Matrixelemente sind Nullen!)

$$
(49) \qquad A = \begin{bmatrix} D^{(1)}, & -E & & \\ -E, & D^{(2)}, & -E & \\ & \ddots & \ddots & \ddots \\ & & -E, & D^{(\nu)} \end{bmatrix}
$$

mit $E = hk^{-1}I$ ($(\mu \times \mu)$-reihig), $D^{(i)}$ ist eine $(\mu \times \mu)$-Tridiagonalmatrix und

$$
(49') \qquad \begin{aligned} & D^{(j)}_{i,i-1} = -kh^{-1}, && (i = 2, \ldots, \mu) \\ & D^{(j)}_{ii} = 2(kh^{-1} + hk^{-1}) + hkr(ih, jk), && (i = 1, \ldots, \mu) \\ & D^{(j)}_{i,i+1} = -kh^{-1}, && (i = 1, \ldots, \mu - 1) \\ & (j = 1, \ldots, \nu). \end{aligned}
$$

Wie im vorigen Beispiel ist A für $r(s_1, s_2) \geqq 0$ auf $(0, 1)^2$ eine *nichtzerfallende L-Matrix, welche das* SZSK *erfüllt*. Nach (6.13) besitzt A daher alle Eigenschaften, von denen in (6.12) die Rede ist.

Zur iterativen Lösung von (45) mit Hilfe eines Verfahrens (46) gelten dieselben Ausführungen, welche wir anhand des vorigen Beispiels gemacht haben. Eine Iteration (48) wäre also die vernünftigste. Jedoch wirft das Lösen des linearen Gleichungssystems in jedem Schritt Probleme auf, wenn die Anzahl der Stützstellen (und damit die Reihenzahl m des Gleichungssystems) groß wird. Für die Wahl von B in (46) sind

$$(50) \qquad B = A_D \quad \text{bzw.} \quad B = A_D + A_L$$

naheliegend. Sie gehören zu den regulären Zerlegungen (40a) bzw. (40c) von A. Die zugehörigen Verfahren (46) sollen *Punkt-Gesamtschrittverfahren* (PGSV) bzw. *Punkt-Einzelschrittverfahren* (PESV) *für das System* (45) genannt werden. Im Gegensatz dazu kennt man auch sog. *Blockverfahren für das System* (45), etwa das *Block-Gesamtschrittverfahren* (BGSV) bzw. das *Block-Einzelschrittverfahren* (BESV), welche aus (46) mit

$$(51) \quad B = \begin{bmatrix} D^{(1)} & & \\ & D^{(2)} & \\ & & \ddots & \\ & & & D^{(\nu)} \end{bmatrix} \quad \text{bzw.} \quad B = \begin{bmatrix} D^{(1)} & & & \\ -E & D^{(2)} & & \\ & \ddots & \ddots & \\ & & -E & D^{(\nu)} \end{bmatrix}$$

hervorgehen. Nach Satz (6.8) definiert $A = B - (B - A)$ in beiden Fällen eine reguläre Zerlegung von A, denn A ist M-Matrix wegen (6.12) und (6.13). Unter den Wahlen (50) und (51) für B liefert das BESV das im Sinne von (7.3) schnellste Verfahren, das langsamste wird offenbar das PGSV sein. Die Konvergenz der Verfahren hängt von der P-Beschränkung der rechten Seite der Differentialgleichung ab. Diese Frage muß in jedem einzelnen Fall entschieden werden. Eine hinreichende Konvergenzbedingung für alle genannten Verfahren besteht wegen (7.2) darin, daß $A - P$ eine nichtnegative Inverse besitzt. Jedoch kommen wir in den beiden nächsten Paragraphen auf einen konstruktiven Konvergenztest zurück, welcher gleichzeitig eine Fehlerabschätzung liefert.

Hier sei die Randwertaufgabe

$$-\Delta y = \exp(-y^2) \quad \text{in} \quad (0,1)^2, \qquad y = 0 \quad \text{auf dem Rand von} \quad [0,1]^2$$

nach dem obigen Vorbild durchgerechnet. Dabei benutzen wir zur Lösung von (45) die Verfahren PGSV, PESV, BGSV und BESV. Die Genauigkeit ist durch $k = 5$ beschrieben (vgl. (4.9) für alle Bezeichnungen!), der Ausgangsvektor ist stets $t^0 = \theta$. Die in den Tabellen genannten Komponenten von t^N entsprechen Näherungen für

$$\bar{y}(0.1, 0.2), \bar{y}(0.1, 0.45), \bar{y}(0.3, 0.2), \bar{y}(0.3, 0.45), \bar{y}(0.5, 0.2), \bar{y}(0.5, 0.45).$$

Gleichzeitig werden Fehlerabschätzungen angegeben, welche wir in § 9 genau erklären.

	PESV			BESV		
N	t_i^N	$\lvert\bar{t}_i - t_i^N\rvert\, 10^4 \leqq$	i	t_i^N	$\lvert\bar{t}_i - t_i^N\rvert\, 10^4 \leqq$	N
215	0.0206927	0.95	59	0.0207373	0.44	123
	0.0285838	1.50	154	0.0286579	0.66	
	0.0429294	2.37	63	0.0430353	1.15	
	0.0622194	3.73	158	0.0623964	1.71	
	0.0492209	2.78	67	0.0493392	1.42	
	0.0722742	4.39	162	0.0724730	2.11	

$m = \mu^2 = 361$, $N_P(z)$ ist in beiden Fällen 0.

	BGSV			PGSV		
N	t_i^N	$\lvert\bar{t}_i - t_i^N\rvert\, 10^4 \leqq$	i	t_i^N	$\lvert\bar{t}_i - t_i^N\rvert\, 10^4 \leqq$	N
215	0.0207045	1.72	59	0.0206324	1.54	372
	0.0285951	2.85	154	0.0284740	2.58	
	0.0429494	4.49	63	0.0427608	4.02	
	0.0622319	7.44	158	0.0619152	6.75	
	0.0492331	5.55	67	0.0490000	4.97	
	0.0722698	9.20	162	0.0718784	8.34	

$m = \mu^2 = 361$, $N_P(z)$ ist in beiden Fällen 0.

	BESV		
N	t_i^N	$\lvert\bar{t}_i - t_i^N\rvert\, 10^4 \leqq$	i
374	0.0206696	1.72	277
	0.0285104	2.72	667
	0.0428021	4.50	285
	0.0619984	7.10	675
	0.0490347	5.56	293
	0.0719737	8.77	683

$m = \mu^2 = 1521$, $N_P(z) = 0$.

7.5 Die Beispiele in (7.4) zeigen, daß Diskretisierungsverfahren bei Randwertaufgaben häufig auf Gleichungssysteme der Form (45) mit einer M-Matrix A und einem Diagonalfeld x führen. Die letzte Eigenschaft liegt u. a. daran, daß die rechte Seite f der Differentialgleichung nur von der unbekannten Funktion y nicht aber von ihren Ableitungen abhängt. In dieser Nummer betrachten wir

$$At = \alpha(t) - \beta(t) \tag{52}$$

mit einer reellen $(m \times m)$ *M-Matrix* A *und stetigen, monotonen Feldern* α, β, *welche* $\mathbb{R}^m_+$ *in den* $\mathbb{R}^m$ *abbilden und deren Komponenten Ungleichungen der Form*

$$\begin{aligned} &0 \leqq \alpha_i(t) \leqq (Pt)_i + \sum_{j=1}^{r} (Q^{(j)} t^{q_j})_i + z_i \\ &0 \leqq q_j < 1 \quad (j = 1, \ldots, r), \quad \beta_i(\theta) \leqq \beta_i(t) \leqq 0 \end{aligned} \qquad (i \in \tau = \{1, \ldots, m\}) \tag{53}$$

für alle $t \in \mathbb{R}^m_+$ *erfüllen. Dabei gelten* $P, Q^{(j)} \in L_+[\mathbb{R}^m]$ $(j = 1, \ldots, r)$, $z \in \mathbb{R}^m_+$ *und* $(t^q)_i = t_i^q$ *für jedes* $t \in \mathbb{R}^m_+$ *und alle* $q \in [0, 1)$.

Wie in (7.1) wählen wir eine reelle $(m \times m)$-Matrix B derart, daß $A = B - (B - A)$ eine reguläre Zerlegung von A ist, und behandeln (52) mit einem Iterationsverfahren

$$\begin{aligned} B(v^n - v^{n+1}) &= Av^n - \alpha(v^n) + \beta(w^n) \\ B(w^n - w^{n+1}) &= Aw^n - \alpha(w^n) + \beta(v^n), \end{aligned} \tag{54}$$

welches die Form (V, 10) aus (V, 3.1) besitzt, wenn man die dort T_1 und T_2 genannten Operatoren wie folgt definiert:

$$T_1 = B^{-1}(B - A + \alpha), \qquad T_2 = B^{-1}\beta. \tag{55}$$

Diese erfüllen wegen (53) alle Voraussetzungen von (V, 3.4), falls die Matrix $I - B^{-1}(B - A + P)$ eine nichtnegative Inverse besitzt. Letzteres ist aber genau dann der Fall, wenn $\sigma(B^{-1}(B - A + P)) < 1$ ausfällt (vgl. (IV, 7.5)), was nach (7.2) gleichbedeutend damit ist, daß $(A - P)^{-1}$ existiert und nichtnegativ ist (beachte $A_{ij} \leqq 0$ für $i \neq j$, $i, j \in \tau$!). Von nun an setzen wir voraus, daß $A - P$ eine nichtnegative Inverse besitzt. Dann aber können wir nach (V, 3.5) vorgehen und folgendes aussagen:

Zu jedem Vektor $e \in \mathbb{R}^m$ *mit* $B^{-1}e \in o\mathbb{R}^m_+$ *gibt es ein Element* t^N *der Folge*

$$t^0 = \theta, \; B(t^n - t^{n+1}) = (A - P)t^n - \sum_{j=1}^{r} Q^{(j)}(t^n)^{q_j} - z + \beta(\theta) - e \tag{56}$$

mit $0 \leqq t_i^N$ *und* $(T_1 t^N - T_2 \theta)_i \leqq t_i^N$ $(i \in \tau)$, *wobei* T_1 *und* T_2 *durch* (55) *definiert sind. Die Iteration* (54) *mit* $v^0 = \theta$ *und* $w^0 = t^N$ *liefert zwei monotone Folgen, und es existiert eine Lösung* $\bar{t} \in \mathbb{R}^m$ *von* (52) *mit*

$$0 \leqq v_i^n \leqq v_i^{n+1} \leqq \bar{t}_i \leqq w_i^{n+1} \leqq w_i^n \qquad (i \in \tau, n \in \mathbb{N}). \tag{57}$$

Speziell ergibt sich die Lösbarkeit von (52), weil die Wahl $B = A$ theoretisch zulässig (praktisch jedoch nicht notwendig brauchbar) ist.

7.6 Beispiele.

$$-(p(\cdot)y')' + r(\cdot)y = \alpha(\cdot, y) - \beta(\cdot, y) \quad \text{in} \quad (0,1)$$

$$y(0) = \gamma_1, \qquad y(1) = \gamma_2.$$

Das Gleichungssystem (52) werde wie in (7.4), Beispiel a) gewonnen. Ist $p(s) > 0$, $r(s) \geqq 0$ in $(0,1)$, so läßt sich (7.5) stets verwenden, wenn die Funktionen $\alpha(\cdot,\cdot)$ und $\beta(\cdot,\cdot)$ zu einer der folgenden Klassen gehören:

a) $\alpha \equiv 0$; $\beta(s, y) \leqq 0$ stetig und monoton wachsend als Funktion von $y \geqq 0$ bei jedem $s \in [0,1]$, etwa

$$\beta(s,y) = -(1+y)^{-1} \quad \text{oder} \quad \beta(s,y) = -(1+y^2)\,e^{-y}.$$

b) $\alpha(s,y) = \ln\big(h(s,y) + g(s)\big)$ mit einer in s und y stetigen und (bei jedem festen $s \in [0,1]$ in y) monoton wachsenden reellen Funktion h, welche in der Form

$$0 \leqq h(s,y) \leqq ay^r + b \quad \text{für} \quad s \in [0,1], \qquad y \geqq 0$$

mit Konstanten $a \geqq 0$, $b \geqq 0$, $r \in \mathbb{N}$ abgeschätzt werden kann; $g \in S[0,1]$ sei $\geqq 1$ in $[0,1]$, und $\beta(s,y)$ sei wie bei a) gewählt.

Im Falle b) ergibt sich eine Abschätzung der Form (53) für das diskrete Problem aus der Ungleichung

$$0 \leqq \alpha(s,y) \leqq \frac{n}{\sqrt[n]{4g(s)}}\sqrt[n]{h(s,y)} + \ln\big(g(s)\big) \qquad (s \in [0,1], y \geqq 0)$$

für jedes $n \in \mathbb{N}$ mit $n \geqq 2$.

Hier sei die Randwertaufgabe

$$-y''(s) = \ln\big(y^2(s) - s + 2\big) + 2s - 1 \quad \text{in} \quad (0,1), \qquad y(0) = y(1) = 0$$

auf die oben beschriebene Weise behandelt. Wir wählen die Schrittweite $h = 0.1$ (d. h. $m = 9$), erhalten also Näherungen für $\bar{y}(i\,0.1)$ $(i = 1, \ldots, 9)$ einer Lösung $\bar{y}$ der Randwertaufgabe. Die Iteration (54) am diskreten Problem ist mit $B = A$ (diese Matrix steht in (7.4), Beispiel a)) durchgeführt. Die Tabelle liefert eine Fehlerabschätzung (57) für jene Komponenten einer Lösung $\bar{t}$ des nichtlinearen diskreten Problems, welche $\bar{y}(i\,0.1)$ $(i = 2,4,6,8)$ annähern. Die Hilfsiteration (56) benötigt einen Schritt zur Konstruktion geeigneter Startvektoren für (54). Sie ist in der Form

$$(At^{n+1})_i = 3\sqrt{t_i^n} + 3 + \ln(2 - i\,0.1) + 2i\,0.1 - 1 \qquad (i = 1, \ldots, 9)$$

durchgeführt. Hierbei ist $e = (3 - 2\sqrt{2})\,\delta$ berücksichtigt und

$$\begin{aligned} \alpha_i(t) &= \ln\big((t_i)^2 - i0.1 + 2\big) + 2i0.1 - 1 \\ \beta_i(t) &= 0 \end{aligned} \qquad (i = 1, \ldots, 9)$$

für $t \in \mathbb{R}^9_+$ gewählt. Damit ist zwar die von (53) geforderte Ungleichung $\theta \leqq \alpha(t)$ nicht immer erfüllt, man rechnet jedoch leicht nach, daß $\theta \leqq T_1\theta = A^{-1}\alpha(\theta)$ und daher auch $\theta \leqq T_1 t$ für alle $t \in \mathbb{R}^9_+$ besteht (beachte auch (55)!). Nun sind (V, 3.4), (V, 3.5) wie in (7.5) anwendbar.

i	v_i^3	$\leqq \bar{t}_i \leqq$	w_i^3
2	0.02092613		0.02092722
4	0.04236030		0.04236228
6	0.05298875		0.05299096
8	0.04213351		0.04213493

Die Existenz von $\bar{t}$ ist gesichert (vgl. (7.5)), die Existenz einer Lösung $\bar{y}$ der Randwertaufgabe diskutieren wir in (VII, 7.8).

7.7 Hinweise. Die Ergebnisse von (7.1), (7.2) und (7.3) stellen eine unmittelbare Übertragung der linearen Verhältnisse auf den hier behandelten nichtlinearen Fall dar, vgl. die Hinweise in (6.15) sowie den Schluß der Hinweise in (4.11).

(7.5) schildert eine Anwendung der Iteration mit zwei monotonen Folgen (J. Schröder [1960], vgl. (V, 3.2)) mit gleichzeitiger Konstruktion geeigneter Anfangselemente (vgl. hierzu (V, 3.5) sowie die Hinweise in (V, 3.6) für weitere Literatur). Zu (7.6) vgl. inbesondere E. Bohl [1967].

8. Fehlerabschätzungen bei Gleichungssystemen mit einem P-beschränkten Feld

8.1 Sei $m \in \mathbb{N}$ und sei Y eine abgeschlossene Teilmenge von $(\mathbb{R}^m, \|\ \|_\delta)$. Wie in (5.1) fassen wir Y auch hier als vollständigen Abstandsraum mit dem Abstand i_Y, der Abstandsmenge $(\mathbb{R}^m, \mathbb{R}^m_+, \|\ \|_\delta)$ und der zugehörigen kanonischen Metrik aus (27) auf. Wir betrachten ein P-beschränktes Feld x auf Y, d. h. eine Funktion x, welche Y in sich abbildet mit

$$|x_i(s_1, \ldots, s_m) - x_i(t_1, \ldots, t_m)| \leqq \sum_{j=1}^{m} P_{ij}|s_j - t_j| \qquad (i \in \tau = \{1, \ldots, m\})$$

für je zwei Vektoren $s, t \in Y$, wobei P_{ij} wie immer die Elemente der $(m \times m)$-Matrix P bezeichnen (vgl. (4.1)).

In dieser Situation haben wir in den §§ 5 und 6 Konvergenzbedingungen einer Iteration (28) behandelt mit dem Ergebnis, daß man bei gegebenem $w \in Y$ „im wesentlichen o. B. d. A." (vgl. (5.9)) die Existenz eines $e \in \mathbb{R}^m$ mit

$$e_i \geqq 0, \qquad |w_i - x_i(w)| \leqq ((I - P)\,e)_i \qquad (i \in \tau)$$

verlangen muß (vgl. (31)). Nach (IV, 6.1) ist dies jedoch mit der Forderung

$$(58) \qquad e \in \mathbb{R}^m_+, \qquad (I - P)\,e \in \mathbb{R}^m_+, \qquad |w - x(w)| \in \mathbb{R}^m_{(I-P)e}$$

gleichbedeutend, dabei wurde $|s|_i = |s_i|$ $(i \in \tau)$ für jedes $s \in \mathbb{R}^m$ gesetzt (vgl. (4.1)). Diese Bedingung läßt sich komponentenweise auch in der Form

$$(59) \qquad e_i \geqq 0, \qquad \operatorname{sign}(|w_i - x_i(w)|) \leqq \operatorname{sign}(e_i - (Pe)_i) \qquad (i \in \tau)$$

schreiben (vgl. (1.2)), wenn man wie üblich $\operatorname{sign}(0) = 0$ definiert. Nun liefert (5.4) folgende

8.2 Fehlerabschätzung. *x sei ein P-beschränktes Feld auf einer abgeschlossenen Teilmenge Y des $\mathbb{R}^m$. Gilt (59) für zwei Vektoren $w \in Y$, $e \in \mathbb{R}^m$, so besitzt das Gleichungssystem*

$$(60) \qquad t_i = x_i(t_1, \ldots, t_m) \qquad (i \in \tau)$$

eine Lösung $\bar{t} \in Y$ mit

$$(61) \quad |\bar{t}_i - x_i(w)| \leqq (Pe)_i \operatorname{Max}\left\{\frac{|w_j - x_j(w)|}{e_j - (Pe)_j} : \ (Pe)_j < e_j\right\} \qquad (i \in \tau),$$

bei dem Maximum sind also nur solche Indizes $j \in \tau$ zu berücksichtigen, welche zu positiven Komponenten des Vektors $e - Pe$ gehören, es ist gleich Null zu setzen, falls diese Indexmenge leer ist.

Beweis. Der Vektor

$$z = e \operatorname{Max}\left\{\frac{|w_j - x_j(w)|}{e_j - (Pe)_j} : \ (Pe)_j < e_j\right\}$$

erfüllt zusammen mit $t = w$ Bedingung (31), so daß (5.4) anwendbar ist. Die Abschätzung (30) geht über in (61) (vgl. auch (IV, 6.1), speziell (IV, 44)). □

Fordert man (59) speziell für $e = \delta$, so erhält man, daß

$$(62) \qquad \operatorname{sign}(|w_i - x_i(w)|) \leqq \operatorname{sign}(1 - (P\delta)_i) \qquad (i \in \tau)$$

die Existenz einer Lösung $\bar{t} \in Y$ von (60) mit der Fehlerabschätzung

$$(63) \qquad |\bar{t}_i - x_i(w)| \leqq (P\delta)_i \operatorname{Max}\left\{\frac{|w_j - x_j(w)|}{1 - (P\delta)_j} : \ (P\delta)_j < 1\right\}$$

impliziert.

Wegen (62) gilt insbesondere

(64) $$0 \leqq 1 - (P\delta)_i = \sum_{j=1}^{m} (I - P)_{ij} \qquad (i \in \tau),$$

wobei in jedem nichttrivialen Fall für mindestens ein $i \in \tau$ das echte $<$ Zeichen besteht. Dies aber ist genau das SZSK für die Matrix $I - P$ (vgl. (6.12)). Gilt (64) sogar mit dem echten $<$ Zeichen für alle $i \in \tau$, so entspricht das dem ZSK für die Matrix $I - P$ (vgl. (6.12)). (62) ist dann offenbar für jedes $w \in Y$ erfüllt.

8.3 Y sei nun von der Produktgestalt $Y = \times \{Y_i : i \in \tau\}$ mit gewissen abgeschlossenen Teilmengen $Y_i \subset \mathbb{R}$ $(i \in \tau)$. x sei wieder ein P-beschränktes Feld auf Y.

Das nach (19) definierte Feld $\bar{x}$ ist $\bar{P}$-beschränkt auf Y (vgl. (4.3), (4.4)), und jede Lösung des Systems $t = \bar{x}(t)$ ist gleichzeitig Lösung von (60). *Daher gilt wieder* (8.2), *wenn wir in* (59) *und* (61) (*nicht aber in* (60)!) *x durch $\bar{x}$ sowie P durch $\bar{P}$ ersetzen.*

Verfolgen wir diese Aussage für $e = \delta$ und setzen wir $(\bar{P}\delta)_i = \sigma_i$ $(i \in \tau)$, so geht (59) über in die Abschätzung

(65) $$\operatorname{sign}(|w_i - \bar{x}_i(w)|) \leqq \operatorname{sign}(1 - \sigma_i) \qquad (i \in \tau),$$

welche somit die Existenz einer Lösung $\bar{t} \in Y$ und zugleich

(66) $$|\bar{t}_i - \bar{x}_i(w)| \leqq \sigma_i \operatorname{Max}\left\{\frac{|w_j - \bar{x}_j(w)|}{1 - \sigma_j} : \ \sigma_j < 1\right\} \qquad (i \in \tau)$$

liefert. Die Konstanten σ_i berechnen sich wegen (22) gemäß

(67) $$\sigma_1 = \sum_{j=1}^{m} P_{1j}, \qquad \sigma_i = \sum_{j=1}^{i-1} P_{ij}\sigma_j + \sum_{j=i}^{m} P_{ij} \qquad (i = 2, \ldots, m).$$

8.4 Wir betrachten jetzt den Fall aus (7.1) eines Gleichungssystems

(68) $$At = x(t)$$

mit einer reellen $(m \times m)$-Matrix A und einem P-beschränkten Feld x auf $\mathbb{R}^m$.

Wie in (7.1) wählen wir eine $(m \times m)$-Matrix B derart, daß $A = B - (B - A)$ eine reguläre Zerlegung von A definiert. Dann ist $B^{-1}(B - A + x)$ ein $B^{-1}(B - A + P)$-beschränktes Feld auf $\mathbb{R}^m$ (vgl. (4.7), (7.1)), und jede Lösung des Gleichungssystems

$$t = B^{-1}(B - A + x)(t)$$

ist zugleich Lösung von (68). Zur Anwendung von (8.2) konstruieren wir zu einem Vektor $w \in \mathbb{R}^m$ ein Element $s \in \mathbb{R}^m$ gemäß

$$Bs = (B - A)w + x(w).$$

Gibt es dann ein $e \in \mathbb{R}^m$, so daß zusammen mit $q = B^{-1}(B - A + P)e$ die Ungleichungen

$$(69) \qquad e_i \geqq 0, \qquad \operatorname{sign}(|w_i - s_i|) \leqq \operatorname{sign}(e_i - q_i) \qquad (i \in \tau)$$

bestehen, so existiert eine Lösung $\bar{t} \in \mathbb{R}^m$ von (68) mit

$$(70) \qquad |\bar{t}_i - s_i| \leqq q_i \operatorname{Max}\left\{\frac{|w_j - s_j|}{e_j - q_j}:\ q_j < e_j\right\} \qquad (i \in \tau).$$

Offenbar ist $w - s = B^{-1}(A - x)(w)$, $e - q = B^{-1}(A - P)e$.

8.5 Wir behandeln weiter ein Gleichungssystem (68), wobei wir nunmehr wie in (4.8) verlangen, *daß die reelle $(m \times m)$-Matrix A positive Hauptdiagonalelemente besitzt* (praktisch ist diese Bedingung auch für (69) erforderlich!) *und daß $-x$ ein stetiges, monotones Diagonalfeld auf $\mathbb{R}^m$ ist.*

Dann ist jede Lösung eines der beiden Systeme

$$t = y(t) \quad \text{bzw.} \quad t = \bar{y}(t)$$

zugleich Lösung von (68), falls die Felder y und $\bar{y}$ nach (26') (x ist durch $-x$ zu ersetzen!) konstruiert sind. Nun ist y ein $(A_D + Q)^{-1}(|A|_L + |A|_R)$-beschränktes Feld auf $\mathbb{R}^m$ und $\bar{y}$ ein $(A_D + Q - |A|_L)^{-1}|A|_R$-beschränktes Feld auf $\mathbb{R}^m$, wie in (4.8) gezeigt wurde (Q ist eine Diagonalmatrix, welche in (4.2) beschrieben wird, man kann stets $Q =$ Nullmatrix wählen!).

Wie in (8.4) impliziert das Bestehen einer Formel (69) die Existenz einer Lösung $\bar{t} \in \mathbb{R}^m$ von (68) mit einer Fehlerabschätzung (70), wobei die Vektoren s und q aus w und e bei der Verwendung des Feldes y gemäß

$$A_{ii}s_i - x_i(s_i) = -\sum_{j \neq i} A_{ij}w_j, \qquad (A_{ii} + Q_{ii})q_i = \sum_{j \neq i} |A_{ij}|e_j \qquad (i \in \tau)$$

oder aber bei der Verwendung des Feldes $\bar{y}$ gemäß

$$\begin{aligned} A_{ii}s_i - x_i(s_i) &= -\sum_{j=1}^{i-1} A_{ij}s_j - \sum_{j=i+1}^{m} A_{ij}w_j \\ & \qquad\qquad\qquad\qquad\qquad\qquad (i \in \tau) \\ (A_{ii} + Q_{ii})q_i &= \sum_{j=1}^{i-1} |A_{ij}|q_j + \sum_{j=i+1}^{m} |A_{ij}|e_j \end{aligned}$$

zu konstruieren sind. Im letzten Fall müssen leere Summen durch Null ersetzt werden.

8.6 Hinweise. Die Frage, wie man bei vorgegebenem Vektor w ein $e \in \mathbb{R}^m$ finden kann, welches einer Bedingung (69) genügt, wird im nächsten Paragraphen untersucht.

Das Problem der Fehlerabschätzung bei der numerischen Behandlung linearer Gleichungssysteme wird schon von L. Collatz [1942b] behandelt. In den folgenden Jahren gibt es eine große Zahl weiterer Arbeiten mit Abschätzungen im linearen Fall, welche sich teilweise durch Vergröberung der im Text angegebenen Formeln herleiten lassen. So geht (66) auf H. Sassenfeld [1951] zurück, wenn man $\sigma_j < 1$ $(j \in \tau)$ annimmt und jedesmal σ_j durch $\sigma = \text{Max}\{\sigma_j : j \in \tau\}$ ersetzt. Ähnlich findet sich (63) bei J. Weissinger [1952], falls wieder $(P\delta)_j < 1$ $(j \in \tau)$ angenommen und durchweg $\text{Max}\{(P\delta)_j : j \in \tau\}$ anstelle von $(P\delta)_j$ verwendet wird. Für die Implikationen (62) $\Rightarrow$ (63) und (65) $\Rightarrow$ (66) vgl. J. Schröder [1959] im linearen Fall. (61) geht ebenfalls bei linearen Systemen auf J. Albrecht [1963] zurück. In dieser Arbeit wird auch das ESV im Sinne von (8.3) abgehandelt.

Für nichtlineare Gleichungssysteme vgl. man zu (61) die Arbeit J. Schröder [1956d], wo $e = \delta$ gesetzt, $(P\delta)_j < \delta_j = 1$ $(j \in \tau)$ gefordert und (61) in der vergröberten Form

$$|\bar{t}_i - x_i(w)| \leqq \frac{(P\delta)_i}{1 - \|P\|_\delta} \text{Max}\{|w_j - x_j(w)| : \quad j \in \tau\}$$

angegeben wird. Die Darstellung im Text folgt der Arbeit E. Bohl [1971], welche das Konzept von (8.2) mit einigen Folgerungen darstellt.

9. Praktische Durchführung einer Fehlerabschätzung

9.1 Die praktische Realisierung der im letzten Paragraphen genannten Fehlerabschätzungen ist mit der Realisierung einer Ungleichung vom Typ (59) oder (69) gleichbedeutend. Dabei sind das Feld x und die Matrix P gegeben oder aus dem vorgelegten Gleichungssystem ableitbar, wie es an einigen Fällen in § 8 vorgeführt wurde. Der Vektor w auf der linken Seite von (59) spielt die Rolle einer Näherung für die gesuchte Lösung. Dieser sei aufgrund irgend eines Verfahrens gewonnen, etwa mit Hilfe der Iterationsverfahren der §§ 4, 6 und 7, denen die verschiedenen Fehlerabschätzungen aus § 8 in gewisser Weise angepaßt sind. Dann ist der Vektor $|w - x(w)|$ der linken Seite von (59) bekannt und spielt die Rolle des „Defekts“ z des Gleichungssystems, falls die Näherung w eingesetzt wird. Wir können also von einem gegebenen Vektor $z \in \mathbb{R}^m_+$ und einer ebenfalls gegebenen nichtnegativen $(m \times m)$-Matrix P ausgehen und suchen einen Vektor $e \in \mathbb{R}^m$ mit

$$(71) \qquad e_i \geqq 0, \qquad \operatorname{sign}(z_i) \leqq \operatorname{sign}\bigl(e_i - (Pe)_i\bigr) \qquad (i \in \tau).$$

Dazu gehen wir von $e = z$ aus, testen das Bestehen von (71) und ersetzen e nach einer Vorschrift V durch einen „verbesserten" Vektor $Ve \in \mathbb{R}^m_+$, falls (71) verletzt ist. Nun beginnt der Prozeß von neuem, bis sich (71) einstellt. Es handelt sich also um einen Algorithmus, welcher in der übersichtlichen und leicht verständlichen Form

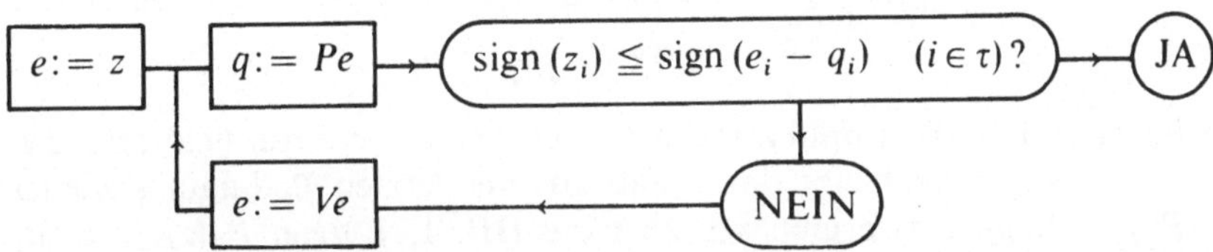

geschrieben werden kann.

Soweit braucht V nur $V(\mathbb{R}^m_+) \subset \mathbb{R}^m_+$ zu erfüllen, damit die Bedingung $e_i \geqq 0$ aus (71) nicht besonders getestet werden muß. Führt der Algorithmus zum JA, so sind die zuletzt ausgerechneten Größen e_i, q_i $(i \in \tau)$ unmittelbar für die Fehlerabschätzung (70) verwertbar. Die „Verbesserungsvorschrift" V sollte nun so gewählt sein, daß einmal die Anzahl $A_V(z)$ — wir nennen sie auch *Abbruchszahl* — der NEIN-Entscheidungen endlich und, um den Aufwand gering zu halten, auch möglichst klein ist. Falls keine JA-Entscheidung vorkommt, setzen wir $A_V(z) = \infty$ (vgl. auch (IV, 7.2)). Nach dem Satz (5.9) ist das Bestehen von (71) bis auf „triviale Ausnahmen" (vgl. (5.6)) mit der Bedingung $\sigma(P) < 1$ gleichwertig, jede Vorschrift V muß also für $1 \leqq \sigma(P)$ versagen. Unter Beachtung dieser Tatsache diskutieren wir nun drei mögliche Vorschriften V:

9.2 Summenmethode Ve = Pe + z: Der Algorithmus geht in jenen über, welchen wir in (IV, 7.2) im allgemeinen Rahmen genau diskutiert haben. Die Abbruchszahl $A_V(z)$ bezeichnen wir dementsprechend mit $N_P(z)$. Nach (IV, 7.5) gilt

$$\sigma(P) < 1 \Leftrightarrow N_P(z) < \infty \textit{ für alle } z \in o\mathbb{R}^m_+ \Leftrightarrow N_P(z) < \infty \textit{ für ein } z \in o\mathbb{R}^m_+,$$

so daß die Endlichkeit von $N_P(z)$ unter der Mindestbedingung an die Matrix P gesichert ist.

Wegen (IV, 4.3) ergibt (30″) in (5.2) die „beste" Fehlerabschätzung, welche wir bei dem hier vorliegenden Ansatz erreichen können. Danach haben wir das Gleichungssystem $e = Pe + z$ zu lösen, wenn wir z, wie oben ausgemacht, als Defekt $|w - x(w)|$ interpretieren. Die Summenmethode aber konstruiert gerade die Folge $e^0 = z$, $e^{n+1} = Pe^n + z$, welche wegen $\sigma(P) < 1$ gegen die Lösung des Systems $e = Pe + z$ konvergiert (vgl. (IV, 7.5)). Sie steuert also im Grenzwert die „beste" Fehlerabschätzung unseres Ansatzes an.

9.3 Potenzmethode Ve = Pe: In diesem Fall werde die Abbruchszahl $A_V(z)$ mit $P_P(z)$ bezeichnet. *Die Matrix P sei nun streng-monoton. Dann können wir*

$$\sigma(P) < 1 \Leftrightarrow N_P(z) < \infty \quad \text{für ein} \quad z \in o\mathbb{R}^m_+ \Leftrightarrow P_P(z) < \infty \quad \text{für alle} \quad z \in \mathbb{R}^m_+ - \{\theta\}$$

behaupten. Für die Implikationen $\Rightarrow$ berufen wir uns auf (9.2) und (IV, 7.8). Zu zeigen verbleibt dann, daß aus der letzten Bedingung wieder $\sigma(P) < 1$ folgt. Das ergibt sich aber aus (III, 1.7), denn $P_P(z) < \infty$ für ein $z \in o\mathbb{R}^m_+$ liefert $(I - P)P^n z \in o\mathbb{R}^m_+$, $P^n z \in o\mathbb{R}^m_+$ für hinreichend großes $n \in \mathbb{N}$.

Die Potenzmethode konstruiert ausgehend von $z \in o\mathbb{R}^m_+$ die Folge $z^{n+1} = Pz^n$, welche in dem hier betrachteten streng-monotonen Fall bis auf Normierung gegen den Eigenvektor zum Eigenwert $\sigma(P)$ von P konvergiert (genauer gilt (12) aus (3.3)!). Sie strebt im Grenzwert jenen Vektor $\bar{e} \in o\mathbb{R}^m_+$ an, welcher der Matrix P die kleinste Lipschitzkonstante $\sigma(P)$ zuweist, wenn man den $\mathbb{R}^m$ mit der Norm $\| \|_{\bar{e}}$ versieht (vgl. (III, 1.4)).

Schließlich ist zu bemerken, daß $P_P(z) < \infty$ „fast" die strenge Monotonie der Matrix P nach sich zieht, wie man etwa an (IV, 7.8) ablesen kann.

9.4 Minimummethode Ve = Min (Pe, e): Dabei setzen wir $(\mathrm{Min}(s, t))_i = \mathrm{Min}(s_i, t_i)$ $(i \in \tau)$ für je zwei Vektoren $s, t \in \mathbb{R}^m$. Die Abbruchszahl $A_V(z)$ soll hier $M_P(z)$ genannt werden. Die Minimummethode konstruiert nun die Folge

$$e^0 = z, \qquad e^{n+1} = \mathrm{Min}(Pe^n, e^n) \qquad (n \in \mathbb{N}),$$

für welche offenbar die Ungleichungen

$$(72) \qquad e_i^{n+1} \leqq e_i^n, \qquad e_i^n \leqq (P^n z)_i \qquad (i \in \tau) \qquad n \in \mathbb{N}$$

gelten, dabei gewinnt man die letzte Beziehung mit Hilfe vollständiger Induktion. Hieran anschließend wollen wir

$$(73) \qquad \sigma(P) < 1 \Rightarrow (I - P)e^r \in \mathbb{R}^m_+ \quad \text{für ein} \quad r \leqq N_P(e),$$

falls $z \in o\mathbb{R}^m_+$ liegt, beweisen:

Wegen $\sigma(P) < 1$ und $z \in o\mathbb{R}^m_+$ gilt $N = N_P(z) < \infty$ nach (9.2), also $1 = \mathrm{sign}(z_i) \leqq \mathrm{sign}(z_i - (P^{N+1}z)_i)$ oder $(P^{N+1}z)_i < z_i$ $(i \in \tau)$, wenn man

(71) und (IV, 48) in (IV, 7.2) beachtet. Daher können wir

(74) $$e_i^{N+1} < z_i = e_i^0 \qquad (i \in \tau)$$

aus (72) folgern. Sei $j \in \tau$ beliebig aber fest, so existiert wegen der Monotonie der e^n gemäß (72) und wegen (74) ein $k_j = k \in \mathbb{N}$ mit $k_j \leqq N$ und $e_j^{k+1} < e_j^k$. Dies bedeutet $\operatorname{Min}((Pe^k)_j, e_j^k) = e_j^{k+1} < e_j^k$, also $e_j^{k+1} = (Pe^k)_j$. Durch Induktion zeigt man weiter

$$e_j^{n+1} = (Pe^n)_j \quad \text{für} \quad n \geqq k = k_j.$$

Für $r = \operatorname{Max}\{k_j : j \in \tau\} \leqq N = N_P(z)$ wird demnach $e^{r+1} = Pe^r$, und (72) liefert $(Pe^r)_i = e_i^{r+1} \leqq e_i^r$ $(i \in \tau)$, wie es in (73) behauptet wird. □

Wegen $z \in o\mathbb{R}_+^m$ erfüllt der Vektor e^r aus (73) noch nicht notwendig die Bedingung $1 = \operatorname{sign}(z_i) \leq \operatorname{sign}(e_i^r - (Pe^r)_i)$ $(i \in \tau)$ aus (9.1), welche $(I - P)e^r \in o\mathbb{R}_+^m$ fordert, *im allgemeinen gilt also* $r < M_P(z)$. In der Praxis jedoch wird $(I - P)e^r$ keine Komponente $= 0$ mehr besitzen, so daß man dann $r = M_P(z)$, also sogar $M_P(z) \leqq N_P(z)$ aussagen kann. Um allerdings auch theoretisch zu einer vollständigen Diskussion zu gelangen, bemerken wir, daß für alle auf den durch (73) garantierten Index r folgenden Schritte, die Minimummethode in die Potenzmethode übergeht, welche wegen $\sigma(P) < 1$ nach $P_P(e^r)$ Schritten zum Ziel führt, falls P streng-monoton ist. Dann jedenfalls können wir festhalten

(75) $$\sigma(P) < 1 \Rightarrow M_P(z) < \infty \quad \text{für alle} \quad z \in o\mathbb{R}_+^m.$$

Abschließend sei noch auf die Implikation

(76) $$(I - P)z \in \mathbb{R}_+^m \Rightarrow N_P(z) \leqq P_P(z)$$

für alle $z \in \mathbb{R}_+^m$ *hingewiesen.* Daher sollte man die Minimummethode nur bis zum Index r verfolgen, von dem in (73) die Rede ist und daran (falls noch $r \neq M_P(z)$ gilt) die Summenmethode anschließen.

Zum *Beweis von* (76) können wir o. B. d. A. $P_P(z) = j < \infty$ annehmen, so daß wir

(77) $$\operatorname{sign}(z_i) \leqq \operatorname{sign}\{((I - P)P^j z)_i\} \qquad (i \in \tau)$$

erhalten. Wegen $(Pz)_i \leqq z_i$ $(i \in \tau)$ folgt sofort $(P^j z)_i \leqq z_i$ $(i \in \tau)$ also $((I - P)P^j z)_i \leqq z_i - (P^{j+1}z)_i$ $(i \in \tau)$. Die Ungleichung (77) zeigt dann

$$\operatorname{sign}(z_i) \leqq \operatorname{sign}\{((I - P^{j+1})z)_i\} \qquad (i \in \tau),$$

so daß sich $N_P(z) \leqq j = P_P(z)$ nach (IV, 7.2) ergibt. □

9.5 Nach (73) liefert die Minimummethode einen Vektor $z \in \mathbb{R}_+^m$ mit $(I - P)z \in \mathbb{R}_+^m$. Wegen (76) sollte man zur Summenmethode überwechseln, nachdem ein solches Element z konstruiert ist. Die Anzahl

$N_P(z)$ der noch zu rechnenden Schritte kann man angeben, wenn

$$z \in o\mathbb{R}^m_+, \qquad (I - P)z \in \mathbb{R}^m_+ - \{\theta\} \tag{78}$$

angenommen wird. Dann ist $N_P(z)$ die kleinste Zahl $N \in \mathbb{N}$ mit $(I - P^{N+1})z \in o\mathbb{R}^m_+$ (vgl. (IV, 7.2)) oder, was dasselbe besagt, mit $\tau(z - P^{N+1}z) = \varnothing$ (beachte (2') in (1.2) für $e = \delta$!). Um alle Indexmengen der Art $\tau(z - P^{n+1}z)$ zu charakterisieren, bemerken wir zunächst, daß für je drei Zahlen $r, k \in \tau$, $n \in \mathbb{N}$ mit $n \geqq 1$ die Implikation

$$P_{kr} > 0, \; r \notin \tau(z - P^n z) \Rightarrow k \notin \tau(z - P^{n+1}z) \tag{79}$$

gilt. Dazu betrachten wir

$$(P^{n+1}z)_k = \sum_{j \notin \tau(z - P^n z)} P_{kj}(P^n z)_j + \sum_{j \in \tau(z - P^n z)} P_{kj} z_j. \tag{80}$$

Existiert also ein $r \in \tau$ mit $r \notin \tau(z - P^n z)$ und $P_{kr} > 0$, so folgt $(P^{n+1}z)_k < (Pz)_k \leqq z_k$ aus (80) und (78), oder $k \notin \tau(z - P^{n+1}z)$.

Endlich häufige Anwendung von (79) liefert für je endlich viele Indizes $i, i_2, \ldots, i_n, j \in \tau$ die Implikation

$$\begin{gathered} P_{ii_2} > 0, \quad P_{i_k, i_{k+1}} > 0 \quad (k = 2, \ldots, n-1), \quad P_{i_n j} > 0, \quad j \notin \tau(z - Pz) \\ \Rightarrow i \notin \tau(z - P^{n+1}z). \end{gathered} \tag{81}$$

Sei $i \in \tau(z - Pz)$. Es gebe endlich viele Indizes i_k $(k = 1, \ldots, r + 1)$ mit

$$i_1 = i, \qquad P_{i_k i_{k+1}} > 0 \qquad (k = 1, \ldots, r), \qquad i_{r+1} \notin \tau(z - Pz). \tag{82}$$

Unter allen diesen Indexmengen $\{i_2, \ldots, i_{r+1}\}$ zu i gibt es eine minimaler Mächtigkeit, diese möge $\alpha(i)$ Elemente besitzen. Gibt es zu $i \in \tau(z - Pz)$ keine Indexmenge der beschriebenen Art, so setzen wir $\alpha(i) = \infty$. Gehört i schließlich zu $\tau - \tau(z - Pz)$, so soll $\alpha(i) = 0$ sein. Offenbar hängt $\alpha(i)$ von der Menge $\tau(z - Pz)$ ab. Soll das herausgestellt werden, so schreiben wir auch ausführlicher $\alpha(i, \tau(z - Pz))$. *Mit* (81) *läßt sich nun*

$$\alpha(i) \leqq n \Rightarrow i \notin \tau(z - P^{n+1}z) \tag{83}$$

für $n \in \mathbb{N}$ *leicht einsehen.* Ist nämlich $n = 0$, so folgt (83) unmittelbar aus der Definition von $\alpha(i)$. Sonst existieren endlich viele Indizes i_k $(k = 1, \ldots, r + 1)$ mit (82) und $r \leqq n$. Dann zeigt (81) sofort $i \notin \tau(z - P^{r+1}z)$. Wegen $\tau(z - P^{n+1}z) \subset \tau(z - P^{r+1}z)$ (beachte (78) und $r \leqq n$!) ergibt sich (83).

Über (83) *hinaus können wir sogar*

$$\alpha(i) \leqq n \Leftrightarrow i \notin \tau(z - P^{n+1}z) \tag{84}$$

für $n \in \mathbb{N}$ *beweisen*, was für $n = 0$ wieder trivial ist. Dazu bemerken wir als gewisse Umkehrung von (79) die Implikation

(85) $k \notin \tau(z - P^{n+1}z), k \in \tau(z - Pz) \Rightarrow P_{kr} > 0$ für ein $r \notin \tau(z - P^n z)$,

welche für alle $k \in \tau$ und $n \in \mathbb{N}$ $(n \geqq 1)$ besteht. Aus (80) folgt nämlich $(P^{n+1}z)_k = (Pz)_k = z_k$, falls $P_{kr} = 0$ für alle $r \notin \tau(z - P^n z)$ ist.

Wir wenden uns nun dem Beweis von (84) zu und nehmen $i \notin \tau(z - P^{n+1}z)$ für ein $n \geqq 1$ an. Ist $i \notin \tau(z - Pz)$, so gilt $\alpha(i) = 0$, und (84) ist richtig. Anderenfalls zeigt (85) die Existenz eines $i_2 \notin \tau(z - P^n z)$ mit $P_{ii_2} > 0$. Ist $i_2 \notin \tau(z - Pz)$, so gilt $\alpha(i) \leqq 1$, und der Beweis ist zuende. Sonst existiert nach (85) ein Index $i_3 \notin \tau(z - P^{n-1}z)$ mit $P_{i_2 i_3} > 0$. Setzen wir diesen Prozeß fort, so erhalten wir als Ergebnis eine Indexmenge $i_1, \ldots, i_{r+1}$ mit (82) und $r \leqq n$. Das vollendet den Beweis von (84). □

Wie wir oben bemerkt haben, ist $N_P(z)$ in dem hier betrachteten Fall die kleinste Zahl $N \in \mathbb{N}$ mit $\tau(z - P^{N+1}z) = \emptyset$. Daher liefert (84) den

9.6 Satz. *Für* $z \in o\mathbb{R}^m_+$ *mit* $(I - P)z \in \mathbb{R}^m_+ - \{\theta\}$ *wird*

(86) $$N_P(z) = \operatorname{Max}\{\alpha(i, \tau(z - Pz)) : \ i \in \tau\}.$$

Insbesondere gilt entweder $N_P(z) \leqq |\tau(z - Pz)|$ *oder* $N_P(z) = \infty$.

Ist nämlich $N_P(z) < \infty$, so gilt $\alpha(i) < \infty$ für alle $i \in \tau$ nach (86). Im Falle $\alpha(i) \neq 0$ existiert eine Indexmenge minimaler Mächtigkeit mit (82) und $r = \alpha(i)$. Wegen dieser Minimalitätseigenschaft müssen wir die Indizes $i_1, \ldots, i_r$ paarweise verschieden annehmen. Das aber verlangt $\alpha(i) \leqq |\tau(z - Pz)|$ für alle $i \in \tau$. □

Zu $P \in L_+[\mathbb{R}^m]$ konstruieren wir nach (22) in (4.3) die Matrix

$$\bar{P} = (I - P_L)^{-1}(P_D + P_R)$$

mit $(I - P_L)^{-1} \in L_+[\mathbb{R}^m]$ (vgl. (4.3)). Sind nun für ein $z \in o\mathbb{R}^m_+$ die Voraussetzungen von (9.6) erfüllt, so erhält man

(86′) $$N_{\bar{P}}(z) \leqq N_P(z) = \operatorname{Max}\{\alpha(i, \tau(z - Pz)) : \ i \in \tau\},$$

wenn man (IV, 7.13) verwendet und dort $P_1 = P_L$, $P_2 = P_D + P_R$ setzt. Betrachten wir in der Situation von (4.5) das GSV und das ESV laut (23′) für ein P-beschränktes Feld x, so ist das ESV eine Iteration mit dem $\bar{P}$-beschränkten Feld $\bar{x}$ (vgl. (4.5)), und (86′) besagt, daß die Summenmethode für eine Fehlerabschätzung beim ESV höchstens schneller zum Ziel führt als beim GSV, falls die durch (9.6) beschriebene Ausgangssituation angenommen wird. Dies entspricht der in (6.4) ausgedrückten Tatsache, daß $\sigma(\bar{P}) \leqq \sigma(P)$ ist, das ESV in diesem Sinne also höchstens schneller konvergiert als das GSV (vgl. auch (6.9)), falls $\sigma(P) < 1$ ausfällt.

9.7 Mit Hilfe der Formel (86) lassen sich unter speziellen Annahmen Abschätzungen für $N_P(z)$ herleiten. Diese können einmal als Anhaltspunkt für den Arbeitsaufwand der beschriebenen Methoden zur Konstruktion einer Fehlerabschätzung dienen, zum anderen aber auch bei der Diskussion um die Konvergenz von Iterationsverfahren mit P-beschränkten Feldern Einsichten vermitteln. Darauf gehen wir kurz in § 10 ein. Hier seien zunächst einige Abschätzungen angegeben. Die Ausgangssituation ist wie in (9.6) durch

$$(87) \qquad z \in o\mathbb{R}^m_+, \qquad (I - P)z \in \mathbb{R}^m_+ - \{\theta\}$$

für eine nichtnegative ($m \times m$)-Matrix P beschrieben. Dabei können wir $\tau(z - Pz) \neq \emptyset$ annehmen, weil sonst $N_P(z) = 0$ sofort folgt. Wegen $(I - P)z \neq \theta$ gilt gleichermaßen $\tau \neq \tau(z - Pz)$.

a) $P_{ij} \neq 0$ *für* $i \in \tau(z - Pz)$ *und* $j \notin \tau(z - Pz)$.

Dann wähle man $k \notin \tau(z - Pz)$ und findet $P_{ik} > 0$ für alle $i \in \tau(z - Pz)$, d. h. $\alpha(i) = 1$ für alle $i \in \tau(z - Pz)$, also $N_P(z) = 1$.

b) *P zerfalle nicht*, d. h. nach (6) in (2.1), daß zu jedem $\omega \subset \tau$ mit $\omega \neq \emptyset, \tau - \omega \neq \emptyset$ Indizes $i \in \omega$, $j \in \tau - \omega$ existieren mit $P_{ij} \neq 0$.

Sei $i \in \tau(z - Pz)$, so gibt es $i_1 \neq i$ mit $P_{ii_1} > 0$ ($\omega = \{i\}$!). Dann existiert $i_2 \neq i_1, i$ mit $P_{ii_2} > 0$ oder $P_{i_1 i_2} > 0$ ($\omega = \{i, i_1\}$!). Zu dieser Situation können wir $i_3 \neq i_2, i_1, i$ finden mit $P_{ii_3} > 0$ oder $P_{i_1 i_3} > 0$ oder $P_{i_2 i_3} > 0$ ($\omega = \{i, i_1, i_2\}$) usw.. Ist r die Anzahl der Elemente von $\tau(z - Pz)$, so gehört nach spätestens r Schritten der Index i_r nicht mehr zu $\tau(z - Pz)$. Zugleich ist damit eine Indexfolge der Art (82) konstruiert, also $\alpha(i) \leqq r$. (86) liefert demnach $N_P(z) \leqq r = |\tau(z - Pz)|$ (vgl. (2.1)).

c) $P_{ij} \neq 0$ *für* $|i - j| = 1$.

Für jedes $i \in \tau$ gilt dann $P_{i+k,i+k+1} > 0$, $P_{i-k,i-k-1} > 0$, wobei k nur so zu wählen ist, daß die auftretenden Indizes noch zu τ gehören. Zu jedem $i \in \tau$ gibt es also eine Indexfolge mit (82), welche aus höchstens $m - 1$ Elementen besteht, so daß $\alpha(i) \leqq m - 1$ für alle $i \in \tau$ und nach (86) auch $N_P(z) \leqq m - 1$ ausfällt.

d) $P_{ij} \neq 0$ *für* $i \in \tau(z - Pz)$, $j \in \tau$ *mit* $|i - j| = 1$.

Ist $M = \operatorname{Max}\{|i - j| : i, j \notin \tau(z - Pz), i < j, (i, j) \cap \mathbb{N} \subset \tau(z - Pz)\}$, so erhält man unter Benutzung des zu c) dargestellten Sachverhaltes

$$N_P(z) \leqq 2^{-1} \begin{cases} M, & \text{falls } M \text{ gerade} \\ M - 1, & \text{falls } M \text{ ungerade.} \end{cases}$$

Wir betrachten z. B. die Matrix A aus (47) mit $r(s) \equiv 0$ und setzen $P = |J(A)|$ (vgl. (4.6)). P erfüllt zusammen mit $z = \delta$ die Bedingungen (87), ferner gilt $\tau(\delta - P\delta) = \{2, \ldots, m - 1\}$. Da die Voraussetzungen von d) vorliegen, können wir

$$N_{|J(A)|}(\delta) \leqq 2^{-1} \begin{cases} m - 1, & \text{falls } m \text{ ungerade} \\ m - 2, & \text{falls } m \text{ gerade} \end{cases}$$

folgern, weil $M = m - 1$ wird. In diesem Fall ist m die Anzahl der Stützstellen, welche zur Aufstellung der Differenzengleichungen benutzt wurden (vgl. (7.4), a)).

Nun legen wir uns die Matrix A aus (49) vor und setzen wie eben $P = |J(A)|$. Wieder ist (87) mit $z = \delta$ erfüllt, in diesem Fall gilt aber $M = \mu - 1$, falls wir wie eben $r(s) \equiv 0$ annehmen. Weil die Zusatzbedingungen von d) gegeben sind, erhalten wir

$$N_{|J(A)|}(\delta) \leqq 2^{-1} \begin{cases} \mu - 1, & \text{falls } \mu \text{ ungerade} \\ \mu - 2, & \text{falls } \mu \text{ gerade.} \end{cases}$$

Nach (7.4), b) gibt μ gerade die Anzahl der Stützstellen auf einer Horizontalen des Differenzengitters an.

9.8 Beispiele. Wir betrachten die nichtlinearen Gleichungssysteme, welche wir durch Diskretisierung der Randwertaufgaben

a) $-y''(s) = 1 - y^2(s)$ in $(0, 1)$, $y(0) = y(1) = 0$

b) $-((1 + s)\,y'(s))' = \alpha s(1 + y^2(s))^{-1}$ in $(0, 1)$, $y(0) = 0$, $y(1) = 1$

c) $-y''(s) - \alpha^2 \sin y(s) = \sin s$ in $(0, \pi)$, $y(0) = y(\pi) = 0$

d) $-\Delta y(s_1, s_2) = \exp(-y^2(s_1, s_2))$ in $(0, 1)^2$, $y(s_1, s_2) = 0$ auf dem Rand von $[0, 1]^2$

in (4.10) und (7.4) gewonnen haben. Hier soll nun eine Fehlerabschätzung für die in (4.10) und (7.4) berechneten Näherungen t^N zu diesen Gleichungssystemen angegeben werden. Die Vektoren t^N erfüllen im Falle

a) $t^N = (A_D + x)^{-1}(-A_L - A_R)(t^{N-1})$ beim GSV (für A und x

$t^N = \overline{(A_D + x)^{-1}(-A_L - A_R)}(t^{N-1})$ beim ESV vgl. (4.10));

b) und c) $t^N = A^{-1}x(t^{N-1})$ (für A und x vgl. (47))

d) $t^N = V^{-1}(W + x)(t^{N-1})$, $A = V - W$ ist die reguläre Zerlegung von A, welche jeweils den Verfahren PGSV, BGSV, PESV, BESV entspricht (für A und x vgl. (7.4), Beispiel b)).

Die auf der rechten Seite jeder dieser Gleichungen auftretenden Felder sind P-beschränkt auf $\mathbb{R}^m$, und P wird im Falle

a) $P = A_D^{-1}(|A|_L + |A|_R)$ beim GSV, $P = (A_D - |A|_L)^{-1}|A|_R$ beim ESV (vgl. (4.8));

b) und c) $P = A^{-1}Q$ (vgl. (7.1)) mit

$$Q_{ii} = \begin{cases} \frac{3}{8}\sqrt{3}|\alpha|\, h^2 i & \text{für b)} \\ \alpha^2 h & \text{für c)} \end{cases} \qquad Q_{ij} = 0 \qquad (i \neq j) \qquad i, j = 1, \dots, m;$$

d) $P = V^{-1}(W + Q)$ (vgl. (7.1)) mit $Q = \sqrt{2\exp(-1)}\, I$.

Hierbei geben die Matrizen Q die jeweiligen Beschränkungen der nichtlinearen Anteile x an. Damit liegt die Situation vor, welche (8.2) voraussetzt. Es ist nur noch (59) zu erfüllen. Die linke Seite der zweiten Ungleichung in (59) ist bereits durch $\operatorname{sign}(|t_i^{N-1} - t_i^N|)$ gegeben, die Matrix P haben wir gerade genannt. Die Konstruktion eines Vektors e erfolgt nach (9.1)–(9.5). Wir setzen $z = |t^{N-1} - t^N|$. Dann erhält man die Werte für die Abbruchszahlen und die Fehlerabschätzung (61), welche in (7.4) zu den Beispielen b), c) und d) schon angegeben worden sind. Im Falle des Beispiels a) findet man die Zahlen der hier wiedergegebenen Tabelle.

		GSV			ESV		
m	i	t_i^N	$N_P(z)$	$\lvert\bar{t}_i - t_i^N\rvert\, 10^3 \leqq$	t_i^N	$N_P(z)$	$\lvert\bar{t}_i - t_i^N\rvert\, 10^3 \leqq$
	2	0.06783159		11.03	0.07217772		6.520
9	5	0.10428360	1	18.77	0.11334439	0	9.517
	7	0.08825496		15.19	0.09639593		6.957
	4	0.07463562		4.883	0.07672407		2.541
19	10	0.11582477	1	8.299	0.11969295	0	3.965
	14	0.09759596		6.717	0.10088689		3.037
	6	0.07816350		1.124	0.07866082		0.557
29	15	0.12182033	0	1.910	0.12271141	0	0.899
	21	0.10244906		1.546	0.10319418		0.703
	8	0.07902432		0.190	0.07911281		0.099
39	20	0.12328328	1	0.323	0.12343973	0	0.162
	28	0.10363325		0.262	0.10376309		0.128
	10	0.07918044		0.061	0.07919456		0.016
49	25	0.12354866	0	0.104	0.12357339	0	0.026
	35	0.10384804		0.084	0.10386847		0.021

Ist die Abbruchszahl $A_V(z) = 0$ bei einer der Methoden aus (9.2), (9.3) oder (9.4), so wird die Abbruchszahl bei jeder der drei Methoden gleich Null. Summen-, Potenz- und Minimummethode fallen für solche Vektoren z nämlich zusammen.

Die Endlichkeit von $A_V(z)$ liefert nicht nur eine Fehlerabschätzung (61), sie sichert zugleich die Existenz einer Lösung $\bar{t}$ des Gleichungssystems (vgl. (8.2)) und impliziert überdies die Konvergenz der in (4.10) bzw. (7.4) jeweils angewandten Iterationsverfahren (vgl. Satz (5.4) sowie auch (4.5) und beachte, daß mit $N_P(z) < \infty$ gerade ein Vektor aus $\mathbb{R}_+^m$ konstruiert ist, welcher (31) befriedigt!).

Während also die zu a), b), c) und d) betrachteten diskreten Probleme lösbar sind, bleibt die Frage offen, ob es eine Lösung $\bar{y}$ zu den Randwertaufgaben selber gibt, welche wir ja gerade an den Stützstellen näherungsweise berechnen wollen. Darauf kommen wir in (VII, 7.8) zurück.

9.9 Hinweise. Zum abstrakten Hintergrund der hier behandelten Konstruktionsverfahren haben wir in den Hinweisen (IV, 7.14) einiges gesagt, was hier nicht wiederholt werden soll. Im vorliegenden Fall von Gleichungssystemen sei auf J. Albrecht [1963] (Potenzmethode bei linearen Systemen) und E. Bohl [1971] (Summenmethode bei nichtlinearen Systemen) hingewiesen. Die Idee der Minimummethode wird bei geringfügig anderer Zielsetzung für lineare Systeme von D. Braess [1962] angewandt. W.-J. Beyn [1973] macht diesen Gedanken in Form der Ausführungen in (9.4) für die im Text vorliegende Fragestellung nutzbar. Die Beweisideen sind in der Arbeit [1962] von D. Braess enthalten. Auch der Satz (9.6) mit der Darstellung (86) von $N_P(z)$ geht auf W.-J. Beyn [1973] zurück.

10. Zeilensummenkriterien und Konvergenz

10.1 Wir kommen nun auf unsere Bemerkung am Beginn des Abschnitts (9.7) zurück, daß die Endlichkeit von $N_P(z)$ die Konvergenz von Iterationsverfahren regelt. Nach (5.2), (5.4) und (5.11) konvergieren nämlich

$$\text{(88)}\quad \begin{aligned} t_i^{n+1} &= x_i(t_1^n, \ldots, t_m^n) \qquad (i \in \tau) \\ s_1^{n+1} &= x_1(s_1^n, \ldots, s_m^n), \qquad s_i^{n+1} = x_i(s_1^{n+1}, \ldots, s_{i-1}^{n+1}, s_i^n, \ldots, s_m^n) \\ & \qquad\qquad\qquad\qquad\qquad\qquad (i = 2, \ldots, m) \end{aligned}$$

mit einem P-beschränkten Feld x auf $\mathbb{R}^m$ gegen eine Lösung von

$$\text{(89)}\qquad t_i = x_i(t_1, \ldots, t_m) \qquad (i \in \tau),$$

falls $\sigma(P) < 1$ oder (31) erfüllt ist. Beide Bedingungen sind „im wesentlichen“ gleichwertig nach (5.9) und bestehen dann (und „im wesentlichen“ auch nur dann), wenn $N_P(z) < \infty$ ausfällt für ein (und damit auch für alle) $z \in o\mathbb{R}_+^m$ (vgl. (9.2)) *Insbesondere sind alle Konstruktionen einer Fehlerabschätzung aus § 9 zugleich konstruktive Konvergenzbeweise für entsprechende Iterationsverfahren.* Soll allein die Konvergenz untersucht werden, so reicht es nach allem aus, $N_P(\delta) < \infty$ sicherzustellen.

Ist nun das SZSK (vgl. (6.12)) für die Matrix $I - P$ erfüllt, so bedeutet dies gerade das Bestehen von (87) für $z = \delta$. Daher können wir (9.6) anwenden und finden, daß $N_P(\delta) < \infty$ genau dann eintritt, wenn P zusätzlich folgende Eigenschaft besitzt:

ZB *Zu jedem* $i \in \tau(\delta - P\delta)$ *gibt es endlich viele Indizes* $i_k \in \tau$ $(k=1,\dots,r+1)$ *mit* (82), *d. h.*

(90) $$i_1 = i, \qquad P_{i_k i_{k+1}} > 0 \qquad (k = 1,\dots,r), \qquad i_{r+1} \notin \tau(\delta - P\delta).$$

ZB ist also eine Zusatzbedingung, welche in Verbindung mit dem SZSK die Konvergenz der Verfahren (88) liefert. Der Vollständigkeit halber erwähnen wir nur, daß das ZSK für $I - P$ (vgl. (6.12)) ebenso die Konvergenz von (88) impliziert, weil dann schon $N_P(\delta) = 0$ wird (vgl. (9.7)).

Für die weitere Diskussion gehen wir von einem linearen Gleichungssystem

(91) $$At = s$$

mit einer reellen $(m \times m)$-Matrix A $(A_{ii} \neq 0, i \in \tau)$ und einem Vektor $s \in \mathbb{R}^m$ aus. Das GSV und das ESV für (91) sind Verfahren der Art (88), wobei das Feld x durch (26) in (4.6) gegeben wird. Es ist $|J(A)|$-beschränkt auf $\mathbb{R}^m$. Für die Konvergenz von GSV und ESV reicht das ZSK für $I - |J(A)|$ oder aber das SZSK für $I - |J(A)|$ verbunden mit ZB für $P = |J(A)|$ aus.

Wir übertragen nun die Forderung des ZSK bzw. SZSK, welche wir in (6.12) nur für L-Matrizen ausgesprochen haben, sowie die Forderung ZB, welche in der obigen Form eine nichtnegative Matrix unterstellt, auf eine beliebige reelle $(m \times m)$-Matrix A mit $A_{ii} \neq 0$ $(i \in \tau)$ und sagen, daß *A das* ZSK *oder* SZSK *bzw.* ZB *erfüllt, falls die L-Matrix $I - |J(A)|$ bzw. die nichtnegative Matrix $|J(A)|$ die Bedingung f_δ) oder f'_δ) aus* (6.12) *bzw.* ZB *in der obigen Form befriedigt.* Man überlegt sich leicht, daß sich jeweils die alten Definitionen einstellen, falls A schon L-Matrix bzw. nichtnegativ ist. In expliziter Form fordern ZSK, SZSK oder ZB

ZSK $$\sum_{j\neq i} |A_{ij}| < |A_{ii}| \qquad (i \in \tau);$$

SZSK $$\sum_{j\neq i} |A_{ij}| \leqq |A_{ii}| \qquad (i \in \tau), \qquad \sum_{j\neq r} |A_{rj}| < |A_{rr}| \text{ für mindestens ein } r \in \tau;$$

ZB zu jedem i mit $\sum_{j \neq i} |A_{ij}| = |A_{ii}|$ gibt es endlich viele Indizes $i_k \in \tau$ $(k = 1, \ldots, r+1)$ mit $i_1 = i$, $A_{i_k i_{k+1}} \neq 0$ $(k = 1, \ldots, r)$, $\sum_{j \neq q} |A_{qj}| < |A_{qq}|$ für $q = i_{r+1}$.

Zusammenfassend erhalten wir den

10.2 Satz. *Die* $(m \times m)$*-Matrix* A *erfülle* $A_{ii} \neq 0$ $(i \in \tau)$ *sowie das* ZSK *oder das* SZSK *verbunden mit* ZB. *Dann konvergieren* GSV *und* ESV *für* (91) *bei beliebigem Startvektor aus* $\mathbb{R}^m$ *gegen eine Lösung von* (91).

10.3 Satz. *Die* $(m \times m)$ *L-Matrix* A *erfülle das* ZSK *oder das* SZSK *verbunden mit* ZB. *Für jede reguläre Zerlegung* $A = V - W$ *konvergiert*

$$Vt^{n+1} = Wt^n + s$$

bei beliebigem Startvektor aus $\mathbb{R}^m$ *gegen eine Lösung von* (91).

Der Beweis folgt durch Kombination der Sätze (10.2), (6.7) und (6.5) in Verbindung mit den Ausführungen in (6.3).

Es sei hier darauf hingewiesen, daß A die Bedingung ZB erfüllt, falls $|J(A)|$ zusammen mit $z = \delta$ eine der Forderungen a), b), c) oder d) aus (9.7) befriedigt. In Form von a), c) oder d) läßt sich ZB unmittelbar an der Matrix A ablesen. Die Bedingung b), welche üblicherweise im Zusammenhang mit dem SZSK bei Sätzen der Form (10.2), (10.3) genannt wird, kann man nicht so einfach prüfen. Bekanntlich führen Diskretisierungen von Randwertaufgaben bei gewöhnlichen und partiellen Differentialgleichungen auf Gleichungssysteme der Art (91) mit einer L-Matrix A, welche das SZSK erfüllt (vgl. (7.4)). In vielen Fällen besteht auch d) ($z = \delta$!) aus (9.7) (s. die dort angegebenen Sonderfälle), was man durch Inspektion der Matrix sofort übersehen kann. Satz (10.3) steht dann zur Behandlung von (91) zur Verfügung.

10.4 Den in (10.3) vorgetragenen Sachverhalt finden wir bei dem allgemeineren Gleichungssystem

$$At = x(t) \tag{92}$$

wieder. *Dabei sei* A *eine reelle* $(m \times m)$*-Matrix mit* $A_{ij} \leqq 0$ $(i \neq j;\ i, j \in \tau)$ *und* x *ein P-beschränktes Feld auf* $\mathbb{R}^m$. *Wir verlangen überdies* $P_{ii} < A_{ii}$ $(i \in \tau)$, so daß $A - P$ eine L-Matrix wird.

Wie in (7.1) wählen wir eine reguläre Zerlegung $A = B - (B - A)$ von A und setzen zur Lösung von (92) das Iterationsverfahren

$$B(t^n - t^{n+1}) = At^n - x(t^n) \tag{93}$$

an. Nach (7.2) konvergiert bei unseren Voraussetzungen jedes solche

Verfahren gegen eine Lösung von (92), falls $A - P$ eine nichtnegative Inverse besitzt. Da $A - P$ eine L-Matrix ist, besagt der Satz (6.12), daß $(A - P)^{-1}$ genau dann existiert und nichtnegativ ist, wenn $\sigma(J(A - P)) < 1$ ausfällt. Weil $J(A - P)$ eine nichtnegative Matrix ist, können wir Satz (IV, 7.5) anwenden und finden, daß $\sigma(J(A - P)) < 1$ mit der Existenz eines Vektors $z \in o\mathbb{R}^m_+$ äquivalent ist, für welchen $N_{J(A-P)}(z) < \infty$ gilt. Hier greift der Satz (9.6) ein und liefert dazu ein hinreichendes Kriterium für ein solches Element z, nämlich folgende Bedingungen

(i) $z \in o\mathbb{R}^m_+, (I - J(A - P))\, z \in \mathbb{R}^m_+ - \{\theta\}$;

(ii) zu jedem $i \in \tau(z - J(A-P)z)$ gibt es Indizes $i_k \in \tau$ $(k = 1, \ldots, r+1)$ mit $i_1 = i$, $J(A - P)_{i_k i_{k+1}} > 0$ $(k = 1, \ldots, r)$, $i_{r+1} \notin \tau(z - J(A - P)\, z)$;

dabei darf r natürlich von i abhängen. Man kann (i) und (ii) offenbar als Forderung an die Matrix $A - P$ und nicht an deren Jacobi-Matrix umschreiben. Weil $A - P$ eine L-Matrix ist, haben nämlich entsprechende Komponenten der Vektoren $(I - J(A - P))\, z$ und $(A - P)\, z$ für jedes $z \in \mathbb{R}^m$ dasselbe Vorzeichen, denn es ist

$$(A - P)_D (I - J(A - P)) = A - P.$$

Somit können (i) und (ii) in der Form

(i) $z \in o\mathbb{R}^m_+, (A - P)\, z \in \mathbb{R}^m_+ - \{\theta\}$;

(ii) zu jedem $j \in \tau$ mit $((A - P)\, z)_j = 0$ gibt es $r + 1$ Indizes $i_1 = j$, $i_{k+1} \in \tau$ $(k = 1, \ldots, r)$ mit

$$A_{i_k i_{k+1}} \neq P_{i_k i_{k+1}} \quad (k = 1, \ldots, r), \quad ((A - P)\, z)_{i_{r+1}} > 0,$$

wobei die Anzahl $r \in \mathbb{N}$ von j abhängen kann;

geschrieben werden, und wir erhalten folgende Verallgemeinerung von Satz (10.3).

10.5 Satz. *A sei eine reelle* $(m \times m)$*-Matrix und x ein P-beschränktes Feld auf* $\mathbb{R}^m$. *Es sei* $A_{ij} \leqq 0$ $(i \neq j; i, j \in \tau)$ *und* $P_{ii} < A_{ii}$ $(i \in \tau)$, *ferner gelten* (i) *und* (ii) *mit einem* $z \in \mathbb{R}^m$. *Dann konvergiert* (93) *für jede reguläre Zerlegung* $A = B - (B - A)$ *bei beliebigem Startvektor gegen eine Lösung von* (92).

Ist (92) das Ergebnis der Diskretisierung einer Randwertaufgabe (vgl. (4.9), (7.4)), so ist A häufig eine L-Matrix, welche c) aus (9.7) befriedigt. Dann gilt c) aus (9.7) erst recht für $A - P$ bei beliebigem $P \in L_+[\mathbb{R}^m]$. Satz (10.5) verlangt neben $P_{ii} < A_{ii}$ $(i \in \tau)$ nurmehr die Existenz eines $z \in o\mathbb{R}^m_+$ mit $(A - P)\, z \in \mathbb{R}^m_+ - \{\theta\}$.

10.6 Die verschiedenen Bedingungen an die Zeilen einer Matrix, auf welche wir in (10.1) und (10.4) gestoßen sind, kann man in eine einheitliche Form bringen. Dazu definieren wir für eine $(m \times m)$-Matrix

A und einen Vektor $z \in \mathbb{R}^m_+$ die Zahlen

$$Z_i(A, z) = |A_{ii}|\, z_i - \sum_{j \neq i} |A_{ij}|\, z_j \qquad (i \in \tau)$$

und formulieren die Zeilensummenbedingung

ZSB $Z_i(A, z) \geqq 0$ $(i \in \tau)$, *und für jedes* $j \in \tau$ *mit* $Z_j(A, z) = 0$ *existieren* $r + 1$ *Indizes* $i_1 = j, i_{k+1} \in \tau$ $(k = 1, \ldots, r)$ *mit*

$$A_{i_k i_{k+1}} \neq 0 \qquad (k = 1, \ldots, r), \qquad Z_{i_{r+1}}(A, z) > 0,$$

wobei die Anzahl $r \in \mathbb{N}$ *von* j *abhängen darf.*

Für $z = \delta$ sind ZSB einerseits und SZSK verbunden mit ZB andererseits äquivalent. Wir erhalten das ZSK, falls ZSB in der Form $Z_i(A, \delta) > 0$ $(i \in \tau)$ erfüllt ist. Liegt eine L-Matrix A vor, so gilt

$$Z_i(A, z) = (Az)_i \qquad (i \in \tau),$$

und die Forderungen (i), (ii) aus (10.4) fallen mit ZSB für die Matrix $A - P$ und den Vektor z zusammen. Die Sätze (10.2), (10.3) und (10.5) können somit in einheitlicher Form aufgeschrieben werden.

Die Zeilensummenbedingung gestattet eine Charakterisierung der M-Matrizen im Sinne von Satz (6.12), welche zwischen den Forderungen f) und f′) aus (6.12) einzuordnen ist, gegenüber f′) jedoch keine Voraussetzungen über den Zerfall der Matrix macht.

10.7 Satz. *Eine reelle* $(m \times m)$*-Matrix* A *mit* $A_{ii} \geqq 0$ *und* $A_{ij} \leqq 0$ *für* $i \neq j$ $(i, j \in \tau)$ *ist genau dann von monotoner Art (also eine* M*-Matrix), wenn* A *zusammen mit einem* $z \in \mathbb{R}^m_+$ *die Zeilensummenbedingung* ZSB *erfüllt.*

Beweis. Ist A von monotoner Art, so existiert nach f) in (6.12) ein $e \in \mathbb{R}^m_+$ mit $Ae \in o\mathbb{R}^m_+$. Daher ist ZSB für $z = e$ erfüllt. Umgekehrt befriedige $z \in \mathbb{R}^m_+$ die Zeilensummenbedingung. Dann muß $z \in o\mathbb{R}^m_+$ liegen, denn aus ZSB folgt $A_{ij} = 0$ für $i \in \tau(z)$ und $j \notin \tau(z)$, so daß ZSB im Falle $\tau(z) \neq \varnothing$ verletzt wäre. Ebenso schließt man $A_{ii} > 0$ $(i \in \tau)$ aus (94). Damit gilt $N_{J(A)}(z) < \infty$ nach Satz (9.6), also $\sigma((J(A)) < 1$ nach (9.2), und Satz (6.12) zeigt, daß A von monotoner Art sein muß. □

Damit findet auch Satz (10.5) und gleichzeitig Satz (10.3) eine neue Formulierung.

10.8 Satz. *A sei eine reelle* $(m \times m)$*-Matrix mit* $A_{ij} \leqq 0$ *für* $i \neq j$ $(i, j \in \tau)$, *und* x *sei ein* P*-beschränktes Feld auf* $\mathbb{R}^m$, *es sei* $P_{ii} \leqq A_{ii}$ $(i \in \tau)$. *Die Matrix* $A - P$ *erfülle zusammen mit einem Vektor* $z \in \mathbb{R}^m_+$ *die Zeilen-*

summenbedingung ZSB. *Dann konvergiert* (93) *für jede reguläre Zerlegung* $A = B - (B - A)$ *bei beliebigem Startvektor gegen eine Lösung von* (92).

Nach (10.7) ist $A - P$ nämlich von monotoner Art, so daß eine Anwendung von Satz (7.2) den Beweis von (10.8) vollendet. □

Wir beschließen unsere Diskussion mit einem Beispiel für den Satz (10.7), welches zeigen soll, daß ZSB die Forderung f) aus (6.12) im Hinblick auf die Anwendungen erweitert. Wir betrachten

$$A = \begin{bmatrix} 2 & 0 & -1 \\ 0 & 2 & 0 \\ -2 & 0 & 2 \end{bmatrix}.$$

Diese Matrix zerfällt und erfüllt zusammen mit $z = \delta$ die Zeilensummenbedingung jedoch nicht f) aus (6.12), wenn wir dort $e = \delta$ wählen. Es ist nämlich $A\delta = (1, 2, 0)$, d. h. $Z_3(A, \delta) = 0$ jedoch $A_{31} = -2 \neq 0$ und $Z_1(A, \delta) = 1 > 0$. In diesem Fall kann man A^{-1} ausrechnen, man erhält

$$A^{-1} = 0.5 \begin{bmatrix} 2 & 0 & 1 \\ 0 & 1 & 0 \\ 2 & 0 & 2 \end{bmatrix}$$

und findet, daß A^{-1} keine positive Matrix also auch b′) aus (6.12) verletzt ist.

10.9 Hinweise. Hinreichende Konvergenzbedingungen für Iterationsverfahren bei linearen Gleichungssystemen sind seit langem bekannt. Für das GSV tritt das ZSK bei R. v. Mises und H. Pollaczek-Geiringer [1929] auf, vgl. auch H. Wittmeyer [1936]. L Collatz [1942b] benutzt das ZSK bei der Behandlung des ESV, und H. Geiringer [1949] betrachtet GSV und ESV unter der Voraussetzung des SZSK bei nichtzerfallender Matrix. Für die weitere Entwicklung vgl. auch L. Collatz [1950], J. Weissinger [1952] u. a.. In jüngerer Zeit werden auch andere Zusatzbedingungen diskutiert, welche einfacher als der Nichtzerfall einer Matrix zu übersehen sind und gleichzeitig zusammen mit dem SZSK zu hinreichenden Konvergenzbedingungen für GSV und ESV führen. W. Walter [1967] gibt zwei Voraussetzungen dieser Art an. Der Ansatz von W. Walter wurde durch F. W. Schäfke [1968] und L. Elsner [1969] weiter verfolgt. L. Elsner formuliert ein sog. „verallgemeinertes Zeilensummenkriterium", das in der Sprache des Textes mit der Bedingung $N_P(z) < \infty$ für ein $z \in o\mathbb{R}^m_+$ (vgl. E. Bohl [1971] im nichtlinearen Fall) äquivalent ist. Aussagen der Form (10.2), (10.3) sind wohlbekannt, wenn ZB durch den Nichtzerfall der Matrix A realisiert wird, vgl. die große Anzahl der Bücher über iterative Behandlung linearer Gleichungssysteme. Die in den Hinweisen (8.6) zur Literatur über Fehlerabschätzungen genannten Arbeiten enthalten meistens ebenfalls zugleich Konvergenzkriterien der hier angesprochenen Art. Für die hier nicht wiederholten Zitate verweisen wir auf (8.6). Zu ZSB im Falle $z = \delta$ vgl. auch J. H. Bramble und B. E. Hubbard [1964].

11. Existenzaussagen bei Gleichungssystemen

11.1 Die soweit hergeleiteten Aussagen zur Konvergenz und Fehlerabschätzung bei allgemeinen Gleichungssystemen beinhalten immer gleichzeitig die Existenz einer Lösung solcher Systeme. In § 2 von Kapitel V ist gezeigt worden, daß man zur Behandlung der Existenzfrage allein nur sehr viel schwächere Voraussetzungen benötigt, wenn man auf eine konstruktive Grundlage (etwa ein Iterationsverfahren) beim Existenzbeweis verzichtet. Hier seien einige Folgerungen des Satzes (V, 2.3) im endlichdimensionalen Fall notiert.

11.2 Wir betrachten ein Gleichungssystem der Form

$$At = x(t) \tag{94}$$

mit einer $(m \times m)$ L-Matrix A und einem stetigen Feld x auf $\mathbb{R}^m$. Es mögen zwei Matrizen $P, Q \in L_+[\mathbb{R}^m]$, eine Zahl $q \in (0, 1)$ und ein Vektor $z \in \mathbb{R}^m_+$ existieren mit folgenden Eigenschaften:

(a) $A - P$ ist eine M-Matrix;

(b) $|x_i(t)| \leqq (P|t|)_i + (Q|t|^q)_i + z_i \; (i \in \tau = \{1, \ldots, m\})$ für alle $t \in \mathbb{R}^m$;

dabei verwenden wir die schon in (7.5) benutzte Schreibweise t^q für den Vektor mit den Komponenten t_i^q.

11.3 Die in (11.2) beschriebene Situation liegt in spezieller Form in (7.1) und (7.2) vor, wo ein Gleichungssystem (94) unter der Annahme (a) bei P-beschränktem Feld x betrachtet wird. Die P-Beschränktheit liefert nämlich (b) in der Form

$$|x_i(t)| \leqq (P|t|)_i + |x_i(\theta)| \; (i \in \tau) \quad \text{für alle} \quad t \in \mathbb{R}^m.$$

Es sei hier darauf hingewiesen, daß (a) mit jeder der beiden Bedingungen (a1) $A - P$ besitzt eine nichtnegative Inverse;

(a2) A ist eine M-Matrix und $\sigma(A^{-1}P) < 1$;

äquivalent ist. Dazu beachte man den Satz (7.2) sowie seinen Beweis und den Satz (6.12), wobei unsere Annahme, daß A eine L-Matrix ist, herangezogen werden muß.

In (7.2) konnten wir unter anderem die Lösbarkeit von (94) sichern. Wir wollen nun zeigen, daß dies auch in der durch (11.2) beschriebenen allgemeineren Situation möglich ist.

11.4 Satz. *Unter den Voraussetzungen von* (11.2) *besitzt* (94) *eine Lösung in* $\mathbb{R}^m$.

Beweis. Wegen (b) besteht nämlich (V, 9) aus (V, 2.3) in der Form

$$|A^{-1}x(t)| < A^{-1}P|t| + A^{-1}Q|t|^q + A^{-1}z \quad \text{für alle} \quad t \in \mathbb{R}^m$$

mit der kanonischen Halbordnung $<$ des $\mathbb{R}^m$ (vgl. (1) in (1.1)). Nun ist $A^{-1}P \in L_+[\mathbb{R}^m]$ und $\sigma(A^{-1}P) < 1$ nach (a2), so daß $I - A^{-1}P$ eine nichtnegative Inverse besitzt (vgl. (IV, 7.5)). Als stetiger Operator ist $A^{-1}x$ auch vollstetig in $(\mathbb{R}^m, <, \| \|_\delta)$, so daß wir Satz (V, 2.3) anwenden können, welcher die Lösbarkeit des Gleichungssystems $t = A^{-1}x(t)$ sichert. □

Wir können die Voraussetzung (b) weiter abschwächen, wenn wir ein Diagonalfeld x (vgl. (4.2)) annehmen. Davon handelt der

11.5 Satz. *Das Gleichungssystem* (94) *besitzt eine Lösung in* $\mathbb{R}^m$, *falls* A *eine* $(m \times m)$ L-*Matrix und* x *ein stetiges Diagonalfeld auf* $\mathbb{R}^m$ *ist und falls zwei Diagonalmatrizen* $P, Q \in L_+[\mathbb{R}^m]$ *sowie Zahlen* $q \in (0, 1)$, $c \geqq 0$ *und ein* $z \in \mathbb{R}^m_+$ *existieren mit:*

(a) $A - P$ *ist eine* M-*Matrix;*

(b′) $x_i(t) \leqq (Pt)_i + (Qt^q)_i + z_i \; (i \in \tau)$ *für* $t_i \geqq 0 \; (i \in \tau)$;

(c) $-c \leqq x_i(t) \quad (i \in \tau)$, *falls* $-c(A^{-1}\delta)_i \leqq t_i \quad (i \in \tau)$.

Beweis. Wir konstruieren das Diagonalfeld y mit den Komponenten

$$y_i(t) = \begin{cases} x_i(t - cA^{-1}\delta) + c, & \text{falls} \quad t_i \geqq 0 \\ x_i(-cA^{-1}\delta) + c, & \text{falls} \quad t_i < 0 \end{cases} \qquad (i \in \tau), \tag{95}$$

welches stetig ist, weil x als Diagonalfeld vorausgesetzt wird. Wegen (b′) und (c) gelten

$$\begin{gathered} y_i(t) \leqq (P|t| + Q|t|^q + z + y(\theta) + c\delta)_i \\ \text{für} \quad t_i \geqq c(A^{-1}\delta)_i \quad \text{oder} \quad t_i \leqq 0 \end{gathered} \qquad (i \in \tau), \tag{96}$$

$$\theta < y(t) \quad \text{für alle} \quad t \in \mathbb{R}^m. \tag{97}$$

Da y ein Diagonalfeld ist, fehlt uns nur noch eine Abschätzung von $y(t)$ nach oben für alle $t \in [\theta, cA^{-1}\delta]$. Nun ist aber y_i $(i \in \tau)$ stetig auf der kompakten Menge $[\theta, cA^{-1}\delta]$ und daher dort beschränkt, d. h. $y(t) < \mu\delta$ für $t \in [\theta, cA^{-1}\delta]$ und ein $\mu \geqq 0$. Setzen wir $z' = z + y(\theta) + (c + \mu)\delta$, so erhalten wir mit (96) und (97) die Abschätzungen

$$\theta < y(t) < P|t| + Q|t|^q + z' \quad \text{für alle} \quad t \in \mathbb{R}^m.$$

Daher ist der Satz (11.4) anwendbar, welcher die Existenz eines $\bar{s} \in \mathbb{R}^m$ mit $\bar{s} = A^{-1}y(\bar{s})$ liefert. Wegen (97) ist aber $y(\bar{s}) \in \mathbb{R}^m_+$, also nach (a) und (11.3) (vgl. (a2)) auch $\bar{s} = A^{-1}y(\bar{s}) \in A^{-1}(\mathbb{R}^m_+) \subset \mathbb{R}^m_+$, und (95) zeigt dann

$$\bar{s} = A^{-1}x(\bar{s} - cA^{-1}\delta) + cA^{-1}\delta.$$

Daher löst $\bar{t} = \bar{s} - cA^{-1}\delta$ das Gleichungssystem (94). □

11.6 Satz. *Das Gleichungssystem (94) mit einer $(m \times m)$ M-Matrix A und einem stetigen Diagonalfeld x auf $\mathbb{R}^m$ besitzt eine eindeutige Lösung in $\mathbb{R}^m$, falls Funktionen $p_i(\alpha_1, \alpha_2)$ $(i \in \tau)$, welche $\mathbb{R}^2$ in $\mathbb{R}$ abbilden, und eine reelle Zahl μ vorhanden sind mit*

(i) $0 \leqq \mu < \lambda$ *für alle reellen Eigenwerte λ von A;*

(ii) $p_i(\alpha_1, \alpha_2) \leqq \mu$ *für alle* $\alpha_1, \alpha_2 \in \mathbb{R}$ $(i \in \tau)$;

(iii) $p_i(t_i, s_i)(t_i - s_i) \leqq x_i(t_i) - x_i(s_i)$ *für alle* $t, s \in \mathbb{R}^m$ $(i \in \tau)$.

Beweis. a) Wegen (i) ist $0 \leqq \mu < \sigma(A^{-1})^{-1}$, denn $\sigma(A^{-1})$ ist Eigenwert von A^{-1} nach Satz (3.2). Damit aber wird $\sigma(\mu A^{-1}) = \mu\sigma(A^{-1}) < 1$ und (11.3) zeigt, daß $A - \mu I$ eine M-Matrix sein muß. Sei nun $P(t, s) = \mu I - \operatorname{diag}(p_i(t_i, s_i))$, so gilt $P(t, s) \in L_+[\mathbb{R}^m]$ für alle $t, s \in \mathbb{R}^m$ wegen (ii), und nach (6.14) ist daher auch $V(t, s) = A - \mu I + P(t, s)$ eine M-Matrix mit

(98) $$(A - \mu I)^{-1} - V(t, s)^{-1} \in L_+[\mathbb{R}^m] \qquad (t, s \in \mathbb{R}^m).$$

b) Wir zeigen zunächst die Eindeutigkeit einer Lösung: Seien $\bar{t}, \bar{s} \in \mathbb{R}^m$ mit $A\bar{t} = x(\bar{t})$ und $A\bar{s} = x(\bar{s})$, so gilt mit (iii) sofort

$$A(\bar{t} - \bar{s}) = x(\bar{t}) - x(\bar{s}) > (\mu I - P(\bar{t}, \bar{s}))(\bar{t} - \bar{s})$$

oder $V(\bar{t}, \bar{s})(\bar{t} - \bar{s}) = (A - \mu I + P(\bar{t}, \bar{s}))(\bar{t} - \bar{s}) > \theta$. Nach a) ist $V(\bar{t}, \bar{s})$ eine M-Matrix, also $\bar{t} - \bar{s} > \theta$. Vertauscht man $\bar{t}$ und $\bar{s}$, so ergibt sich ebenso $\bar{s} - \bar{t} > \theta$ und daher $\bar{s} - \bar{t} = \theta$.

c) Wir kommen nun zum Existenzbeweis: Wegen (iii) und (ii) gilt

$$x(t) - \mu t < -P(\theta, t)\,t + x(\theta) < |x(\theta)| \quad \text{für} \quad t \in \mathbb{R}^m_+.$$

Daher erfüllt das stetige Diagonalfeld y^n $(n \in \mathbb{N})$, welches durch

(99) $$y^n_i(t) = \operatorname{Max}(-n, x_i(t) - \mu t_i) \qquad (i \in \tau)$$

auf $\mathbb{R}^m$ definiert ist, die Ungleichungen

(100) $$x(t) - \mu t < y^n(t) \quad \text{für alle} \quad t \in \mathbb{R}^m,$$

(101) $$\begin{aligned} y^n(t) &< |x(\theta)| \quad \text{für alle} \quad t \in \mathbb{R}^m_+, \\ -n\delta &< y^n(t) \quad \text{für alle} \quad t \in \mathbb{R}^m. \end{aligned}$$

Nach a) ist $A - \mu I$ eine M-Matrix, so daß es wegen (11.5) zu jedem $n \in \mathbb{N}$ ein $t^n \in \mathbb{R}^m$ gibt mit

$$(A - \mu I)\, t^n = y^n(t^n).$$

Dann aber liefern (iii) und (100) die Abschätzungen

$$\begin{aligned} &(A - \mu I)\, t^n > x(t^n) - \mu t^n > -P(t^n, \theta)\, t^n + x(\theta) \\ &V(t^n, \theta)\, t^n > -|x(\theta)|, \end{aligned}$$

und daher auch $t^n > -V(t^n, \theta)^{-1}\, |x(\theta)|$, weil $V(t^n, \theta)$ nach a) eine M-Matrix ist. Wegen (98) aber wird

$$-V(t^n, \theta)^{-1}\, |x(\theta)| > -(A - \mu I)^{-1}\, |x(\theta)|,$$

also auch

(102a) $$t^n > -(A - \mu I)^{-1}\, |x(\theta)| \quad \text{für alle} \quad n \in \mathbb{N}.$$

Da x stetig ist, gibt es eine Zahl $M_0 \geqq 0$ mit

$$x(t) - \mu t < M_0 \delta, \quad \text{falls} \quad -\big((A - \mu I)^{-1}\, |x(\theta)|\big)_i \leqq t_i \leqq 0 \qquad (i \in \tau),$$

so daß auch

$$y^n(t) < M_0 \delta, \quad \text{falls} \quad -\big((A - \mu I)^{-1}\, |x(\theta)|\big)_i \leqq t_i \leqq 0 \qquad (i \in \tau)$$

gilt. Weil y^n ein Diagonalfeld ist, liefert dies zusammen mit (101) und (102a) die Abschätzung $y^n(t^n) < M_0 \delta + |x(\theta)|$, so daß wir

(102b) $$t^n = (A - \mu I)^{-1}\, y^n(t^n) < (A - \mu I)^{-1} \big(M_0 \delta + |x(\theta)|\big)$$

schließen können, weil $A - \mu I$ ein M-Matrix ist. Wegen (102a) und (102b) gilt daher $|t_i^n| \leqq M_1$ ($i \in \tau, n \in \mathbb{N}$) für ein $M_1 \geqq 0$ unabhängig von $n \in \mathbb{N}$. Das aber impliziert

$$|x_i(t_i^n) - \mu t_i^n| \leqq \operatorname{Max} \{|x_j(\alpha) - \mu \alpha| : \; |\alpha| \leqq M_1, j \in \tau\} = M_2$$

für $i = 1, \ldots, m$. Wegen (99) gilt daher für jedes $N \in \mathbb{N}$ mit $N \geqq M_2$ die Gleichung

$$(A - \mu I)\, t^N = y^N(t^N) = x(t^N) - \mu t^N,$$

so daß t^N das System (94) löst. Damit ist (11.6) vollständig bewiesen. □

Die Bedingungen (ii) und (iii) sind etwa erfüllt, wenn die Komponenten x_i des Diagonalfeldes x in $\mathbb{R}$ stetig differenzierbar sind und

$$x_i'(\alpha) \leqq \mu \quad \text{für alle} \quad \alpha \in \mathbb{R} \qquad (i \in \tau)$$

ausfällt. Dann gilt (iii) nämlich in der Form

$$x_i'(\eta)(t_i - s_i) = x_i(t_i) - x_i(s_i) \qquad (i \in \tau)$$

mit einem $\eta = \eta(t_i, s_i)$ zwischen t_i und s_i. Das beweist zugleich die

11.7 Folgerung. Das Gleichungssystem (94) mit einer $(m \times m)$ M-Matrix A und einem stetig differenzierbaren Diagonalfeld x auf $\mathbb{R}^m$ besitzt genau eine Lösung in $\mathbb{R}^m$, falls

$$\text{(103)} \qquad x_i'(\alpha) \leqq \mu < \lambda \qquad (\alpha \in \mathbb{R}, i \in \tau)$$

gilt für ein $\mu \in \mathbb{R}_+$ und alle reellen Eigenwerte λ von A.

11.8 Beispiele. Gegeben sei eine Randwertaufgabe

$$\text{(104)} \quad -(p(\cdot)y')' + r(\cdot)y = f(\cdot, y) \text{ in } (0, 1), y(0) = \gamma_1, y(1) = \gamma_2$$

mit $p, r \in S[0, 1]$, $|p|_\delta > 0$, $|r|_\delta \geqq 0$ und einem $f \in S([0, 1] \times \mathbb{R})$, dessen partielle Ableitung $D_2 f(t, s)$ nach der letzten Variablen in $[0, 1] \times \mathbb{R}$ existieren und dort stetig sein möge.

Wie in (7.4) betrachten wir die durch (47) gegebene Diskretisierung

$$\text{(105)} \qquad At = x(t)$$

von (104), welche nach (7.4) zusammen mit den hier angenommenen weiteren Bedingungen alle Voraussetzungen von (11.7) erfüllt, falls

$$\text{(106)} \qquad hD_2 f(t, s) \leqq \mu < \lambda \qquad (t \in [0, 1], s \in \mathbb{R})$$

gilt für ein $\mu \geqq 0$ und alle reellen Eigenwerte λ der Matrix A aus (105), welche in (47) angegeben wird und deren Abhängigkeit von der Schrittweite $h = (m + 1)^{-1}$ wir im Schriftbild unterdrücken. Ebenso ist das Feld x aus (105) nach (47) von $h > 0$ abhängig. Um durch (106) eine hinreichende Bedingung für die Lösbarkeit von (105) zu gewinnen, benötigen wir eine untere Schranke μ für alle Eigenwerte von A. Ist $r(t) \equiv 0$, so ist für alle Eigenwerte λ der Matrix A aus (47) die Abschätzung

$$\text{(107)} \qquad 2|p|_\delta h^{-1}(1 - \cos \pi h) \leqq \lambda$$

bekannt. Im Falle $r(t) \not\equiv 0$ können wir den Summanden $r(\cdot)y$ in der Differentialgleichung auf die rechte Seite schaffen und erhalten aus (107) zusammen mit (106) die Forderung

$$\text{(108)} \qquad \begin{gathered} h(D_2 f(t, s) - r(t)) \leqq \mu < 2|p|_\delta h^{-1}(1 - \cos \pi h) \\ (t \in [0, 1], s \in \mathbb{R}). \end{gathered}$$

Da $2h^{-2}(1 - \cos \pi h)$ gegen π^2 strebt für $h \to 0$, kann man für hinreichend kleines $h > 0$ stets ein μ mit (108) finden, falls

(109) $$D_2 f(t, s) - r(t) \leqq \beta < |p|_\delta \pi^2 \qquad (t \in [0, 1], s \in R)$$

für ein $\beta \in \mathbb{R}$ gilt.

Nach allem besitzt also (105) *bei hinreichend klein gewählter Schrittweite $h > 0$ stets eine eindeutige Lösung, wenn es ein $\beta \in \mathbb{R}$ mit* (109) *gibt.* Offenbar ist dies für $D_2 f(t, s) \leqq 0$ in $[0, 1] \times \mathbb{R}$ stets der Fall, weil man dann $\beta = 0$ in (109) wählen kann. Als einen Sonderfall nennen wir $f(t, s) = \exp(-s)$ und erhalten, daß die diskreten Gleichungssysteme (105) zur Randwertaufgabe

$$-(p(\cdot)y')' + r(\cdot)y = \exp(-y) \quad \text{in} \quad (0, 1), \quad y(0) = \gamma_1, \quad y(1) = \gamma_2$$

stets eine eindeutige Lösung besitzen.

Wie in § 7 so bleibt auch hier die Frage offen, ob die Randwertaufgaben selber lösbar sind und ob die mit Hilfe der Diskretisierung errechneten Werte mit den Funktionswerten einer Lösung der Randwertaufgabe an den Stützstellen im Zusammenhang stehen. Auf die letzte Frage gehen wir im nächsten Paragraphen ein.

11.9 Hinweise. Für Aussagen der Form (11.7) mit $\mu = 0$ vgl. J. M. Ortega und W. C. Rheinboldt [1970], dort stützt sich der Beweis auf den Satz von Hadamard.

Bei unserem Beweis von (11.6) kommt es nur darauf an, daß für das Feld x eine Abschätzung der Form

$$Q(t, s)(t - s) < x(t) - x(s) \qquad (t, s \in \mathbb{R}^m)$$

besteht. Hier ist $Q(t, s)$ eine $(m \times m)$-Matrix, zu der es eine weitere $(m \times m)$-Matrix R (unabhängig von t und s) aus $L_+[\mathbb{R}^m]$ gibt, so daß $R - Q(t, s) \in L_+[\mathbb{R}^m]$ und $A - R$ eine M-Matrix ist. Im Beweis zu (11.6) sind $Q(t, s)$ und R die Diagonalmatrizen $Q(t, s) = \operatorname{diag}(p_i(t_i, s_i))$, $R = \mu I$.

12. Randwertaufgaben und ihre Diskretisierungen

12.1 Gegeben sei eine Randwertaufgabe, welche wie in (4.9) in der allgemeinen Form

(RWA) $Ly = f(\cdot, y)$ in Ω, lineare Bedingungen auf dem Rand von Ω

vorgelegt sei. L, f und Ω spezifizieren wir in der allgemeinen Weise, wie es in (4.9) geschehen ist.

Die Anwendung einer Diskretisierung auf (RWA) führe auf ein Gleichungssystem der Form

(DRWA) $$At = x(t)$$

für m Näherungswerte t_i einer (angenommenen) Lösung $\bar{y}$ von (RWA) an m Stützstellen $p_i \in \Omega$ $(i \in \tau)$. Für eine konkrete Situation sei etwa auf (7.4) verwiesen. (DRWA) sei nun so beschaffen, daß (11.7) anwendbar ist:

A sei also eine $(m \times m)$ M-Matrix und x ein stetig differenzierbares Diagonalfeld auf $\mathbb{R}^m$ mit

(110) $$x_i'(\alpha) \leqq \mu < \lambda \qquad (\alpha \in \mathbb{R}, i \in \tau)$$

für ein $\mu \in \mathbb{R}_+$ und alle reellen Eigenwerte λ von A.

(11.7) sagt dann, daß (DRWA) eine eindeutige Lösung $\bar{t} \in \mathbb{R}^m$ besitzt. Die Komponenten $\bar{t}_i$ von $\bar{t}$ wollen wir nun mit den Funktionswerten $\bar{y}(p_i)$ $(i \in \tau)$ einer (angenommen) Lösung $\bar{y}$ von (RWA) an den Stützstellen $p_i \in \Omega$ vergleichen. Dazu bilden wir den Vektor $y \in \mathbb{R}^m$ mit den Komponenten $y_i = \bar{y}(p_i)$ $(i \in \tau)$ und definieren durch

$$\eta = Ay - x(y)$$

den sog. *Defekt*, welcher beim Einsetzen von y in (DRWA) entsteht. Dann erhalten wir

(111) $$A(y - \bar{t}) = x(y) - x(\bar{t}) + \eta.$$

Nun gibt es zu je zwei Vektoren $t, s \in \mathbb{R}^m$ Zahlen $\alpha_i(t_i, s_i)$ zwischen t_i und s_i $(i \in \tau)$ mit

$$x_i(t) - x_i(s) = x_i'(\alpha_i(t_i, s_i))(t_i - s_i) \qquad (i \in \tau).$$

Diese Zahlen legen zusammen mit $\mu \geqq 0$ aus (110) die $(m \times m)$-Matrix

$$P(t, s) = \mu I - \operatorname{diag}(x_i'(\alpha_i(t_i, s_i)))$$

fest, welche wegen (110) zu $L_+[\mathbb{R}^m]$ gehört. Aus (111) ergibt sich somit

$$A(y - \bar{t}) = -P(y, \bar{t})(y - \bar{t}) + \mu(y - \bar{t}) + \eta$$

oder

(112) $$V(y, \bar{t})(y - \bar{t}) = \eta,$$

wenn $V(y, \bar{t}) = A - \mu I + P(y, \bar{t})$ gesetzt wird. Wie im Beweisteil a) von (11.6) finden wir, daß $V(y, \bar{t})$ eine M-Matrix sein muß, für welche die Formel (98) besteht. Daher liefert (112) sofort

(113) $$|y - \bar{t}| = |V(y, \bar{t})^{-1}\eta| < V(y, \bar{t})^{-1}|\eta| < (A - \mu I)^{-1}|\eta|$$

oder komponentenweise

(114) $$|\bar{y}(p_i) - \bar{t}_i| \leqq ((A - \mu I)^{-1} |\eta|)_i \qquad (i \in \tau).$$

Tatsächlich hängt (DRWA) von der Anzahl m der Stützstellen ab. Ist eine gleichmäßige untere Schranke $\beta \geqq 0$ für die Eigenwerte sämtlicher dabei auftretender Matrizen $h^{-1}A$ bekannt, so kann man über (114) hinaus zu weiteren Aussagen gelangen. Wir wollen dies an einem Sonderfall genauer verfolgen.

12.2 Wie in (11.8) sei die Randwertaufgabe

(115) $$-(p(\cdot)y')' = f(\cdot, y) \quad \text{in} \quad (0, 1), \quad y(0) = \gamma_1, \quad y(1) = \gamma_2$$

gegeben. Wir nehmen $p \in S[0, 1]$, $|p|_\delta > 0$ und $f \in S([0, 1] \times \mathbb{R})$ an und setzen die Existenz und Stetigkeit von $D_2 f(t, s)$ in $[0, 1] \times \mathbb{R}$ sowie eine Abschätzung

(116) $$D_2 f(t, s) \leqq \beta < |p|_\delta \pi^2 \qquad (t \in [0, 1], s \in \mathbb{R})$$

für ein $\beta \in \mathbb{R}_+$ voraus.

(DRWA) sei wieder durch (47) in (7.4) in der Form (105) gegeben. Dann sind nach (11.8) alle in (12.1) genannten Voraussetzungen mit $\mu = h\beta$ bei hinreichend kleinem $h > 0$ erfüllt. Für die (eindeutig bestimmte) Lösung $\bar{t}^h$ von (105) bei der (hinreichend kleinen) Schrittweite $h = (m + 1)^{-1}$ und für eine (angenommene) Lösung $\bar{y}(t)$ von (115) gilt dann

(117) $$|\bar{y}(ih) - \bar{t}_i^h| \leqq ((A - h\beta I)^{-1} |\eta|)_i \qquad (i \in \tau)$$

nach (114), wobei wir die Abhängigkeit der Matrix A und des Vektors η von h im Schriftbild nicht ausgedrückt haben. Nun gilt für alle Eigenwerte λ von A die Ungleichung (107), d. h. $h(\beta + \varepsilon) < \lambda$ für hinreichend kleine $h > 0$ und ein positives ε unabhängig von h. Nach (47) ist $A - h\beta I$ eine symmetrische Matrix, so daß

(118) $$\|(A - h\beta I)^{-1} |\eta|\| \leqq (h\varepsilon)^{-1} \|\eta\|$$

wird, wenn $\| \ \|$ durch

$$\|t\|^2 = \sum_{i=1}^{m} |t_i|^2 \quad \text{für} \quad t \in \mathbb{R}^m$$

definiert ist. (117) und (118) liefern daher

(119) $$\sum_{i=1}^{m} |\bar{y}(ih) - \bar{t}_i^h|^2 \leqq (h\varepsilon)^{-2} \|\eta\|^2 \ (h = (m + 1)^{-1} \text{ hinreichend klein}).$$

Sind die Funktionen $\bar{y}$ und p viermal stetig differenzierbar, so ist im

Falle der Diskretisierung (47) außerdem

$$|\eta_i| \leqq Mh^3 \qquad (i \in \tau)$$

für eine von $h > 0$ unabhängige Konstante $M > 0$ bekannt (vgl. R. S. Varga [1962]). Damit wird $\|\eta\| \leqq \sqrt{m}Mh^3$, und (119) ergibt

(120) $$\sum_{i=1}^{m} |\bar{y}(ih) - \bar{t}_i^h|^2 \leqq mM^2\varepsilon^{-2}h^4 \quad \text{für hinreichend kleine} \quad h > 0.$$

Nun ist $mh = m(m+1)^{-1} < 1$, also

(121) $$|\bar{y}(ih) - \bar{t}_i^h| \leqq M\varepsilon^{-1}h^{3/2} \quad (i \in \tau) \quad \text{für hinreichend kleine} \quad h > 0,$$

was wir kürzer in der Form

(122) $$|\bar{y}(ih) - \bar{t}_i^h| = 0(h^{3/2}) \qquad (i \in \tau)$$

schreiben können.

12.3 Satz. *Zur Randwertaufgabe* (115) *betrachten wir unter den am Anfang von* (12.2) *genannten Voraussetzungen die Diskretisierung* (105) *gemäß* (47) *in* (7.4). *Es sei p viermal stetig differenzierbar. Dann besitzt* (115) *höchstens eine Lösung $\bar{y}$, welche viermal stetig differenzierbar ist. Sei $h > 0$ hinreichend klein, so besitzt* (105) *genau eine Lösung $\bar{t}^h$. Diese erfüllt zusammen mit der eben gekennzeichneten Lösung $\bar{y}$ von* (115) *(falls diese existiert!) die Beziehungen* (120), (121) *und* (122).

Beweis. Mit Ausnahme der Eindeutigkeitsaussage ist alles in (12.2) gezeigt. Seien also $\bar{y}_i$ $(i = 1, 2)$ zwei Lösungen von (115), so daß $\bar{y}_i$ und $\bar{y}_2$ viermal stetig differenzierbar sind in $[0, 1]$. Sei $s \in [0, 1]$. Dann gilt

$$\begin{aligned}|\bar{y}_1(s) - \bar{y}_2(s)| \leqq |\bar{y}_1(s) - \bar{y}_1(ih)| + |\bar{y}_1(ih) - \bar{t}_i^h| \\ + |\bar{t}_i^h - \bar{y}_2(ih)| + |\bar{y}_2(ih) - \bar{y}_2(s)|\end{aligned}$$

für $i \in \tau$ und $h = (m+1)^{-1}$. Ist $h > 0$ hinreichend klein, so zeigt (121) daher die Ungleichung

$$\begin{aligned}|\bar{y}_1(s) - \bar{y}_2(s)| \leqq |\bar{y}_1(s) - \bar{y}_1(ih)| + |\bar{y}_2(s) - \bar{y}_2(ih)| \\ + (M_1 + M_2)\varepsilon^{-1}h^{3/2} \qquad (i \in \tau),\end{aligned}$$

wobei $\varepsilon > 0$ und $M_i \geqq 0$ $(j = 1, 2)$ nur von $\bar{y}_1$, $\bar{y}_2$ und den gegebenen Größen aus (115) und (116) abhängen. Die Stetigkeit von $\bar{y}_1$ und $\bar{y}_2$ in $[0, 1]$ vollendet den Beweis. □

12.4 Hinweise. Unter hinreichenden Differenzierbarkeitsvoraussetzungen an die Funktionen p und f kann man natürlich aus (115) schließen, daß jede Lösung von (115) die Bedingungen von Satz (12.3) erfüllen muß. Dann aber ist (12.3) ein Eindeutigkeitssatz für die Randwertaufgabe (115). Wie schon an früheren Stellen bleibt nurmehr die Existenzfrage einer Lösung offen. Damit leiten wir unmittelbar zum nächsten Kapitel über. In (VII, 7.8) geben wir hinreichende Bedingungen für einen Existenzsatz. Die Ausführungen in (12.1) sind so allgemein gehalten, daß auch andere Randwertprobleme etwa bei partiellen Differentialgleichungen (vgl. (7.4), Beispiel b)) behandelt werden können. (12.2) und (12.3) sollen dies nur an einem Sonderfall demonstrieren.

Die Randwertaufgabe (115) wird mit dem Ziel von (12.2), (12.3) und unter verschiedenen (auch einschränkenderen) Voraussetzungen häufig in der Literatur behandelt. Man vergleiche etwa P. Henrici [1962], D. Greenspan [1965], R. S. Varga [1962], E. Isaacson und H. B. Keller [1966] u. a.. D. Greenspan [1965] spricht von *mildly non-linear problems*, wenn $\beta = 0$ in (116) angenommen wird.

Kapitel VII
Existenzfragen bei Integralgleichungen

Wir beschließen die mit dem Kapitel VI begonnenen Anwendungen mit einer Betrachtung über Integralgleichungen und gehen mit diesem Ziel ein letztes Mal den Inhalt der ersten fünf Kapitel durch.

Schon die Sätze des dritten Kapitels erfordern das Konzept eines monotonen oder sogar streng-monotonen, vollstetigen Operators auf einem halbgeordneten Funktionenraum mit Ordnungseinheiten. Zu den einfachsten Funktionenräumen der genannten Art gehört $(S_\delta, <, S_{+\delta})$ (S_δ = Menge der stetigen und beschränkten Funktionen auf einer Teilmenge des $\mathbb{R}^k$). Nun liefern so wichtige Kerne wie Greensche Funktionen gewöhnlicher Differentialausdrücke mit homogenen, linearen Randbedingungen zwar monotone vollstetige Integraloperatoren auf $(S_\delta, S_{+\delta}, \| \|_\delta)$, bilden aber $S_{+\delta}$ in $S_{+\delta} - oS_{+\delta}$ ab und können daher nicht streng-monoton auf $(S_\delta, <, S_{+\delta})$ sein. Eine genauere Untersuchung zeigt jedoch, daß diese Kerne streng-monotone Integraloperatoren auf einem Unterraum $(S_e, <, S_{+e})$ festlegen, falls man $e \in S_{+\delta}$ geeignet wählt. Dazu muß die Funktion e das Nullstellenverhalten aller jener Bildfunktionen wiedergeben, die im Zuge der Anwendung eines Integraloperators der genannten Art auf Funktionen in $S_{+\delta}$ entstehen.

Diese Bemerkungen geben den Leitfaden, welcher in den Themenkreis einführen soll:

In § 1 charakterisieren wir zunächst die Unterräume von $((\mathbb{R}^m)^\Omega, <, (\mathbb{R}^m_+)^\Omega)$, welche Ordnungseinheiten besitzen. Unter ihnen beschränken wir uns später auf Räume stetiger Funktionen, da dies Integrierbarkeitsbetrachtungen vereinfacht doch gleichzeitig alles inhaltlich Wesentliche sichtbar macht. Dabei treten die oben erwähnten Räume $(S_e, <, S_{+e})$ auf. Auch bei den Ausführungen um die nichtlinearen Probleme halten wir uns mit Ausnahme des Satzes (7.10) an dieses Konzept.

Anschließend wenden wir uns Integraloperatoren auf Räumen der Form $(S_e, S_{+e}, \| \|_e)$ zu und diskutieren deren Vollstetigkeit und das Problem ihrer strengen Monotonie. Die Frage nach einer Charakterisierung streng-monotoner Integraloperatoren auf solchen Räumen, welche für den endlich-dimensionalen Fall in Kapitel VI noch vollständig beantwortet werden konnte, scheint hier zu weit zu sein. Wir begnügen uns daher mit hinreichenden Bedingungen, welche aber noch so allgemein gehalten sind, daß hierdurch ein weiter Kreis der Anwendungen auf das Prinzip der strengen Monotonie zurückgeführt wird. Speziell erfassen wir die eingangs erwähnte Problematik bei den Greenschen Funktionen. Auf diesem Wege wird etwa die Existenzfrage für einen Eigenwert beantwortet und dessen Einschließung durch einen Quotientensatz (vgl. §§ 4, 5) ermöglicht.

Der § 6 beschäftigt sich ausführlich mit den Implikationen des Kontraktionsprinzips aus Kapitel IV für nichtlineare Integralgleichungen, und der § 7 schließlich ist Anwendungen der abstrakten Sätze des Kapitels V auf solche Gleichungen gewidmet. Dabei unterscheiden wir im letzten Falle jene Ergebnisse, die sich auf den Fixpunktsatz von Schauder berufen, von solchen Sätzen, die noch mit dem mehr elementaren Monotoniebegriff zusammen mit einem Kompaktheitsschluß auskommen (vgl. Kapitel V).

1. Die kanonische Halbordnung des $\mathbb{R}^\Omega$

1.1 Sei Ω eine nichtleere Menge, dann ist $\mathbb{R}^\Omega$ die Menge aller Funktionen, welche Ω in die reellen Zahlen $\mathbb{R}$ abbilden. Der kanonische Kegel $\mathbb{R}^\Omega_+$ (I, 2.4) ist archimedisch nach (I, 4.1) und legt die kanonische Halbordnung $<$ durch

$$(1) \qquad x < y \Leftrightarrow x(t) \leqq y(t) \quad \text{für} \quad t \in \Omega$$

in $\mathbb{R}^\Omega$ fest. Wie immer bezeichnet $\leqq$ zwischen reellen Zahlen die natürliche Halbordnung auf $\mathbb{R}$.

Jede Funktion $e \in \mathbb{R}^\Omega_+$ definiert den Vektorraum $(\mathbb{R}^\Omega)_e$ mit dem Kegel $(\mathbb{R}^\Omega_+)_e = \mathbb{R}^\Omega_+ \cap (\mathbb{R}^\Omega)_e$ (I, 2.9). Wie in (VI, 1.2) verwenden wir auch in diesem Fall die bequemeren Symbole $\mathbb{R}^\Omega_e$ und $\mathbb{R}^\Omega_{+e}$ für die Mengen $(\mathbb{R}^\Omega)_e$ und $(\mathbb{R}^\Omega_+)_e$. Bezeichnen wir mit δ jene Funktion in $\mathbb{R}^\Omega$, welche für alle $t \in \Omega$ den Wert $\delta(t) = 1$ annimmt, so ist $\mathbb{R}^\Omega_\delta = B(\Omega)$ die Menge aller beschränkten Elemente von $\mathbb{R}^\Omega$ (I, 2.9). Im allgemeinen Fall können wir $\mathbb{R}^\Omega_e$ nach (I, 1) so charakterisieren:

$$(2) \qquad \mathbb{R}^\Omega_e = \left\{ x \in \mathbb{R}^\Omega : \quad \Omega(e) \subset \Omega(x), \quad \frac{x}{e} \in B(\Omega - \Omega(e)) \right\},$$

wenn $\Omega(x) = \{t \in \Omega : x(t) = 0\}$ für $x \in \mathbb{R}^\Omega$ ist. Alle diese Räume besitzen Ordnungseinheiten, genauer gilt (vgl. (I, 2))

$$(3) \qquad o\mathbb{R}^\Omega_{+e} = \{z \in \mathbb{R}^\Omega : \quad me(t) \leqq z(t) \leqq Me(t) \quad \text{für} \quad t \in \Omega \quad \text{und reelle Zahlen} \quad m = m(z) > 0, \quad M = M(z) > 0\}.$$

Die Funktion $e \in \mathbb{R}_+^\Omega$ definiert auf $\mathbb{R}_e^\Omega$ die Funktionale

$$(4) \qquad \begin{aligned} |x|_e &= \inf\{e(t)^{-1}\, x(t): \quad t \in \Omega - \Omega(e)\}, \\ \|x\|_e &= \sup\{e(t)^{-1}\, |x(t)|: \quad t \in \Omega - \Omega(e)\} \end{aligned}$$

(vgl. (I, 3.6)). Dabei ist $\|\ \|_e$ eine Norm auf $\mathbb{R}_e^\Omega$, welche auf diesem Raum nach (I, 4.3) die Ordnungstopologie festlegt. (II, 5.2) besagt dann, daß $(\mathbb{R}_e^\Omega, <, \|\ \|_e)$ für jedes $e \in \mathbb{R}_+^\Omega$ ein h. n. Raum ist, es handelt sich sogar um einen h. B. Raum, wie wir sogleich beweisen werden: sei x_n nämlich eine Cauchy-Folge in $(\mathbb{R}_e^\Omega, \|\ \|_e)$, dann ist $x_n(t)$ eine Cauchy-Folge reeller Zahlen für jedes $t \in \Omega$, denn $|x_n(t) - x_k(t)| \leqq e(t) \|x_n - x_k\|_e$ $(t \in \Omega)$. Speziell gibt es zu jedem $\varepsilon > 0$ ein $N = N(\varepsilon)$ unabhängig von $t \in \Omega$ mit

$$|x_n(t) - x_k(t)| \leqq \varepsilon e(t) \quad \text{für} \quad n, k \geqq N, \qquad t \in \Omega.$$

Daher konvergiert $x_n(t)$ gegen ein $x(t) \in \mathbb{R}$, und $k \to \infty$ liefert

$$|x_n(t) - x(t)| \leqq \varepsilon e(t) \quad \text{für} \quad n \geqq N, \qquad t \in \Omega.$$

Das so definierte Element $x \in \mathbb{R}^\Omega$ gehört also zu $\mathbb{R}_e^\Omega$, und es gilt $\|x - x_n\|_e \leqq \varepsilon$, falls $n \geqq N$. Unsere Behauptung ist damit bewiesen.

Es sei hier noch einmal ausdrücklich erwähnt, daß $\mathbb{R}_e^\Omega = \mathbb{R}_z^\Omega$ genau dann gilt, wenn z Ordnungseinheit in $\mathbb{R}_e^\Omega$ ist, also zu der durch (3) beschriebenen Menge gehört (vgl. (I, 2.8)). Jedes solche z definiert mithin ebenfalls Funktionale gemäß (4) auf $\mathbb{R}_e^\Omega$, dabei sind dann die Normen $\|\ \|_e$ und $\|\ \|_z$ äquivalent (I, 4.3).

1.2 Sei nun $Y(\Omega)$ ein linearer Teilraum von $\mathbb{R}^\Omega$ mit dem kanonischen Kegel $Y_+(\Omega) = Y(\Omega) \cap \mathbb{R}_+^\Omega$ (I, 2.4) und der zugehörigen kanonischen Halbordnung $<$, die wieder durch (1) gegeben ist. Im allgemeinen wird $Y_+(\Omega)$ keine Ordnungseinheiten besitzen, wie wir in (I, 2.10) ausgeführt haben. Sei jedoch $e \in oY_+(\Omega)$, d. h. $(Y(\Omega))_e = Y(\Omega)$, so zeigen (I, 1) in (I, 2.9) und (2) sogleich $Y(\Omega) \subset \mathbb{R}_e^\Omega$. Existiert andererseits ein $e \in Y_+(\Omega)$ mit $Y(\Omega) \subset \mathbb{R}_e^\Omega$, so gibt es wegen (2) zu jedem $x \in Y(\Omega)$ ein reelles λ mit $\pm x(t) \leqq \lambda e(t)$ für alle $t \in \Omega$. Aus (I, 2.9) folgt daher $e \in oY_+(\Omega)$, womit wir die Darstellung

$$oY_+(\Omega) = \{e \in Y_+(\Omega): \quad Y(\Omega) \subset \mathbb{R}_e^\Omega\}$$

bewiesen haben. Daraus aber ergibt sich sofort

$$oY_+(\Omega) = Y(\Omega) \cap o\mathbb{R}_{+e}^\Omega \quad \text{für jedes} \quad e \in oY_+(\Omega),$$

besitzt man also eine Ordnungseinheit e aus $Y(\Omega)$, so sind alle anderen schon durch die Ungleichungen der Formel (3) charakterisiert.

Jeder lineare Teilraum $Y(\Omega)$ von $\mathbb{R}^\Omega$ und jedes $e \in Y_+(\Omega)$ definieren also einen Vektorraum $Y(\Omega) \cap \mathbb{R}_e^\Omega$, dessen kanonischer Kegel $Y_+(\Omega) \cap \mathbb{R}_e^\Omega$

Ordnungseinheiten besitzt, welche durch $Y(\Omega) \cap o\mathbb{R}^{\Omega}_{+e}$ gegeben sind. Als Abkürzung wollen wir

$$Y_e(\Omega) = Y(\Omega) \cap \mathbb{R}^{\Omega}_e, \quad Y_{+e}(\Omega) = Y(\Omega) \cap \mathbb{R}^{\Omega}_{+e}, \quad oY_{+e}(\Omega) = Y(\Omega) \cap o\mathbb{R}^{\Omega}_{+e}$$

wählen, dabei überlegt man sich leicht, daß $Y_e(\Omega) = (Y(\Omega))_e$ und $Y_{+e}(\Omega) = (Y_+(\Omega))_e$ bestehen (vgl. (I, 2.9)). Die Formeln (4) liefern die Funktionale $|\ |_e$, $\|\ \|_e$ auf $Y_e(\Omega)$ (vgl. (I, 3.6)), $(Y_e(\Omega), <, \|\ \|_e)$ ist ein h. n. Raum (vgl. (II, 5.2)) und genau dann ein h. B. Raum, wenn $Y_e(\Omega)$ eine abgeschlossene Teilmenge in $(\mathbb{R}^{\Omega}_e, \|\ \|_e)$ bildet. Das folgt unmittelbar aus der Vollständigkeit von $(\mathbb{R}^{\Omega}_e, \|\ \|_e)$, die wir in (1.1) bewiesen haben.

1.3 Die vorige Nummer gibt uns eine Vorschrift zur Konstruktion von h. n. Räumen mit Ordnungseinheiten an die Hand. Wir betrachten folgende Sonderfälle:

a) Für jedes $e \in B_+(\Omega)$ (vgl. (I, 2.4)) erklären wir den Vektorraum $B_e(\Omega) = B(\Omega) \cap \mathbb{R}^{\Omega}_e$ mit dem kanonischen Kegel $B_{+e}(\Omega) = B(\Omega) \cap \mathbb{R}^{\Omega}_{+e}$. Offenbar wird $B_e(\Omega) = \mathbb{R}^{\Omega}_e$ und $B_{+e}(\Omega) = \mathbb{R}^{\Omega}_{+e}$, weil e auf Ω beschränkt sein soll. Somit ist $(B_e(\Omega), <, \|\ \|_e)$ ein h. B. Raum mit Ordnungseinheiten. Offenbar besteht $B_e(\Omega)$ aus allen Funktionen $x \in \mathbb{R}^{\Omega}$, zu denen es ein $y \in \mathbb{R}^{\Omega}$ gibt mit

$$x(t) = e(t)\,y(t) \quad \text{für} \quad t \in \Omega \quad \text{und} \quad y \in B(\Omega - \Omega(e)).$$

b) Sei nun Ω ein metrischer Raum, dann bezeichnet $S(\Omega)$ (I, 2.4) die Menge aller stetigen Elemente von $\mathbb{R}^{\Omega}$. Jedes $e \in S_+(\Omega)$ (I, 2.4) induziert den Vektorraum $S_e(\Omega) = S(\Omega) \cap \mathbb{R}^{\Omega}_e$ mit dem kanonischen Kegel $S_{+e}(\Omega) = S(\Omega) \cap \mathbb{R}^{\Omega}_{+e}$. Die stetigen Elemente von $\mathbb{R}^{\Omega}_e$ bilden eine abgeschlossene Menge in $(\mathbb{R}^{\Omega}_e, \|\ \|_e)$ (beachte $|e(t)^{-1}x(t) - e(t)^{-1}x_n(t)| \leq \|x - x_n\|_e$ für $t \in \Omega - \Omega(e)$ und jede in $(\mathbb{R}^{\Omega}_e, \|\ \|_e)$ gegen $x \in \mathbb{R}^{\Omega}_e$ konvergierende Folge $x_n \in S_e(\Omega)$, daraus folgt die Stetigkeit von x auf $\Omega - \Omega(e)$; wegen $x(t) = 0$ auf $\Omega(e)$ überzeugt man sich leicht von der Stetigkeit von x auf Ω). $(S_e(\Omega), <, \|\ \|_e)$ ist ein h. B. Raum mit Ordnungseinheiten. $S_e(\Omega)$ besteht aus allen Funktionen $x \in \mathbb{R}^{\Omega}$, zu denen es ein $y \in \mathbb{R}^{\Omega}$ gibt mit

$$x(t) = e(t)\,y(t) \quad \text{für} \quad t \in \Omega \quad \text{und} \quad y \in S_\delta(\Omega - \Omega(e)).$$

Dabei bezeichnet $S_\delta(\Omega)$ offenbar die Menge aller stetigen und beschränkten Funktionen in $\mathbb{R}^{\Omega}$.

1.4 Sei m eine natürliche Zahl, $\tau = \{1, \ldots, m\}$ und Ω eine nichtleere Menge. Die Menge $\mathbb{R}^{\tau \times \Omega}$ kann mit $(\mathbb{R}^m)^{\Omega}$ identifiziert werden, welche aus allen Vektoren $x = (x_1, \ldots, x_m)$ besteht, deren Komponenten x_i zu

$\mathbb{R}^{\Omega}$ gehören ($i = 1, \ldots, m$). Für $e \in \mathbb{R}_{+}^{\tau \times \Omega}$ gelten dann

$$\mathbb{R}_{e}^{\tau \times \Omega} = \times \{\mathbb{R}_{e_i}^{\Omega}: \ i \in \tau\}, \qquad o\mathbb{R}_{+e}^{\tau \times \Omega} = \times \{o\mathbb{R}_{+e_i}^{\Omega}: \ i \in \tau\}$$

$$|x|_e = \operatorname{Min} \{|x_i|_{e_i}: \ i \in \tau\}, \qquad \|x\|_e = \operatorname{Max} \{\|x_i\|_{e_i}: \ i \in \tau\}$$

für $x \in \mathbb{R}_{e}^{\tau \times \Omega}$, wenn man (2), (3) und (4) beachtet. Damit sind zugleich explizite Darstellungen der genannten Größen gegeben.

Für $e \in \mathbb{R}_{+}^{\tau \times \Omega}$ mit $e_i \in B_{+}(\Omega)$ ($i \in \tau$) bezeichnen wir mit $B_e^m(\Omega)$ die Menge aller $x \in \mathbb{R}^{\tau \times \Omega}$ mit $x_i \in B_{e_i}(\Omega)$ ($i \in \tau$). Analog wird $S_e^m(\Omega)$ für jedes $e \in \mathbb{R}_{+}^{\tau \times \Omega}$ mit $e_i \in S_{+}(\Omega)$ ($i \in \tau$) erklärt. $B_e^m(\Omega)$ bzw. $S_e^m(\Omega)$ ist die Menge aller $x \in (\mathbb{R}^m)^{\Omega}$, zu denen es ein $y \in (\mathbb{R}^m)^{\Omega}$ gibt mit

$$x_i(t) = e_i(t)\, y_i(t) \quad \text{für} \quad t \in \Omega \quad \text{und} \quad y_i \in B(\Omega - \Omega(e_i)) \quad \text{bzw.}$$
$$y_i \in S_{\delta}(\Omega - \Omega(e_i)) \quad \text{für alle} \quad i \in \tau.$$

Alle Räume der Form $(\mathbb{R}_e^{\tau \times \Omega}, <, \|\ \|_e)$, $(B_e^m(\Omega), <, \|\ \|_e)$, $(S_e^m(\Omega), <, \|\ \|_e)$ mit geeigneten Funktionen $e \in \mathbb{R}_{+}^{\tau \times \Omega}$ sind h. B. Räume mit Ordnungseinheiten.

1.5 Hinweise. Im Falle $e \in S_{+}[a, b]$ ($a, b \in \mathbb{R}$, $a < b$) mit höchstens endlich vielen Nullstellen in $[a, b]$ arbeitet J. Schröder [1956d] mit der Menge $C[a, b, \theta, e]$, welche aus allen Funktionen $x \in S[a, b]$ besteht, die in der Form $x(t) = e(t)\, y(t)$ mit einem $y \in S[a, b]$ darstellbar sind (vgl. auch H. Ade [1968]). Offenbar gilt $C[a, b, \theta, e] \subset S_e[a, b]$. In den genannten Aufsätzen werden auch Produkte solcher Räume betrachtet, die dann Teilmengen von $S_e^m[a, b]$ sind.

2. Integraloperatoren

2.1 Von nun an sei Ω eine nichtleere meßbare Teilmenge des $\mathbb{R}^m$ ($m \in \mathbb{N}$). Auf $\mathbb{R}^m$ sei stets die eindeutig bestimmte Normtopologie angenommen (vgl. (VI, 1.1)).

Unter einem linearen Integraloperator A verstehen wir eine Abbildung der Form

$$x(t) \to \int_{\Omega} A(t, s)\, x(s)\, ds \tag{5}$$

auf einem linearen Teilraum des $\mathbb{R}^{\Omega}$. Dabei nehmen wir durchweg das Lebesgue-Integral an und denken uns $A(t, s)$, den sog. *Kern des linearen Integraloperators*, so gewählt, daß die durch (5) vermittelte Vorschrift den jeweils ins Auge gefaßten linearen Teilraum in sich abbildet. In Analogie zur Bezeichnungsweise bei den Matrizen in Kapitel VI werden wir i. a. für den Kern und den durch ihn definierten Operator denselben

Buchstaben verwenden. In den meisten Fällen sollte es zu keinen Unklarheiten führen, wenn wir bei der Integration die Menge Ω, über die integriert wird, im Schriftbild unterdrücken und (5) in der Form

$$(6)\qquad Ax(t) = \int A(t,s)\,x(s)\,ds \quad \text{oder} \quad Ax = \int A(\cdot,s)\,x(s)\,ds$$

schreiben.

2.2 Wir wollen (6) auf Räumen der Form $S_e(\Omega)$ (die wir auch kürzer einfach mit S_e bezeichnen, wenn keine Verwechslungen zu befürchten sind) betrachten. Nach (1.3) ist S_e die Menge aller stetigen Elemente aus $\mathbb{R}_e^\Omega$ oder ausführlicher: die Menge aller $x \in \mathbb{R}^\Omega$, zu denen es ein $y \in \mathbb{R}^\Omega$ gibt mit

$$x(t) = e(t)\,y(t) \quad \text{für} \quad t \in \Omega \quad \text{und} \quad y \in S_\delta(\Omega - \Omega(e));$$

dabei wird e aus $S_+(\Omega)$ gewählt. Für jedes $x \in S_e$ gilt

$$(7)\qquad |x(s)| \leqq e(s)\,\|x\|_e \quad \text{für} \quad s \in \Omega,$$

daher ist die Funktion $A(t,s)\,x(s)$ für jedes $t \in \Omega$ bezüglich s integrierbar, falls $A(t,s)\,e(s)$ bei festem t über Ω integrierbar ist. Dann aber besteht gleichzeitig die Ungleichung

$$(8)\qquad |Ax(t) - Ax(r)| \leqq \int |A(t,s) - A(r,s)|\,e(s)\,ds\,\|x\|_e \quad \text{für} \quad t, r \in \Omega,$$

wobei das Integral auf der rechten Seite existiert. Aus demselben Grunde wird

$$(9)\qquad |Ax(t)| \leqq \int |A(t,s)|\,e(s)\,ds\,\|x\|_e.$$

Das bringt uns zu dem

2.3 Satz. *Für den Kern A und $e \in S_+$ gelten:*

(a) *$A(t,s)\,e(s)$ sei integrierbar über Ω für jedes $t \in \Omega$;*

(b) *es existiere ein $\lambda \geqq 0$ mit $\int |A(t,s)|\,e(s)\,ds \leqq \lambda e(t)$ für alle $t \in \Omega$;*

(c) *zu jedem $t \in \Omega$ und jedem $\varepsilon > 0$ existiere ein $\mu = \mu(t,\varepsilon) > 0$ mit $\int |A(t,s) - A(r,s)|\,e(s)\,ds < \varepsilon$, falls $r \in \Omega$ und $\|t - r\|_\delta < \mu$ ($\|\ \|_\delta$ ist die Maximumnorm in $\mathbb{R}^m$, vgl.* (VI, 1.1)).

Dann definiert A einen linearen, beschränkten Operator auf $(S_e, \|\ \|_e)$ mit

$$(10)\qquad \|A\|_e \leqq \sup\left\{ e(t)^{-1} \int |A(t,s)|\,e(s)\,ds :\ t \in \Omega - \Omega(e) \right\}.$$

Beweis. Bedingung (a) sichert, daß der Operator A für jedes $x \in S_e$ definiert ist, aus (b) folgt dann $Ax \in \mathbb{R}_e^\Omega$ und aus (c) schließlich $Ax \in S(\Omega)$, wenn man (9) und (8) beachtet. Wegen (9) verbunden mit (b) ergibt sich weiter $\|Ax\|_e \leqq \lambda \|x\|_e$ für jedes $\lambda \geqq 0$ aus (b), insbesondere also auch dann, wenn λ gleich dem durch (10) gegebenen Supremum gewählt wird. Damit haben wir den Satz bewiesen. □

2.4 Für jeden normierten Raum $(X, \| \ \|)$ bezeichnen wir mit $L[X]$ die Menge aller linearen, beschränkten Operatoren auf X. Jedem $A \in L[X]$ ist die *Operatornorm* $\|A\|$ (bezogen auf die in X ausgezeichnete Norm $\| \ \|$) durch

$$\|A\| = \sup \{ \|Ax\| : \quad x \in X \quad \text{mit} \quad \|x\| \leqq 1\}$$

zugeordnet. Dadurch wird $L[X]$ zu dem normierten Raum $(L[X], \| \ \|)$, welcher im Falle der Vollständigkeit von $(X, \| \ \|)$ selber ein Banachraum ist (vgl. (0, 6.3)). Wir schreiben für die Normen in X und $L[X]$ dasselbe Symbol, was kaum das Verständnis erschweren wird. Unser Interesse gilt den Räumen $(L[S_e], \| \ \|_e)$, welche durch die Räume $S_e = S_e(\Omega)$ aus (2.2) erzeugt werden und sämtlich Banachräume sind, da dies für $(S_e, \| \ \|_e)$ gilt, wie wir in (1.3) gezeigt haben. Satz (2.3) beschreibt Elemente aus $L[S_e]$, aufgrund der Vollständigkeit von $(L[S_e], \| \ \|_e)$ beweisen wir den

2.5 Satz. *Sei $A_n(t, s)$ eine Folge von Kernen, welche zusammen mit einem (von $n \in \mathbb{N}$ unabhängigen) $e \in S_+(\Omega)$ die Voraussetzung* (a) *aus* (2.3) *erfüllen und im übrigen lineare, beschränkte Integraloperatoren der Form* (6) *auf $S_e(\Omega)$ definieren. Ferner existiere zu jedem $\varepsilon > 0$ ein (von $t \in \Omega$ unabhängiges) $N(\varepsilon) \in \mathbb{N}$ mit*

$$(11) \qquad \int |A_n(t, s) - A_k(t, s)| \, e(s) \, ds \leqq \varepsilon e(t) \quad \textit{für} \quad n, k \geqq N(\varepsilon).$$

Dann konvergieren die Operatoren $A_n \in L[S_e]$ in $(L[S_e], \| \ \|_e)$ gegen einen Operator $B \in L[S_e]$ mit

$$(12) \qquad Bx(t) = \lim_{n \to \infty} \int A_n(t, s) \, x(s) \, ds$$

für alle $t \in \Omega$ und jedes $x \in S_e$.

Beweis. Wegen (9) gilt zunächst

$$|A_n x - A_k x|(t) \leqq \int |A_n(t, s) - A_k(t, s)| \, e(s) \, ds \, \|x\|_e \qquad (t \in \Omega; x \in S_e).$$

Sei nun $\varepsilon > 0$ vorgegeben, so existiert $N(\varepsilon) \in \mathbb{N}$, so daß mit (11) sofort

$$|A_n x - A_k x|(t) \leqq \varepsilon e(t) \|x\|_e \qquad (t \in \Omega; x \in S_e)$$

für $n, k \geqq N(\varepsilon)$ folgt. Das aber impliziert $\|A_n - A_k\|_e \leqq \varepsilon$, falls $n, k \geqq N(\varepsilon)$, so daß A_n eine Cauchy-Folge in $(L[S_e], \| \|_e)$ bildet und daher gegen ein $B \in L[S_e]$ mit (12) konvergiert. □

2.6 Sei $e \in S_+$ und $A(t, s) = \alpha(t)\beta(s)$ mit $\alpha \in S_e$ und über Ω integrierbarer Funktion $\beta(s)e(s)$, dann ist A nach Satz (2.3) Kern eines Integraloperators aus $L[S_e]$. Allgemeiner nennt man A einen *ausgearteten Kern*, falls eine Darstellung der Form

$$(13) \quad A(t, s) = \sum_{j=1}^{k} \alpha_j(t)\beta_j(s) \quad \text{mit } \alpha_j \in S_e, \quad \beta_j(s)e(s) \text{ integrierbar}$$
$$(j = 1, \ldots, k)$$

besteht. Jeder solche Kern definiert einen sog. *endlich-dimensionalen Integraloperator* aus $L[S_e]$. Die Menge der Integraloperatoren auf S_e mit ausgeartetem Kern bezeichnen wir mit $E[S_e]$. *Es ist die einfachste Klasse vollstetiger Operatoren auf* $(S_e, \| \|_e)$ (vgl. (0, 3.3)): Sei nämlich $A \in E[S_e]$ und $x_n \in S_e$ mit $\|x_n\|_e \leqq \lambda$ für ein $\lambda \in \mathbb{R}$ $(n \in \mathbb{N})$, so ist

$$Ax_n = \sum_{j=1}^{k} \alpha_j(\cdot) \int \beta_j(s) x_n(s)\, ds$$

mit

$$\left| \int \beta_j(s) x_n(s)\, ds \right| \leqq \|x_n\|_e \int |\beta_j(s)|\, e(s)\, ds \qquad (j = 1, \ldots, k; n \in \mathbb{N}).$$

Wegen $\|x_n\|_e \leqq \lambda$ $(n \in \mathbb{N})$ konvergieren Teilfolgen $\int \beta_j(s) x_{k_n}(s)\, ds$ $(j = 1, \ldots, r)$. Daher konvergiert auch Ax_{k_n} in $(S_e, \| \|_e)$. Da A als Element von $E[S_e]$ insbesondere stetig auf $(S_e, \| \|_e)$ sein muß, ist unsere Behauptung schon bewiesen.

Damit besteht auch die abgeschlossene Hülle $\overline{E[S_e]}$ in $(L[S_e], \| \|_e)$ aus lauter vollstetigen Operatoren auf S_e (vgl. (0, 6.4)).

2.7 Hinweise. Die Darstellung in diesem Paragraphen folgt wohlbekannten Gedankengängen. Für $e = \delta$ sei etwa auf das Buch von K. Jörgens [1970] verwiesen. Bei Integraloperatoren auf Räumen stetiger Funktionen wird dort nicht der Lebesguesche Integralbegriff verwendet, welcher uns, wie wir später sehen werden, im wesentlichen gestattet, auch solche Operatoren, die über ein Approximationsverfahren nach

Satz (2.5) definiert sind, sofort als Integraloperatoren im Sinne von (2.1) anzusprechen (vgl. die Beweise zu (3.5) und (3.12)). Die vorausgesetzte Stetigkeit der Funktionen erleichtert Integrierbarkeitsbetrachtungen, erfordert allerdings gegenüber anderen Funktionenräumen einschränkendere Voraussetzungen an den Kern.

In dem oben zitierten Buch von K. Jörgens wird die Grundmenge Ω als differenzierbare Mannigfaltigkeit angenommen, eine dem Integrationsprozeß angepaßte Grundlage. Die wesentlichen Ideen jedoch werden auch auf dem im Text eingeschlagenen Weg schon sichtbar. Dabei nehmen wir die Unzulänglichkeit in Kauf, daß die Menge Ω im Lebesguemaß des Raumes $\mathbb{R}^m$ eine Nullmenge sein kann oder aber Teile besitzt, welche Nullmengen und daher bei der Integration vernachlässigbar sind.

3. Vollstetige, lineare Integraloperatoren

3.1 In (2.6) ist der Weg vorgezeichnet, welcher zu vollstetigen Integraloperatoren führt. Dementsprechend wollen wir nun Integraloperatoren aus $\overline{E[S_e]}$ angeben. Grundlage für die Approximation durch endlich-dimensionale Operatoren aus $E[S_e]$ ist der folgende wichtige

3.2 Satz. *Sei $\Omega \subset \mathbb{R}^m$ und $\mathfrak{B}$ eine offene Überdeckung von Ω, d. h. ein System offener Mengen des $\mathbb{R}^m$, deren Vereinigung Ω enthält. Dann gibt es eine offene Menge $U \subset \mathbb{R}^m$ mit $\Omega \subset U$ und ein System Φ von Funktionen $\varphi \in \mathbb{R}^U$, welche beliebig oft auf U differenzierbar* (*also insbesondere stetig*) *sind und die nachstehenden Bedingungen erfüllen*:

(a) $0 \leqq \varphi(t) \leqq 1$ *für* $t \in \Omega, \varphi \in \Phi$:

(b) *zu jedem $t \in \Omega$ gibt es eine offene Menge $V_t \subset \mathbb{R}^m$ mit $t \in V_t$ und derart, daß nur endlich viele $\varphi \in \Phi$ auf V_t nicht identisch verschwinden*;

(c) $\sum_{\varphi \in \Phi} \varphi(t) = 1$ (*beachte, daß diese Summe wegen* (b) *nur aus endlich vielen Gliedern besteht*) *für* $t \in \Omega$;

(d) *zu jedem $\varphi \in \Phi$ gibt es ein $B_\varphi \in \mathfrak{B}$ und eine abgeschlossene Teilmenge $M_\varphi \subset B_\varphi$ mit $\varphi(t) = 0$ für alle $t \in U - M_\varphi$.*

Dieser Satz soll hier nicht bewiesen werden. Wir haben ihn im Wortlaut dem Buch von M. Spivak [1965] entnommen, wo man einen Beweis (vgl. dort S. 63 f.) nachlesen kann. Ein System Φ der im Satz genannten Art mit den Eigenschaften (a), (b) und (c) heißt auch *Zerlegung der Einheit auf Ω*. Ist zusätzlich (d) erfüllt, so spricht man von einer *der Überdeckung $\mathfrak{B}$ untergeordneten Zerlegung der Einheit auf Ω*.

Bei gegebener Menge $\Omega \subset \mathbb{R}^m$ ordnen wir jeder reellen Zahl $\mu > 0$ diejenige offene Überdeckung $\mathfrak{B}_\mu$ von Ω zu, welche aus allen Kugeln $B = \{s : \|s - t\|_\delta < \mu\}$, deren Mittelpunkte t in Ω liegen, besteht.

3.3 Satz. *Sei $\Omega_0 \subset \Omega \subset \mathbb{R}^m$, $\Omega_0 \neq \emptyset$ und $\mu > 0$. Dann existiert eine der Überdeckung $\mathfrak{B}_\mu$ von Ω untergeordnete Zerlegung der Einheit Φ auf Ω und zu jedem $\varphi \in \Phi$ wiederum ein Punkt $t_\varphi \in \Omega_0$, so daß*

$$(14) \qquad \left| x(t) - \sum_{\varphi\in\Phi} x(t_\varphi)\,\varphi(t) \right| \leqq \sup\{|x(r) - x(s)| : \ r,s \in \Omega_0, \|r - s\|_\delta < 2\mu\}$$

gilt für alle $x \in \mathbb{R}^{\Omega_0}$ und alle $t \in \Omega_0$; dabei besteht die Summe für jedes $t \in \Omega$ aus nur endlich vielen Gliedern und stellt ein Element aus $S(\Omega)$ dar. Die rechte Seite von (14) *ist gleich ∞ zu setzen, falls das Supremum nicht existiert.*

Beweis. Nach (3.2) gibt es zunächst eine Zerlegung der Einheit Φ auf Ω, welche $\mathfrak{B}_\mu$ untergeordnet ist. Zu $\varphi \in \Phi$ wählen wir $t_\varphi \in \Omega_0$ beliebig, falls φ auf Ω_0 identisch verschwindet, und im anderen Falle mit der zusätzlichen Maßgabe, daß $\varphi(t_\varphi) \neq 0$ ausfallen soll. Da jedes $\varphi \in \Phi$ nach (3.2) auf einer offenen Menge, welche Ω enthält, definiert und stetig ist, und weil es zu jedem $t \in \Omega$ eine offene Menge V_t mit $t \in V_t$ gibt, auf welcher nur endlich viele $\varphi \in \Phi$ nicht identisch verschwinden (vgl. (3.2), (b)), besteht die Summe in der Formel (14) an jeder Stelle $t \in \Omega$ aus nur endlich vielen Summanden und stellt eine Funktion aus $S(\Omega)$ dar. Ferner gilt

$$(15) \qquad |(x(t) - x(t_\varphi))\,\varphi(t)| \leqq \varphi(t) \sup\{|x(s) - x(t_\varphi)| : \ s \in \Omega_0 \cap M_\varphi\}$$

für alle $t \in \Omega_0$, denn $\varphi(t)$ verschwindet außerhalb M_φ identisch (vgl. (3.2), (d)). Sei nun φ nicht identisch Null auf Ω_0, dann war $t_\varphi \in \Omega_0 \cap M_\varphi$ gewählt, es sollte ja $\varphi(t_\varphi) \neq 0$ sein. Für alle $s \in M_\varphi$ gilt daher $\|s - t_\varphi\|_\delta < 2\mu$, da M_φ ganz in einer Kugel des Systems $\mathfrak{B}_\mu$ enthalten ist (vgl. (3.2), (d)). So liefert (15)

$$(16) \qquad |(x(t) - x(t_\varphi))\,\varphi(t)| \leqq \varphi(t) \sup\{|x(r) - x(s)| : \ r,s \in \Omega_0, \|r - s\|_\delta < 2\mu\}$$

für $t \in \Omega_0$ und alle $\varphi \in \Phi$. Summation beider Seiten dieser Ungleichung über das System Φ ergibt (14) für alle $t \in \Omega_0$, wenn man (3.2), (c) ausnutzt. Damit ist unsere Behauptung bewiesen. □

3.4 Ist Ω eine kompakte Teilmenge des $\mathbb{R}^m$ und Φ eine Zerlegung der Einheit auf Ω, so besteht die Menge aller $\varphi \in \Phi$, welche auf Ω nicht identisch verschwinden, aus nur endlich vielen Elementen. Zu jedem $t \in \Omega$ gibt es nach (3.2), (b) nämlich eine offene Umgebung V_t von t, auf welcher nur endlich viele der φ nicht identisch verschwinden. Da Ω kompakt ist, reichen endlich viele V_{t_i} $(i = 1, \ldots, k)$ aus, um Ω zu überdecken. Daher kommen nur endlich viele $\varphi \in \Phi$ in Frage mit $\varphi \not\equiv 0$

auf Ω. Die Summe in der Formel (14) wird in diesem Fall nicht nur lokal aus endlich vielen Summanden bestehen, es reichen vielmehr (unabhängig vom Ort) überhaupt endlich viele Funktionen φ in (14) aus. Diese Beobachtung ermöglicht den Beweis von

3.5 Satz. *Sei Ω eine kompakte Teilmenge des $\mathbb{R}^m$. Für $A(t,s)$ und $e \in S_+(\Omega)$ seien die nachstehenden Bedingungen erfüllt:*

(i) *$A(t,s)\,e(s)$ sei integrierbar über Ω für jedes $t \in \Omega$;*

(ii) *$A(t,s) = 0$ für $(t,s) \in \Omega(e) \times \Omega_0$ mit $\Omega_0 = \Omega - \Omega(e) \neq \emptyset$;*

(iii) *$e(t)^{-1} A(t,s)\,e(s)$ sei eine gleichmäßig stetige Funktion von $\Omega_0^2 (= \Omega_0 \times \Omega_0)$ in die reellen Zahlen.*

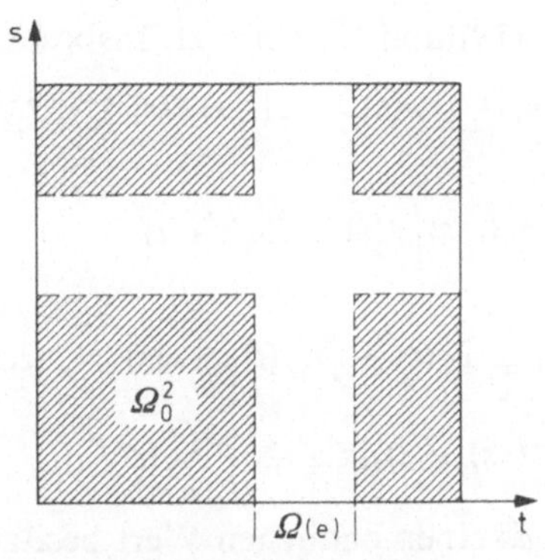

Abb. 8. Zu Satz (3.5)

Dann ist $A(t,s)$ Kern eines Integraloperators aus $\overline{E[S_e]}$, also eines linearen, vollstetigen Integraloperators auf $(S_e(\Omega), \| \, \|_e)$.

Beweis. Sei $n \in \mathbb{N}$. Wegen (iii) gibt es ein reelles $\mu > 0$ mit

$$(17) \quad \sup\{|e(t)^{-1} A(t,s)\,e(s) - e(r)^{-1} A(r,s)\,e(s)|: \quad r,s,t \in \Omega_0, \|t-r\|_\delta < 2\mu\} < n^{-1}.$$

Nach (3.3) können wir eine Zerlegung der Einheit Φ auf Ω finden, welche wegen der Kompaktheit von Ω aus nur endlich vielen auf Ω nicht identisch verschwindenden Elementen $\varphi_1, \ldots, \varphi_k$ besteht (vgl. (3.4)), so daß wegen (17)

$$(18) \quad \left| e(t)^{-1} A(t,s)\,e(s) - \sum_{j=1}^{k} e(t_j)^{-1} A(t_j,s)\,e(s)\,\varphi_j(t) \right| < n^{-1} \qquad (s,t \in \Omega_0)$$

ist, wobei die t_j geeignet aus Ω_0 gewählt werden. Da die Anzahl k, die Funktionen φ_j und die Punkte t_j von dem vorgelegten $n \in \mathbb{N}$ abhängen, sind somit von n abhängige Funktionen

$$(19) \quad \alpha_{nj}(t) = e(t)\,\varphi_{nj}(t), \qquad \beta_{nj}(s) = e(t_{nj})^{-1} A(t_{nj},s) \qquad (j = 1, \ldots, k_n)$$

gegeben, welche die Voraussetzungen (13) aus (2.6) erfüllen. Dazu beachte man (i) und die Stetigkeit von α_{nj} auf Ω, denn die φ_{nj} können sogar beliebig oft differenzierbar angenommen werden (vgl. (3.2), (3.3)). Daher liefern

$$A_n(t,s) = \sum_{j=1}^{k_n} \alpha_{nj}(t)\,\beta_{nj}(s) \tag{20}$$

lauter ausgeartete Kerne, welche Integraloperatoren $A_n \in E[S_e]$ definieren, und für welche (es wird durchweg $A(t,s)\,e(s) = 0$ in $\Omega \times \Omega(e)$ gesetzt)

$$|A(t,s) - A_n(t,s)|\,e(s) \leqq n^{-1}e(t) \qquad (s,t \in \Omega) \tag{21}$$

gilt, wenn man (18), (19) und (ii) benutzt. Insbesondere besagt (21)

$$\lim A_n(t,s)\,e(s) = A(t,s)\,e(s) \qquad (t,s \in \Omega) \tag{22}$$

sowie

$$|A_n(t,s) - A_k(t,s)|\,e(s) \leqq 2n^{-1}e(t) \qquad (t,s \in \Omega; n \leqq k) \tag{23}$$

und daher auch

$$|A_n(t,s)\,e(s)| \leqq 2e(t) + |A_1(t,s)|\,e(s) \qquad (t,s \in \Omega; n \in \mathbb{N}) \tag{24}$$

$$\int |A_n(t,s) - A_k(t,s)|\,e(s)\,ds \leqq 2\int ds\, n^{-1}e(t) \qquad (t \in \Omega; n \leqq k), \tag{25}$$

wobei das Integral $\int ds$ einen endlichen Wert besitzt, da wir Ω kompakt angenommen haben. Auf die Kerne A_n ist somit Satz (2.5) anwendbar, welcher aussagt, daß die Operatoren $A_n \in E[S_e]$ in $(L[S_e], \|\;\|_e)$ gegen einen Operator $B \in E[S_e]$ konvergieren mit

$$Bx(t) = \lim_{n\to\infty} \int A_n(t,s)\,x(s)\,ds \qquad (t \in \Omega;\, x \in S_e). \tag{26}$$

Um den Beweis zu vollenden, müssen wir nachweisen, daß B ein Integraloperator der Form (6) mit dem im Satz genannten Kern $A(t,s)$ ist: Dazu seien $x \in S_e$ und $t \in \Omega$ gegeben. Wegen (22) und (24) haben wir

$$\lim A_n(t,s)x(s) = A(t,s)x(s), \qquad |A_n(t,s)x(s)| \leqq (2e(t) + |A_1(t,s)|e(s))\,\|x\|_e$$

für $n \in \mathbb{N}$ und alle $s \in \Omega$ (beachte $x(s) = 0$ auf $\Omega(e)$). Da $(2e(t) + |A_1(t,s)|\,e(s))\,\|x\|_e$ (bezüglich s) über Ω integrierbar ist, sichert der Satz von Lebesgue die Integrierbarkeit von $A(t,s)\,x(s)$ sowie zugleich die Gleichung

$$\int A(t,s)\,x(s)\,ds = \lim_{n\to\infty} \int A_n(t,s)\,x(s)\,ds = Bx(t),$$

wenn man (26) verwendet. Da $t \in \Omega$ und $x \in S_e$ beliebig waren, vollendet dies unseren Beweis. □

3.6 Folgerung. *$\Omega \subset \mathbb{R}^m$ sei nichtleer und kompakt. $A(t,s)$ und $e \in S_+(\Omega)$ erfüllen* (ii) *aus* (3.5). *Ist $e(t)^{-1} A(t,s)\, e(s)$ eine Funktion aus $S(\Omega_0 \times \Omega)$ und stetig fortsetzbar auf Ω^2, so gelten die Bedingungen* (i), (ii) *und* (iii) *aus* (3.5). *A ist also ein Integraloperator aus $E[S_e]$, der mithin $(S_e, \|\ \|_e)$ vollstetig in sich abbildet.*

Beweis. $A(t,s)\, e(s)$ ist identisch Null für $t \in \Omega(e)$ und stetig für $t \in \Omega_0$, also integrierbar für jedes $t \in \Omega$, da wir Ω kompakt annehmen. Daher gilt (i). Um auch (iii) einzusehen, weisen wir nur daraufhin, daß $e(t)^{-1} A(t,s)\, e(s)$ eine stetige Fortsetzung in $S(\Omega^2)$ besitzt, welche wegen der Kompaktheit von Ω^2 dort auch gleichmäßig stetig sein muß. □

3.7 Beispiele. a) Die obigen Voraussetzungen sind offenbar für $A \in S(\Omega^2)$ und $e = \delta$ erfüllt. Jeder auf Ω^2 stetige Kern A liefert also einen vollstetigen Operator auf $(S_\delta, \|\ \|_\delta)$. Man könnte anstelle von δ auch $e \in S_+$ nullstellenfrei wählen, was aber wegen $S_e = S_\delta$ und der Äquivalenz der Normen $\|\ \|_\delta$, $\|\ \|_e$ in diesen Fällen keinen Unterschied machen würde.

b) Seien a, b und c reelle Zahlen, es sei $a < b$, $0 < c$ sowie

$$A(t,s) = \begin{cases} 0 & s \geqq t \\ (t-s)^c \varphi(s) & s \leqq t \end{cases} \qquad (s, t \in [a,b])$$

mit einem $\varphi \in S[a,b]$. Wir wählen $e(t) = (t-a)^\alpha$ mit $\alpha \in [0,c]$. Dann erfüllen A und e die Bedingung (ii) aus (3.5). Ferner gehört

$$e(t)^{-1} A(t,s)\, e(s) = \begin{cases} 0 & s \geqq t \\ (t-a)^{-\alpha} (t-s)^c (s-a)^\alpha \varphi(s) & s \leqq t \end{cases} \qquad (s, t \in [a,b])$$

zu $S((a,b] \times [a,b])$ und ist stetig auf $[a,b]^2$ fortgesetzt, wenn man auf der Strecke $(a,s) \in [a,b]^2$ den Wert Null vorschreibt. Das ist richtig, weil

$$|(t-a)^{-\alpha} (t-s)^c| = (t-s)^{c-\alpha} \{(t-a)^{-1} (t-s)\}^\alpha \leqq (t-s)^{c-\alpha}$$
$$\text{für} \quad a \leqq s \leqq t \leqq b, \qquad t \neq a$$

gilt. *Nach* (3.6) *definiert*

$$\text{(27)} \qquad Ax(t) = \int_a^t (t-s)^c \varphi(s)\, x(s)\, ds$$

einen vollstetigen Integraloperator in jedem Raum $(S_e, \|\ \|_e)$, wenn man $e(t) = (t-a)^\alpha$ $(\alpha \in [0,c])$ wählt.

c) Wir nehmen dieselben Gegebenheiten wie im vorigen Beispiel an, betrachten nunmehr

$$B(t,s) = \begin{cases} (s-t)^c \varphi(s) & s \geqq t \\ 0 & s \leqq t \end{cases} \qquad (s, t \in [a,b])$$

und wählen $e(t) = (b - t)^\alpha$ mit $\alpha \in [0, c]$. Dann zeigt man ebenso wie vorhin aufgrund von (3.6), *daß der Integraloperator*

$$(28) \qquad Bx(t) = \int_t^b (s - t)^c \varphi(s)\, x(s)\, ds$$

jeden der Räume $(S_e, \|\ \|_e)$ *vollstetig in sich abbildet, wenn* $e(t) = (b - t)^\alpha$ *mit* $\alpha \in [0, c]$ *ist.*

d) *Nun sei* $A \in S[a, b]^2$ *mit* $A(t, s) = 0$ *für* $(t, s) \in [a, a + \gamma] \times [a, b]$ *mit einem* $\gamma > 0$. *Ist* $e(t) = (t - a)^c$ *und* $c \in \mathbb{R}_+$, *so definiert*

$$Ax = \int_a^b A(\cdot, s)\, x(s)\, ds$$

einen vollstetigen Integraloperator in $(S_e, \|\ \|_e)$. Denn $e(t)^{-1} A(t, s)\, e(s)$ ist offenbar stetig auf $[a, b]^2$ fortgesetzt, wenn man für $t = a$ und alle $s \in [a, b]$ den Wert Null vorschreibt.

3.8 Der Fortsetzungsprozeß, von dem in (3.6) gesprochen wird, ist dann leicht zu übersehen, wenn hinreichende Differenzierbarkeit des Kerns A vorliegt. Dazu machen wir folgende Vorbemerkung. Da wir hauptsächlich Greensche Funktionen gewöhnlicher Differentialoperatoren als Kerne im Auge haben, beschränken wir uns auf den Fall $m = 1$, $\Omega = [a, b]$ mit $a, b \in \mathbb{R}$ und $a < b$.

Es sei $U \subset \mathbb{R}^2$ eine offene Menge. Die Funktion F bilde $V = U \cap [a, b]^2$ in $\mathbb{R}$ ab. Die partiellen Ableitungen

$$D_1^i F(t, s) = \frac{\partial^i}{\partial t^i} F(t, s)$$

seien bis zu einer Ordnung $r \in \mathbb{N}$ vorhanden in V. Es seien $(t_0, s_0) \in V$, $D_1^i F \in S(V)$ $(i = 0, \ldots, r)$, sowie $D_1^i F(t_0, s) = 0$ für $(t_0, s) \in V$ und $i = 0, \ldots, r - 1$.

Dann gibt es auch eine kompakte Umgebung $U_0 \subset U$ von (t_0, s_0) mit $(t_0 + \tau(t - t_0), s) \in V$, falls $(t, s) \in V_0 = U_0 \cap [a, b]^2$ und $\tau \in [0, 1]$ liegen. Daher gilt

$$(29) \qquad F(t, s) = \frac{(t - t_0)^r}{(r - 1)!} \int_0^1 (1 - \tau)^{r-1} D_1^r F(t_0 + \tau(t - t_0), s)\, d\tau$$

für alle Paare $(t, s) \in V_0$. Wegen $D_1^r F \in S(V)$ definiert das auf der rechten Seite auftretende Integral eine Funktion aus $S(V_0)$, so daß der Grenzwert

$$\lim\, (t - t_0)^{-r} F(t, s) = \frac{1}{r!} D_1^r F(t_0, s_0) \quad \text{für} \quad (t, s) \to (t_0, s_0)\ (t \neq t_0)$$

existiert.

3.9 Satz. *Es sei $A \in S[a,b]^2$, und die partiellen Ableitungen $D_1^i A$ existieren und mögen ebenfalls zu $S[a,b]^2$ gehören bis zu einer Ordnung $k \geqq 1$. Für endlich viele, paarweise verschiedene Punkte $t_j \in [a,b]$ $(j = 1, \ldots, N)$ seien natürliche Zahlen $r_j \in [1,k]$ $(j = 1, \ldots, N)$ derart vorhanden, daß die Ableitungen $D_1^i A(t_j, s)$ $(i = 0, \ldots, r_j - 1)$ für $s \in [a,b]$ verschwinden. Dann definiert*

$$Ax = \int_a^b A(\cdot, s)\, x(s)\, ds$$

einen vollstetigen Integraloperator auf $(S_e, \| \|_e)$, welcher sogar zu $\overline{E[S_e]}$ gehört, für jede Funktion

$$e(t) = \prod_{j=1}^{N} |t - t_j|^{\alpha_j},$$

wenn α_j beliebig aus dem Intervall $[0, r_j)$ gewählt wird $(j = 1, \ldots, N)$. Ist $t_j = a$ oder $t_j = b$ oder ist $t_j \in (a,b)$ aber r_j gerade, so darf $\alpha_j = r_j$ sein.

Beweis. Wir wollen (3.6) anwenden und prüfen die Voraussetzungen dieser Nummer: O. B. d. A. können wir $\alpha_j > 0$ $(j = 1, \ldots, N)$ annehmen, so daß die Nullstellenmenge $[a,b](e)$ von e mit den endlich vielen Punkten $t_1, \ldots, t_N$ übereinstimmt. Wegen $A(t_j, s) = 0$ für $s \in [a,b]$ und $j = 1, \ldots, N$ ist (ii) von (3.5) befriedigt. Außerdem ist $e \in S_+$ und $A \in S[a,b]^2$, also gehört $e(t)^{-1} A(t,s) e(s)$ zu $S([a,b]_0 \times [a,b])$ $([a,b]_0 = [a,b] - \{t_1, \ldots, t_N\})$. Schließlich kann man $e(t)^{-1} A(t,s) e(s)$ stetig auf $[a,b]^2$ fortsetzen: Dazu betrachten wir ein t_j und $s_0 \in [a,b]$. In einer Umgebung von (t_j, s_0) gelten die in (3.8) genannten Voraussetzungen mit $r = r_j$ für die Funktion $F(t,s) = A(t,s) e(s)$, so daß

$$\lim (t - t_j)^{-r_j} A(t,s) e(s) = \frac{e(s_0)}{r_j!} D_1^{r_j} A(t_j, s_0) \quad \text{für} \quad (t,s) \to (t_j, s_0)\, (t \neq t_j)$$

und damit auch der Grenzwert

$$\lim e(t)^{-1} A(t,s) e(s)$$
$$= \lim |t - t_j|^{r_j - \alpha_j} (\operatorname{sign}(t - t_j))^{r_j} (t - t_j)^{-r_j} A(t,s) e(s) \prod_{i \neq j} |t - t_i|^{-\alpha_i}$$

für $(t,s) \to (t_j, s_0)$ existiert, weil $r_j - \alpha_j > 0$ vorausgesetzt wird (in den Fällen, in denen die Behauptung $r_j = \alpha_j$ zuläßt, ist $(\operatorname{sign}(t - t_j))^{r_j}$ in $[a,b]$ konstant!). Das zeigt die stetige Fortsetzbarkeit von $e(t)^{-1} A(t,s) e(s)$ auf $[a,b]^2$. □

Insbesondere haben wir

$$\text{(30)} \quad \lim e(t)^{-1} A(t,s) e(s) = \begin{cases} 0 & (0 < \alpha_j < r_j) \\ \pm \prod\limits_{i \neq j} |t_j - t_i|^{-\alpha_i} \dfrac{e(s_0)}{r_j!} D_1^{r_j} A(t_j, s_0) & (\alpha_j = r_j) \end{cases}$$

für $(t, s) \to (t_j, s_0)$ $(j = 1, \ldots, N; s_0 \in [a, b], t \neq t_j)$ gezeigt. Dabei gilt das Minuszeichen höchstens im Fall $t_j = b$.

Bemerkung. Im Hinblick auf (3.8) macht der Beweis deutlich, daß die „globalen“ Differenzierbarkeitsvoraussetzungen von (3.9) durch „lokale“ ersetzt werden können. Die Voraussetzungen werden allerdings sehr unhandlich.

Da jede Funktion

$$z(t) = e(t)\, p(t) = \prod_{j=1}^{N} |t - t_j|^{\alpha_j}\, p(t)$$

mit $p \in oS_{+\delta}$ Ordnungseinheit von S_{+e} ist, bleiben alle Aussagen von Satz (3.9) richtig, wenn man dort e durch so ein z ersetzt. Grob gesagt dürfen die Nullstellen von $z(t)$ höchstens dort liegen, wo $A(t, s)$ für alle $s \in [a, b]$ verschwindet und die Nullstellenordnung von $z(t)$ darf nicht größer sein als jene von $A(t, s)$ an diesen Stellen. Die Möglichkeit, daß z nullstellenfrei ist, wird dabei mit eingeschlossen.

3.10 Es sei

$$\text{(31)} \qquad Lx = \sum_{j=0}^{k} p_j(\cdot)\, x^{(j)} \qquad (k \in \mathbb{N}, k > 1)$$

ein gewöhnlicher Differentialausdruck mit $p_j \in S[a, b]$ $(a, b \in \mathbb{R}, a < b)$ und $p_k(t) \neq 0$ auf $[a, b]$. Zu L und den Randbedingungen

$$\text{(32)} \qquad \begin{aligned} &R_i x = \sum_{j=1}^{k} \alpha_{ij} x^{(j-1)}(a) + \beta_{ij} x^{(j-1)}(b) = 0 \qquad (i = 1, \ldots, k) \\ &(\alpha_{ij}, \beta_{ij} \in \mathbb{R};\, i, j = 1, \ldots, k) \end{aligned}$$

existiere die Greensche Funktion $G(t, s)$. *Dann definiert*

$$Gx = \int_a^b G(\cdot, s)\, x(s)\, ds$$

einen vollstetigen Integraloperator auf $(S_e, \| \ \|_e)$ *mit*

$$e(t) = (t - a)^{\alpha} (b - t)^{\beta},$$

falls (32) *folgende Randbedingungen, welche zugleich die zulässigen Exponenten* α *und* β *festlegen, impliziert:*

(a) $x^{(i)}(a) = 0\ (i = 0, \ldots, r - 1;\ 1 \leqq r < k) : \alpha \in [0, r],\ \beta = 0;$

(b) $x^{(i)}(b) = 0\ (i = 0, \ldots, r - 1;\ 1 \leqq r < k) : \alpha = 0,\ \beta \in [0, r];$

(ab) $\left.\begin{aligned} &x^{(i)}(a) = 0\ (i = 0, \ldots, r_a - 1;\ 1 \leqq r_a < k) \\ &x^{(j)}(b) = 0\ (j = 0, \ldots, r_b - 1;\ 1 \leqq r_b < k) \end{aligned}\right\} : \alpha \in [0, r_a],\ \beta \in [0, r_b].$

Beweis. Bekanntlich besitzt $G(t,s)$ die nachstehenden Eigenschaften:

(G1) $D_1^i G$ existiert und gehört zu $S[a,b]^2$ für $i = 0,\ldots,k-2$;

(G2) $D_1^{k-1}G$ und $D_1^k G$ existieren in jedem der Dreiecke $a \leqq t \leqq s \leqq b$ sowie $a \leqq s \leqq t \leqq b$ und sind dort stetig;

(G3) mit den Kernen

$$H_1(t,s) = \begin{cases} 0 & \\ \dfrac{(t-s)^{k-1}}{(k-1)!\,p_k(s)} & \end{cases} \quad H_2(t,s) = \begin{cases} \dfrac{(t-s)^{k-1}}{(k-1)!\,p_k(s)} & t \leqq s \\ 0 & t \geqq s \end{cases} \quad (t,s \in [a,b])$$

existiert $D_1^i(G + (-1)^j H_j)$ $(j = 1,2)$ und gehört zu $S[a,b]^2$ für $i = 0,\ldots,k-1$ (die Stetigkeit von $D_1^{k-1}(G + (-1)^j H_j)$ in $[a,b]^2$ berücksichtigt gerade den für $D_1^{k-1}G$ bei $s = t$ auftretenden Sprung!).

Fall (a): Sei zunächst $1 \leqq r \leqq k-2$. Weil G als Funktion von t (identisch in $s \in [a,b]$) die Randbedingungen (32) erfüllt, ist $D_1^i G(a,s) = 0$ für $s \in [a,b]$ und $i = 0,\ldots,r-1$. Wegen (G1) zeigt Satz (3.9) die Behauptung. — Für $r = k-1$ gilt $D_1^i(G - H_1)(a,s) = 0$ für $s \in [a,b]$ und $i = 0,\ldots,r-1$ sowie $D_1^r(G - H_1) \in S[a,b]^2$ nach (G3). Satz (3.9) liefert, daß die Differenz

$$\int_a^b G(t,s)\,x(s)\,ds - \int_a^t ((k-1)!\,p_k(s))^{-1}(t-s)^{k-1}\,x(s)\,ds$$

den Raum $(S_e, \|\ \|_e)$ vollstetig in sich abbildet, wenn $e(t) = (t-a)^\alpha$ und $\alpha \in [0,k-1]$ gewählt wird. Nach (3.7), Beispiel b) definiert der hintere Summand ebenfalls einen vollstetigen Operator in diesen Räumen. Das zeigt die Behauptung.

Fall (b): Der Beweis benutzt dieselben Argumente wie eben, wenn man b anstelle von a sowie im zweiten Teil $G + H_2$ und (3.7), Beispiel c) anstelle von $G - H_1$ und (3.7), Beispiel b) verwendet.

Fall (ab): Nach (a) bzw. (b) ist G vollstetig auf $(S_{e_\alpha}, \|\ \|_{e_\alpha})$ sowie $(S_{e_\beta}, \|\ \|_{e_\beta})$ für $\alpha \in [0,r_a]$, $\beta \in [0,r_b]$ mit $e_\alpha(t) = (t-a)^\alpha$ und $e_\beta(t) = (b-t)^\beta$. Seien nun $\alpha \in [0,r_a]$ und $\beta \in [0,r_b]$ beliebig aber fest vorgegeben und sei $e(t) = (t-a)^\alpha(b-t)^\beta$. Dann ist $S_e = S_{e_\alpha} \cap S_{e_\beta}$, so daß G die Menge S_e in sich abbildet. Sei $x_n \in S_e$ eine $\|\ \|_e$-beschränkte Folge, also $\|x_n\|_e \leqq M$ für $n \in \mathbb{N}$ und ein $M > 0$, so ist auch

$$|x_n(t)| \leqq \|x_n\|_e (t-a)^\alpha (b-t)^\beta \leqq M \begin{cases} (b-a)^\beta e_\alpha(t) \\ (b-a)^\alpha e_\beta(t) \end{cases} \quad (t \in [a,b],\, n \in \mathbb{N}).$$

Daher gibt es eine Teilfolge von Gx_n (die wir wieder mit Gx_n bezeichnen), welche sowohl bezüglich $\|\ \|_{e_\alpha}$ als auch bezüglich $\|\ \|_{e_\beta}$ eine Cauchy-Folge bildet. Da $(S_e, \|\ \|_e)$ vollständig ist, genügt es zu zeigen, daß Gx_n auch bezüglich $\| \|_e$ eine Cauchy-Folge bildet: Sei $\varepsilon > 0$ und $\mu = \varepsilon \operatorname{Min}\{2^{-\alpha}(b-a)^\alpha, 2^{-\beta}(b-a)^\beta\}$. Dann existiert $N = N(\mu) \in \mathbb{N}$ mit

$$|Gx_k - Gx_n|(t) \leqq \mu \begin{cases} e_\alpha(t) \\ e_\beta(t) \end{cases} \text{für } t \in [a, b] \text{ und } n, k \geqq N.$$

Das aber bedeutet

$$\left.\begin{matrix} (b-t)^{-\beta} \\ (t-a)^{-\alpha} \end{matrix}\right\} |Gx_k - Gx_n|(t) \leqq \begin{cases} 2^\beta (b-a)^{-\beta} \mu e_\alpha(t) & \text{für } t \in [a, 2^{-1}(a+b)] \\ 2^\alpha (b-a)^{-\alpha} \mu e_\beta(t) & \text{für } t \in [2^{-1}(a+b), b] \end{cases}$$

oder $|Gx_k - Gx_n|(t) \leqq \varepsilon e(t)$ für $t \in [a, b]$ und $k, n \geqq N$. Damit ist der Beweis zuende. □

Bemerkung. Die Fälle (a), (b) und (ab) können wir formal zusammenfassen, wenn wir schreiben

$$x^{(i)}(\tau) = 0 \quad (i = 0, \ldots, r_\tau - 1; 0 \leqq r_\tau < k): \ \alpha_\tau \in [0, r_\tau]$$
$$\text{für } \tau = a \text{ oder } \tau = b,$$

dabei bedeutet $r_\tau = 0$, daß entsprechende Randbedingungen nicht vorkommen.

Als Beispiel kann man etwa zu dem Paar

$$Lx = -x'', \qquad x(0) = x(1) = 0$$

sofort die Funktionen

$$e(t) = t^\alpha (1-t)^\beta \quad \text{mit} \quad \alpha, \beta \in [0, 1]$$

(vgl. Fall (ab)) oder zu dem Paar

$$Lx = x^{IV}, \qquad x(0) = x'(0) = x''(1) = x'''(1) = 0$$

die Funktionen

$$e(t) = t^\alpha \quad \text{mit} \quad \alpha \in [0, 2]$$

(vgl. Fall (a)) angeben. Zu beiden Beispielen ist die Greensche Funktion explizit bekannt (vgl. L. Collatz [1963]):

$$G(t, s) = \begin{cases} t(1-s) \\ s(1-t) \end{cases} \text{bzw.} \quad \frac{1}{6} \begin{cases} t^2(3s-t) & \text{für } t \leqq s \\ s^2(3t-s) & \text{für } t \geqq s. \end{cases}$$

3.11 Bedingung (iii) in Satz (3.5) verlangt speziell die Stetigkeit des Kernes $A(t, s)$ an allen Stellen $(t, t) \in \Omega_0^2$, jedenfalls dann, wenn man eine solche Stelle mit Folgen aus Ω_0^2 approximiert. Für die Anwendungen sind jedoch Kerne $A(t, s)$ von Interesse, welche auf der sog. *Diagonalen* $\Delta = \{(t, t): t \in \mathbb{R}^m\}$ gar nicht erklärt sind. Häufig ist eine Approximation dieser Kerne durch solche der in (3.5) genannten Art möglich. Hier beschreiben wir eine Situation, welche durch die Folge

$$\eta_n(\tau) = \begin{cases} 0 & \text{für} \quad 0 \leqq \tau \leqq (2n)^{-1} \\ 2n\tau - 1 & \text{für} \quad (2n)^{-1} \leqq \tau \leqq n^{-1} \\ 1 & \text{für} \quad n^{-1} \leqq \tau \end{cases} \qquad (n \in \mathbb{N})$$

stetiger Funktionen aus $\mathbb{R}^{\mathbb{R}_+}$ mit

$$\eta_n(\tau) \leqq \eta_{n+1}(\tau) \qquad (\tau \in \mathbb{R}_+;\ n \in \mathbb{N}) \tag{33}$$

charakterisiert wird.

Sei $\Omega \subset \mathbb{R}^m$ eine nichtleere kompakte Menge und $e \in S_+(\Omega)$. $A(t,s)$ heißt *polar* (*bezüglich* e), falls die Folge

$$A_n(t,s) = \eta_n(\|t-s\|_\delta)\, A(t,s) \qquad (n \in \mathbb{N}) \tag{34}$$

aus lauter Kernen besteht, welche die Bedingungen (i), (ii) und (iii) des Satzes (3.5) erfüllen, und falls die dann zu S_e gehörenden Funktionen

$$y_n(t) = \int |A_n(t,s)|\, e(s)\, ds \tag{35}$$

eine bezüglich $\|\ \|_e$ konvergente Folge bilden.

Die Kerne (34) definieren dann lauter Integraloperatoren $A_n \in \overline{E[S_e]}$, und die Konvergenzbedingung für die Folge (35) erlaubt den Schluß, daß auch $A(t,s)$ einen Integraloperator aus $\overline{E[S_e]}$ festlegt. Davon handelt der

3.12 Satz. *Sei $\Omega \subset \mathbb{R}^m$ eine nichtleere, kompakte Menge und $A(t,s)$ polar bezüglich $e \in S_+(\Omega)$. Dann ist $A(t,s)$ Kern eines Integraloperators $A \in \overline{E[S_e]}$, also eines linearen, vollstetigen Integraloperators auf $(S_e, \|\ \|_e)$.*

Beweis. Offenbar gilt für die Folge (34)

$$|A_n(t,s) - A_k(t,s)| = |A_k(t,s)| - |A_n(t,s)| \qquad (t, s \in \Omega;\ n \leqq k)$$

und daher auch

$$\int |A_n(t,s) - A_k(t,s)|\, e(s)\, ds = \left| \int |A_k(t,s)|\, e(s)\, ds - \int |A_n(t,s)|\, e(s)\, ds \right|$$
$$\leqq e(t)\, \|y_k - y_n\|_e \qquad (t \in \Omega;\ k, n \in \mathbb{N}).$$

Diese Ungleichung beweist das Bestehen der Bedingung (11) aus (2.5), weil y_n bezüglich $\|\ \|_e$ eine Cauchy-Folge bildet. Da $A(t,s)$ polar sein soll, erfüllen die Kerne (34) alle anderen Voraussetzungen von Satz (2.5), so daß die Operatoren A_n in $(L[S_e], \| \|_e)$ gegen einen Operator $B \in L[S_e]$ mit

$$Bx(t) = \lim_{n\to\infty} \int A_n(t, s)\, x(s)\, ds \qquad (t \in \Omega;\, x \in S_e)$$

konvergieren. Wegen $A_n \in E[S_e]$ nach (3.5) gehört auch B zu $E[S_e]$, so daß wir wie im Beweis von Satz (3.5) nur noch zeigen müssen, daß B ein Integraloperator mit dem Kern $A(t, s)$ ist: Dazu gehen wir ähnlich wie oben vor und übersehen zunächst sofort (es wird durchweg $A(t, s)\, x(s) = 0$ in $\Omega \times \Omega(e)$ gesetzt)

$$\lim_{n\to\infty} A_n(t, s)\, x(s) = A(t, s)\, x(s) \qquad (x \in S_e)$$

für $s \neq t$, weil $\eta_n(r) \to 1$ strebt für $r > 0$. Weiter gilt trivialerweise

$$|A_n(t, s)\, x(s)| \leqq |A(t, s)|\, |x(s)| \qquad (t, s \in \Omega;\, n \in \mathbb{N}).$$

Können wir zeigen, daß $s \to |A(t, s)|\, |x(s)|$ integrierbar ist für jedes $t \in \Omega$, so vollendet der Satz von Lebesgue unseren Beweis wie im Falle des Beweises von Satz (3.5). Sei daher $t_0 \in \Omega$ gewählt: $|A_n(t_0, s)|\, |x(s)|$ ist eine monoton wachsende (vgl. (33)) Folge nichtnegativer und integrierbarer Funktionen, welche fast überall gegen $|A(t_0, s)|\, |x(s)|$ konvergiert und deren Integrale wegen der Konvergenz der Folge (35) unterhalb einer von n unabhängigen Schranke bleiben. Der Satz von Beppo Levi garantiert die Integrierbarkeit von $|A(t_0, s)|\, |x(s)|$. □

3.13 Folgerung. *$\Omega \subset \mathbb{R}^m$ sei nichtleer und kompakt. $A(t, s)$ und $e \in S_+(\Omega)$ erfüllen* (ii) *aus* (3.5). *Ist $e(t)^{-1} A(t, s)\, e(s)$ eine Funktion aus $S[(\Omega_0 \times \Omega) - \Delta]$ und stetig fortsetzbar auf $\Omega^2 - \Delta$, existieren überdies Zahlen $\lambda \in \mathbb{R}_+$, $\alpha \in (0, m]$ mit*

$$(36) \qquad e(t)^{-1}\, |A(t, s)|\, e(s) \leqq \lambda\, \|t - s\|_\delta^{\alpha - m} \qquad (t, s \in \Omega_0, t \neq s),$$

so ist A polar bezüglich e, definiert also einen Integraloperator aus $\overline{E[S_e]}$, der mithin $(S_e, \| \|_e)$ vollstetig in sich abbildet.

Beweis. Wir betrachten die Folge (34) der Kerne $A_n(t, s)$ und bemerken zunächst, daß $A_n(t, s)\, e(s)$ für $t \in \Omega(e)$ identisch verschwindet und für $t \in \Omega_0$ stetig, in jedem Fall also integrierbar ist (es ist natürlich $A_n(t, t) \equiv 0$ zu setzen!). Da $A_n(t, s)$ mit $A(t, s)$ zugleich (ii) aus (3.5) befriedigt, müssen wir nur noch (iii) und die Konvergenzbedingung der Folge (35) prüfen. Da $e(t)^{-1} A(t, s)\, e(s)$ stetig auf $\Omega^2 - \Delta$ fortsetzbar ist, kann man $e(t)^{-1} A_n(t, s)\, e(s)$ stetig und damit auch gleichmäßig stetig auf Ω^2 fortsetzen, so daß auch (iii) aus (3.5) für $A_n(t, s)$ besteht. Zum Abschluß wollen wir zeigen, daß die Folge y_n aus (35) eine Cauchy-Folge in $(S_e, \| \|_e)$

bildet. Dazu wählen wir $n, k, r \in \mathbb{N}$ mit $r\sqrt{m} \leqq k \leqq n$ und bemerken

$$\begin{aligned} |y_n(t) - y_k(t)| &= \left| \int (\eta_n(\|t - s\|_\delta) - \eta_k(\|t - s\|_\delta))\, |A(t,s)|\, e(s)\, ds \right| \\ &\leqq \lambda \left\{ \int (\eta_n(\|t - s\|_\delta) - \eta_k(\|t - s\|_\delta))\, \|t - s\|_\delta^{\alpha - m}\, ds \right\} e(t) \\ &\leqq \lambda e(t) \left\{ \int_{(2n)^{-1} \leqq \|t-s\|_\delta \leqq k^{-1}} \|t - s\|_\delta^{\alpha - m}\, ds \right\} \\ &\leqq \lambda_0 e(t) \left\{ \int_{(2n)^{-1} \leqq \|t-s\|_2 \leqq r^{-1}} \|t - s\|_2^{\alpha - m}\, ds \right\} \\ &\leqq e(t) \{\lambda_0 m V_m \alpha^{-1} r^{-\alpha}\} \qquad (t \in \Omega), \end{aligned}$$

wobei $\| \, \|_2$ die Euklidische Norm in $\mathbb{R}^m$, V_m das Volumen der Einheitskugel in $\mathbb{R}^m$ und λ_0 eine gegenüber λ dadurch veränderte positive Konstante bezeichnet, daß die Maximumnorm durch die Euklidische Norm ersetzt wurde (vgl. zu dieser Abschätzung etwa K. Jörgens [1970], dort § 8.2, Beispiel 2). Darüberhinaus werden (33) sowie (36) verwendet. Damit ist (3.13) bewiesen. □

3.14 Beispiele. a) Es sei bemerkt, daß (3.13) die Folgerung (3.6) verallgemeinert. (3.13) erfaßt über (3.6) hinaus jeden Kern $A \in S(\Omega^2 - \Delta)$, für welchen eine Abschätzung der Form

$$|A(t,s)| \leqq \lambda \|t - s\|_\delta^{\alpha - m} \quad \text{für} \quad s, t \in \Omega, \qquad s \neq t$$

mit $\lambda \in \mathbb{R}_+$ und $\alpha \in (0, m]$ besteht. Darunter fallen alle Kerne $A \in S_\delta(\Omega^2 - \Delta) = S(\Omega^2 - \Delta) \cap B(\Omega^2 - \Delta)$, ferner die Greenschen Funktionen gewisser elliptischer Differentialoperatoren (vgl. etwa M. A. Krasnoselskij [1964b]) und weiter der Kern $A(t,s) = |t - s|^{\alpha - 1}$ auf $[a,b]^2 - \Delta\, (a, b \in \mathbb{R}, a < b)$, wenn $0 < \alpha$ ist. Schließlich gehören zu dieser Klasse alle Kerne $A \in S([a,b]^2 - \Delta)$ mit

$$|A(t,s)| \leqq \begin{cases} 0 & \text{für} \quad s > t \\ \lambda (t-s)^{\alpha - 1} & \text{für} \quad s < t \end{cases} \qquad (\lambda \in \mathbb{R}_+, \alpha \in (0,1]).$$

Das sind Operatoren der Form

$$Ax(t) = \int_a^t A(t,s)\, x(s)\, ds,$$

sog. *Volterrasche Integraloperatoren.* In allen diesen Fällen kann man $e = \delta$ wählen.

b) *Sei* $A \in S([a,b]^2 - \Delta)$ *und*

$$(37) \qquad |A(t,s)| \leqq \begin{cases} 0 & \text{für} \quad s > t \\ \lambda(t-s)^{\alpha-1} & \text{für} \quad s < t \end{cases} \qquad (s,t \in [a,b])$$

für ein $\lambda \in \mathbb{R}_+$ *und ein* $\alpha \in (0,1]$. *Dann ist* A *polar bezüglich*

$$(38) \qquad e(t) = (t-a)^c \quad \textit{für jedes} \quad c \in \mathbb{R}_+,$$

der Integraloperator

$$Ax(t) = \int_a^t A(t,s)\,x(s)\,ds$$

ist daher vollstetig auf $(S_e, \| \ \|_e)$ *für alle oben genannten Funktionen* $e \in S_+$.

Beweis. O. B. d. A. können wir $c > 0$ annehmen, d. h. $[a,b](e) = \{a\}$ und $[a,b]_0 = (a,b]$. Daher erfüllen A und e die Bedingung (ii) aus (3.5). Weiter gehört $e(t)^{-1} A(t,s)\,e(s)$ zu $S((a,b] \times [a,b] - \Delta)$, und diese Funktion ist stetig auf $[a,b]^2 - \Delta$ fortgesetzt, wenn wir für $(a,s) \in [a,b] \times (a,b]$ den Wert Null vorschreiben (denn $A(t,s) = 0$, falls $a \leqq t < s \leqq b$). Um schließlich (36) aus (3.13) zu befriedigen, zeigen wir

$$e(t)^{-1}\,|A(t,s)|\,e(s) \leqq \lambda |t-s|^{\alpha-1} \qquad (t,s \in (a,b],\, t \neq s)$$

mit den Konstanten λ und α, welche in (37) auftreten: dies ist für $a < t < s \leqq b$ trivial, weil A dort verschwindet und gilt auch für $a < s < t \leqq b$, weil dann wegen (37)

$$e(t)^{-1}\,|A(t,s)|\,e(s) = |A(t,s)| \left(\frac{s-a}{t-a}\right)^c \leqq |A(t,s)| \leqq \lambda |t-s|^{\alpha-1}$$

ist. Nun zeigt (3.13) die Behauptung. □

Insbesondere erfaßt dieses Ergebnis den in (3.10) ausgeschlossenen Fall eines Differentialausdrucks

$$Lx = \sum_{i=0}^{k} p_i(\cdot)\,x^{(i)} \qquad (k \geqq 1)$$

mit $p_i \in S[a,b]$ $(i = 0, \ldots, k, a < b)$, $p_k(t) \neq 0$ $(t \in [a,b])$ und Anfangsbedingungen

$$x^{(i)}(a) = 0 \qquad (i = 0, \ldots, k-1).$$

Die zu dieser Situation gehörige Greensche Funktion G gehört zu $S([a,b]^2 - \Delta)$ und erfüllt (37) für $\alpha = 1$, ist demnach polar bezüglich jeder Funktion aus (38).

3.15 Hinweise. *Die Aussagen dieses Paragraphen lassen sich im Kern auf die Implikationen*

$$A \in S(\Omega^2) \Rightarrow A \in \overline{E[S_\delta]} \quad (vgl. (3.5))$$

$$A \in S(\Omega^2 - \Delta) \text{ bei vorgeschriebenem Verhalten bei } \Delta \Rightarrow A \in \overline{E[S_\delta]} \quad (vgl. (3.13))$$

reduzieren, wobei die erste noch in der zweiten enthalten ist. In dieser Gestalt sind beide zusammen mit der im Text verfolgten Beweistechnik wohlbekannt und können etwa bei K. Jörgens [1970] nachgelesen werden. (3.2) ist dem Buch von M. Spivak [1965] entnommen, weil diese Version der Aussage am besten in unser Konzept paßt. Bei K. Jörgens [1970] findet sich (3.2) in einer Form, welche berücksichtigt, daß Ω als differenzierbare Mannigfaltigkeit angenommen wird.

Der Übergang von $e = \delta$ zu einem $e \in S_+ - \{\theta\}$ bewirkt die Bedingungen (i), (ii), (iii) in (3.5), die Fortsetzbarkeit in (3.6), das Studium des Fortsetzungsprozesses in (3.8) und den anschließenden Satz (3.9). Diese Verallgemeinerung ist für die Sätze im Zusammenhang mit dem Spektralradius monotoner Integraloperatoren von Bedeutung (vgl. die folgenden Paragraphen).

Da wir durchweg Räume stetiger Funktionen betrachten, liegt es nahe, die Vollstetigkeit von Integraloperatoren mit Hilfe des Satzes von C. Arzelà und G. Ascoli zu beweisen. Das ist in der Tat auch für die im Text dargestellten Aussagen möglich, wir verweisen auf E. Bohl, W.-J. Beyn, J. Lorenz [1973].

Kriterien für die Vollstetigkeit von Integraloperatoren in Räumen stetiger Funktionen gehen schon auf I. Radon [1919] zurück.

4. Monotone, lineare Integraloperatoren

4.1 Sei $\Omega \subset \mathbb{R}^m$ $(m \in \mathbb{N})$ meßbar und $e \in S_+(\Omega)$. Bisher haben wir die Ordnungsstruktur $<$, welche durch den Kegel S_{+e} auf S_e gegeben ist, nur indirekt über die Norm $\| \ \|_e$ ausgenutzt. Wir beginnen nun damit, die Tatsache, daß $(S_e, <, \| \ \|_e)$ einen h. B. Raum bildet, direkt zu verwenden und betrachten die Klasse $L_+[S_e]$ aller monotonen Operatoren aus $L[S_e]$. Unter diesen interessieren uns ausschließlich die Integraloperatoren, welche mit Hilfe eines Kerns $A(t, s)$ in der Form

$$Ax = \int A(\cdot, s)\, x(s)\, ds \tag{39}$$

gegeben sind. Dabei seien die Voraussetzungen

(I1) $A(t, s)\, e(s)$ ist integrierbar über Ω für jedes $t \in \Omega$;

(I2) $A(t, s) = 0$ für $t \in \Omega(e)$, $s \in \Omega_0 = \Omega - \Omega(e) \neq \emptyset$;

aus Satz (3.5) stets erfüllt. Darüberhinaus sei der Kern $A(t, s)$ so beschaffen, daß (39) ein Element aus $L[S_e]$ definiert, d. h. einen linearen, beschränkten Operator auf $(S_e, \| \, \|_e)$. *Die soeben beschriebene Menge von Integraloperatoren der Form* (39) *bezeichnen wir mit* $I[S_e(\Omega)]$ *oder kürzer:* $I[S_e]$. Wir erinnern an den Spektralradius $\sigma_e(A)$, welcher für jeden Operator $A \in I[S_e]$ durch

$$\sigma_e(A) = \inf\{\, \|A^n\|_e^{1/n} : \quad n \in \mathbb{N}\} \tag{40}$$

definiert ist (vgl. (III, 4) in (III, 1.6)). § 3 charakterisiert z. B. Elemente aus $I[S_e]$.

In § 3 haben wir auch gesehen, daß der Kern P eines Operators $P \in I[S_e]$ nicht einmal für alle $(t, s) \in \Omega^2$ erklärt sein muß, allerdings wird i. a. die Ausnahmemenge in Ω^2 das Maß Null haben. Man sagt, *daß P fast überall* (*kurz: f. ü.*) *definiert sei.* Entsprechend werde die Forderung

(I3) $P(t, s) \geqq 0$ bei jedem $t \in \Omega_0$ für fast alle $s \in \Omega_0$;

verstanden, welche offenbar zusammen mit (I2) die Inklusion $P(S_{+e}) \subset S_{+e}$, also die $(<\text{-})$ Monotonie des Operators (39), sichert. *Die Menge der Integraloperatoren $P \in I[S_e]$, deren Kern P die Bedingung* (I3) *erfüllt, soll* $I_+[S_e(\Omega)]$, *oder kürzer* $I_+[S_e]$, *genannt werden.* Offenbar ist $I[S_e] \subset L[S_e]$ und $I_+[S_e] \subset L_+[S_e]$. Für $P \in I_+[S_e]$ sind die Funktionale

$$\left.\begin{array}{l} |P|_e = \inf \\ \|P\|_e = \sup \end{array}\right\} \left\{ e(t)^{-1} \int P(t, s)\, e(s)\, ds : \quad t \in \Omega_0 = \Omega - \Omega(e) \right\} \tag{41}$$

definiert. In diesen Formeln kann man e durch jedes $z \in S_e$ mit

$$m e(t) \leqq z(t) \qquad (t \in \Omega) \quad \text{für ein} \quad m = m(z) > 0 \tag{42}$$

ersetzen. (42) charakterisiert gerade die Menge der Ordnungseinheiten oS_{+e} in S_{+e}, wie wir in § 1 (vgl. (3)) gesehen haben, (41) liefert dann die Formeln für die Funktionale $|P|_z$ und $\|P\|_z$ (vgl. (III, 12) in (III, 2.5) sowie (4)). Eine Anwendung von Satz (III, 3.2) führt zu dem

4.2 Satz. *Sei $P \in I_+[S_e]$ ein vollstetiger Operator. Diese Voraussetzung ist etwa erfüllt, wenn $\Omega \subset \mathbb{R}^m$ nichtleer und kompakt ist, wenn $P(t, s)$ polar bezüglich $e \in S_+(\Omega)$ sowie* (I3) *angenommen wird. Dann gilt*

$$0 \leq \inf\left\{ z(t)^{-1} \int P(t, s)\, z(s)\, ds : \quad t \in \Omega_0 \right\} \leqq \sigma_e(P)$$

$$\leqq \sup\left\{ z(t)^{-1} \int P(t, s)\, z(s)\, ds : \quad t \in \Omega_0 \right\} < \infty$$

für alle $z \in S_e$, *welche* (42) *erfüllen. Ist* $\sigma_e(P) > 0$, *so existiert eine Funktion* $\bar{e} \in S_{+e}$, *welche nicht identisch verschwindet, mit*

$$\int P(t,s)\,\bar{e}(s)\,ds = \sigma_e(P)\,\bar{e}(t) \qquad (t \in \Omega),$$

$\sigma_e(P)$ *ist also Eigenwert von* P *und* $\bar{e}$ *zugehörige Eigenfunktion. Keine Eigenfunktion* $\bar{z} \in S_e$ *von* P *zu einem reellen Eigenwert* $\neq \sigma_e(P)$ *erfüllt* (42).

Bemerkung. Hinreichende Bedingung für die Vollstetigkeit von $P \in I_+[S_e]$ wurden bei kompaktem Ω im vorigen Paragraphen ausführlich diskutiert. Die letzte Aussage des Satzes besagt, daß die dort angesprochenen Eigenfunktionen keine Ordnungseinheiten des Kegels S_{+e} sein können. Ist Ω kompakt und $e(t) > 0$ $(t \in \Omega)$, so ist dies gleichbedeutend damit, daß alle diese Eigenfunktionen mindestens eine Nullstelle in Ω besitzen müssen.

Als Anwendung von (4.2) beweisen wir die

4.3 Folgerung. *Es seien* $a, b, c \in \mathbb{R}$ *mit* $a < b$ *sowie* $0 \leqq c$, *ferner sei* $e(t) = (t-a)^c$. *Jeder Integraloperator* $A \in I[S_e([a,b])]$ *mit*

$$|A(t,s)| \leqq \begin{cases} 0 & (s > t) \\ \lambda(t-s)^{\alpha-1} & (s < t) \end{cases} \quad \text{für fast alle} \quad (t,s) \in [a,b]^2$$

sowie ein $\lambda \in \mathbb{R}_+$ *und ein* $\alpha \in (0,1]$ *besitzt einen Spektralradius* $\sigma_e(A) = 0$.

Beweis. Wir setzen

$$P(t,s) = \begin{cases} 0 & \text{für} \quad a \leqq t < s \leqq b \\ \lambda(t-s)^{\alpha-1} & \text{für} \quad a \leqq s < t \leqq b \end{cases} \tag{43}$$

und wissen aus (3.14), Beispiel b), daß $P \in I_+[S_e]$ liegt. Sei nun $x \in S_e$, so ist mit $A(t,s)\,x(s)$ auch $|A(t,s)|\,|x(s)|$ bei jedem $t \in [a,b]$ über $[a,b]$ integrierbar, und es gilt nach Voraussetzung

$$|Ax(t)| \leqq \int |A(t,s)|\,|x(s)|\,ds \leqq \int P(t,s)\,|x(s)|\,ds = P|x|(t)$$

für $t \in [a,b]$. Durch Induktion schließt man $|A^n x| < P^n|x|$ daraus für $x \in S_e$ und $n \in \mathbb{N}$. Das aber liefert $\|A^n x\|_e \leqq \|P^n|x|\|_e \leqq \|P^n\|_e\,\|x\|_e$ $(x \in S_e, n \in \mathbb{N})$ oder $\|A^n\|_e \leqq \|P^n\|_e$ $(n \in \mathbb{N})$ und daher auch $\sigma_e(A) \leqq \sigma_e(P)$. Zu zeigen bleibt $\sigma_e(P) = 0$: Nun ist P vollstetig auf $(S_e, \|\ \|_e)$, wie wir in (3.14), Beispiel b) gesehen haben. Wäre $\sigma = \sigma_e(P) > 0$, so wäre σ nach Satz (4.2) Eigenwert von P mit einer zugehörigen Eigenfunktion $\bar{e} \in S_{+e}[a,b]$. Daher ist $\{t \in [a,b] : \bar{e}(t) \neq 0\}$ nicht leer, ihr Infimum sei $m \in [a,b]$, so daß $\bar{e}(t)$ in $[a,m)$ identisch verschwindet.

Ferner wählen wir $M \in (m, b]$ derart, daß $\lambda(M - m)^\alpha < \sigma\alpha$ ausfällt. Die Einschränkung von P bzw. $\bar{e}$ auf $[m, M]^2$ bzw. $[m, M]$ sei P_m bzw. $\bar{e}_m$. Konstruktionsgemäß gehört $\bar{e}_m$ zu $S_+[m, M]$, ist aber nicht das Nullelement in diesem Raum, ferner ist $P_m \in I_+[S_\delta[m, M]]$. Da $\bar{e}(t)$ in $[a, m)$ verschwindet, gilt weiter

$$P_m\bar{e}_m(t) = \int_m^t P_m(t, s)\,\bar{e}_m(s)\,ds = \int_a^t P(t, s)\,\bar{e}(s)\,ds = \sigma\bar{e}(t) = \sigma\bar{e}_m(t)$$

für $t \in [m, M]$, und daher

$$\begin{aligned}\sigma\|\bar{e}_m\|_\delta = \|P_m\bar{e}_m\|_\delta &\leqq \|P_m\|_\delta\,\|\bar{e}_m\|_\delta \\ &= \|\bar{e}_m\|_\delta \sup\left\{\int_m^t \lambda(t - s)^{\alpha - 1}\,ds:\quad t \in [m, M]\right\} \\ &= \|\bar{e}_m\|_\delta\,\lambda\alpha^{-1}(M - m)^\alpha.\end{aligned}$$

Dies ist wegen $\|\bar{e}_m\|_\delta > 0$ und $\lambda(M - m)^\alpha < \sigma\alpha$ ein Widerspruch, was den Beweis zuende bringt. □

4.4 Die Folgerung (4.3) erfaßt z. B. alle Kerne $A(t, s)$ mit $|A(t, s)| \leqq P(t, s)$ für fast alle $(t, s) \in [a, b]^2 - \Delta$ mit dem Kern P aus (43), welche zu $S([a, b]^2 - \Delta)$ gehören oder auch nur folgende Zusatzvoraussetzungen für ein $c \geqq 0$ erfüllen:

(α) $A(t, s)(s - a)^c$ ist integrierbar über $[a, b]$ für jedes $t \in [a, b]$;

(β) zu jedem $t \in [a, b]$ und jedem $\varepsilon > 0$ existiert ein $\mu = \mu(t, \varepsilon) > 0$ mit

$$\int |A(t, s) - A(r, s)|\,(s - a)^c\,ds < \varepsilon, \quad \text{falls} \quad r \in [a, b], |t - r| < \mu.$$

Damit erfassen wir etwa die Greensche Funktion eines Differentialausdrucks

$$Lx = \sum_{i=0}^{k} p_i(\cdot)\,x^{(i)} \quad (k \geqq 1, p_i \in S[a, b]\,(i = 0, \ldots, k), p_k(t) \neq 0, t \in [a, b])$$

mit Anfangsbedingungen

$$x^{(i)}(a) = 0 \qquad (i = 0, \ldots, k - 1).$$

Wegen (3.14), Beispiel b) brauchen wir nur noch zu zeigen, daß A unter den Zusatzbedingungen (α), (β) zu $I[S_e]$ mit $e(t) = (t - a)^c$ gehört: Das aber folgt aus Satz (2.3), wenn man die Ungleichung

$$\int |A(t,s)|\, e(s)\, ds \leqq Pe(t) \leqq \|P\|_e\, e(t) \quad \text{für} \quad t \in [a,b]$$

beachtet, welche das Bestehen der Bedingung (b) von (2.3) sicherstellt.

4.5 Hinweise. Die Aussage des Satzes (4.2), daß für jeden vollstetigen Operator $P \in I_+[S_e]$ die Einschließung

$$\inf\{q(t):\quad t \in \Omega_0\} \leqq \sigma_e(P) \leqq \sup\{q(t):\quad t \in \Omega_0\}$$
$$\text{mit } q(t) = z(t)^{-1} \int P(t,s)\, z(s)\, ds$$

besteht, ist heute unter dem Namen „*Quotientensatz*" bekannt.

Die ersten Sätze dieser Art beziehen sich auf den Fall $e = \delta$, $\Omega = [a,b]$ mit $a, b \in \mathbb{R}$ und $a < b$. In dieser Situation beweist L. Collatz [1940] einen Quotientensatz für vollstetige Integraloperatoren auf $S_\delta[a,b]$ mit symmetrischen, nichtnegativen Kernen. In seiner Arbeit [1942c] zeigt L. Collatz, daß die Vorzeichenbedingung an den Kern überflüssig ist. Beide Arbeiten setzen die Beschränktheit und Nullstellenfreiheit von $q(t)$ in $[a,b]$ voraus. Aber auch diese Bedingungen sind unnötig, wie H. Ehrmann [1964] beweist.

Für die Entwicklung des Quotientensatzes bei nicht notwendig symmetrischen jedoch nichtnegativen Kernen gilt zunächst die in (III, 3.5) gegebene Übersicht. Das dort erwähnte Ergebnis von A. C. Mewborn [1960] ist auf Integraloperatoren anwendbar und würde neben der Vollstetigkeit verlangen, daß der Integraloperator zu einer Klasse strengmonotoner Operatoren gehört, welche wir in § 5 mit I_1 (vgl. (5.1)) bezeichnen werden. Ohne Zusatzannahmen dieser Art findet man den Quotientensatz für vollstetige Integraloperatoren aus $I_+[S_\delta(\Omega)]$ in den Arbeiten E. Bohl [1964, 1966], wo er wie im Text als Sonderfall aus dem Satz (III, 3.2) gewonnen wird. K. P. Hadeler [1966] kann im Falle eines Integraloperators aus $I_+[S_\delta(\Omega)]$ auf die Vollstetigkeit verzichten und erhält die Quotientenaussage auch dann noch aufrecht, wenn die Ansatzfunktion $z(t)$ in Satz (4.2) nur auf einer überall dichten Menge Ω' in Ω positiv ausfällt. Man kann dann allerdings nicht mehr garantieren, daß das Supremum des Quotienten $q(t)$ existiert. Daher ist die obere Schranke der Einschließung möglicherweise $= \infty$ zu setzen.

Ansatzfunktionen mit Nullstellen sind gerade bei der Behandlung von Eigenwertaufgaben bei Differentialgleichungen notwendig. In dieser Situation liefern die Räume S_e eine geeignete Grundlage, welche zugleich die Endlichkeit der Quotienten sichert (vgl. auch den nächsten Paragraphen).

Für eine Ausdehnung des Quotientensatzes auf Operatorpolynome vgl. K. P. Hadeler [1965].

5. Eine Klasse streng-monotoner, linearer Integraloperatoren

5.1 Sei $\Omega \subset \mathbb{R}^m$ ($m \in \mathbb{N}$) meßbar und $P \in I_+[S_\delta(\Omega)]$. Will man die Existenz eines Eigenwertes von P nachweisen, so kann man nach Satz (4.2) vorgehen und versuchen, ein Element $e \in S_+ - \{\theta\}$ so zu konstruieren, daß P einen vollstetigen Operator aus $I_+[S_e]$ bildet, und e die Ungleichung

$$(44) \qquad \lambda e(t) \leqq \int P(t,s)\, e(s)\, ds \qquad (t \in \Omega)$$

für ein (von t unabhängiges) $\lambda > 0$ erfüllt. Dann wäre $0 < \lambda \leqq \sigma_e(P)$ und $\sigma_e(P)$ Eigenwert von P. Nach § 1 bedeutet (44) gerade $Pe \in oS_{+e}$, und diese Forderung ist offenbar äquivalent damit, daß P die Ordnungseinheiten oS_{+e} von S_{+e} invariant läßt.

Sei $e \in S_+(\Omega) - \{\theta\}$. Wir bezeichnen mit

$I_0[S_e(\Omega)]$ *(oder kürzer* $I_0[S_e]$*) die Menge aller Integraloperatoren aus* $I_+[S_e]$, *welche* oS_{+e} *in sich abbilden;*

$I_1[S_e(\Omega)]$ *(oder kürzer* $I_1[S_e]$*) die Menge aller Integraloperatoren aus* $I_+[S_e]$, *welche* $S_{+e} - \{\theta\}$ *in* oS_{+e} *abbilden.*

Offenbar ist $I_1[S_e] \subset I_0[S_e]$, ferner gehören die Operatoren aus $I_1[S_e]$ zu den streng-monotonen Operatoren, wie (III, 2.4) lehrt. Damit ergeben die Sätze (III, 3.2) und (III, 3.3) den

5.2 Satz. A) *Sei* $P \in I_0[S_e]$ *ein vollstetiger Operator; bei nichtleerer und kompakter Grundmenge* $\Omega \subset \mathbb{R}^m$ *befriedigt* P *diese Voraussetzungen, falls* $P(t,s)$ *polar bezüglich* e *ist, und falls* (I3) *sowie* (44) *bestehen: Dann ist* $\sigma_e(P) > 0$ *Eigenwert von* P *mit einer zugehörigen Eigenfunktion* $\bar{e} \in S_{+e}$. *Keine Eigenfunktion* $\bar{z} \in S_e$ *von* P *zu einem reellen Eigenwert* $\neq \sigma_e(P)$ *erfüllt* (42). *Sei* $e_0 \in oS_{+e}$ *und*

$$(45) \qquad e_{n+1}(t) = \int P(t,s)\, e_n(s)\, ds \qquad (t \in \Omega), \qquad n \in \mathbb{N},$$

so gelten die Abschätzungen

$$\inf\left\{\frac{e_{n+1}(t)}{e_n(t)}\right\} \leqq \inf\left\{\frac{e_{n+2}(t)}{e_{n+1}(t)}\right\} \leqq \sigma_e(P) \leqq \sup\left\{\frac{e_{n+2}(t)}{e_{n+1}(t)}\right\} \leqq \sup\left\{\frac{e_{n+1}(t)}{e_n(t)}\right\}$$

für $n \in \mathbb{N}$, *dabei sind beim Infimum bzw. Supremum jeweils alle* $t \in \Omega_0 = \Omega - \Omega(e) = \{t \in \Omega : e(t) \neq 0\}$ *zu berücksichtigen.*

B) *Sei* $P \in I_1[S_e]$ *ein vollstetiger Operator: Dann gilt über das unter* A) *Gesagte hinaus, daß* $\bar{e} \in oS_{+e}$ *liegt, daß eine Eigenfunktion* $\bar{z} \in S_e$ *von* P *zu einem reellen Eigenwert* $\neq \sigma_e(P)$ *auf der Menge* Ω_0 *mindestens einmal das*

Vorzeichen wechselt, daß die Iteration (45) *mit jeder Funktion* $e_0 \in S_{+e} - \{\theta\}$ *die in* A) *genannten Ungleichungen liefert und daß die (bezüglich* $\| \ \|_e$ *normierten) Folgenglieder von* (45) *in der Norm* $\| \ \|_e$ *gegen* $\bar{e}\|\bar{e}\|_e^{-1}$ *sowie die oberen und unteren Schranken von* $\sigma_e(P)$ *gegen* $\sigma_e(P)$ *konvergieren. Außerdem ist* $\bar{e}$ *die (bis auf Normierung) einzige Eigenfunktion von P zum Eigenwert* $\sigma_e(P)$, *und dieser ist durch*

$$\operatorname{Max}\left[\inf\left\{\frac{Pz(t)}{z(t)}:\quad t \in \Omega_0\right\}\right] = \sigma_e(P) = \operatorname{Min}\left[\sup\left\{\frac{Pz(t)}{z(t)}:\quad t \in \Omega_0\right\}\right]$$

gegeben, wobei beim Maximum bzw. Minimum alle Funktionen $z \in S_{+e}$ *zu berücksichtigen sind, welche* (42) *erfüllen.*

Zur Aussage B) sei noch hinzugefügt, daß der Vorzeichenwechsel der dort genannten Eigenfunktionen $\bar{z}$ auf Ω_0 die Funktionen x aus S_e charakterisiert, welche zusammen mit $-x$ nicht zu S_{+e} gehören. Der Vorzeichenwechsel erfordert wegen der Stetigkeit die Existenz einer Nullstelle in Ω_0, falls Ω_0 zusammenhängend ist.

Es ist nicht schwer, dem Kern eines Operators $P \in I_+[S_e]$ unmittelbar anzusehen, wann P zu $I_j[S_e]$ $(j = 0, 1)$ gehört. Davon handeln die nächsten Nummern.

5.3 *Die Menge* $\Omega \subset \mathbb{R}^m$ *sei beschränkt und gleich der abgeschlossenen Hülle ihres Inneren* $\mathring{\Omega}$. *Es sei* $P \in I_+[S_\delta(\Omega)]$. *Bei beliebigem aber festem* $t \in \Omega$ *sei* $P(t, s) > 0$

auf einer Teilmenge $\Omega_t \subset \Omega$ *positiven Maßes bzw. für fast alle* $s \in \Omega$, *dann gilt*: $P \in I_0[S_\delta]$ *bzw.* $P \in I_1[S_\delta]$.

Beweis. Es sei $x \in S(\Omega)$ mit $x(t) > 0$ (bzw. $\geqq 0$ aber nicht identisch Null) in Ω. Zu zeigen ist, daß unter der ersten (bzw. zweiten) Zusatzforderung die Funktion Px zu $oS_{+\delta}$ gehört. In beiden Fällen können wir jedoch $Px(t) > 0$ für alle $t \in \Omega$ folgern. Wegen der Kompaktheit von Ω und der Stetigkeit von Px besitzt Px ein positives Minimum. Das vollendet den Beweis. □

5.4 *Es sei* Ω *eine nichtleere meßbare Menge in* $\mathbb{R}^m$, $e \in S_{+\delta}(\Omega) - \{0\}$ *und* $P \in I_+[S_e]$. *Existieren eine Menge* Ω_1 *mit* $\Omega - \Omega(e) = \Omega_0 \subset \Omega_1 \subset \Omega$ *und ein Operator* $Q \in I_1[S_\delta(\Omega_1)]$ *derart, daß bei beliebigem aber festem* $t \in \Omega_0$ *die Ungleichung*

$$(46) \qquad e(t)\,Q(t, s) \leqq P(t, s) \quad \textit{für fast alle } s \in \Omega_1$$

besteht, so gilt $P \in I_1[S_e(\Omega)]$.

Beweis. Da jedes Element aus $S_e(\Omega)$ stetig und beschränkt auf Ω_1 ist, gilt $eQx < Px$ wegen (46) für alle $x \in S_{+e}(\Omega)$. Sei nun $x \in S_{+e}(\Omega) - \{\theta\}$, so ist $x(t) \geqq 0$ auf $\Omega - \Omega(e)$, verschwindet dort aber nicht identisch, d. h. $x \in S_{+\delta}(\Omega_1) - \{\theta\}$. Wegen $Q \in I_1[S_\delta(\Omega_1)]$ gilt $Qx \in oS_{+\delta}(\Omega_1)$, d. h. $0 < \lambda \leqq Qx(t)$ für alle $t \in \Omega_1$ und ein $\lambda > 0$. Da $\Omega - \Omega(e) \subset \Omega_1$, erhalten wir $\lambda e(t) \leqq e(t)\,Qx(t) \leqq Px(t)$ für alle $t \in \Omega - \Omega(e)$, also auch $\lambda e(t) \leqq Px(t)$ auf Ω. □

5.5 Satz. *Die Menge $\Omega \subset \mathbb{R}^m$ sei beschränkt und gleich der abgeschlossenen Hülle ihres Inneren. $P(t, s)$ und $e \in S_+(\Omega)$ erfüllen* (ii) *aus* (3.5). *Die Funktion $e(t)^{-1} P(t, s)\, e(s)$ gehöre zu $S\big((\Omega_0 \times \Omega) - \Delta\big)$ und sei durch $F(t, s)$ derart auf $\Omega^2 - \Delta$ stetig fortgesetzt, daß für jedes $t \in \Omega$*

$$(47)\qquad 0 < F(t, s) \leqq \lambda \|t - s\|_\delta^{\alpha - m} \quad \textit{an fast allen Stellen} \quad s \in \Omega$$

ausfällt, dabei seien $\lambda \in \mathbb{R}_+$ und $\alpha \in (0, m]$ gegebene Zahlen. Dann gehört der durch $P(t, s)$ definierte Integraloperator zu $I_1[S_e(\Omega)]$ und ist vollstetig.

Beweis. a) Es ist $F \in S(\Omega^2 - \Delta)$, nach (3.13) liefert F daher einen vollstetigen Operator auf $(S_\delta(\Omega), \|\ \|_\delta)$ (wegen (47) ist nämlich (36) für $e = \delta$ erfüllt). (5.3) zeigt dann $F \in I_1[S_\delta(\Omega)]$ aufgrund von (47).

b) Wie eben können wir (3.13) auch auf P und e anstelle von F und δ anwenden und finden, daß P einen vollstetigen Operator auf $(S_e(\Omega), \|\ \|_e)$ definiert, welcher wegen (47) und

$$e(t)\, F(t, s) = P(t, s)\, e(s) \quad \text{in} \quad \Omega^2 - \Delta$$

zu $I_+[S_e(\Omega)]$ gehört. Damit vollendet (5.4) zugleich den Beweis. □

5.6 Folgerung. *Es seien $a, b \in \mathbb{R}$, $a < b$ und $P \in S_\delta([a, b]^2 - \Delta)$ mit $0 \leqq P(t, s)$ f. ü. auf $[a, b]^2$. Die partiellen Ableitungen $D_1^i P(t, s)$ existieren für $t \neq s$ bis zu einer Ordnung $k \geqq 1$ und mögen zu $S_\delta([a, b]^2 - \Delta)$ für $i = 1, \ldots, k$ gehören. An endlich vielen, paarweise verschiedenen Punkten $t_j \in [a, b]$ $(j = 1, \ldots, N)$ seien natürliche Zahlen $r_j \in [1, k]$ derart vorgegeben, daß r_j im Falle $t_j \in (a, b)$ gerade sowie*

$$(48)\qquad \begin{aligned} &D_1^i P(t_j, s) = 0 \ \textit{für}\ s \in [a, b] - \{t_j\} \quad (i = 1, \ldots, r_j - 1) \\ &D_1^{r_j} P(t_j, s) \neq 0 \ \textit{für fast alle}\ s \in [a, b] \end{aligned} \qquad (j = 1, \ldots, N)$$

ausfallen. Im übrigen gelte

$$(49)\qquad \begin{aligned} &P(t_j, s) = 0 \quad \textit{für} \quad s \in [a, b] - \{t_j\} \qquad (j = 1, \ldots, N) \\ &P(t, s) > 0 \quad \textit{bei jedem festen} \quad t \in [a, b] - \{t_1, \ldots, t_N\} \\ &\hspace{8cm} \textit{für fast alle} \quad s \in [a, b]. \end{aligned}$$

Dann definiert der Kern $P(t, s)$ einen vollstetigen Integraloperator auf

$(S_e, \| \|_e)$, *welcher zu* $I_1[S_e]$ *gehört, wenn man*

$$e(t) = \prod_{j=1}^{N} |t - t_j|^{r_j}$$

wählt. Satz (5.2) *ist somit auf* P *anwendbar.*

Beweis. Wir wollen (5.5) anwenden und brauchen offenbar nur noch zu zeigen, daß $e(t)^{-1} P(t, s) e(s)$ eine stetige Fortsetzung $F \in S([a, b]^2 - \Delta)$ besitzt, welche für jedes $t \in [a, b]$

(50) $\qquad 0 < F(t, s) \leqq \lambda_0$ an fast allen Stellen $s \in [a, b]$

mit einem geeigneten $\lambda_0 \in \mathbb{R}_+$ erfüllt.

Dazu betrachten wir die Funktionen

$$h_j(t) = \frac{1}{r_j!} \prod_{i \neq j} |t - t_i|^{-r_i} \qquad (t \notin \{t_1, \ldots, t_{j-1}, t_{j+1}, \ldots, t_N\})$$
$$(j = 1, \ldots, N)$$

(das leere Produkt ist gleich 1 zu setzen) und definieren damit

$$F(t, s) = \begin{cases} e(t)^{-1} P(t, s) e(s) & t \neq t^j \\ \pm h_j(t) D_1^{r_j} P(t, s) e(s) & t = t_j \end{cases} \qquad (j = 1, \ldots, N)$$

für $t, s \in [a, b]$, $t \neq s$, dabei ist für die untere Definition das Minuszeichen nur zu wählen, wenn $t_j = b$ und gleichzeitig der zugehörige Exponent r_j ungerade wird. Nach (3.8) ist $F \in S([a, b]^2 - \Delta)$ (vgl. auch (30)), und wir werden nun zeigen, daß für jedes $t \in [a, b]$ auch (50) gilt. Sei $t \in [a, b]$ beliebig aber fest:

Wegen (48) und (49) und der Stetigkeit von F auf $[a, b]^2 - \Delta$ gilt zunächst $0 < F(t, s)$ für fast alle $s \in [a, b]$. Um auch die Beschränktheit nach oben einzusehen, unterscheiden wir zwei Fälle:

a) $t = t_j$ für ein $j \in \{1, \ldots, N\}$: Mit

$$M_j = \sup \{ |D_1^{r_j} P(t, s)| : \quad t, s \in [a, b], t \neq s \} < \infty$$

wird $F(t_j, s) \leqq M_j h_j(t_j) e(s)$ $(s \neq t_j)$.

b) $t \neq t_j$ für alle $j \in \{1, \ldots, N\}$: Dann existiert ein $k \in \{1, \ldots, N\}$ mit $|t - t_k| = \operatorname{Min} \{ |t - t_j| : j = 1, \ldots, N \}$, und für $s \neq t$ gilt

$$F(t, s) = e(t)^{-1} P(t, s) e(s)$$

$$= h_k(t) (h_k(s))^{-1} \begin{cases} \left| \dfrac{s - t_k}{t - t_k} \right|^{r_k} P(t, s) \quad \text{für} \quad s \in [\alpha, \beta] \\ \dfrac{(s - t_k)^{r_k}}{(r_k - 1)!} \displaystyle\int_0^1 (1 - \tau)^{r_k - 1} D_1^{r_k} P(t_k + \tau(t - t_k), s) \, d\tau \text{ sonst} \end{cases}$$

$$\leqq h_k(t)(h_k(s))^{-1}\begin{cases}\sup\{P(t,s):\ t,s\in[a,b],t\neq s\} & \text{für}\quad s\in[\alpha,\beta]\\ \dfrac{|s-t_k|^{r_k}}{r_k!}M_k & \text{sonst}\end{cases}$$

$$\text{mit}\quad \alpha=\alpha(t)=\operatorname{Min}(t,t_k),\qquad \beta=\beta(t)=\operatorname{Max}(t,t_k).$$

Sei $\Omega_k=\{t\in[a,b]:|t-t_k|=\operatorname{Min}\{|t-t_j|:j=1,\dots,N\}\}$ $(k=1,\dots,N)$. Dann macht die Vereinigung der Ω_k gerade das Intervall $[a,b]$ aus. Weiter existiert nach a) und b) eine von $(t,s)\in[a,b]^2-\Delta$ unabhängige Zahl $\lambda\in\mathbb{R}_+$ mit

$$F(t,s)\leqq\lambda h_k(t)\quad\text{für}\quad t\in\Omega_k\quad\text{und}\quad t\neq s\qquad(k=1,\dots,N).$$

Da $h_k(t)$ auf Ω_k $(k=1,\dots,N)$ beschränkt ist, brauchen wir nur noch das Maximum von N Zahlen festzuhalten, um den Beweis zu vollenden. □

5.7 Beispiele.

a) $\Omega\subset\mathbb{R}^m$ sei beschränkt, nichtleer und gleich der abgeschlossenen Hülle ihres Inneren. Jedes $P\in S(\Omega^2-\Delta)$, welches für beliebiges aber festes $t\in\Omega$ eine Ungleichung (47) erfüllt, definiert nach Satz (5.5) einen vollstetigen Operator aus $I_1[S_\delta]$. Es gelten also alle Aussagen von Satz (5.2). *Da (47) z. B. für alle Funktionen $P\in oS_+(\Omega^2)$ besteht, können wir mit unserer Symbolik die Implikation*

(51) $P(\cdot,\cdot)\in oS_+(\Omega^2)\Rightarrow P\in I_1[S(\Omega)]$ *und vollstetig* $\Rightarrow$ (5.2) *anwendbar aussprechen.*

b) Sei $d\in\mathbb{R}$, $d>0$. Ferner seien $p,q\in S_+[0,d]$, dabei verschwinde p nirgends und q höchstens auf einer Nullmenge in $[0,d]$. Wir betrachten Eigenwertprobleme der Form

(52) $\quad -(p(\cdot)x')'=\lambda q(\cdot)x\qquad(t\in[0,d]),\qquad x(0)=x(d)=0$

(Knickung eines Stabes, vgl. L. Collatz [1963]),

(53) $\quad x^{IV}=\lambda q(\cdot)x\quad(t\in[0,d]),\quad x(0)=x'(0)=x''(d)=x'''(d)=0$

(Biegeschwingung eines Stabes, vgl. L. Collatz [1960, 1963]).

Die Greenschen Funktionen zu den Paaren

$$Lx=-(p(\cdot)x')',\qquad x(0)=x(d)=0$$
$$Lx=x^{IV}\qquad,\qquad x(0)=x'(0)=x''(d)=x'''(d)=0$$

lauten (vgl. L. Collatz [1963])

$$G_2(t,s)=\begin{cases}h(t)\big(1-h(d)^{-1}h(s)\big) & \text{für}\quad 0\leqq t\leqq s\leqq d\\ h(s)\big(1-h(d)^{-1}h(t)\big) & \text{für}\quad 0\leqq s\leqq t\leqq d\end{cases}$$

$$G_3(t,s) = \tfrac{1}{6}\begin{cases} t^2(3s-t) & \text{für} \quad 0 \leqq t \leqq s \leqq d \\ s^2(3t-s) & \text{für} \quad 0 \leqq s \leqq t \leqq d \end{cases}$$

mit $h(t) = \int_0^t p(s)^{-1}\,ds$. Offenbar erfüllt $P_j(t,s) = G_j(t,s)\,q(s)$ alle Voraussetzungen von (5.6), wenn man

$$N = 2, \quad \begin{array}{ll} t_1 = 0, & r_1 = 1 \\ t_2 = d, & r_2 = 1 \end{array} \quad \text{bzw.} \quad N = 1, \quad t_1 = 0, \quad r_1 = 2$$

setzt. Daher ist P_j ein vollstetiger Integraloperator aus $I_1[S_{z_j}[0,d]]$ mit

$$z_2(t) = t(d-t) \quad \text{bzw.} \quad z_3(t) = t^2 \qquad (t \in [0,d]).$$

Da die Eigenwertaufgabe $P_j x = \lambda^{-1} x$ ($\lambda \neq 0$) mit (52) bzw. (53) äquivalent ist, besagt Satz (5.2):

(52) *bzw.* (53) *besitzt einen positiven Eigenwert* $\mu_2 = \sigma_{z_2}(P_2)^{-1}$ *bzw.* $\mu_3 = \sigma_{z_3}(P_3)^{-1}$ *mit einer zugehörigen Eigenfunktion* $\bar{e}_2$ *bzw.* $\bar{e}_3$. *Diese ist (bis auf Normierung) die einzige Eigenfunktion zum Eigenwert* μ_2 *bzw.* μ_3, *und es existiert* $q_i \in S[0,d]$ *mit* $q_i(t) > 0$ *in* $[0,d]$ $(i = 2, 3)$ *sowie*

$$\bar{e}_2(t) = t(d-t)\,q_2(t) \quad \textit{bzw.} \quad \bar{e}_3(t) = t^2 q_3(t) \quad \textit{für} \quad t \in [0,d].$$

Alle anderen Eigenfunktionen von (52) *bzw.* (53) *(zu reellen Eigenwerten) wechseln in* $(0,d)$ *mindestens einmal das Vorzeichen. Ist* $e_0(t) = t(d-t)\,y(t)$ *bzw.* $e_0(t) = t^2 y(t)$ *mit* $y \in S[0,d]$ *und* $y(t) > 0$ *für* $t \in [0,d]$ *und konstruiert man* $e_n(t)$ *gemäß*

$$(54) \qquad \begin{array}{c} -(p(\cdot)\,e'_{n+1})' = q(\cdot)\,e_n, \qquad e_{n+1}(0) = e_{n+1}(d) = 0 \\ \textit{bzw.} \\ e^{IV}_{n+1} = q(\cdot)\,e_n, \qquad e_{n+1}(0) = e'_{n+1}(0) = e''_{n+1}(d) = e'''_{n+1}(d) = 0, \end{array}$$

so gilt der Einschluß

$$0 < \inf\{e_{n+1}(t)\,e_n(t)^{-1}\} \leqq (\mu_2^{-1} \text{ bzw. } \mu_3^{-1}) \leqq \sup\{e_{n+1}(t)\,e_n(t)^{-1}\} < \infty \qquad (n \in \mathbb{N}),$$

wobei bei Infimum und Supremum alle t *aus* $(0,d)$ *bzw.* $(0,d]$ *zu berücksichtigen sind. Die unteren Schranken konvergieren monoton wachsend und die oberen Schranken monoton fallend gegen* μ_2^{-1} *bzw.* μ_3^{-1}. *Schließlich konvergiert* $e_n(t)\,\|e_n\|_{e_0}^{-1}$ *gleichmäßig (sogar bezüglich* $\|\ \|_{e_0}$*) gegen* $\bar{e}_2(t)\,\|\bar{e}_2\|_{e_0}^{-1}$ *bzw.* $\bar{e}_3(t)\,\|\bar{e}_3\|_{e_0}^{-1}$.

Für das Problem (53) mit $d = 1$ und $q(t) = 1 + t$ ergeben zwei Schritte der Iteration (54) mit $y(t) = 3^{-1}(t^2 - 4t + 6)$ $(e_0(t) = t^2 y(t)$

erfüllt dann schon alle Randbedingungen) die Einschließung

$$\begin{aligned}0.128571 &\leqq & &\leqq 0.148193\\ 0.145834 &\leqq & \frac{1}{\mu_3} &\leqq 0.146208\\ 0.146152 &\leqq & &\leqq 0.146161,\end{aligned}$$

sowie ein Polynom $e_2(\cdot)\,\|e_2\|_\delta^{-1}$, dessen Funktionswerte an einigen Stellen t_i des Intervalls $[0,1]$ in der nachfolgenden Tabelle angegeben sind.

$t_i = 0.2i$	$e_2(t_i)\,\|e_2\|_\delta^{-1}$
0	0
0.2	0.063085
0.4	0.227886
0.6	0.458788
0.8	0.723987
1.0	1

Man beachte das monotone Verhalten der Schranken für μ_3^{-1}, welches (5.2) voraussagt und vergleiche diese Ergebnisse mit jenen, welche wir in (VI, 3.7) auf dem Wege über eine Diskretisierung der Integralgleichung gewonnen haben.

Als Modellfall für eine Aufgabe (52) sei

$$-x'' = \lambda x, \qquad x(0) = x(1) = 0$$

genannt. Hier kann man einige der oben aufgezählten Eigenschaften unmittelbar verifizieren, es ist nämlich

$$\sigma_{z_2}(P_2) = \pi^{-2}, \qquad \bar{e}_2(t) = \sin \pi t \qquad (t \in [0,1]),$$

und die anderen Eigenfunktionen sind $\bar{e}_{n+2}(t) = \sin(n+1)\pi t$ $(t \in [0,1],\, n \in \mathbb{N})$, welche offenbar alle in (0, 1) mindestens einmal das Vorzeichen wechseln.

5.8 Es seien $a, b \in \mathbb{R}$ und $a < b$. $P \in S_\delta([a,b]^2 - \Delta)$ erfülle alle Voraussetzungen von (5.6). Setzen wir mit den Bezeichnungen von (5.6)

$$e(t) = \prod_{j=1}^{N} |t - t_j|^{r_j}, \tag{55}$$

so ist P ein vollstetiger Operator auf $(S_e, \|\ \|_e)$ und gehört zu $I_1[S_e]$, bildet also $S_{+e} - \{\theta\}$ in oS_{+e} ab.

Wegen (3.13) liefert P außerdem eine vollstetige Transformation auf $(S_\delta, \|\ \|_\delta)$ und gehört offenbar zu $I_+[S_\delta]$. Für $z \in S_{+\delta}$ gilt aber $Pz(t_j) = 0\ (j = 1, \ldots, N)$, der ganze Kegel $S_{+\delta}$ wird also auf seinen Rand abgebildet. Es liegt aber die Frage nahe, ob nicht wenigstens $P(oS_{+\delta}) \subset oS_{+e}$ besteht, was offenbar mit $P\delta \in oS_{+e}$ äquivalent ist. Dazu aber ist die Existenz zweier Zahlen $m > 0$, $M > 0$ mit

$$me(t) \leqq P\delta(t) \leqq Me(t) \qquad (t \in [a,b]) \tag{56}$$

sicherzustellen. Wie man sich leicht überlegt (vgl. etwa (29)) ist für das Bestehen von (56) etwa hinreichend, daß $P\delta$ auf $[a,b]$ stetige Ableitungen bis zu einer Ordnung $k \geqq \operatorname{Max}\{r_j : j = 1, \ldots, N\}$ besitzt und daß $(P\delta)^{(i)}(t_j) = 0$ $(i = 0, \ldots, r_j - 1)$, $(P\delta)^{(r_j)}(t_j) \neq 0$ für $j = 1, \ldots, N$ ausfallen. Zusammenfassend können wir sagen:

5.9 *Unter den Voraussetzungen von* (5.6) *definiert P einen vollstetigen Operator auf* $(S_\delta, \|\ \|_\delta)$, *welcher zu* $I_+[S_\delta]$ *gehört. Existieren überdies positive Zahlen m und M mit* (56), *so gilt* $P(oS_{+\delta}) \subset oS_{+e}$, *P liefert also ein vollstetiges Element aus* $I_1[S_{Pz}]$, *wenn z irgendwie aus* $oS_{+\delta}$ *gewählt wird.*

Bei der Biegeschwingung (53) mit $q(t) = 1 + t$ und $d = 1$ z. B. kann man (56) sofort verifizieren, denn

$$P\delta(t) = \int_0^1 G_3(t,s)(1+s)\,\delta(s)\,ds = \int_0^1 G_3(t,s)(1+s)\,ds$$
$$= t^2 \tfrac{1}{120}(t^3 + 5t^2 - 30t + 50)$$

oder

$$\tfrac{13}{60} t^2 \leqq P\delta(t) \leqq \tfrac{25}{60} t^2 \qquad (t \in [0,1]).$$

(56) gilt also für $e(t) = t^2 = z_3(t)$.

5.10 Hinweise. Die Aussage „$P \in I_1[S_{Pz}]$ für alle $z \in oS_{+\delta}$“ aus (5.9) besagt gegenüber „$P \in I_1[S_e]$“ aus (5.6) nichts grundsätzlich Neues, denn $S_{Pz} = S_e$ für alle $z \in oS_{+\delta}$. Interessanter ist die Inklusion $P(oS_{+\delta}) \subset oS_{+e}$, die wir sofort für einen linearen, monotonen Operator P auf einem halbgeordneten Raum $(X, \leqq, K)$ mit Ordnungseinheiten in der Form

$$P(oK) \subset oK_e \quad \text{für ein} \quad e \in K \tag{57}$$

formulieren können. Ist $oK = \emptyset$, so liefert (57) keine sinnvolle Forderung. M. A. Krasnoselskij [1964b] nennt einen linearen, monotonen Operator P auf einem halbgeordneten Raum $(X, \leqq, K)$ *e-monoton*, falls es zu jedem $z \in K - \{\theta\}$ ein $n = n(z) \in \mathbb{N}$ gibt mit $P^n z \in oK_e$. Im einfachsten Fall wird also $P(K - \{\theta\}) \subset oK_e$ verlangt. Der Zusammenhang dieser Begriffsbildung mit (57) liegt auf der Hand, der Zusammenhang mit der strengen Monotonie ist durch folgende Aussagen gegeben:

Jeder e-monotone Operator mit $Pe \in X_e$ *ist streng-monoton auf*

$$(X_e, \leqq, K_e);$$

jeder streng-monotone Operator auf $(X, \leqq, K)$ *ist e-monoton für jedes* $e \in oK$.

Für Bedingungen, welche e-Monotonie eines Integraloperators implizieren, vgl. M. A. Krasnoselskij [1964b] und die dort angegebene weitere Literatur. Dort werden auch die Eigenschaften e-monotoner Operatoren studiert, die naturgemäß vieles mit den streng-monotonen Operatoren gemeinsam haben.

Wir kehren zu einem monotonen, linearen Integraloperator P und einem $e \in S_{+\delta}$ zurück. Wollen wir seine strenge Monotonie auf $(S_e, \leqq, S_{+e})$ in Gestalt der Forderung $P(S_{+e} - \{\theta\}) \subset oS_{+e}$ zeigen, so muß nachgewiesen werden, daß P für $x \in S_e$ erklärt ist, daß $Pe \in S_e$ liegt und daß es zu jedem $x \in S_{+e} - \{\theta\}$ ein $m > 0$ gibt mit

(58) $\qquad me(t) \leqq Px(t) \quad$ für alle auftretenden Argumente t.

Will man demgegenüber e-Monotonie in Gestalt der Forderung $P(S_{+\delta} - \{\theta\}) \subset oS_{+e}$ prüfen, so ist nachzuweisen, daß P für alle $x \in S_\delta$ erklärt ist, daß $P\delta \in S_e$ liegt und daß es zu jedem $x \in S_{+\delta} - \{\theta\}$ ein $m > 0$ mit (58) gibt.

Teil B) von Satz (5.2) umfaßt den in (III, 2.11) erwähnten Satz von R. Jentzsch [1912].

6. Eine Klasse P-beschränkter Integraloperatoren: Anwendungen des Kontraktionsprinzips

6.1 Sei $\Omega \subset \mathbb{R}^m$ $(m \in \mathbb{N})$ eine nichtleere meßbare Menge und sei $e \in S_+(\Omega)$. In diesem Paragraphen sei Y stets eine Teilmenge aus $\mathbb{R}^\Omega$, welche in der Form

(59) $\quad Y = \{\varphi\} + Z \quad$ mit einem $\quad \varphi \in \mathbb{R}^\Omega \quad$ und einem $\quad Z \subset S_e(\Omega)$

darstellbar ist. Y besteht somit aus allen Funktionen $x \in \mathbb{R}^\Omega$, so daß $x - \varphi$ zu der Teilmenge Z von S_e gehört. Dann ist $\rho(x, y) = x - y$ ein Abstand auf Y, für welchen der h. B. Raum $(S_e, <, \| \|_e)$ als Abstandsmenge dient (vgl. (II, 6.6). Y kann also als Abstandsraum angesprochen werden, wobei wir dann stets die Festlegung von Abstand und Abstandsmenge auf die soeben definierte Weise unterstellen. Nach (II, 6.7) wird die kanonische Metrik d_e gemäß (II, 16) durch

$$d_e(x, y) = \|x - y\|_e \qquad (x, y \in Y)$$

gegeben, und (Y, d_e) ist offenbar genau dann vollständig (Y also ein vollständiger Abstandsraum), wenn die Menge Z aus (59) abgeschlossen in $(S_e, \| \|_e)$ ist (beachte die Vollständigkeit von $(S_e, \| \|_e)$ und vgl. hierzu (1.3), Beispiel b)).

6.2 Wir wollen nun auf einem Abstandsraum Y der in (6.1) erklärten Art Integraloperatoren betrachten. Speziell interessiert uns die Klasse $I_e[Y]$ aller (i. a. nichtlinearen) Integraloperatoren T der Form

$$x(t) \to Tx(t) = \int_\Omega T(t, s, x(s))\, ds,$$

oder kürzer

$$(60) \qquad Tx(t) = \int T(t, s, x(s))\, ds \quad \text{bzw.} \quad Tx(\cdot) = \int T(\cdot, s, x(s))\, ds,$$

für welche $T(t, s, v)$ folgende Eigenschaften besitzt:

($\mathrm{I_e}$1) *für jedes $x \in Y$ und jedes $t \in \Omega$ sei $T(t, s, x(s))$ über Ω integrierbar*;
($\mathrm{I_e}$2) *für jedes $x \in Y$ sei $Tx \in Y$.*

Hierbei sichert ($\mathrm{I_e}$1), daß T für jedes $x \in Y$ überhaupt eine Funktion aus $\mathbb{R}^\Omega$ liefert, welche wegen ($\mathrm{I_e}$2) dann zu Y gehört.

6.3 Satz. *Es sei Y eine Funktionenmenge der in* (59) *genannten Art, wobei die zugehörige Teilmenge $Z \subset S_e$ abgeschlossen in $(S_e, \|\ \|_e)$ sei. Zu $T \in I_e[Y]$ existiere $P \in I_+[S_e]$ mit $\sigma_e(P) < 1$ und*

$$(61) \qquad |T(t, s, v) - T(t, s, w)| \leqq P(t, s)\, |v - w|$$

bei jedem festen $t \in \Omega$ für fast alle $s \in \Omega$ und alle reellen Zahlen $v, w \in \bigcup\{x(\Omega) : x \in Y\}$. Dann konvergiert jede Folge

$$(62) \qquad x_0 \in Y, \qquad x_{n+1}(\cdot) = \int T(\cdot, s, x_n(s))\, ds \qquad (n \in \mathbb{N})$$

gegen die in Y eindeutige Lösung $\bar{x}$ der Integralgleichung

$$(63) \qquad x(\cdot) = \int T(\cdot, s, x(s))\, ds.$$

Jedes $z \in S_{+e}$ mit

$$(64) \qquad |x_0 - x_1|(\cdot) \leqq d(\cdot) = z(\cdot) - \int P(\cdot, s)\, z(s)\, ds$$

liefert die Fehlerabschätzung

$$(65) \qquad |\bar{x} - x_1|(\cdot) \leqq \sup\{d(t)^{-1} |x_0 - x_1|(t) \colon d(t) > 0\} \int P(\cdot, s) z(s)\, ds.$$

Beweis. Die Behauptung ist eine unmittelbare Folge des Satzes (IV, 4.2), wenn man bedenkt, daß (61) die P-Beschränktheit von T impliziert. Dazu beachte man nur die Definition (IV, 12) aus (IV, 2.1). Die Fehlerabschätzung (65) entspricht den Ungleichungen (IV, 33) in der Form (IV, 44). □

6.4 Seien $a, b \in \mathbb{R}$ mit $a < b$. Nun sollen aus (6.3) einige Folgerungen für eine Integralgleichung vom sog. *Hammersteinschen Typ*

$$x(t) = \int_a^b A(t,s)\, f(s, x(s))\, ds + h(t) \tag{66}$$

angegeben werden. Wie in (IV, 2.5) führen wir den Nemytzkij-Operator

$$F: \quad x(\cdot) \to Fx(\cdot) = f(\cdot, x(\cdot))$$

ein und mit seiner Hilfe den Operator

$$T: \quad x \to AFx + h,$$

so daß (66) sich kurz in der Form $x = Tx = AFx + h$ schreiben läßt. T ist dann ein Integraloperator der bisher betrachteten Art, wobei man

$$T(t,s,v) = A(t,s)\, f(s,v) + (b-a)^{-1}\, h(t) \tag{67}$$

zu setzen hat. Die von $T(t,s,v)$ in (6.3) geforderten Voraussetzungen können im Falle der Gestalt (67) in „lineare Bedingungen" an A (wir markieren sie mit $(A\cdot)$) und „nichtlineare Bedingungen" an F (wir markieren sie mit $(F\cdot)$) aufgespalten werden. Teilweise berücksichtigt dies die auf die Gleichung (66) zugeschnittene Form (6.5) von Satz (6.3):

6.5 *Es sei* $\emptyset \neq D \subset \mathbb{R}$ *und* $e \in S_+[a,b] - \{\theta\}$. *Ferner gelten:*

(F) $f \in \mathbb{R}^{[a,b]\times D}$, $|f(t,v) - f(t,w)| \leqq \lambda(t)|v - w|$ *für* $t \in [a,b]$ *und* $v, w \in D$ *mit einem* $\lambda \in \mathbb{R}_+^{[a,b]}$;

(A) $P(t,s) = |A(t,s)|\, \lambda(s)$ *sei Kern eines Operators* $P \in I[S_e]$ *mit* $\sigma_e(P) < 1$.

Schließlich sei Y *eine Funktionenmenge der in* (6.3) *genannten Art mit* $\bigcup\{x([a,b]) : x \in Y\} \subset D$ *und* $T \in I_e[Y]$. *Dann existiert in* Y *genau eine Lösung der Integralgleichung* (66). *Diese läßt sich überdies iterativ nach* (62) *mit einer Fehlerabschätzung* (65) *berechnen.*

6.6 Satz. *Sei* $h \in S[a,b]$ *und*

(F1) $f \in S([a,b] \times \mathbb{R})$, $|f(t,v) - f(t,w)| \leqq \lambda_0 |v - w|$ $(t \in [a,b], v, w \in \mathbb{R})$ *mit einem reellen* $\lambda_0 > 0$;

(A1) $A(t,s)$ *und* $|A(t,s)|$ *seien Kerne von Integraloperatoren* $A, |A| \in I[S_\delta]$ (*nach* (3.12) *ist dies etwa erfüllt, falls* $A(t,s)$ *polar bezüglich* δ *ist*), *es sei* $\sigma_\delta(|A|) < \lambda_0^{-1}$.

Dann existiert in $Y = \{h\} + S_\delta$ *genau eine Lösung* $\bar{x}$ *von* (66), *jede Folge* $x_0 \in \{h\} + S_\delta$,

$$x_{n+1}(\cdot) = \int_a^b A(\cdot, s)\, f(s, x_n(s))\, ds + h(\cdot) \qquad (n \in \mathbb{N}) \tag{68}$$

konvergiert in (Y, d_δ) *gegen* $\bar{x}$, *und für je zwei Funktionen* $x \in \{h\} + S_\delta$, $z \in S_{+\delta}$ *mit*

$$(69) \qquad |x - Tx|(\cdot) \leqq d(\cdot) = z(\cdot) - \lambda_0 \int_a^b |A(\cdot, s)|\, z(s)\, ds$$

gilt die Fehlerabschätzung

$$(70) \qquad |\bar{x} - Tx|(\cdot) \leqq \sup\{d(t)^{-1}|x - Tx|(t): \; d(t) > 0\}\, \lambda_0 \int_a^b |A(\cdot, s)| z(s)\, ds.$$

Beweis. Wir können (6.5) für $D = \mathbb{R}$ und $Y = \{h\} + S_\delta = S_\delta$ anwenden, weil offensichtlich $T \in I_\delta[Y]$ liegt. □

Bemerkungen. a) *Ersetzt man in* (6.6) *die Funktion* δ *durchweg durch ein anderes Element* $e \in S_+ - \{\theta\}$, *so bleibt der Satz wahr, falls die Funktion* $F(h)$ *zu* S_e *gehört.* Wegen (6.5) ist nurmehr $T \in I_e[Y]$ festzustellen: Da $A \in I[S_e]$ (vgl. (A1)) sind wir fertig, wenn wir bewiesen haben, daß F die Menge $Y = \{h\} + S_e$ in S_e abbildet. Dazu sei $x \in Y$, dann gilt zunächst $Fx \in S_\delta$ wegen (F1). Zugleich folgt

$$|Fx(t)| \leqq |Fh(t)| + |Fx(t) - Fh(t)| \leqq |Fh(t)| + \lambda_0 |x(t) - h(t)|$$
$$(t \in [a, b]).$$

Wegen $Fh, x - h \in S_e$ zeigt dies $Fx \in S_e$.

b) Häufiger als $Fh \in S_e$ ist anstelle von (A1) die Voraussetzung
(A1′) $A, |A| \in I[S_\delta]$, $\sigma_\delta(|A|) < \lambda_0^{-1}$ sowie $|A|\,\delta \in S_e$;
erfüllt.

Ersetzt man in (6.6) *nun wieder* δ *durch ein* $e \in S_{+\delta} - \{\theta\}$ *und danach* (A1) *durch* (A1′) *mit dieser Funktion e, so ergibt sich abermals ein wahrer Satz.* Dazu wollen wir zunächst $|A| \in L[S_e]$ einsehen: Für $x \in S_\delta$ gilt $||A|\, x(t)| \leqq \|x\|_\delta |A|\, \delta(t)$ $(t \in [a, b])$, also $|A|(S_\delta) \subset S_e$ und insbesondere $|A|(S_e) \subset S_e$. Als linearer, monotoner Operator auf $(S_e, <, \| \|_e)$ ist $|A|$ auch beschränkt (vgl. (III, 1.4)), so daß $|A|$ zu $L[S_e]$ gehört. Zum Beweis unserer ursprünglichen Behauptung müssen wir wie in der vorigen Bemerkung nur noch $T \in I_e[Y]$ bestätigen: Sei $x \in Y$, so ist x stetig, also $Fx \in S_\delta$. Wegen $A \in I[S_\delta]$ ist daher $A(t, s)\, f(s, x(s))$ bei jedem $t \in [a, b]$ über $[a, b]$ integrierbar, so daß ($\mathrm{I}_e 1$) besteht. Weiter folgt $|AFx(t)| \leqq |A|\, |Fx|(t) \leqq \|Fx\|_\delta |A|\, \delta(t)$ $(t \in [a, b])$, so daß $|A|\, \delta \in S_e$ sofort $AFx \in S_e$, also $Tx = AFx + h \in S_e + \{h\} = Y$ liefert.

Besonders einfach werden die Verhältnisse, wenn wir

(A2) $A, |A| \in I[S_\delta]$ *mit* $|A(t, s)| \leqq P(t, s)$ *für fast alle* $(t, s) \in [a, b]^2$, *wobei*

$$P(t, s) = \begin{cases} 0 & (t < s) \\ \lambda (t - s)^{\alpha - 1} & (s < t) \end{cases} \qquad (s, t \in [a, b])$$

für ein $\lambda > 0$ *und ein* $\alpha \in (0, 1]$ *ist;*

verlangen. Dann erfüllt A zusammen mit $e(t) = e_c(t) = (t - a)^c$ $(c \in [0, \alpha])$ die Bedingung (A1′), denn $|A|\,\delta(t) \leqq P\delta(t) = \alpha^{-1}(t - a)^\alpha \lambda$, also $|A|\,\delta \in S_{e_c}$ wegen $c \in [0, \alpha]$. $\sigma_{e_c}(|A|) = 0 < \lambda_0^{-1}$ ergibt sich aus (4.3).

Nun können wir neben der „globalen" Aussage (6.6) auch die nachstehende „lokale" Behauptung beweisen.

6.7 Satz. *Der Kern A erfülle* (A2). *Es seien* $0 \leqq c < \alpha$ (α *wird durch* (A2) *festgelegt*), $e_c(t) = (t - a)^c$ *und* $h \in S[a, b]$. *Zu jedem* $\tau \in \mathbb{R}_+$ *erklären wir die reellen Zahlen*

$$a_\tau = \operatorname{Min}\{h(t) - \tau e_c(t):\ t \in [a,b]\}, \qquad b_\tau = \operatorname{Max}\{h(t) + \tau e_c(t):\ t \in [a,b]\}.$$

Weiter gelte:

(F2) *Für ein* $\mu > 0$ *sei* $f \in S([a, b] \times [a_\mu, b_\mu])$, $|f(t, v) - f(t, w)| \leqq \lambda_0 |v - w|$ $(t \in [a, b], v, w \in [a_\mu, b_\mu])$ *mit einem reellen* $\lambda_0 > 0$.

Ist

$$\eta = \operatorname{Min}\{b - a, [\alpha\mu(\lambda \|Fh\|_\delta + \lambda\lambda_0\mu(b - a)^c)^{-1}]^{1/(\alpha - c)}\}, \tag{71}$$

so existiert in $Y = \{h\} + \{y \in S_{e_c}[a, a + \eta] : \|y\|_{e_c} \leqq \mu\}$ *(hier ist natürlich* $\|\ \|_{e_c}$ *auf das Intervall* $[a, a + \eta]$ *zu beziehen!) genau eine Lösung* $\bar{x}$ *von* (66), *jede Folge* (68) *mit* $x_0 \in Y$ *konvergiert in* (Y, d_{e_c}) *gegen* $\bar{x}$, *und für je zwei Elemente* $x \in Y$, $z \in S_{+e_c}[a, a + \eta]$ *mit* (69) *gilt die Fehlerabschätzung* (70).

Beweis. Wir wollen zeigen, daß mit $D = [a_\mu, b_\mu]$ und mit dem in der Behauptung angegebenen Y die Voraussetzungen von (6.5) erfüllt sind: Offenbar gelten (F) und (A) wegen (F2) und (A2) sowie $\sigma_{e_c}(|A|) = 0$ nach (4.3) (hierzu kann jedes der Intervalle $[a, a + \varepsilon]$ mit $0 < \varepsilon \leqq b - a$ als Grundintervall angenommen werden). Weiter zeigen wir $x([a, a + \eta]) \subset D = [a_\mu, b_\mu]$ für $x \in Y$, denn

$$\begin{aligned} a_\mu \leqq h(t) - \mu e_c(t) \leqq h(t) - |x(t) - h(t)| \leqq x(t) \leqq h(t) + |x(t) - h(t)| \\ \leqq h(t) + \mu e_c(t) \leqq b_\mu \end{aligned}$$

für $t \in [a, a + \eta]$, weil $\eta \in (0, b - a]$. Schließlich gehört $T(\cdot) = AF(\cdot) + h$ zu $I_{e_c}[Y]$: Sei nämlich $x \in Y$, so zeigt man wie in der Bemerkung b) von (6.6), daß $Tx = AFx + h \in \{h\} + S_{e_c}[a, a + \eta]$ liegt. Zu zeigen bleibt $\|Tx - h\|_{e_c} \leqq \mu$. Nun ist aber

$$\|A\|_{e_c} \leqq \sup\left\{(t - a)^{-c} \int_a^t |A(t, s)|\,(s - a)^c\,ds:\ t \in (a, a + \eta]\right\} \leqq \lambda\alpha^{-1}\eta^\alpha$$

und daher

$$\begin{aligned} \|Tx - h\|_{e_c} &= \|AFx\|_{e_c} \leqq \|A(Fx - Fh)\|_{e_c} + \|AFh\|_{e_c} \\ &\leqq \|A\|_{e_c} \lambda_0\mu + \||A|\,\delta\|_{e_c} \|Fh\|_\delta \leqq \lambda\alpha^{-1}\eta^\alpha\lambda_0\mu + \lambda\alpha^{-1}\eta^{\alpha - c}\|Fh\|_\delta \\ &\leqq \eta^{\alpha - c}\lambda\alpha^{-1}(\eta^c\lambda_0\mu + \|Fh\|_\delta) \leqq \eta^{\alpha - c}\lambda\alpha^{-1}((b - a)^c\,\lambda_0\mu + \|Fh\|_\delta), \end{aligned}$$

also $\|Tx - h\|_{e_c} \leqq \mu$, weil $\eta^{\alpha - c} \in (0, \mu\lambda^{-1}\alpha((b - a)^c\,\lambda_0\mu + \|Fh\|_\delta)^{-1}]$. □

6.8 Beispiele. a) Die „globale“ Aussage (6.6) erfaßt etwa alle Integralgleichungen (66) mit einer Funktion $f \in S([a, b] \times \mathbb{R})$, deren partielle Ableitung

$$D_2 f(t, v) = \frac{\partial}{\partial v} f(t, v)$$

existiert und zu $S_\delta([a, b] \times \mathbb{R})$ gehört, und einem Kern $A(t, s)$, welcher (A1) mit $\lambda_0 = \sup\{|D_2 f(t, v)| : (t, v) \in [a, b] \times \mathbb{R}\}$ oder aber (A2) erfüllt, im einfachsten Fall also lineare Gleichungen dieser Art, wenn $f(t, v) = v$ ist.

Für die Randwertaufgabe

$$-x'' = f(\cdot, x), \qquad x(a) = a_0, \qquad x(b) = b_0$$

bestehen alle Behauptungen von (6.6), wenn f die Forderung (F1) mit $0 < \lambda_0 < \pi^2 (b - a)^{-2}$ erfüllt.

Die Randwertaufgabe ist nämlich mit der Integralgleichung

$$x(\cdot) = \int_a^b G(\cdot, s) f(s, x(s))\, ds + (b - a)^{-1} \big(b_0 (t - a) + a_0 (b - t)\big)$$

äquivalent. Dabei ist G die Greensche Funktion zu dem Paar

$$Lx = -x'', \qquad x(a) = x(b) = 0$$

und $\sigma_\delta(|G|) = (b - a)^2 \pi^{-2}$.

b) Als Anwendung für die „lokale“ Aussage (6.7) nennen wir den Existenzsatz von Picard und Lindelöf für eine Anfangswertaufgabe der Form

$$Lx = f(\cdot, x), \qquad x^{(i)}(a) = a_i \qquad (i = 0, \dots, k - 1),$$

wenn L einen linearen Differentialausdruck der Ordnung $k \geqq 1$ wie in (3.10) mit den dort angegebenen Bedingungen bezeichnet und f die Forderung (F2) befriedigt.

Die Anfangswertaufgabe ist dann mit einer Gleichung (66) gleichbedeutend, wobei $A(t, s)$ die Greensche Funktion zu dem Paar

$$Lx, \qquad x^{(i)}(a) = 0 \qquad (i = 0, \dots, k - 1)$$

darstellt, für welche daher (A2) mit $\alpha = 1$ gilt, und h die Lösung der linearen Anfangswertaufgabe $Lx = 0$, $x^{(i)}(a) = a_i$ $(i = 0, \dots, k - 1)$ ist.

6.9 Wir wollen noch einige Worte zur Behandlung eines Systems von Integralgleichungen vom Hammersteinschen Typ in der Form

$$(72) \quad x_i(\cdot) = \int_a^b A_i(\cdot, s) f(s, x_1(s), \dots, x_k(s))\, ds + h_i(\cdot) \qquad (i = 1, \dots, k)$$

($a, b \in \mathbb{R}, a < b$) sagen. Wie in (6.5) machen wir für den nichtlinearen Teil die Voraussetzung

$$\text{(F3)}\quad f \in S([a,b] \times \mathbb{R}^k), \quad |f(t, v_1, \dots, v_k) - f(t, w_1, \dots, w_k)| \leqq \sum_{j=1}^{k} \lambda_j(t)\,|v_j - w_j|$$

$$(t \in [a,b], v_j, w_j \in \mathbb{R}, j = 1, \dots, k) \quad \text{mit} \quad \lambda_j \in S_+[a,b].$$

Bei der Bedingung für den linearen Teil lassen wir uns von (A1′) leiten. Dazu setzen wir

$$\text{(73)}\quad \begin{aligned} x(\cdot) \to Ax(\cdot) &= \left(\int A_1(\cdot, s)\,\lambda(s)\,x(s)\,ds, \dots, \int A_k(\cdot, s)\,\lambda(s)\,x(s)\,ds \right) \\ &\text{mit} \quad \lambda(s)\,x(s) = \sum_{j=1}^{k} \lambda_j(s)\,x_j(s) \end{aligned}$$

und bezeichnen mit P jene Vorschrift, welche aus (73) entsteht, wenn wir dort $A_i(t, s)$ durch $|A_i(t, s)|$ ($i = 1, \dots, k$) ersetzen. Unsere Voraussetzung (A3) muß nun folgendermaßen lauten:

(A3) $A_i, |A_i| \in I[S_\delta]$, $|A_i|\,\delta \in S_{e_i}$ ($\Rightarrow P \in L[S_e^k]$ mit $e = (e_1, \dots e_k) \in S_{+\delta}^k$) ($i = 1, \dots, k$) sowie $\sigma_e(P) < 1$.

6.10 Satz. *Mit* $e = (e_1, \dots, e_k) \in S_+^k[a,b] - \{\theta\}$ *seien* (A3) *und* (F3) *erfüllt. Ist* $h = (h_1, \dots, h_k) \in S^k[a,b]$, *so existiert in* $Y = \{h\} + S_e^k$ *genau eine Lösung* $\bar{x}$ *von* (72), *jede Folge* $x^0 \in Y$,

$$\text{(74)}\quad x_i^{n+1}(\cdot) = \int A_i(\cdot, s)\, f(s, x_1^n(s), \dots, x_k^n(s))\,ds + h_i(\cdot) \qquad (i = 1, \dots, k) \qquad (n \in \mathbb{N})$$

konvergiert in (Y, d_e) *gegen* $\bar{x}$, *und es gilt eine Fehlerabschätzung der Art* (69), (70). *Dabei sei an die kanonische Metrik* $d_e(x, y) = \|x - y\|_e = \operatorname{Max}\{\|x_i - y_i\|_{e_i} : i = 1, \dots, k\}$ *erinnert* (*vgl.* (1.4)).

Beweis. Wie in der Bemerkung b) zu (6.6) folgt aus (A3), daß P einen linearen, beschränkten Operator auf $(S_e^k, \|\ \|_e)$ definiert und zugleich die Menge S_δ^k in S_e^k abbildet. Die weiteren Schlüsse dieser Bemerkung zeigen in der vorliegenden Situation, daß das Integral in (72) einen Operator auf S_e^k festlegt, welcher nach (F3) offenbar P-beschränkt ist, falls auf $Y = \{h\} + S_e^k$ der Abstand $i(x, y) = x - y$, welcher $Y \times Y$ in den h. B. Raum $(S_e^k, <, \|\ \|_e)$ abbildet, angenommen wird. Da Y damit ein vollständiger Abstandsraum ist, zeigt Satz (IV, 4.2) die Behauptung. □

6.11 Die eigentliche Konvergenzbedingung für die Iteration (74) besteht in (6.10) in der Forderung

$$\sigma_e(P) < 1, \tag{75}$$

dabei gehört P zu $L_+[S_e^k]$. Ist die Vollstetigkeit von P auf $(S_e^k, \| \|_e)$ bekannt, so erhalten wir aus Satz (III, 3.2) wieder einen „*Quotientensatz*“, nämlich

$$\begin{gathered}\operatorname*{Min}_j \inf\{q_j(t): \quad z_j(t) > 0\} \leqq \sigma_e(P) \leqq \operatorname*{Max}_j \sup\{q_j(t): \quad z_j(t) > 0\} \\ q_j(t) = z_j(t)^{-1} \int |A_j(t,s)|\, \lambda(s)\, z(s)\, ds\end{gathered} \tag{76}$$

für jedes $z \in oS_e^k$, d. h. jeden Vektor $z = (z_1, \ldots, z_k)$, zu welchem es positive Zahlen $m = m(z)$, $M = M(z)$ gibt mit

$$me_j(t) \leqq z_j(t) \leqq Me_j(t) \qquad (t \in [a, b]), \tag{77}$$

dabei durchläuft j in (76) und (77) die Menge $\{1, \ldots, k\}$.

Existiert ein z dieser Art mit

$$0 < \operatorname*{Min}_j \inf\{q_j(t): \quad z_j(t) > 0\},$$

so besagt Satz (III, 3.2) weiter, daß $\sigma_e(P)$ sogar Eigenwert von P sein muß, und wir haben es bei der Suche nach $\sigma_e(P)$ mit der Bestimmung des maximalen Eigenwertes des Eigenwertproblems

$$\int |A_j(\cdot, s)|\, \lambda(s)\, x(s)\, ds = \mu x_j(\cdot) \qquad (j = 1, \ldots, k) \tag{KB1}$$

zu tun, welches somit eine hinreichende Konvergenzbedingung für (74) liefert.

Wegen (76) läßt sich im allgemeinen Falle die Konvergenzbedingung, welche sich aus (KB1) ergibt, dadurch erfüllen, daß wir die Existenz eines $z \in S_e^k$ mit (77) fordern, für welches

$$\operatorname*{Max}_i \sup\left\{ z_i(t)^{-1} \int |A_i(t,s)|\, \lambda(s)\, z(s)\, ds : z_i(t) > 0 \right\} < 1 \tag{78}$$

gilt. Führen wir an dieser Stelle die $(k \times k)$ Matrix Q der Quotienten

$$Q_{ij} = \sup\left\{ z_i(t)^{-1} \int |A_i(t,s)|\, \lambda_j(s)\, z_j(s)\, ds : \, z_i(t) > 0 \right\} \quad (i, j = 1, \ldots, k)$$

ein und ersetzen wir $z_j(\cdot)$ in (78) durch $v_j z_j(\cdot)$ mit positiven Zahlen v_j, was im Rahmen von (77) liegt, so kann die linke Seite von (78) nach oben durch den Ausdruck

$$\operatorname{Max}\{v_i^{-1}(Qv)_i: \quad i = 1, \ldots, k\} = \|Q\|_v \quad \text{mit} \quad v = (v_1, \ldots, v_k) \in o\mathbb{R}_+^k$$

abgeschätzt werden. Verlangen wir

(79) $$\|Q\|_v < 1 \quad \text{für ein} \quad v \in o\mathbb{R}^k_+,$$

so impliziert dies das Bestehen von (78) und liefert daher (bei festem z) abermals eine hinreichende Konvergenzbedingung für (74), die freilich gröber ist als (78). Beachten wir überdies, daß die Matrix Q i. a. nicht zerfallen wird ($Q_{ij} = 0$ würde $|A_i(t,s)|\,\lambda_j(s)\,z_j(s) = 0$ für fast alle $t, s \in [a,b]$ nach sich ziehen), so fordert (79) nach Satz (VI, 3.2) dasselbe wie

(80) $$\sigma(Q) < 1,$$

wobei $\sigma(Q)$ gleichzeitig der maximale positive Eigenwert der endlichdimensionalen Eigenwertaufgabe

(KB2) $$Qw = \mu w$$

ist. Die so formulierte Konvergenzbedingung ist eine Art diskretes Gegenstück zu jener, welche oben anhand von (KB1) angesprochen wird. Praktisch kann die diskrete Version häufig einfacher geprüft werden, mit dem Nachteil allerdings, daß sie gröber (und daher i. a. eher verletzt) ist als (KB1).

Für qualitative Konvergenzaussagen wird man λ_j konstant annehmen (etwa $\lambda_j(\cdot)$ durch $\|\lambda_j\|_\delta$ ersetzen) und die $z_j(\cdot)$ unter der Nebenbedingung (77) fest wählen. Der maximale positive Eigenwert von (KB1) oder (KB2) oder auch die linke Seite von (78) oder (79) liefern dann jeweils eine Funktion Φ der Variablen $\lambda_1, \ldots, \lambda_k$. Die auf diese Weise gegebene Fläche

$$\Phi(\lambda_1, \ldots, \lambda_k) = 1$$

markiert im Sinne von (A3) die Grenze des Konvergenzbereiches für (74) und zeigt gemäß (F3) an, wie stark das „nichtlineare Verhalten" von f in den hinteren k Komponenten sein darf, um noch Lösbarkeit des Systems (72) sichern zu können. Nach unserer Herleitung erreicht man auf diese Weise i. a. das größte „Konvergenzgebiet"

(81) $$\{(\lambda_1, \ldots, \lambda_k)\colon\ 0 \leqq \lambda_j\ (j = 1, \ldots, k), \Phi(\lambda_1, \ldots, \lambda_k) < 1\},$$

falls Φ über (KB1) konstruiert wird, wie man bei den anderen Möglichkeiten auch die Funktionen $z_j(\cdot)$ wählen mag.

6.12 Beispiel. An vielen Stellen der Literatur (vgl. (6.13)) wird die Existenzfrage für die Randwertaufgabe

(82) $$-x'' = f(\cdot, x, x'), \qquad x(0) = c_1, \qquad x(1) = c_2$$

und die iterative Berechenbarkeit einer Lösung gemäß

$$-x_{n+1}'' = f(t, x_n, x_n'), \qquad x_{n+1}(0) = c_1, \qquad x_{n+1}(1) = c_2 \qquad (n \in \mathbb{N})$$

unter der Annahme $f \in S([0, 1] \times \mathbb{R}^2)$, sowie

(83) $$|f(t, v_1, v_2) - f(t, w_1, w_2)| \leqq \lambda_1 |v_1 - w_1| + \lambda_2 |v_2 - w_2|$$

für $t \in [0, 1]$, $v_j, w_j \in \mathbb{R}$ $(j = 1, 2)$ untersucht. Da (82) mit dem System

$$x_j(\cdot) = \int_0^1 D_1^{(j-1)} G(\cdot, s)\, f(s, x_1(s), x_2(s))\, ds + h^{(j-1)}(\cdot) \qquad (j = 1, 2)$$

für

$$G(t, s) = \begin{cases} t(1 - s) & 0 \leqq t \leqq s \leqq 1 \\ s(1 - t) & 0 \leqq s \leqq t \leqq 1 \end{cases}$$

und $h(t) = (c_2 - c_1)t + c_1$ äquivalent ist, fällt dieses Problem unter unsere Betrachtungen der Nummern (6.9)–(6.11).

Wir wählen dazu

(84) $$e_1(t) = t(1 - t), \qquad e_2(t) = \delta(t) = 1 \qquad (t \in [0, 1])$$

und finden, daß damit (A3) (mit Ausnahme der Bedingung $\sigma_e(P) < 1$, $e(t) = (t(1 - t), \delta(t))$!) erfüllt wird: wegen $|G|\,\delta = G\delta = 2^{-1} e_1$ gilt nämlich $|G|\,\delta \in S_{e_1}$. Daher ist (6.10) anwendbar, falls $\sigma_e(P) < 1$ für den durch

(85) $$P(x_1, x_2)(\cdot) = \Big(\int G(\cdot, s)(\lambda_1 x_1(s) + \lambda_2 x_2(s))\, ds, \int |D_1 G(\cdot, s)|\,(\lambda_1 x_1(s) + \lambda_2 x_2(s))\, ds \Big)$$

definierten Operator P ausfällt. Um diese letzte Voraussetzung zu vereinfachen greifen wir auf (6.11) zurück und bilden die (2×2)-Matrix Q

(86) $$Q_{ij} = \lambda_j \sup \left\{ z_i(t)^{-1} \int_0^1 |D_1^{(i-1)} G(t, s)|\, z_j(s)\, ds \colon \; z_i(t) > 0 \right\} = \lambda_j P_{ij} \qquad (i, j = 1, 2)$$

mit zwei Funktionen $z_1, z_2 \in S[0, 1]$, zu denen es positive Zahlen m, M mit

(87) $$\begin{aligned} m t(1 - t) &\leqq z_1(t) \leqq M t(1 - t) \\ m &\leqq z_2(t) \leqq M \end{aligned} \qquad (t \in [0, 1])$$

gibt. Die Eigenwertaufgabe (KB2) liefert dann für den maximalen positiven Eigenwert die Größe

$$\Phi(\lambda_1, \lambda_2) = 2^{-1}\left(\lambda_1 P_{11} + \lambda_2 P_{22} + \sqrt{(\lambda_1 P_{11} - \lambda_2 P_{22})^2 + 4\lambda_1 \lambda_2 P_{12} P_{21}}\right)$$

mit den durch (86) definierten Zahlen P_{ij} $(i, j = 1, 2)$, so daß $\Phi(\lambda_1, \lambda_2) < 1$ und

$$\text{(88)} \qquad \lambda_1 P_{11} + \lambda_2 P_{22} - \lambda_1 \lambda_2 (P_{11} P_{22} - P_{12} P_{21}) < 1$$

äquivalent sind. $z_j(\cdot)$ $(j = 1, 2)$ (und damit die Konstanten P_{ij} nach (86)) sind im Rahmen von (87) nun so zu wählen, daß die Paare $(\lambda_1, \lambda_2) \in \mathbb{R}^2_+$, welche (88) befriedigen, ein möglichst großes Gebiet des $\mathbb{R}^2_+$ erfassen.

Um eine Möglichkeit anzugeben, folgen wir J. Schröder [1956d] und wählen $z_j(\cdot)$ als Eigenfunktion zum maximalen positiven Eigenwert μ_j der Eigenwertaufgabe

$$\text{(89)} \qquad \int_0^1 |D_1^{(j-1)} G(\cdot, s)| \, z_j(s) \, ds = \mu z_j(\cdot) \qquad (j = 1, 2).$$

Damit ist zugleich $P_{jj} = \mu_j$ $(j = 1, 2)$ bekannt. μ_j und $z_j(\cdot)$ sind nach Satz (5.2), B) (angewandt für $e = e_j$!) eindeutig bestimmt, und man findet sofort

$$z_1(t) = \sin \pi t \qquad (t \in [0, 1]), \qquad \mu_1 = \pi^{-2}.$$

Wegen (89) ist $z_2(\cdot)$ differenzierbar, und es gilt

$$\mu_2 z_2'(t) = (2t - 1) \, z_2(t) \qquad (t \in [0, 1])$$

oder

$$z_2(t) = \exp[-\mu_2^{-1} t(1 - t)],$$

$$\mu_2 = \int_0^{1/2} \exp[-\mu_2^{-1} s(1 - s)] \, ds.$$

Damit genügen die $z_j(\cdot)$ den Ungleichungen (87), und die (2×2)-Matrix (P_{ij}) aus (86) ergibt sich zu

$$\begin{bmatrix} \pi^{-2} & 0.0931 \\ 0.4892 & 0.2927 \end{bmatrix}.$$

Mit diesen Daten liefert (81) den „Konvergenzbereich“

$$\text{(90)} \quad \{(\lambda_1, \lambda_2): \quad \lambda_j \geqq 0 \, (j = 1, 2), \pi^{-2}\lambda_1 + 0.2927\,\lambda_2 + 0.0159\,\lambda_1\lambda_2 < 1\},$$

welcher durch die untere Kurve in der Abbildung begrenzt wird. Im Falle $\lambda_2 = 0$, wenn also x' auf der rechten Seite von (82) nicht auftritt, erhalten wir die Begrenzung $0 \leqq \lambda_1 < \pi^2$ wie in (6.8), Beispiel a).

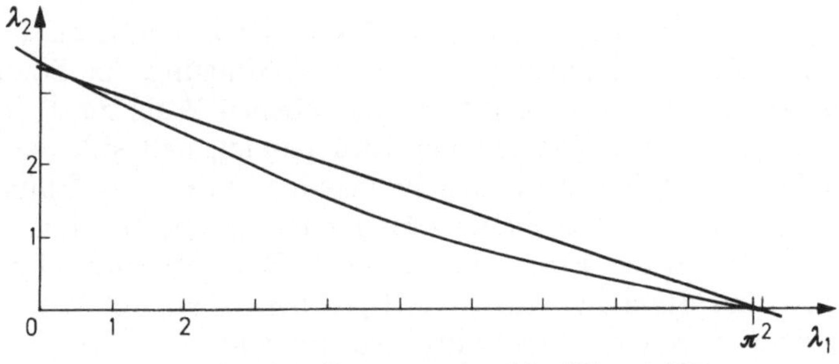

Abb. 9. Die Konvergenzbereiche (90) und (92)

6.13 Hinweise. Die ersten Untersuchungen zu dem in (6.12) behandelten Problem gehen wohl auf E. Picard [1890] zurück, welcher den Konvergenzbereich

$$\{(\lambda_1, \lambda_2): \quad \lambda_j \geqq 0\,(j = 1, 2), 0.125\lambda_1 + 0.5\lambda_2 < 1\}$$

angibt, der durch F. Lettenmeyer [1942] mit

$$\{(\lambda_1, \lambda_2): \quad \lambda_j \geqq 0\,(j = 1, 2), \pi^{-2}(\lambda_1 + 4\lambda_2) < 1\}$$

verbessert wird. L. Collatz [1960] erreicht

$$\{(\lambda_1, \lambda_2): \quad \lambda_j \geqq 0\,(j = 1, 2), \beta(0.5\lambda_1 + \lambda_2) < 1, \\ \beta = 48^{-1}(9 + \sqrt{33}) \approx 0.3072\},$$

indem er in $S_\delta^2[0, 1]$ die Norm

$$\|(x_1(\cdot), x_2(\cdot))\| = \mathrm{Max}\,\{e(t)^{-1}(\lambda_1|x_1(t)| + \lambda_2|x_2(t)|): \quad t \in [0, 1]\}$$
$$e(t) = 1 - 0.25(15 - \sqrt{33})\,t(1 - t)$$

betrachtet und Kontraktion von dem mit (82) äquivalenten Integraloperator in $(S_\delta^2[0, 1], \|\;\|)$ verlangt.

J. Schröder [1956d] arbeitet mit den Mengen

(91) $$\{(h_1, h_2)\} + (C[0, 1, \theta, z_1] \times C[0, 1, \theta, z_2]),$$

welche Teilmengen von $\{(h_1, h_2)\} + S^2_{(z_1, z_2)}[0, 1]$ sind, wie wir in (1.5) ausgeführt haben, und betrachtet auf ihnen den Abstand

$$\rho_1(x, y) = (\|x_1 - y_1\|_{z_1}, \|x_2 - y_2\|_{z_2}),$$

sowie einen dadurch auf der Menge (91) beschriebenen Konvergenzbegriff, der sich auch vollständig mit Hilfe der Metrik

$$d_{(z_1, z_2)}(x, y) = \mathrm{Max}\,\{\|x_1 - y_1\|_{z_1}, \|x_2 - y_2\|_{z_2}\}$$

auf (91) beschreiben läßt. In der Sprechweise des Textes wäre der h. B. Raum $(\mathbb{R}^2, \mathbb{R}^2_+, \|\;\|_\delta)$ Abstandsraum zu ρ_1 und $d_{(z_1, z_2)}$ zugehörige kanonische Metrik auf (91). Der Schrödersche Ansatz liefert natürlich ebenfalls die durch (KB2) ausgedrückte Konvergenzbedingung, im Sonderfall (6.12) also (88), und bei der im Text angegebenen Wahl für z_1 und z_2 den Konvergenzbereich (90). Weiter wird gezeigt, daß sich das oben genannte Ergebnis von Picard einstellt, falls man $z_1 = z_2 = \delta$ nimmt.

Wir haben in (6.11) gezeigt, daß der Konvergenzbereich i. a. größer ausfällt, wenn man die Eigenwertaufgabe (KB1) untersucht. Im Falle von (82) ist dies durch H. Ade [1968] geschehen. H. Ade kommt auf (KB1), indem er auf einer Menge (91) den Abstand

$$\rho_2(x, y) = \left(\frac{|x_1 - y_1|}{z_1}, \frac{|x_2 - y_2|}{z_2} \right)$$

mit einem dadurch auf (91) beschriebenen Konvergenzbegriff betrachtet, welcher durch die Metrik

$$\operatorname{Max}\left\{ \left\| \frac{x_1 - y_1}{z_1} \right\|_\delta, \left\| \frac{x_2 - y_2}{z_2} \right\|_\delta \right\}$$

eingeführt ist. In der Sprechweise des Textes ist der h. B. Raum $(S^2[0,1], S^2_+[0,1], \| \|_\delta)$ Abstandsmenge von ρ_2 und die eben angebene Metrik gerade die zugehörige kanonische Metrik. Ade konstruiert zum einen einen Konvergenzbereich, welcher schon von W. Petry [1965] angegeben worden ist, und zum anderen den Bereich

$$(92) \quad \{(\lambda_1, \lambda_2): \quad \lambda_j \geqq 0 \, (j = 1, 2), \pi^{-2}(\lambda_1 + 0.5(\pi^2 - 4)\lambda_2) < 1\},$$

welcher in der obigen Abbildung durch die obere Gerade begrenzt wird. Für das letztere Ergebnis wird zunächst gezeigt, daß das System (KB1) im vorliegenden Fall dieselben Eigenwerte wie die einzelne Integralgleichung

$$\int_0^1 (G(\cdot, s)\lambda_1 + |D_1 G(s, \cdot)| \lambda_2) x(s) \, ds = \mu x(\cdot)$$

hat. Da der links auftretende Operator vollstetig auf $(S_e, \| \|_e)$ mit $e(t) = t(1-t)$ $(t \in [0, 1])$ ist (verwende etwa (3.13)), können wir den Quotientensatz (4.2) anwenden und erhalten mit der Ansatzfunktion

$$z(t) = \lambda_1 \pi^{-2} \sin \pi t + 2\pi^{-1} \lambda_2 t \cos \pi t + \pi^{-1} \lambda_2 (1 - \cos \pi t),$$

welche Ordnungseinheit in S_{+e} ist, eine obere Schranke, welche in der Form (78) schließlich den angegebenen Bereich liefert. Für Einzelheiten vgl. H. Ade [1968], wo ein ad hoc hergeleiteter Quotientensatz verwendet wird.

Auf dem im Text beschrittenen Weg kommen wir um die Einführung verschiedenartiger Abstände herum. Der einfachste Abstand $i(x, y) =$

$x - y$ reicht aus, um durch Vergröberung der schärfsten Bedingung (KB1) zur schwächeren, aber praktisch handlicheren Bedingung (KB2) zu gelangen.

Sätze der Form (6.6), (6.7) finden sich ebenfalls bei J. Schröder [1956d], L. Collatz [1964]. Im Text werden sie aus dem Kontraktionssatz in seiner klassischen Form (IV, 4.4), in den genannten Aufsätzen aus der Theorie der P-Räume gewonnen (vgl. die Hinweise in (IV, 3.5) und ebenso (IV, 4.3), (IV, 4.4)).

7. Weitere Klassen nichtlinearer Integraloperatoren: Anwendungen des Monotonie- und Schauderprinzips

7.1 Sei $\Omega \subset \mathbb{R}^m$ $(m \in \mathbb{N})$ nichtleer und kompakt. Es sei $e \in S_+(\Omega) - \{\theta\}$. Wir betrachten den Operator

$$C\colon\ x(\cdot) \to Cx(\cdot) = c(\cdot)\, x^q(\cdot) \quad \text{mit} \quad c \in S_{+e^{1-q}}, \qquad q \in (0, 1),$$

welcher monoton, q-homogen (vgl. (V, 1.3)) und stetig auf $(S_{+e}, \|\ \|_e)$ ist. Außerdem führt C jede beschränkte Teilmenge aus $(S_{+e}, \|\ \|_e)$ in eine Menge dieser Art über.

Um beides zu zeigen, wählen wir $x \in S_{+e}$ und finden

$$|c(t)\, x^q(t)| \leqq \|c\|_{e^{1-q}}\, e(t)^{1-q}\, \|x\|_e^q\, e(t)^q = \|c\|_{e^{1-q}}\, \|x\|_e^q\, e(t) \qquad (t \in \Omega).$$

Das zeigt $Cx \in S_e$ und außerdem

$$\|Cx\|_e \leqq \|c\|_{e^{1-q}}\, \|x\|_e^q \qquad (x \in S_{+e}),$$

womit wir die letzte Behauptung bewiesen haben. Monotonie, q-Homogenität und Stetigkeit von C in $(S_{+e}, \|\ \|_e)$ sind offensichtlich.

7.2 Nun betrachten wir wie in (6.3) eine Integralgleichung

$$\text{(93)} \qquad x(\cdot) = \int T(\cdot, s, x(s))\, ds = Tx(\cdot)$$

und formulieren zwei Existenzsätze, von denen der erste auf dem Monotonieprinzip in der Gestalt von Satz (V, 1.5) und der zweite auf dem Schauderprinzip in der Gestalt von Satz (V, 2.3) beruht. Ihre Zurückführung auf (V, 1.5) bzw. (V, 2.3) ist durch (7.1) so vorbereitet, daß wir uns auf wenige kurze Bemerkungen beschränken können.

7.3 Satz. (93) *definiere einen vollstetigen Operator* $T \in I_e[S_{+e}]$ (*vgl.* (6.2)) *mit*

$$0 \leqq T(t, s, v) \leqq P(t, s)\, v + \sum_{j=1}^{r} Q_j(t, s)\, c_j(s)\, v^{q_j} + h(t) \quad (t, s \in \Omega, v \in \mathbb{R}_+),$$

$$P, Q_j \in I_+[S_e], \quad \sigma_e(P) < 1, \quad c_j \in S_{+e^{1-q_j}}, \quad q_j \in [0, 1), \quad h \in S_{+e}$$
$$(j = 1, \ldots, r; r \in \mathbb{N}).$$

$T(t, s, v)$ sei für jedes Paar $(t, s) \in \Omega^2$ monoton wachsend in $v \in \mathbb{R}_+$. Dann besitzt (93) eine Lösung $\bar{x} \in S_e$, und jede Folge

$$x_{n+1}(\cdot) = \int T(\cdot, s, x_n(s))\, ds \qquad (n \in \mathbb{N})$$

mit $x_0 = \theta$ oder $x_0 \in S_{+e}$ sowie $x_0(t) \leqq x_1(t)$ $(t \in \Omega)$ konvergiert in $(S_e, \| \|_e)$ gegen eine solche Lösung, wobei die Ungleichungen

$$0 \leqq x_n(t) \leqq x_{n+1}(t) \leqq \bar{x}(t) \qquad (t \in \Omega, n \in \mathbb{N})$$

bestehen.

Bemerkungen zum Beweis: $\sigma_e(P) < 1$ sichert nach (IV, 7.5) die Existenz, Beschränktheit und Monotonie von $(I - P)^{-1}$, weil $(S_e, \| \|_e)$ vollständig ist und $\| \|_e$ die Ordnungstopologie auf S_e festlegt. Nach (7.1) sind $Q_j C_j$ $(j = 1, \ldots, r)$ Operatoren auf S_{+e}, welche beschränkte Teilmengen von S_{+e} in beschränkte Mengen abbilden. □

7.4 Satz. (93) *definiere einen vollstetigen Operator $T \in I_e[S_e]$ mit*

$$|T(t, s, v)| \leqq P(t, s)\,|v| + \sum_{j=1}^{r} Q_j(t, s)\, c_j(s)\, |v|^{q_j} + h(t) \quad (t, s \in \Omega, v \in \mathbb{R}),$$

$$P, Q_j \in I_+[S_e], \quad \sigma_e(P) < 1, \quad Q_j \text{ vollstetig}, \quad c_j \in S_{+e^{1-q_j}}, \quad q_j \in [0, 1),$$
$$h \in S_{+e} \qquad (j = 1, \ldots, r; r \in \mathbb{N}).$$

Dann besitzt (93) eine Lösung $\bar{x} \in S_e$.

Bemerkungen zum Beweis. Da jeder der Operatoren C_j nach (7.1) beschränkte Mengen aus S_{+e} in Mengen dieses Typs abbildet und weil Q_j vollstetig angenommen wird, sind die Operatoren $Q_j C_j$ $(j = 1, \ldots, r)$ vollstetig (vgl. (0, 3.3)). Unter Beachtung der Bemerkungen zum Beweis von (7.3) verläuft auch dieser Beweis wie es in (7.2) gesagt wird. □

7.5 Wir schildern nun die Konsequenzen von (7.4) für eine Hammersteingleichung

$$x(\cdot) = \int_\Omega A(\cdot, s)\, f(s, x(s))\, ds \tag{94}$$

mit einer nichtleeren, kompakten Menge $\Omega \subset \mathbb{R}^m$ $(m \in \mathbb{N})$, deren rechte Seite den Operator

$$T: \; x \to AFx$$

festlegt, wobei F durch

$$F: \; x(\cdot) \to f(\cdot, x(\cdot))$$

gegeben wird.

7.6 Satz. *$A(t,s)$ sei polar (bezüglich δ). f sei stetig in $\Omega \times \mathbb{R}$ und genüge einer Abschätzung*

$$|f(t,v)| \leqq a|v| + b|v|^q + c \qquad (t \in \Omega, v \in \mathbb{R}) \tag{95}$$

mit nichtnegativen reellen Zahlen a, b, c und einem $q \in (0,1)$. Ist $a > 0$, so gelte überdies $\sigma_\delta(|A|) < a^{-1}$. Dann besitzt (94) eine Lösung in $S(\Omega)$.

Beweis. Wegen $f \in S(\Omega \times \mathbb{R})$ ist F ein stetiger Operator auf $(S_\delta, \| \ \|_\delta)$, welcher beschränkte Teilmengen von $(S_\delta, \| \ \|_\delta)$ in Mengen dieser Art abbildet. Nach (3.12) definieren die Kerne $A(t,s)$ und $|A(t,s)|$ vollstetige Integraloperatoren auf $(S_\delta, \| \ \|_\delta)$. Daher ist $T = AF$ vollstetig auf $(S_\delta, \| \ \|_\delta)$ (vgl. (0, 3.3)). Wegen

$$|A(t,s)\, f(s,v)| \leqq a|A(t,s)|\,|v| + b|A(t,s)|\,|v|^q + c|A(t,s)|$$

für $t, s \in \Omega$ und $v \in \mathbb{R}$ zeigt (7.4) die Behauptung. □

7.7 Folgerung. *$A(t,s)$ sei $\geqq 0$ auf $\Omega^2 - \Delta$ und polar (bezüglich δ). f sei stetig in $\Omega \times \mathbb{R}$, und $f(t,v)$ oder $g(t,v) = -f(t,-v)$ genüge einer der Abschätzungen*

1) $0 \leqq f(t,v) \leqq av + bv^q + c \qquad (t \in \Omega, v \geqq 0)$

2) $-c \leqq f(t,v) \ (v \leqq 0), \quad -c \leqq f(t,v) \leqq av + bv^q + c \ (v \geqq 0) \ (t \in \Omega)$

mit nichtnegativen Zahlen a, b, c und einem $q \in (0,1)$. Ist $a > 0$, so gelte überdies $\sigma_\delta(A) < a^{-1}$. Dann besitzt (94) eine Lösung in $S(\Omega)$.

Beweis. a) Wenn f die Bedingung 1) erfüllt, so befriedigt die Funktion

$$f_1(t,v) = \begin{cases} f(t,v) & \text{für} \quad v \geqq 0 \\ f(t,0) & \text{für} \quad v \leqq 0 \end{cases} \qquad (t \in \Omega)$$

alle Forderungen von (7.6). Der vorige Satz zeigt die Behauptung.

b) Wenn f die Bedingung 2) erfüllt, so gilt für

$$f_2(t,v) = f\left(t, v - c \int A(t,s)\,ds \right) + c$$

die Abschätzung

$$\begin{aligned} 0 \leqq f_2(t,v) &\leqq av - ac \int A(t,s)\,ds + b\left(v - c \int A(t,s)\,ds \right)^q + 2c \\ &\leqq av + bv^q + 2c, \end{aligned} \tag{96}$$

falls $t \in \Omega$ und $v \geqq \lambda$, wobei $\lambda = \operatorname{Max} \{c \int A(t,s)\,ds : t \in \Omega\}$ (beachte, daß $A\delta(t) = \int A(t,s)\,ds$ eine stetige, nichtnegative Funktion auf Ω ist). Für $t \in \Omega$, $v \in [0, \lambda]$ ist $f_2(t,v)$ als stetige Funktion beschränkt, etwa $|f_2(t,v)| \leqq d$ $((t,v) \in \Omega \times [0,\lambda])$. Da überdies $0 \leqq f_2(t,v)$ auf $\Omega \times \mathbb{R}$ gilt, erhalten wir mit (96) die Ungleichungen

$$0 \leqq f_2(t,v) \leqq av + bv^q + 2c + d \qquad (t \in \Omega, v \geqq 0).$$

Nach a) existiert $\bar{y} \in S(\Omega)$ mit

$$\bar{y}(\cdot) = \int A(\cdot, s)\, f_2(s, \bar{y}(s))\, ds,$$

so daß $\bar{x} = \bar{y} - cA\delta \in S(\Omega)$ die Gleichung (94) löst.

c) Besteht schließlich eine der Forderungen 1) oder 2) für $g(t, v) = -f(t, -v)$, so ist

$$x(\cdot) = -\int A(\cdot, s)\, f(s, -x(s))\, ds$$

durch ein $\bar{y} \in S(\Omega)$ und daher (94) durch $\bar{x} = -\bar{y}$ lösbar. □

7.8 Beispiele. Wir betrachten eine Randwertaufgabe

$$\text{(97)} \qquad -(p(\cdot)x')' = f(\cdot, x) \quad \text{in} \quad (0,1), \qquad x(0) = x(1) = 0.$$

Hierbei sei p stetig und >0 in $[0, 1]$, und $f(t, v)$ sei stetig in $[0, 1] \times \mathbb{R}$. Dann ist (97) äquivalent mit der Integralgleichung

$$\text{(98)} \qquad x(\cdot) = \int_0^1 G(\cdot, s)\, f(s, x(s))\, ds,$$

mit der symmetrischen Greenschen Funktion (vgl. (5.7))

$$G(t, s) = h(t)(1 - h(s)h(1)^{-1}) \qquad (0 \leqq t \leqq s \leqq 1)$$

$$h(t) = \int_0^t p(\tau)^{-1}\, d\tau,$$

vgl. L. Collatz [1963]. Offenbar ist $G(t, s)$ stetig und $\geqq 0$ auf $[0, 1]^2$, so daß sowohl (7.6) als auch (7.7) auf (98) anwendbar sind. Wir erhalten folgendes Ergebnis:

Bei den oben genannten Bedingungen an die Funktionen p und f ist die Randwertaufgabe (97) lösbar, falls $f(t, v)$ oder $-f(t, -v)$ eine der Abschätzungen (95) bzw. 1), 2) aus (7.6) bzw. (7.7) mit nichtnegativen Konstanten b und c sowie $q \in (0, 1)$ und $a \in [0, \lambda_0)$ erfüllt, wobei λ_0 den kleinsten positiven Eigenwert der Eigenwertaufgabe

$$\text{(99)} \qquad -(p(\cdot)x')' = \lambda x \quad \text{in} \quad (0, 1), \qquad x(0) = x(1) = 0$$

bezeichnet (vgl. (6.8)).

Es sei darauf hingewiesen, daß der Eigenwert λ_0 von (99) keine Bedeutung im Zusammenhang mit der Lösbarkeit von (97) hat, falls $a = 0$ ist. So sind die Randwertaufgaben

$$-((1 + s)x'(s))' = \alpha s(1 + x^2(s))^{-1} \quad \text{in} \quad (0, 1), \quad x(0) = x(1) = 0$$

$$-x''(s) - \alpha^2 \sin x(s) = \sin s \qquad \text{in} \quad (0, \pi), \quad x(0) = x(\pi) = 0,$$

welche wir im Kap. VI mit einem Differenzenverfahren behandelt haben, für jedes reelle α lösbar. Der zugehörige nichtlineare Teil $f(t, v)$ ist sogar beschränkt auf $[0, 1] \times \mathbb{R}$ bzw. $[0, \pi] \times \mathbb{R}$.

Ist $p(s) \equiv 1$ in (97), so wird $\lambda_0 = \pi^2$, in der Wachstumsbeschränkung für f kann also ein linearer Anteil zugelassen werden, dessen positive Steigung den Wert π^2 unterbietet.

Als Gegenstück zu (97) im partiellen Fall sei nun eine Randwertaufgabe

(97′) $-\Delta x = f(\cdot, x)$ in $(0, 1)^2$, $x = 0$ auf dem Rand von $[0, 1]^2$

vorgelegt. Hierbei ist $\Delta x = D_1^2 x + D_2^2 x$. $f \in S([0, 1]^2 \times \mathbb{R})$ besitze stetige partielle Ableitungen nach allen drei Variablen in $[0, 1]^2 \times \mathbb{R}$.

Zum Operator $-\Delta$ auf $(0, 1)^2$ zusammen mit den Randbedingungen aus (97′) existiert die Greensche Funktion $G(t, s)$ auf $[0, 1]^2 \times [0, 1]^2$ in der Gestalt

$$G(t, s) = -(2\pi)^{-1} \ln \|t - s\|_2 + \Phi(t, s),$$

dabei ist $\|t - s\|_2^2 = (t_1 - s_1)^2 + (t_2 - s_2)^2$ der Euklidische Abstand und $\Phi \in S([0, 1]^2 \times [0, 1]^2)$ (vgl. G. Hellwig [1960], dort (V, 3.2) oder auch P. R. Garabedian [1964]). Wegen

$$|\ln \|t - s\|_2| \leqq \lambda \|t - s\|_2^{-1} \qquad (t, s \in [0, 1]^2)$$

für ein $\lambda > 0$, ist $G(t, s)$ nach (3.13) (setze dort $m = 2$, $\alpha = 1$) polar (bezüglich δ). Daher können wir (7.6) auf die Integralgleichung

(98′) $$x(\cdot) = \int G(\cdot, s)\, f(s, x(s))\, ds$$

(die Integration ist über $[0, 1]^2$ zu erstrecken) anwenden und erhalten die Existenz einer Lösung $\bar{x} \in S[0, 1]^2$ von (98′), falls f einer Abschätzung (95) genügt. Mit Hilfe der Differenzierbarkeitsvoraussetzungen an f kann man nun zeigen (vgl. G. Hellwig [1960]), daß $\bar{x}$ sogar zweimal stetig differenzierbar ist auf $(0, 1)^2$ und die Randwertaufgabe (97′) löst.

Damit ergibt sich ein ganz analoges Ergebnis, wie im Fall der Randwertaufgabe (97), daß (97′) nämlich lösbar ist, falls f die anfangs genannten Bedingungen sowie eine Abschätzung der Form (95) mit hinreichend kleinem $a \geqq 0$ erfüllt. Hiernach ist insbesondere

$$-\Delta x = \exp(-x^2) \quad \text{in} \quad (0, 1)^2, \qquad x = 0 \quad \text{auf dem Rand von} \quad [0, 1]^2$$

lösbar, denn $|\exp(-v^2)| \leqq 1$ für $v \in \mathbb{R}$, und (95) gilt mit $a = b = 0$. Dieses Beispiel haben wir in (VI, 7.4) mit Hilfe einer Diskretisierung numerisch behandelt.

Wir können nun auch die Lösbarkeit der Randwertaufgabe

$$-x''(s) = \ln(x^2(s) - s + 2) + 2s - 1 \quad \text{in} \quad (0, 1), \qquad x(0) = x(1) = 0$$

sichern, welche wir in (VI, 7.6) unter dem Gesichtspunkt diskreter Methoden betrachtet haben. Es gilt nämlich

$$|\ln(v^2 - s + 2) + 2s - 1| \leqq 3\sqrt[3]{(4(2-s))^{-1}}\sqrt[3]{v^2 - s + 2} + \ln(2 - s) + 2s - 1$$

für $(s, v) \in [0, 1] \times \mathbb{R}$, so daß man eine Abschätzung der Form (95) mit $a = 0$ und $q = \frac{2}{3}$ erhält (vgl. E. Bohl [1967]).

7.9 Zum Abschluß wollen wir kurz die bisher ausschließlich betrachteten Räume stetiger Funktionen verlassen und Integralgleichungen im L^2 studieren. Dazu beschränken wir uns gleich auf die Hammersteingleichung

(100) $$x(\cdot) = \int_a^b A(\cdot, s) f(s, x(s))\, ds \qquad (a, b \in \mathbb{R}, a < b).$$

Für eine vollständige Diskussion müßten wir Vollstetigkeitsbetrachtungen wie in § 3 sowie die Überlegungen aus (7.1) von vorn aufnehmen und sie der Situation anpassen, welche durch die Elemente des L^2 und seine Topologie gegeben wird. Das jedoch soll hier unterbleiben, an den entsprechenden Stellen des Beweises zitieren wir vielmehr geeignete Stellen der Literatur.

7.10 Satz. *$A(t, s)$ sei quadratisch integrierbar über $[a, b]^2$ (also ein Hilbert-Schmidt-Kern). f sei stetig in $[a, b] \times \mathbb{R}$ und genüge einer Abschätzung*

(101) $$|f(t, v) - \mu v| \leqq \lambda|v| + \sum_{j=1}^{r} c_j(t)|v|^{q_j} \qquad (t \in [a, b], v \in \mathbb{R})$$

mit $c_j \in L_+^{2/(1-q_j)}, q_j \in [0, 1)$ $(j = 1, \ldots, r)$, $\mu \in \mathbb{R}$ und $\lambda \geqq 0$. Ist $\mu \neq 0$, so sei μ^{-1} kein Eigenwert von A. Dann besitzt (100) *bei hinreichend kleinem $\lambda \geqq 0$ eine Lösung $\bar{x} \in L^2$.*

Beweis. A ist ein linearer, vollstetiger Operator auf $(L^2, \|\ \|_2)$, wobei $\|\ \|_2$ die in (II, 2.5) genannte L^2-Norm bedeutet (vgl. M. A. Krasnoselskij [1964a], F. Riesz, B. SZ-Nagy [1956]), so daß $(I - \mu A)$ eine beschränkte Inverse auf $(L^2, \|\ \|_2)$ besitzt (denn μ^{-1} soll kein Eigenwert von A sein). Daher ist (100) mit der Gleichung

(102) $$(I - \mu A)^{-1}(T - \mu A)x = x$$

äquivalent, dabei ist T durch die rechte Seite von (100) festgelegt. Offenbar gilt weiter

$$(I - \mu A)^{-1} = I + \mu(I - \mu A)^{-1} A.$$

Nach F. Riesz, B. SZ.-Nagy [1956] existiert ein über $[a, b]^2$ quadratisch integrabler Kern H mit

$$(I - \mu A)^{-1} Ax(\cdot) = \int_a^b H(\cdot, s)\, x(s)\, ds \qquad (x \in L^2).$$

Aus (101) ergibt sich somit die Abschätzung

$$|(I - \mu A)^{-1} (T - \mu A)\, x(t)| \leqq |A(F - \mu I)\, x(t)| + |\mu|\, |HA(F - \mu I)\, x(t)|$$

$$\leqq \lambda(I + |\mu|\, |H|)\, |A|\, |x|(t) + \sum_{j=1}^{r} (I + |\mu|\, |H|)\, |A|\, C_j |x|(t) \qquad (t \in [a, b]).$$

Daher ist Satz (V, 2.3) auf die Gleichung (102) anwendbar, denn $(L^2, <, \|\ \|_2)$ ist ein h. B. Raum (vgl. (II, 5.4)), auf dem die Operatoren

$$(I - \mu A)^{-1} A(F - \mu I), \qquad (I + |\mu|\, |H|)\, |A|, \qquad (I + |\mu|\, |H|)\, |A|\, C_j$$
$$(j = 1, \dots, r)$$

vollstetig und letztere auch q_j-homogen sind. Dabei nutzen wir aus, daß A, $|A|$ und $|H|$ als Operatoren mit den L^2-Kernen $A(t, s)$, $|A(t, s)|$ und $|H(t, s)|$ unter den im Satz genannten Voraussetzungen vollstetig sind (vgl. M. A. Krasnoselskij [1964a], F. Riesz-B.SZ.-Nagy [1956]). Die Größe λ muß so klein gehalten werden, daß $\sigma(\lambda(I + |\mu|\, |H|)\, |A|) < 1$ ausfällt, um die Existenz, Beschränktheit und Monotonie von $(I - \lambda(I + |\mu|\, |H|)\, |A|)^{-1}$ zu sichern, wie es Satz (V, 2.3) fordert. Damit ist der Beweis zu Ende. □

7.11 Hinweise. In den Sätzen (7.6) und (7.7) kann man o. B. d. A. die Konstante $b = 0$ setzen. Denn bei $b > 0$ gibt es zu jedem $\varepsilon > 0$ ein $M(\varepsilon) \geqq 0$ mit

$$a|v| + b|v|^q + c \leqq (a + \varepsilon)\, |v| + c + M(\varepsilon);$$

für hinreichend kleines $\varepsilon > 0$ bleibt auch die Bedingung $\sigma_\delta(|A|) < (a + \varepsilon)^{-1}$ erhalten, falls $\sigma_\delta(|A|) < a^{-1}$ besteht. Wir haben den Fall $b > 0$ mit aufgenommen, um die Unabhängigkeit der Existenzaussagen vom Spektralradius $\sigma_\delta(|A|)$ herauszustellen, falls der nichtlineare Anteil $f(t, v)$ nur wie eine Potenz mit einem Exponenten in $(0, 1)$ bezüglich v wächst.

In den Sätzen (7.3), (7.4) und (7.10) kann man i. a. jedoch nicht o. B. d. A. alle $c_j(t) \equiv 0$ setzen, wie man sich leicht überlegt.

Formuliert man (7.6) und (7.7) für $b = 0$ so gehen beide Sätze auf die wohl erste Arbeit über globale Existenzaussagen bei nichtlinearen

Integralgleichungen von A. Hammerstein [1930] (vgl. für eine zusammenfassende Darstellung F. G. Tricomi [1957]) zurück. Dort werden von dem Kern $A(t, s)$ anstelle der Polarität andere Bedingungen gefordert, welche unter anderem auch die Vollstetigkeit des durch $A(t, s)$ definierten Integraloperators implizieren. Hierzu gehören Symmetrie und positive Definitheit für A. Auf die Definitheit konnten später R. Iglisch [1933] und C. L. Dolph [1949] verzichten, dabei wird im zuletzt genannten Aufsatz die Forderung (95) dahingehend verallgemeinert, daß nur noch

$$\begin{aligned} \mu_n v - c \leqq f(t, v) \leqq \mu_{n+1} v + c \quad &\text{für} \quad 0 \leqq v \\ \mu_{n+1} v - c \leqq f(t, v) \leqq \mu_n v + c \quad &\text{für} \quad 0 \geqq v \end{aligned} \qquad (n \in \mathbb{N})$$

mit $\lambda_n < \mu_n < \mu_{n+1} < \lambda_{n+1}$ und zwei aufeinanderfolgenden Eigenwerten λ_n, λ_{n+1} von dem symmetrischen Operator A verlangt wird. Von dieser Art sind auch die Betrachtungen bei H. Ehrmann [1963].

Eine zweite Entwicklung im Anschluß an die Arbeit von A. Hammerstein zielt auf den Verzicht nicht nur der Definitheit, sondern auch der Symmetrie. Dies gelang zunächst M. Golomb [1935], wobei er allerdings anstelle der Bedingung $\sigma(|A|) < a^{-1}$ die stärkere Ungleichung $\|A\| < a^{-1}$ annehmen mußte. H. H. Schaefer [1955a] legte einen Beweis vor, welcher nur $\sigma(|A|) < a^{-1}$ voraussetzt, ein im nicht symmetrischen Fall wichtiger Fortschritt, weil dann für $\sigma(A) = 0$ keine Einschränkung für a im Spiele ist und damit z. B. die Lösbarkeitsverhältnisse bei linearen Gleichungen mit Volterraschen Kernen bei nichtlinearen Problemen dieser Art voll erhalten bleiben. Schaefers Beweis benutzt den Satz von R. Jentzsch [1912] über die Existenz eines nichtnegativen Eigenwertes mit zugehöriger Eigenfunktion eines Vorzeichens für gewisse Kerne (vgl. (III, 2.11), (5.10)). So findet man die Folgerung (7.7) bei H. H. Schaefer [1955a], wobei auch hier wieder die Vollstetigkeit von A nicht über die Polarität sondern die quadratische Summierbarkeit des Kernes $A(t, s)$ sichergestellt wird. Die Stetigkeit von $A(t, s)$ „im quadratischen Mittel" ergibt dann die Stetigkeit einer Lösung von (94). Die konsequente Ausnutzung von Ordnungsstrukturen wie im Text verfolgt die Arbeit E. Bohl [1964] (vgl. auch (V, 2.4)). Für eine Zusammenfassung der Ergebnisse um die Hammersteingleichung unter dem Gesichtspunkt des Schauderschen Fixpunktsatzes vgl. H. E. Lahmann [1964].

Die Beschränkung von f in der im Text genannten Form ebenso wie die Verallgemeinerung (7.10), welche zum Teil die Intension der schon erwähnten Aufsätze von C. L. Dolph [1949] und H. Ehrmann [1963] aufnimmt, geht wohl auf M. A. Krasnoselskij [1964a] zurück (vgl. auch E. Bohl [1967, 1973]).

So ergibt sich bei der Hammersteingleichung bezüglich der Voraussetzungen an den Kern eine ähnliche Entwicklung wie beim Quotientensatz, welcher zuerst für symmetrische Kerne eines Vorzeichens auftrat und später eine Reihe von Verallgemeinerungen einmal allein unter der Symmetriebedingung und zum anderen allein unter der Vorzeichenbedingung erfuhr (vgl. die Hinweise in (4.5)).

Während der letzten 15 Jahre ist von F. E. Browder und G. J. Minty eine Theorie „monotoner“ Operatoren entwickelt und auf die Hammersteingleichung angewandt worden. Dabei nennen sie eine Abbildung A auf einem Hilbertraum H monoton, falls für alle Elemente $x, y \in H$

$$\operatorname{Re}(A(x+y) - Ax, y) \geqq 0$$

ausfällt, wenn $(\cdot,\cdot)$ das skalare Produkt auf H bedeutet. Diese Entwicklung haben wir nicht in den Text einbezogen, wir verweisen auf C. L. Dolph und G. J. Minty [1964], H. Amann [1968, 1970] und auf die Zusammenstellung in P. M. Anselone [1964]. An diesen Stellen ist auch eine Fülle weiterer Literatur zu finden.

Literaturverzeichnis

Ade, H. [1968]: Iterative Gewinnung von Existenzaussagen für Randwertprobleme mit gewöhnlichen Differentialgleichungen 2. Ordnung. Comp. **3**, 227–238 (1968).

Albrecht, J. [1961]: Monotone Iterationsfolgen und ihre Verwendung zur Lösung linearer Gleichungssysteme. Numer. Math. **3**, 345–358 (1961).

Albrecht, J. [1962]: Fehlerschranken und Konvergenzbeschleunigung bei einer monotonen oder alternierenden Iterationsfolge. Numer. Math. **4**, 196–208 (1962).

Albrecht, J. [1963]: Zur Fehlerabschätzung beim Gesamt- und Einzelschrittverfahren für lineare Gleichungssysteme. Z. Angew. Math. Mech. **43**, 83–85 (1963).

Alexandroff, P., Hopf, H. [1935]: Topologie I. Berlin: Springer 1935.

Amann, H. [1968]: Über die Existenz und iterative Berechnung einer Lösung der Hammerstein'schen Gleichung. Aequationes Math. **1**, 242–266 (1968).

Amann, H. [1970]: Hammerstein'sche Gleichungen mit kompakten Kernen. Math. Ann. **186**, 334–340 (1970).

Anselone, P. M. [1964]: Nonlinear integral equations. Madison: The University of Wisconsin Press 1964.

Appert, A. [1947]: Ecart partielement ordonné et uniformité. C. R. Acad. Sci. Paris **224**, 442–444 (1947).

Bakhtin, I. A. [1958a]: On a criterion for the normality of a cone. Voronez: Trudy seminara po funcional'nomu analizu, vyp. 6 (1958).

Bakhtin, I. A. [1958b]: On one family of positive operators. Voronez: Trudy seminara po funcional'nomu analizu, vyp. 6 (1958).

Baluev, A. N. [1958]: Application of semi-ordered norms in approximate solution of nonlinear equations. Leningrad. Gos. Univ. Učen. Zap. Ser. Mat. Nauk **33**, 18–27 (1958).

Banach, S. [1922]: Sur les opérations dans les ensembles abstraits et leur application aux équations intégrales. Fund. Math. **3**, 133–181 (1922).

Batt, J. [1970]: Nonlinear compact mappings and their adjoints. Math. Ann. **189**, 5–25 (1970).

Bauer, F. L. [1965]: An Elementary Proof of the Hopf Inequality for Positive Operators, Numer. Math. **7**, 331-337(1965).

Bers, L. [1953]: On mildly nonlinear partial difference equations of elliptic type. J. Res. Nat. Bur. Standards Sect. B **51**, 229–236 (1953).

Beyn, W.-J. [1973]: Existenz und Konstruktion von Anfangselementen bei der Iteration mit P-beschränkten Operatoren. Diplomarbeit Münster (1973).

Birkhoff, G. [1957]: An extension of Jentzsch's theorem. Trans. Amer. Math. Soc. **85**, 219–227 (1957).

Birkhoff, G. [1961]: Lattice theory. 3rd ed. New York 1961.

Bohl, E. [1964]: Die Theorie einer Klasse linearer Operatoren und Existenzsätze für Lösungen nichtlinearer Probleme in halbgeordneten Banachräumen. Arch. Rational Mech. Anal. **15**, 263–288 (1964).

Bohl, E. [1966]: Eigenwertaufgaben bei monotonen Operatoren und Fehlerabschätzungen für Operatorgleichungen. Arch. Rational Mech. Anal. **22**, 313–332 (1966).

Bohl, E. [1967]: Nichtlineare Aufgaben in halbgeordneten Räumen. Numer. Math. **10**, 220–231 (1967).

Bohl, E. [1968a]: Iterationsverfahren mit Fehlerabschätzung für lineare Operatorgleichungen. Arch. Rational Mech. Anal. **30**, 285–296 (1968).

Bohl, E. [1968b]: An iteration method and operators of monotone type. Arch. Rational Mech. Anal. **29**, 395–400 (1968).

Bohl, E. [1969a]: Über Fehlerabschätzungen bei nichtlinearen Operatorgleichungen. Numer. Math. **13**, 226–237 (1969).

Bohl, E. [1969b]: Iteration und Fehlerabschätzungen in Räumen mit einem archimedischen Kegel. Arch. Rational Mech. Anal. **34**, 354–360 (1969).

Bohl, E. [1970a]: Linear operator equations on a partially ordered vector space. Aequationes Math. **4**, 89–98 (1970).

Bohl, E. [1970b]: Die metrische Struktur von Räumen mit allgemeinerem Abstandsbegriff und ihre Verwendung bei der Behandlung nichtlinearer Probleme. Comp. **5**, 189–199 (1970).

Bohl, E. [1971]: Zur Iteration bei nichtlinearen Gleichungssystemen. Comp. **7**, 53–64 (1971).

Bohl, E. [1973]: Monotone Operatoren bei der Behandlung linearer und nichtlinearer Probleme. In: Laugwitz, D., Überblicke Mathematik IV.

Bohl, E. [1974]: Zur Theorie P-beschränkter Operatoren. Erscheint demnächst in: Rocky Mountain J. Math. (1974).

Bohl, E., Beyn, W.-J., Lorenz, J. [1973]: Zur Anwendung der Theorie über den Spektralradius linearer, streng-monotoner Operatoren. Erscheint demnächst im Symposiumsbericht über die Tagung „Numerische Behandlung von Eigenwertaufgaben“ in Oberwolfach vom 19.11–25.11.1972, Birkhäuser-Verlag 1973.

Bonsall, F. F. [1954]: Sublinear functionals and ideals in partially ordered vector spaces. Proc. London Math. Soc. **4**, 402–418 (1954).

Bonsall, F. F. [1955]: Endomorphisms of partially ordered vector spaces. J. London Math. Soc. **30**, 133–144 (1955).

Bonsall, F. F. [1957]: The decomposition of continuous linear functionals into non-negative components. Proc. Univ. Durham Phil. Soc. **13**, 6–11 (1957).

Bonsall, F. F. [1960]: Positive operators compact in an auxilliary topology. Pacific J. Math. **10**, 1131–1138 (1960).

Braess, D. [1962]: Die Konstruktion monotoner Iterationsfolgen zur Lösungseinschließung bei linearen Gleichungssystemen. Arch. Rational Mech. Anal. **9**, 97–106 (1962).

Bramble, J. H., Hubbard, B. E. [1964]: On a finite difference analogue of an elliptic boundary problem which is neither diagonally dominant nor of non-negative type. J. Math. and Phys. 43, 117–132 (1964).

Cohen, L. W., Goffmann, C. [1950]: On the metrization of uniform space. Proc. Amer. Math. Soc. **1**, 750–753 (1950).

Collatz, L. [1940]: Schrittweise Näherung bei Integralgleichungen und Eigenwertschranken. Math. Z. **46**, 692–708 (1940).

Collatz, L. [1942a]: Einschließungssatz für die charakteristischen Zahlen von Matrizen. Math. Z. **48**, 221–226 (1942).

Collatz, L. [1942b]: Fehlerabschätzung für das Iterationsverfahren zur Auflösung linearer Gleichungssysteme. Z. Angew. Math. Mech. **22**, 357–361 (1942).

Collatz, L. [1942c]: Einschließungssatz für die Eigenwerte von Integralgleichungen. Math. Z. **47**, 395–398 (1942).

Collatz, L. [1950]: Über die Konvergenzkriterien bei Iterationsverfahren für lineare Gleichungssysteme. Math. Z. **53**, 149–161 (1950).

Collatz, L. [1952a]: Aufgaben monotoner Art. Arch. Math. (Basel) **3**, 366–376 (1952).

Collatz, L. [1952b]: Einschließungssätze bei Iteration und Relaxation. Z. Angew. Math. Mech. **32**, 76–84 (1952).

Collatz, L., Schröder, J. [1959]: Einschließen der Lösungen von Randwertaufgaben. Numer. Math. **1**, 61–72 (1959).

Collatz, L. [1960]: The numerical treatment of differential equations. Berlin-Heidelberg-New York: Springer 1960.

Collatz, L. [1963]: Eigenwertaufgaben mit technischen Anwendungen. Akademische Verlagsgesellschaft Geest u. Portig K.G. 1963.

Collatz, L. [1964]: Funktionalanalysis und Numerische Mathematik. Berlin-Göttingen-Heidelberg: Springer 1964.

Copson, E. T. [1968]: Metric Spaces. Cambridge: Cambridge University Press 1968.

Debreu, G., Herstein, I. N. [1953]: Non-negative square matrices. Econometrica **21**, 597–607 (1953).

Deudonné, J. [1960]: Foundations of modern analysis. New York and London: Academic Press 1960.

Dolph, C. L. [1949]: Nonlinear integral equations of the Hammerstein type. Trans. Amer. Math. Soc. **66**, 289–307 (1949).

Dolph, C. L., Minty, G. J. [1964]: On nonlinear integral equations of the Hammerstein type. In: Anselone, P. M. (Editor) Nonlinear integral equations. The Univ. of Wisconsin Press, Madison, Wisc. 99–154 (1964).

Ehrmann, H. [1963]: Nichtlineare Integralgleichungen vom Hammersteinschen Typ. Math. Z. **82**, 403–412 (1963).

Ehrmann, H. [1964]: Zum Einschließungssatz von Collatz für die Eigenwerte von Integralgleichungen. Math. Z. **83**, 67–71 (1964).

Elsner, L. [1969]: Bemerkungen zum Zeilensummenkriterium. Z. Angew. Math. Mech. **49**, 97 (1969).

Elsner, L. [1970]: Monotonie und Randspektrum bei vollstetigen Operatoren. Arch. Rational Mech. Anal. **36**, 356–365 (1970).

Fan, K. [1958]: Topological proof for certain theorems on matrices with non-negative elements. Monatsh. Math. **62**, 219–237 (1958).

Fiedler, M., Ptàk, V. [1956]: Über die Konvergenz des verallgemeinerten Seidelschen Verfahrens zur Lösung von Systemen linearer Gleichungen. Math. Nachr. **5**, 31–38 (1956).

Frobenius, G. [1908, 1909]: Über Matrizen aus positiven Elementen. S.-B. Preuss. Akad. Wiss. Berlin, 471–476 (1908), 514–518 (1909).

Frobenius, G. [1912]: Über Matrizen aus nichtnegativen Elementen. S.-B. Preuss. Akad. Wiss. Berlin, 456–477 (1912).

Gantmakher, F. R. [1959]: Applications of the theory of matrices. New York: Interscience Publishers 1959.

Garabedian, P. R. [1964]: Partial differential equations. New York, London, Sydney: Wiley 1964.

Geiringer, H. [1949]: On the solution of systems of linear equations by certain iterative methods. Reissner Anniversary Volume, J. W. Edwards, Ann Arbor, Mich., 365–393 (1949).

Golomb, M. [1935]: Zur Theorie der nichtlinearen Integralgleichungen, Integralgleichungssysteme und allgemeinen Funktionalgleichungen. Math. Z. **39**, 45–75 (1935).

Greenspan, D. [1965]: Introductory Numerical Analysis of Elliptic Boundary Value Problems. New York, Evanston and London: Harper and Row Publishers 1965.

Hadeler, K. P. [1965]: Eigenwerte von Operatorpolynomen. Arch. Rational Mech. Anal. **20**, 72–80 (1965).

Hadeler, K. P. [1966]: Einschließungssätze bei normalen und bei positiven Operatoren. Arch. Rational Mech. Anal. **21**, 58–88 (1966).

Hammerstein, A. [1930]: Nichtlineare Integralgleichungen nebst Anwendungen. Acta Math. **54**, 117–176 (1930).

Hellwig, G. [1960]: Partielle Differentialgleichungen. Stuttgart: B. G. Teubner 1960.
Henrici, P. [1962]: Diskrete Variable Methods in Ordinary Differential Equations. New York, London, Sidney: Wiley and Sons, Inc. 1962.
Herstein, I. N. [1954]: A note on primitive matrices. Amer. Math. Monthly **61**, 18–20 (1954).
Holladay, J. C., Varga, R. S. [1958]: On powers of non-negative matrices. Proc. Amer. Math. Soc. **9**, 631–634 (1958).
Hopf, E. [1963]: An Inequality for Positive Linear Integral Operators. J. Math. Mech. **12**, 683–692 (1963).
Householder, A. S. [1958]: The approximate solution of matrix problems. J. Assoc. Comput. Mach. **5**, 204–243 (1958).
Iglisch, R. [1933]: Existenz- und Eindeutigkeitssätze bei nichtlinearen Integralgleichungen. Math. Ann. **108**, 161–189 (1933).
Isaacson, E., Keller, H. B. [1966]: Analysis of numerical methods. New York: John Wiley and Sons 1966.
Jameson, G. [1970]: Ordered linear spaces. Berlin-Heidelberg-New York: Springer 1970.
Jentzsch, R. [1912]: Über Integralgleichungen mit positivem Kern. J. reine und angew. Math. **141**, 235–244 (1912).
Jörgens, K. [1970]: Lineare Integraloperatoren. Stuttgart. B. G. Teubner 1970.
Kahan, W. [1958]: Gauss-Seidel methods of solving large systems of linear equations. Doctoral Thesis, University of Toronto 1958.
Kalisch, G. K. [1946]: On uniform spaces and topological algebra. Bull. Amer. Math. Soc. **52**, 936–939 (1946).
Kantorowitsch, L. V. [1937]: Lineare halbgeordnete Räume. Rec. Mat. Sb. **2**, 44, 121–168 (1937).
Kantorowitsch, L. V. [1939]: The method of successive approximation for functional equations. Acta Math. **71**, 63–97 (1939).
Kantorowitsch, L. V., Akilow, G. P. [1964]: Funktionalanalysis in normierten Räumen. Berlin: Akademie-Verlag 1964.
Karlin, S. [1959]: Positive operators. J. Math. Mech. **8**, 907–937 (1959).
Kelley, J. L. [1955]: General Topology. Princeton, New York, Toronto, London D. van Nostrand Comp., Inc. 1955.
Kist, J. [1958]: Locally o-convex spaces. Duke Math. J. **25**, 569–582 (1958).
Kolmogoroff, A. [1934]: Zur Normierbarkeit eines allgemeinen topologischen linearen Raumes. Studia Math. **5**, 29–33 (1934).
Krasnoselskij, M. A. [1950]: Studies concerning non-linear functional analysis. Dissertation, Kiev 1950.
Krasnoselskij, M. A. [1960]: Regular and fully regular cones. Dokl. Akad. Nauk SSSR **135**, 2 (1960).
Krasnoselskij, M. A. [1964a]: Topological methods in the theory of nonlinear integral equations. New York: Pergamon Press, The Macmillan Company 1964.
Krasnoselskij, M. A. [1964b]: Positive solutions of operator equations. Groningen, The Netherlands: P. Noordhoff Ltd. 1964.
Krein, M. G. [1940]: Propriétés fondamentales des ensembles coniques normaux dans l'espace de Banach. Dokl. Akad. Nauk SSSR **28**, 13–17 (1940).
Krein, M. G., Krein, S. G. [1943]: Sur l'espace des fonctions continues définies sur un bicompact de Hausdorff et ses sousespaces semi-ordonnés. Mat. Sb. **13** (55) (1943).
Krein, M. G., Rutman, M. A. [1948, 1950]: Linear operators leaving invariant a cone in a Banach space. Uspehi Mat. Nauk SSSR **3**, 3–95 (1948). Amer. Math. Soc. Transl. **26** (1950).
Lahman, H. E. [1964]: Anwendung des Schauderschen Fixpunktsatzes in einigen Beweisen von Sätzen über die Existenz von Lösungen der Hammersteinschen Integralgleichung. Diss. Uni. Clausthal-Zellerfeld 1964.

Lasalle, J. P. [1941]: Topology based upon the concept of pseudo-norm. Proc. Nat. Acad. Sci. U.S.A. **27**, 448–451 (1941).

Leray, J., Schauder, J. [1934]: Topologie et équations fonctionelles. Ann, Sci. École Norm. Sup, **51**, 45–78 (1934).

Lettenmeyer, F. [1942]: Uber die von einem Punkt ausgehenden Integralkurven einer Differentialgleichung 2. Ordnung. Deutsche Math. **7**, 56–74 (1942).

Marek, I. [1967]: u_0-Positive operators and some of their applications. SIAM J. Appl. Math. **15**, 484–494 (1967).

Marek, I. [1970]: Frobenius theory of positive operators: Comparison theorems and applications. SIAM J. Appl. Math. **19**, 607–628 (1970).

Mewborn, A. C. [1960]: Generalizations of some theorems on positive matrices to completely continuous linear transformations on a normed linear space. Duke Math. J. **27**, 273–281 (1960).

Mises, R. v., Pollaczek-Geiringer, H. [1929]: Praktische Verfahren der Gleichungsauflösung. Z. Angew. Math. Mech. **9**, 152–164 (1929).

Namioka, I. [1957]: Partially ordered linear topological spaces. Mem. Amer. Math. Soc. no. **24** (1957).

Nemytskii, V. V. [1934]: On a class of nonlinear integral equations. Mat. Sb. **41** (1934).

Ortega, J., Rheinboldt, W. C. [1967a]: On a class of approximate iterative processes. Arch. Rational Mech. Anal. **23**, 352–365 (1967).

Ortega, J. M., Rheinboldt, W. C. [1967b]: Monotone iterations for nonlinear equations with application to Gauss-Seidel methods. SIAM J. Numer. Anal. **4**, 171–190 (1967).

Ortega, J. M., Rheinboldt, W. C. [1970]: Iterative solution of nonlinear equations in several variables. New York and London: Academic Press 1970.

Ostrowski, A. M. [1937]: Über die Determinanten mit überwiegender Hauptdiagonale. Comment. Math. Helv. **10**, 69–96 (1937).

Ostrowski, A. M. [1956]: Determinanten mit überwiegender Hauptdiagonale und die absolute Konvergenz von linearen Iterationsprozessen. Comment. Math. Helv. **30**, 175–210 (1956).

Ostrowski, A. M. [1964]: Positive matrices and functional analysis. In: Recent advances in matrix theory. Madison: University of Wisconsin Press 1964.

Peressini, A. L. [1967]: Ordered topological vector spaces. New York, Evanston and London: Harper and Row Publishers 1967.

Perron, O. [1907]: Zur Theorie der Matrices. Math. Ann. **64**, 248–263 (1907).

Petrovskij, I. G. [1953]: Vorlesungen über die Theorie der Integralgleichungen. Würzburg: Physica-Verlag 1953.

Petry, W. [1965]: Das Iterationsverfahren zum Lösen von Randwertproblemen gewöhnlicher nichtlinearer Differentialgleichungen 2. Ordnung. Math. Z. **87**, 323–333 (1965).

Picard, E. [1890]: Mémoire sur la Théorie des Équations aux Dérivées Partielles et la Méthode d'Approximation Succesive. Journal de Math. (4) **6**, 145–210 (1890).

Price, H. [1968]: Monotone and oscillation matrices applied to finite difference approximations. Math. Comp. **22**, 489–516 (1968).

Radon, I. [1919]: Über lineare Funktionaltransformationen und Funktionalgleichungen. S. B. Akad. Wiss. Wien 128 (1919).

Rheinboldt, W. C. [1968]: A unified convergence theory for a class of iterative processes. SIAM J. Numer. Anal. **5**, 42–63 (1968).

Riesz, F., Sz.-Nagy, B. [1956]: Vorlesungen über Funktionalanalysis VEB Deutscher Verlag der Wissenschaften Berlin 1956.

Rutman, M. A. [1940]: Sur les opérateurs totalement continues linéaires laissant invariant un certain cône. Mat. Sb. **8** (50), 77–93 (1940).

Sassenfeld, H. [1951]: Ein hinreichendes Konvergenzkriterium und eine Fehlerabschätzung für die Iteration in Einzelschritten bei linearen Gleichungen. Z. Angew. Math. Mech. **31**, 92–94 (1951).

Sawashima, I. [1964]: On spectral properties of some positive operators. Natur. Sci. Rep. Ochanomizu Univ. **15**, 53–64 (1964).

Schaefer, H. H. [1955a]: Neue Existenzsätze in der Theorie nichtlinearer Integralgleichungen. Ber. Verh. d. sächs. Akad. Wiss. Bd 101, Heft 7, Berlin: Akademie-Verlag 1955.

Schaefer, H. H. [1955b]: Positive Transformationen in lokalkonvexen halbgeordneten Vektorräumen. Math. Ann. **129**, 323–329 (1955).

Schaefer, H. H. [1958]: Halbgeordnete lokalkonvexe Vektorräume I. Math. Ann. **135**, 115–141 (1958).

Schaefer, H. H. [1959]: Halbgeordnete lokalkonvexe Vektorräume II. Math. Ann. **138**, 259–286 (1959).

Schaefer, H. H. [1960a]: Halbgeordnete lokalkonvexe Vektorräume III. Math. Ann. **141**, 113–142 (1960).

Schaefer, H. H. [1960b]: Some spectral properties of positive linear operators. Pacific J. Math. **10**, 1009–1019 (1960).

Schaefer, H. H. [1963]: Convex cones and spectral theory. Proc. Sympos. Pure Math., Vol. VII. Convexity, 451–471. Providence, R. I. (1963).

Schaefer, H. H. [1964]: On the point spectrum of positive operators. Proc. Amer. Math. Soc. **15**, 56–60 (1964).

Schaefer, H. H. [1966]: Topological vector spaces. New York-London: The McMillan Company 1966.

Schaefke, F. W. [1968]: Zum Zeilensummenkriterium. Numer. Math. **12**, 448–453 (1968).

Schauder, J. [1930]: Der Fixpunktsatz in Funktionenräumen. Studia Math. **2**, 171–182 (1930).

Schmidt, J. W. [1964]: Ausgangsvektoren für monotone Iterationen bei linearen Gleichungssystemen. Numer. Math. **6**, 78–88 (1964).

Schröder, J. [1956a]: Nichtlineare Majoranten beim Verfahren der schrittweisen Näherung. Arch. Math. (Basel) **7**, 471–484 (1956).

Schröder, J. [1956b]: Über das Differenzenverfahren bei nichtlinearen Randwertaufgaben I. Z. Angew. Math. Mech. **36**, 319–331 (1956).

Schröder, J. [1956c]: Das Iterationsverfahren bei allgemeinem Abstandsbegriff. Math. Z. **66**, 111–116 (1956).

Schröder, J. [1956d]: Neue Fehlerabschätzungen für verschiedene Iterationsverfahren. Z. Angew. Math. Mech. **36**, 168–181 (1956).

Schröder, J. [1959]: Fehlerabschätzungen bei linearen Gleichungssystemen mit dem Brouwerschen Fixpunktsatz. Arch. Rational Mech. Anal. **3**, 28–44 (1959).

Schröder, J. [1960]: Anwendung von Fixpunktsätzen bei der numerischen Behandlung nichtlinearer Gleichungen in halbgeordneten Räumen. Arch. Rational Mech. Anal. **4**, 177–192 (1960).

Schröder, J. [1961]: Lineare Operatoren mit positiver Inversen. Arch. Rational Mech. Anal. **8**, 408–434 (1961).

Schröder, J. [1962a]: Invers-Monotone Operatoren. Arch. Rational Mech. Anal. **10**, 276–295 (1962).

Schröder, J. [1962b]: Computing error bounds in solving linear systems. Math. Comp. **16**, 323–337 (1962).

Schwetlick, H. [1969]: Lineare positive Operatoren und Fehlerabschätzungen bei Operatorgleichungen. Comp. **4**, 345–358 (1969).

Smith, G. D. [1965]: Numerical solution of partial differential equations. New York and London: Oxford University Press 1965.

Spivak, M. [1965]: Calculus on manifolds. New York, Amsterdam: W. A. Benjamin 1965.

Stein, P., Rosenberg, R. L. [1948]: On the solution of linear simultaneous equations by iteration. J. London Math. Soc. **23**, 111–118 (1948).

Taylor, A. E. [1967]: Introduction to functional analysis. New York, London, Sydney: John Wiley & Sons, Inc. 1967.

Tricomi, F. G. [1957]: Integral equations. New York: Interscience Publishers, Inc. 1957.

Tychonoff, A. [1935]: Ein Fixpunktsatz. Math. Ann. **111**, 767–776 (1935).

Vandergraft, J. S. [1967]: Newton's method for convex operators in partially ordered spaces. SIAM J. Numer. Anal. **4**, 406–432 (1967).

Vandergraft, J. S. [1968]: Spectral properties of matrices which have invariant cones. SIAM J. Appl. Math. **16**, 1208–1222 (1968).

Varga, R. S. [1962]: Matrix iterative analysis. Englewood Cliffs, New Jersey: Prentice-Hall, Inc. 1962.

Varga, R. S. [1960]: Factorization and normalized iterative methods. In R. E. Langer: Boundary problems in differential equations. Madison: University of Wisconsin Press, 121–142 (1960).

Walter, W. [1967]: Bemerkungen zu Iterationsverfahren bei linearen Gleichungssystemen. Numer. Math. **10**, 80–85 (1967).

Weissinger, J. [1952]: Zur Theorie und Anwendung des Iterationsverfahrens. Math. Nachr. **8**, 193–212 (1952).

Wetterling, W. [1971]: Einschließung von Eigenelementen. Arch. Rational Mech. Anal. **44**, 76–82 (1971).

Wielandt, H. [1950]: Unzerlegbare, nicht negative Matrizen. Math. Z. **52**, 642–648 (1950).

Wittmeyer, H. [1936]: Über die Lösung von linearen Gleichungssystemen durch Iteration. Z. Angew. Math. Mech. **16**, 301–310 (1936).

Wouk, P. [1964]: Direct iteration, existence and uniqueness. In Anselone, P.: Nonlinear integral equations. Madison, Wisconsin: Univ. of Wisconsin Press, 1964.

Young, M. D. [1971]: Iterative solution of large linear systems. New York and London: Academic Press 1971.

Symbolliste

Elemente und Mengen:

$\mathbb{R}$, $\mathbb{N}$	(0, 1.1)
$\tilde{Y}$	(0, 1.1)
θ	(0, 4.1)
$[x, y]$, $[M]$	(I, 1.2)
$\mathbb{R}_+$	(I, 2.4)
X_e, K_e	(I, 2.5)
oK	(I, 2.7)
$\Omega(e)$, $\tau(t)$	(I, 2.9) (VI, 1.2)
δ	(I, 2.9), (VI, 1.1)
oK_p	(III, 1.11)
Δ	(VII, 3.11)
Ω_0	(VII, 4.1)

Relationen und Funktionen:

I	(0, 1.3)
q_Y	(0, 4.3)
$\leqq_d$	(I, 1.3)
$\| \ \|_e$	(I, 3.1), (VI, 1.1)
$\| \ \|_e$	(I, 3.2), (VI, 1.1)
i_Y	(I, 5.2)
a_Y	(I, 5.2)
$\leqq_\rho$	(I, 5.3)
$\leqq_\iota$	(I, 5.5)
p_K	(II, 1.1)
$\bar{p}_K$	(II, 2.3)
d_ρ	(II, 6.1)
d_e	(II, 6.7)
$N_P(z)$	(IV, 7.2)
$\|\omega\|$	(VI, 2.1)
$\alpha(i, \tau(z - Pz))$	(VI, 9.5)
$D_i F(s_1, s_2) = \dfrac{\partial}{\partial s_i} F(s_1, s_2)$	(VI, 12.2)

Räume:

(X, d)	(0, 2.1)
$(X, \| \ \|)$	(0, 5.1)
$(X, \leqq)$	(I, 1.1)
(X, K)	(I, 2.2)
$(X, \leqq, K)$	(I, 2.2)
$(X, K, \| \ \|)$	(II, 5.1)
$(X, \leqq, \| \ \|)$	(II, 5.1)

Funktionenräume:

Y^Ω	(0, 1.3)
$L[X]$	(0, 6.2)
$(L[X], \| \ \|)$	(0, 6.3)
$\mathbb{R}^m$, $B(\Omega)$, $S(\Omega)$	(I, 1.3)
$L^p(\Omega)$	(I, 2.4)
$\mathbb{R}^m_+$, $B_+(\Omega)$, $S_+(\Omega)$	(I, 2.4)
$L^p_+(\Omega)$, $Y_+(\Omega)$	(I, 2.4)
$L_+[X]$	(III, 1.2)
$\mathbb{R}^m_e$, $\mathbb{R}^m_{+e}$, $o\mathbb{R}^m_{+e}$	(VI, 1.2)
$Y_e(\Omega)$, $Y_{+e}(\Omega)$, $oY_{+e}(\Omega)$	(VII, 1.2)
S_e	(VII, 2.2)
$E[S_e]$	(VII, 2.6)
$I[S_e]$, $I_+[S_e]$	(VII, 4.1)
$I_0[S_e]$, $I_1[S_e]$	(VII, 5.1)
$I_e[Y]$	(VII, 6.2)

Namenverzeichnis

Sachverzeichnis

Springer Tracts in Natural Philosophy

Vol. 1 Gundersen: Linearized Analysis of One-Dimensional Magnetohydrodynamic Flows. With 10 figures. X, 119 pages. 1964

Vol. 2 Walter: Differential- und Integral-Ungleichungen und ihre Anwendung bei Abschätzungs- und Eindeutigkeitsproblemen
Mit 18 Abbildungen. XIV, 269 Seiten. 1964

Vol. 3 Gaier: Konstruktive Methoden der konformen Abbildung
Mit 20 Abbildungen und 28 Tabellen. XIV, 294 Seiten. 1964

Vol. 4 Meinardus: Approximation von Funktionen und ihre numerische Behandlung
Mit 21 Abbildungen. VIII, 180 Seiten. 1964

Vol. 5 Coleman, Markovitz, Noll: Viscometric Flows of Non-Newtonian Fluids. Theory and Experiment. With 37 figures. XII, 130 pages. 1966

Vol. 6 Eckhaus: Studies in Non-Linear Stability Theory
With 12 figures. VIII, 117 pages. 1965

Vol. 7 Leimanis: The General Problem of the Motion of Coupled Rigid Bodies About a Fixed Point. With 66 figures. XVI, 337 pages. 1965

Vol. 8 Roseau: Vibrations non linéaires et théorie de la stabilité
Avec 7 figures. XII, 254 pages. 1966

Vol. 9 Brown: Magnetoelastic Interactions
With 13 figures. VIII, 155 pages. 1966

Vol. 10 Bunge: Foundations of Physics
With 5 figures. XII, 312 pages. 1967

Vol. 11 Lavrentiev: Some Improperly Posed Problems of Mathematical Physics
With 1 figure. VIII, 72 pages. 1967

Vol. 12 Kronmüller: Nachwirkung in Ferromagnetika
Mit 92 Abbildungen. XIV, 329 Seiten. 1968

Vol. 13 Meinardus: Approximation of Functions: Theory and Numerical Methods
With 21 figures. VIII, 198 pages. 1967

Vol. 14 Bell: The Physics of Large Deformation of Crystalline Solids
With 166 figures. X, 253 pages. 1968

Vol. 15 Buchholz: The Confluent Hypergeometric Function with Special Emphasis on its Applications. XVIII, 238 pages. 1969

Vol. 16 Slepian: Mathematical Foundations of Network Analysis
XI, 195 pages. 1968

Vol. 17 Gavalas: Nonlinear Differential Equations of Chemically Reacting Systems
With 10 figures. IX, 107 pages. 1968

Vol. 18 Marti: Introduction to the Theory of Bases
XII, 149 pages. 1969

Vol. 19 Knops/Payne: Uniqueness Theorems in Linear Elasticity
IX, 130 pages. 1971

Vol. 20 Edelen/Wilson: Relativity and the Question of Discretization in Astronomy
With 34 figures. XII, 186 pages. 1970

Vol. 21 McBride: Obtaining Generating Functions
XIII, 100 pages. 1971

Vol. 22 Day: The Thermodynamics of Simple Materials with Fading Memory
With 8 figures. X, 134 pages. 1972

Vol. 23 Stetter: Analysis of Discretization Methods for Ordinary Differential Equations
With 12 figures. XVI, 388 pages. 1973

Vol. 24 Strieder/Aris: Variational Methods Applied to Problems of Diffusion and Reaction. With 12 figures. IX, 109 pages. 1973

Vol. 25 Bohl: Monotonie: Lösbarkeit und Numerik bei Operatorgleichungen
Mit 9 Abbildungen. IX, 255 Seiten. 1974